基礎からの 量子力学

上村　洸　　山本貴博

共　著

裳華房

QUANTUM MECHANICS: THE BASICS

by

Hiroshi KAMIMURA, Dr. Sc.
Takahiro YAMAMOTO, Dr. Sc.

SHOKABO

TOKYO

まえがき
〜 量子力学リテラシーの時代のために 〜

　本書は，量子力学を初めて学ぼうとする大学理工医系 2, 3 年生の学生諸君のための教科書である．したがって，ニュートン力学と電磁気学の基礎，数学では微分積分と微分方程式，簡単な行列の計算程度を学んでいれば，十分に理解できる内容である．

　本書の視点は 2 つある．第 1 の視点は，本書で学ぶことにより，「更地に新しい家を建てるように，常に未踏の分野に自分自身でオリジナルなものをつくる」意欲をもつ人間に成長してほしいということである．

　好奇心の旺盛な学生諸君なら，100 年ほど前にどうして量子力学が誕生したかの発端を知りたいに違いないと思って，第 2 章では，19 世紀の終わり頃の物理学者たちが，如何に旺盛な好奇心で，鉄鉱石から鉄をつくる高温の炉の中の光の強度が波長にどのように依存するかに興味をもち，独自のアイディアを提案して議論を闘わせた情景を紹介してある．この意図は，学生諸君が教室で講義を聴くときに，当時の物理学者たちが活発な議論を闘わせた情景をいつも思い出して，受け身にならずに自分の考えを述べて教員や友人たちと積極的にディベートをしてほしいと願うことによる．第 6 章までは，量子力学の発展を歴史的に辿ってはいるが，どの章も第 2 章と同じ趣旨で書かれており，偉大な物理学者たちが未踏の問題にぶつかったときに，どのようにして物理学の核心を見出し，それを誰もが使える形の理論に体系化したかという点に焦点を絞っている．

　次に，本書の第 2 の視点について述べたい．1920 年代後半に量子力学が完成した後のその後の発展を振り返ってみると，1930 年代に原子，分子，固体

の電子状態の解明に量子力学が応用されて，半導体や不純物半導体の電子状態も含めて，我々が日常接する物質のミクロな性質（物性という）が明らかになった．この分野は，「物質の量子力学」とよばれ，学生諸君は本書の第7章から第10章で学ぶことになる．

物質の量子力学の発展は，我々人類の生活を一変させた．1947年にショックレー，バーディーン，ブラッテンの3人が，不純物半導体を用いてトランジスタを発明したことを皮切りに，その当時までのエジソンが発明したマクロ・スケールの真空管や電球は，ミクロなスケールのトランジスタや発光ダイオード（LED）に代わるなど，半導体を基にした量子デバイスが我々の日常生活に浸透してきた．こうした観点から，20世紀は「トランジスタの世紀」とよばれるようになった．

また20世紀の終わり頃から，ミクロなサイズの「物づくり」の物質科学も大いに発展し，極微サイズの物質を人工的につくることが可能になって，人間が望むデバイスを「物質の量子力学」の処方箋に従ってつくることができる時代となり，洋服屋（Tailor）さんが人間の体に合わせて洋服をつくることになぞらえて，「Tailor-made material age」ともよばれるようになった．

以上述べたデバイス物理やナノメートルサイズの物づくりの物質科学・材料科学・材料工学の発展で，21世紀は，量子力学を人類の幸せのために応用することが可能になった時代ということができよう．かつては量子力学の演習問題の一つにすぎなかった「量子井戸」や「量子ドット」なども，今日では，量子コンピュータの量子ビットという現実のデバイスとして登場することになった．物理学の原理を用いてつくられた医療機器，磁気共鳴画像装置（MRI）や，陽電子放出断層装置（PET-CT）が人間の健康維持のために活躍するなど，日常のあらゆる場面で我々は半導体やレーザー機器を通して量子力学を応用した機器の恩恵を受けており，いまや「物質の量子力学」は人間生活の一部になっている．

この観点から，我々は，LED，レーザー，MRI，カーナビ，スマホなど，

まえがき

量子力学を応用したデバイスの言葉が日常会話になりつつある21世紀を,「量子力学リテラシーの時代」とよぶことにしたい.本書の第2の視点は,「量子力学リテラシーの時代」を迎えての量子力学の学習に重点を置いている.「物質の量子力学」は,理工系のみならず,薬学,医学,生命科学の学部学生にとっても,間もなく必須の科目になることであろう.この観点から,第7章から第11章のシュレーディンガー方程式の近似解法(摂動論)までは,どの分野の学生も高い障壁を感じないで学習ができるように,すべての式は文中の説明に従って計算すれば答えに到達できるようになっている.

最近のレーザー技術の発展と共に,電子と電磁場との相互作用を取り扱う量子力学の学習も益々重要である.第12章で,この問題を学ぶことになる.光が波と粒子の2重性をもっている特徴を利用して,第12章では,光を粒子(光子)と考えて,粒子像に相応しい方法論で,電子と光子の相互作用を学ぶことになる.最後の第13章では,量子力学の宝庫の中で,人間社会が半導体と同じように恩恵を受けている遷移金属化合物や錯体に注目し,これらの物質の電子状態と物性を解明する量子力学である「配位子場の量子論」の基礎について学ぶ.

2026年には,量子力学が誕生して100年になるが,その時代には各家庭の電球は,おそらく白熱電球に代わって,すべてLED(発光ダイオード)になっているように思われる.電力を表すワットの単位の代わりに,照度を表すルーメンの単位を子供たちが気軽に使う時代になれば,量子力学はまさに日常生活のリテラシーの一部になっているであろう.

10年後の量子力学リテラシーの時代には,学問分野がバリアフリーになり,現在の縦割り学部制の大学制度も大きく変わっているかもしれない.そのような時代の到来を想定して,本書は,広い分野の学部学生諸君が学ぶ「基礎からの量子力学」の教科書として役立つように書いた.本書で学ぶことで,量子力学がより身近になり,物理学がより楽しく親しみのある学問になることを切に願っている.

本書の出版に当たっては，裳華房の小野達也氏，須田勝彦氏に大変お世話になった．ここに感謝を申し上げたい．

　平成 25 年 9 月

上村　洸
山本貴博

目　次

1. 躍動する量子力学

1.1　なぜ量子力学を学ぶのか？・・1
1.2　日常生活で量子力学が演じる役割・・・・・・・・・4
　　Tea Time・・・・・・・6

2. 量子力学の起源

2.1　空洞輻射とエネルギー量子の発見・・・・・・・・8
　2.1.1　空洞輻射の実験・・・・8
　2.1.2　ウィーンの変位則と輻射公式・・・・・9
　2.1.3　レイリー–ジーンズの輻射公式・・・・・12
　2.1.4　プランクの理論・・・16
　2.1.5　プランクのエネルギー量子仮説・・・・・18
2.2　光電効果・・・・・・・・19
　2.2.1　アインシュタインの光量子仮説・・・・19
　2.2.2　レーナルトの実験・・・20
　2.2.3　アインシュタインの光電効果の理論・・・21
2.3　原子の輝線スペクトル・・・23
　2.3.1　様々な原子模型・・・23
　2.3.2　水素原子の輝線スペクトル・・・・・25
　2.3.3　ボーアの理論・・・・26
　2.3.4　前期量子論の限界・・・29
章末問題・・・・・・・・・30
Tea Time・・・・・・・32

3. シュレーディンガーの波動力学

3.1　ド・ブロイの物質波・・・33
　3.1.1　アインシュタイン–ド・ブロイの関係式・33
　3.1.2　物質波によるボーアの量子仮説の解釈・・・34
　3.1.3　ド・ブロイの物質波の実験的検証・・・・36
3.2　シュレーディンガー方程式・38
　3.2.1　波の性質と波動方程式・38
　3.2.2　シュレーディンガー方程式・・・・・・・・41
　3.2.3　時間に依存しないシュレーディンガー方程式・・45
3.3　波動関数の物理的な意味・・47
3.4　波動関数に対する要請・・・49
　3.4.1　波動関数の連続性・・・49

3.4.2 確率密度の保存 ‥‥51
章末問題‥‥‥‥‥‥54

Tea Time ‥‥‥‥‥‥55

4. 量子力学の一般原理と諸性質

4.1 量子力学の基本事項 ‥‥59
 4.1.1 物理量の期待値 ‥‥59
 4.1.2 エーレンフェストの定理 63
4.2 波動関数と物理量に対する要請
 ‥‥‥‥‥‥‥‥‥67
 4.2.1 線形演算子としての物理量
 ‥‥‥‥‥‥‥‥‥67
 4.2.2 エルミート演算子 ‥‥67
 4.2.3 固有値と固有関数 ‥‥70

 4.2.4 完全性と完備性 ‥‥74
4.3 運動量の固有状態（自由粒子）76
4.4 交換関係 ‥‥‥‥‥‥80
4.5 不確定性原理 ‥‥‥‥83
 4.5.1 物理量の測定に関わる
  不確定さ ‥‥‥‥83
 4.5.2 可換な演算子と
  同時固有状態 ‥‥87
章末問題‥‥‥‥‥‥89

5. 1次元のポテンシャル問題

5.1 束縛状態と散乱状態 ‥‥90
5.2 無限に深い井戸型ポテンシャル
 ‥‥‥‥‥‥‥‥‥91
5.3 有限の深さの井戸型

 ポテンシャル ‥‥‥‥95
5.4 1次元調和振動子 ‥‥‥104
章末問題‥‥‥‥‥‥114

6. 中心力ポテンシャルの中の粒子

6.1 中心力ポテンシャルと角運動量
 演算子‥‥‥‥‥‥116
 6.1.1 角運動量保存の法則‥117
 6.1.2 角運動量演算子に関わる
  交換関係‥‥‥‥118
 6.1.3 角運動量演算子の
  極座標表示‥‥‥120
 6.1.4 ハミルトニアンの

  極座標表示‥‥‥121
6.2 一般の角運動量演算子 ‥122
 6.2.1 角運動量演算子の一般化122
 6.2.2 $\hat{J}^2$と$\hat{J}_z$の同時固有状態 123
 6.2.3 生成・消滅演算子と
  角運動量の固有状態 127
 6.2.4 角運動量の行列表現‥128
6.3 軌道角運動量と球面調和関数129

　　　　　　　　目　　次

- 6.3.1　軌道量子数と磁気量子数 129
- 6.3.2　球面調和関数 ････133
- 6.4　中心力ポテンシャルの中の粒子 ････138
  - 6.4.1　波動関数の変数分離 ･･139
  - 6.4.2　動径波動関数 ････140
- 6.5　水素原子 ･･････143
- 6.5.1　動径波動関数とエネルギー固有値の決定 ････144
- 6.5.2　水素原子の軌道とその特徴 ････148
- 章末問題 ･･････152
- Tea Time ･･････155

7. 原子の電子状態 〜同種粒子系の量子力学〜

- 7.1　問題の定式化 (1)：配位空間での記述の仕方　157
- 7.2　問題の定式化 (2)：スピンの導入 ････159
  - 7.2.1　シュテルン-ゲルラッハの実験 ･････160
  - 7.2.2　電子固有のスピン角運動量 ･･･161
- 7.3　スピン角運動量 ･･････162
- 7.4　スピン演算子の行列表現とパウリ行列 ･･････167
- 7.5　問題の定式化 (3)：多電子系の波動関数 ･･･170
  - 7.5.1　パウリの原理 ････170
  - 7.5.2　2電子系のハミルトニアンと反対称波動関数 ･･171
  - 7.5.3　同種粒子系の波動関数　173
- 7.6　多電子原子の電子状態を求める近似法 ･･････174
- 7.7　ハートリー近似 ････177
- 7.8　ハートリー近似の量子力学的基礎づけ ････184
- 7.9　N電子系に対するハートリー-フォック近似 ････188
- 7.10　原子構造と元素の周期表 ･･195
- 章末問題 ･･････198
- Tea Time ･･････201

8. 分子の形成 〜水素分子〜

- 8.1　水素分子の電子状態 ･･･203
- 8.2　ハイトラー-ロンドン法 ･･206
  - 8.2.1　電子相関を考慮した考え方 ･･･････206
  - 8.2.2　スピン角運動量の合成　209
  - 8.2.3　ハイトラー-ロンドン法による水素分子の電子状態の計算 ･･････211
  - 8.2.4　ハイトラー-ロンドン法による水素分子形成のメカニズム ･･････216
- 8.3　分子軌道法とLCAO近似 ･217

8.3.1　1電子近似による水素分子
　　　　　　の電子状態の考察・・・217
　　　8.3.2　LCAO近似による基底状態
　　　　　　の断熱ポテンシャルの計
　　　　　　算・・・・・・・・220
　　　8.3.3　LCAO近似の問題点・・221
　　8.4　電子配置間の相互作用・・・222
　　章末問題・・・・・・・・・224
　　Tea Time・・・・・・・・・225

9. 周期ポテンシャルの中の電子状態 〜ブロッホの定理〜

　9.1　周期ポテンシャルとは・・・227
　9.2　結晶の中のポテンシャルの
　　　中の電子状態・・・・・229
　9.3　内殻電子と価電子・・・・230
　9.4　結晶の並進対称性・・・・232
　9.5　ブロッホの定理・・・・・233
　9.6　ブロッホ関数・・・・・・234
　9.7　周期境界条件・・・・・・235
　章末問題・・・・・・・・・241
　Tea Time・・・・・・・・・241

10. 結晶の中の電子状態 〜原子から結晶へ〜

　10.1　結晶の中の電子に対するシュレ
　　　　ーディンガー方程式・・244
　10.2　逆格子とブリルアンゾーン 245
　10.3　バンド構造・・・・・・252
　10.4　LCAO近似・・・・・・253
　10.5　バンド構造の様相・・・257
　10.6　自由電子からのアプローチ 258
　10.7　"ほとんど自由な電子"の考え方
　　　　とバンドギャップの導入 261
　10.8　バンド構造と物質の分類・263
　章末問題・・・・・・・・・270
　Tea Time・・・・・・・・・272

11. シュレーディンガー方程式の近似解法

　11.1　摂動論・・・・・・・・276
　11.2　時間に依存しない摂動論・279
　　　11.2.1　縮退のない場合・・279
　　　11.2.2　1次摂動・・・・・282
　　　11.2.3　2次摂動・・・・・283
　　　11.2.4　縮退がある場合・・284
　11.3　時間に依存する摂動論・・287
　11.4　摂動による遷移・・・・・291
　　　11.4.1　遷移確率・・・・・291
　　　11.4.2　フェルミの黄金律・292
　章末問題・・・・・・・・・297
　Tea Time・・・・・・・・・297

12. 電子と光子の相互作用

- 12.1 電磁場の量子化 ・・・・299
  - 12.1.1 ベクトルポテンシャルとゲージ変換 ・・・299
  - 12.1.2 調和振動子の集まりとしての電磁場 ・・・・302
  - 12.1.3 光子の生成・消滅演算子 ・・・・・・・・・303
  - 12.1.4 電磁場の量子化 ・・304
- 12.2 電子と光子の相互作用 ・・305
- 12.3 原子からの光子の放出と吸収 ・・・・・・・・・307
  - 12.3.1 光子の放出確率 ・・・307
  - 12.3.2 自然放出と選択則 ・310
  - 12.3.3 水素原子の双極子放出 311
- 章末問題 ・・・・・・・・・314

13. 配位子場の量子論 〜量子力学の宝庫探索〜

- 13.1 量子力学の宝庫 ・・・・315
- 13.2 宝石の色：結晶の中の遷移金属元素 ・・・・・・・・316
  - 13.2.1 問題の設定 ・・・・317
  - 13.2.2 d 電子に対する正八面体対称性をもつ配位子場ポテンシャルの関数形 ・318
- 13.3 正八面体群と対称操作 ・・318
- 13.4 d 電子の波動関数の実関数による表示 ・・・・・321
- 13.5 正八面体群の表現と [MX_6] 型系における d 電子の固有状態 ・・・・・・・・・・324
- 13.6 波動関数の変換と正八面体群の表現 ・・・・・・・327
- 13.7 群の表現行列の定義 ・・・329
- 13.8 群の既約表現とシュレーディンガー方程式の固有状態 ・330
- 13.9 対称性の低下によるエネルギー準位の分裂 ・・・・333
- 13.10 [MX_6] 型の系の基底状態と光学遷移（d 電子 1 個）334
- 13.11 2 つ以上の d 電子をもつ遷移金属イオンの電子状態 335
  - 13.11.1 [MX_6] 系 d 電子 2 つの場合 ・・・・・337
  - 13.11.2 (t_2^2) 電子配置における電子状態 ・・・・338
  - 13.11.3 (t_2e), (e^2) 電子配置における電子状態 ・・340
- 13.12 [MX_6] 遷移金属 d^n 電子系の基底状態と諸物性 ・・・340
- 章末問題 ・・・・・・・・・346

章末問題略解 ・・・・・・・・348
索　引 ・・・・・・・・・・368

1 躍動する量子力学

21世紀の今日，携帯電話，LED電球，レーザー，MRIなど，量子力学を応用した電子・光・医療デバイスが日常生活のいたるところに浸透している．この章では，量子力学を本格的に学ぶ前に，量子力学の誕生からその後の発展，そして今日の我々の生活の中で活躍する身近な量子力学の応用について簡潔に述べる．

1.1 なぜ量子力学を学ぶのか？

"量子力学"という物理学の分野の芽が出始めたのは，19世紀の終わりから20世紀の始まりの頃，我が国では明治時代である．それまでの物理学は，ニュートンの力学とファラデー，マクスウェルの電磁気学を柱とする古典物理学が中心であり，物理学者たちの旺盛な好奇心で，地上と天体の諸現象を含む自然現象の不可思議さはすべて古典物理学で解き明かされそうな状況であった．

しかし，19世紀の終わりになって，新しい物理学が誕生するのではないかとの息吹の中で物理学者たちの好奇心は，鉄鉱石から鉄をつくる高温の炉，すなわち，溶鉱炉の中の光の強度が波長にどのように依存するか（**スペクトル分布**とよぶ）に向けられた．この実験結果を説明するために，いろいろな考え方が提案されたが，1900年（明治33年）にマックス・プランク（Max Planck）は，これらの提案された考え方を俯瞰的に眺め，1つの定数（プランク定数 h）を導入して，全波長領域で実測のスペクトル曲線を正確に再現す

る公式を導いた．

　このプランクの輻射公式は，当初は単なる内挿公式であったが，プランクは後に，「炉の中の振動数 ν をもつ電磁波のエネルギーは，$h\nu$ の整数倍という離散的な値しかとることができない」という仮説から，この公式が導かれることを示した．こうして，当時の古典物理学では考えられない画期的な結論を得て，**エネルギー量子**の存在を発見し，量子力学という学問体系への扉を開いた．

　アルバート・アインシュタイン (Albert Einstein) は電磁波のエネルギーがとびとびの値をとるというプランクの発想をさらに発展させ，光量子説を立てて光電効果の謎を解き明かした (1905年)．1913年には，ニールス・ボーア (Niels Bohr) が，

(1) 原子はとびとびの値のエネルギーの状態のみをもつ．

(2) 原子が光を放出・吸収するのは，それらの状態のうち，2つの状態間を遷移するときである．

などからなる**量子仮説**を立てて，原子の輝線スペクトルの謎を解き明かした．その後，ルイ・ド・ブロイ (Louis de Broglie)，ウェルナー・ハイゼンベルク (Werner Heisenberg)，アーウィン・シュレーディンガー (Erwin Schrödinger)，ポール・ディラック (Paul Dirac) など，当時の新進気鋭の物理学者の活躍により古典物理学とは全く異なる量子力学が誕生したのは，1926年の頃である (図 1.1)．

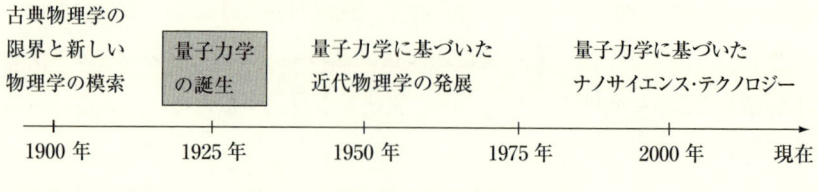

図 1.1　量子力学の誕生から今日まで

1.1 なぜ量子力学を学ぶのか？

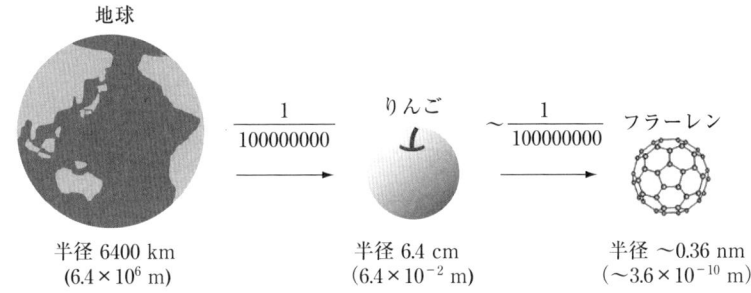

図 1.2 ナノメートルの世界の大きさとは？

量子力学の完成により，自然のあり方に対する人類の理解が大きく進展したことはいうまでもない．1 メートル (m) の 10 億分の 1 をナノメートル (nm) というが，すべての物質は，0.1 nm 程度の大きさの原子から成り立っている．図 1.2 で，地球やりんごの大きさに比べてミクロの世界が如何に小さいかを，炭素原子 60 個からできたサッカーボールの形状をした**フラーレン分子**を眺めることで実感してみよう．

原子や分子のようなミクロの世界を記述する学問が量子力学であるが，今日までの量子力学の発展は，我々の生活を一変させた．1947 年にウィリアム・ショックレー (Wiliam Shockley)，ジョン・バーディーン (John Bardeen)，オルター・ブラッテン (Walter Brattain) の 3 人が，不純物半導体中の量子現象を用いて**トランジスタ**を発明したことを皮切りに，マクロ・スケールの真空管や電球は，ナノメートル・スケールのトランジスタや発光ダイオードに置き換わるなど，量子力学の原理に基づいた半導体デバイスが我々の生活に浸透してきた．最近では，携帯電話などのバックライトとして普及している半導体の白色発光ダイオード (白色 LED) が，一般家庭の照明器具の白熱電球や蛍光灯に取って代わりつつあり，家庭でも古典電磁気学に代わって量子力学が浸透する時代が間もなく到来するであろう．

このように，21 世紀を生きる我々にとって，量子力学はすでに生活の一部

となっている．テレビゲームで遊んだり，リモコンでテレビのチャンネルを変えたり，DVD やブルーレイディスクで映画を鑑賞したり，日常のあらゆる場面で量子力学の恩恵を受けている．さらに，近い将来には，毎日食するお米や野菜も量子力学の恩恵を受けて食卓に上がってくると聞かされると，読者はビックリすることであろう．

　また，人間の健康を管理するのに，物理学の原理を用いてつくられた医療機器，**磁気共鳴画像装置（MRI）**や**陽電子放出断層装置（PET-CT）**などが大変活躍をしている．

　このことからも，これから人類の生活をより豊かに，より幸せにするためには，量子力学の基礎をしっかりと学び，量子力学を我々の生活に応用していくことが必要であろう．本書の意図は，まさにその点にある．

1.2　日常生活で量子力学が演じる役割

　20 世紀は，量子力学の世紀，**トランジスタの世紀**といわれたが，21 世紀では否応なしに日常生活に量子力学が浸透し，物理，化学，生物学，医学などが融合した世紀になるように思われる．この節では，次章以降，量子力学を本格的に学ぶ前に読者の好奇心を刺激するため，日頃我々がいかに量子力学の恩恵を受けているかの例を，前節で述べた白色 LED 電球の例に続けて，"光"をキーワードにいくつか述べておこう．

赤外線発光ダイオード

　図 1.3 にあるように，テレビやエアコンなどのリモコンの先端には，半球状の透明な突起がある（図 1.3 (b)）．この突起が，**発光ダイオード** (Light Emitting Diode，**LED** と略す) とよばれるものである．目に見えない赤外線を発するので，**赤外線発光ダイオード**とよばれる．赤外線を介してリモコンとテレビ本体との間で情報のやり取りを行なうので，わざわざテレビのもと

 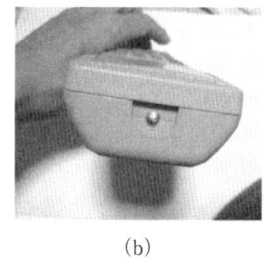 

(a)　　　　　　　(b)　　　　　　　(c)

図 1.3　テレビのリモコンに用いられている赤外線 LED
(a) リモコン本体
(b) リモコン先端部
(c) 先端部に取り付けられている赤外線発光ダイオード
(浜松ホトニクス株式会社 提供)

まで行かずにチャンネルを変えたり，スイッチのオン・オフをしたりできるのも量子力学の恩恵である．携帯電話やゲーム機でお互いのデータを無線で通信し合う際にも赤外線 LED が使われている．

可視光発光ダイオード

　日頃我々が食べている野菜の多くは，もちろん太陽光に照らされた畑でつくられているが，世界的な人口の増大にともない，畑での生産だけでは追いつかなくなりつつある．そこで最近，室内で野菜を育てる『植物工場』が注目されている．そこでは，室内に赤や青のまばゆい光を発する発光ダイオードを太陽の代わりに配置して，植物の成長に合わせた光量調整を行ないながら，天候などの影響を受けずに決まった生産量の野菜を管理して育てている．最近では，お米の三毛作も可能であることがわかるなど，食料の安定した供給に向けて研究開発が進められている．これを可能にする可視光 LED は，量子力学が生んだ半導体デバイスである．

　可視光 LED は，最近では街の信号機やイルミネーションにも利用されている．蛍光灯と違って紫外線を出さないために虫が集まらず，消費電力も小さいなどのメリットがある．これも量子力学の恩恵ということができよう．

なお、LED については、その原理を第 10 章（章末問題 10.5 とその略解（360〜362 頁））で述べる．

血液はなぜ赤い？

血液が赤いのは、血液中の赤血球の中のタンパク質であるヘモグロビンに鉄が含まれていることによるが、タンパク質の中の鉄イオンは、青や緑の可視光を吸収するので、赤く見える．このメカニズムは量子力学（配位子場理論）によって初めて説明できる．宝石のルビーが赤く見えるのも、ステンドグラスの色が美しいのも、同じように、量子力学の原理で説明できる．これについては、本書の第 13 章を学ぶことで明らかになる．

Tea Time

ミルクはなぜ白い？　空はなぜ青い？

この章で、血液の色が赤い理由について触れたが、血液とよく似た成分をもつのにミルクがある．ミルクには赤血球は含まれていないので、血液と異なる色を示すのは当然かもしれないが、なぜミルクは白いのであろうか？色といえば、晴れた日の空はなぜ青いのだろうか．

晴れた日に空が青く見えるのは、空気中には光の波長よりも小さいサイズの窒素分子や酸素分子などの粒子がたくさんあって、それらの粒子による太陽光の散乱が原因である．1871 年、ジョン・ウィリアム・ストラット（John William Strutt, 1873 年に父親の死後、第 3 代レイリー男爵を継承し、物理学の世界では、レイリー卿（Lord Rayleigh）の名で知られる）は、波長より十分小さい粒子による光の散乱を表す式を導いた．それによると、光の散乱の量は粒子数や粒子の大きさと光の波長に依存し、波長については波長の 4 乗に反比例する．したがって、波長の短い青い色の光が最も散乱されやすいため、空のあちこちから散乱されてきた青い色の光が我々の目に多く入って、昼間の空は青く見える．

夕焼けの空が赤く見えるのは、夕方になると太陽光は地平線の方向からやってくるため、太陽光が地球の空気中を通る時間が長くなり、そのぶん空気中の分子との衝突も多くなって、最も散乱されやすい青い光が散乱されすぎて、太陽光が我々のいる場所に到達する頃には、青が無くなって残りの色が見えるため、空は赤に近い色に見える．このような散乱は、**レイリー（Rayleigh）散乱**とよばれる．

一方，脂肪球のように，可視光の波長より大きめなサイズの物質による散乱では，青い光も赤い光も全方向に散乱され，散乱前の光が白ければ白く見えることになる．雲が白く見えるのも同じ理由による．散乱体の大きさが，光の波長と同程度のときの散乱をミー（Mie）散乱という．

　ミルクの白色は，ミルクの中に含まれる脂肪とタンパク質による乱反射が理由とされている．例えば脂肪は，直径が 0.1〜15 マイクロメートル（μm）程度の球状をしており，可視光線の波長（350〜750 nm）よりも長いので，可視光線のすべての光を反射して白く見える．しかし，ミルクから脂肪を取り除いた脱脂乳も白いことからわかるように，脂肪球だけがミルクの白い理由ではなさそうである．

　このように，空が青い理由，雲が白く見える理由に加えて，さらにはトマトが赤い理由，金属がキラキラと光沢をもつ理由など，日常よく目にする色のからくりについても好奇心をもって少し突っ込んで考えてみると，なかなか奥が深いように思われる．

　レイリー卿は，1842 年に生まれ，1865 年にケンブリッジ大学のトリニティー・カレッジを卒業，直ちにフェローとなった．1872 年にリューマチ熱に侵されて新妻と共に，エジプトやギリシャで転地療養し，療養中に音波の理論を完成した．この話との関連で，ペストがイギリスで流行って，ケンブリッジ大学が閉校になったとき，ニュートンが故郷に帰って万有引力の理論を考えた話を思い出す．1879 年，1871 年に発足したキャベンディッシュ研究所の初代所長で**キャベンディッシュ教授**のマクスウェルが癌で急逝したとき，後任として白羽の矢が立ったのが，レイリー卿であった．彼は，第 3 代レイリー男爵の仕事があるからといって固辞したが，結局，第 2 代所長兼キャベンディッシュ教授に就任した．

2 量子力学の起源

　19世紀の終わり頃，物理学の研究対象が"光と物質の相互作用"や"物質のミクロな構造"に向けられはじめると，それまで信じられていたニュートンの力学やマクスウェルの電磁気学では説明困難な物理現象が次々に発見されはじめた．この章では，それらの物理現象のうち，(1) **空洞輻射のエネルギー密度のスペクトル**，(2) **光電効果**，(3) **原子の輝線スペクトル**を紹介する．

　この章の内容は最終的な結論も重要であるが，それに加えて，先人たちが難問を解決するために常識を放棄し，試行錯誤の末に"**量子**"という全く新しい自然の姿を発見するに至ったその道のりに知的冒険としての価値がある．

2.1 空洞輻射とエネルギー量子の発見

2.1.1 空洞輻射の実験

　19世紀後半のヨーロッパ，とりわけドイツでは鉄鋼業が盛んになっており，良質の鉄を精錬するために溶鉱炉の温度を正確に調節する必要があった．その当時には鉄が溶けるような高い温度を測れる温度計が存在しなかったため，職人が小さな窓から炉内を覗き，炉から発する光の色を見て炉内のおおよその温度を判断していた．しかし，これでは正確な温度を知ることはできないため，職人の経験と勘に頼ることのない科学的な温度測定方法の確立が望まれていた．

　こうして19世紀末に物理学者たちは，溶鉱炉に対応する実験室での装置

2.1 空洞輻射とエネルギー量子の発見

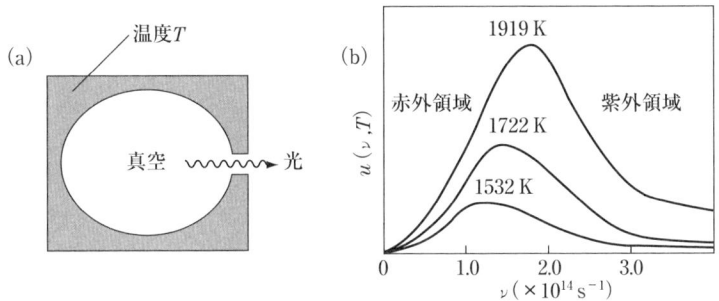

図 2.1 (a) 空洞輻射の模式図
(b) 空洞スペクトルの実験結果

として,温度 T に熱した物体(例えば鉄の塊)を考えた.その中に空洞をつくれば,空洞の温度は T で,その中は,物体から放出された電磁波(光)で満たされることになる(図 2.1(a)).このような放射を**空洞輻射**とよぶ.

ある温度 T において空洞内にはどのような振動数 ν の光が存在して,そのエネルギー密度(輻射の強さとよぶ)が ν の関数としてどのような分布(**空洞スペクトル**とよぶ)を示すかを測定したところ,図 2.1(b) のような結果が得られた.縦軸の $u(\nu, T)$ は空洞の壁からの輻射の強さで,横軸の ν は振動数である.ウィーン (Wilhelm Wien) は,図 2.1(b) の実験結果を見て,物体の温度が高くなれば,放射される光の振動数のピークは高い方にシフトすること,すなわち波長は温度とともに短くなることに強い好奇心をもった.

物体の温度と光の振動数(色)との関係は,日常生活の中でも実感することができる.例えば,白熱電球を見ると,温度が低いとき,波長 600 nm あたりの黄色のような光になり,さらに温度が低いと赤く見えるようになる(〜波長 700 nm).

2.1.2 ウィーンの変位則と輻射公式

図 2.1(b) からわかるように,電磁波のエネルギー密度 $u(\nu, T)$ は,ある

振動数 (ν_{max}) で最大値を示す．また，ν_{max} は温度 T の上昇とともに大きくなる．1890 年頃には，ν_{max} は温度の変化に対して

$$\frac{\nu_{max}}{T} = C \qquad (2.1)$$

を満たしながら変化することが実験的に明らかになった．ここで，C は空洞の壁の材質や形状に依存しない普遍定数であり，

$$C = 5.8789 \times 10^{10} \, \text{s}^{-1} \cdot \text{K}^{-1} \qquad (2.2)$$

で与えられる．振動数 ν の代わりに波長 λ を用いて (2.1) 式を表すと

$$\lambda_{max} T = C' (= 2.898 \times 10^{-3} \, \text{m} \cdot \text{K}) \qquad (2.3)$$

となる．C と C' の値は，実験的に決められたものを示す．*

ウィーンは，空洞輻射のピークの波長が (2.3) 式のように，温度 T が低くなるにつれて T に反比例して長くなるという実験結果に興味を抱き，熱力学や統計力学の知識を駆使して，その原因を解き明かし，1883 年にその研究成果を発表した．こうして，(2.1) 式と (2.3) 式は，**ウィーンの変位則**とよばれ，ウィーンの変位則に現れる定数 C や C' は**ウィーンの変位定数**とよばれる．ウィーンの変位定数が空洞の壁の種類や形状によらない普遍定数であることは，空洞輻射の現象の背後に何か普遍的な原理が潜んでいることを予感させる．当時の物理学者たちが，ミクロな世界を支配する新しい物理法則の存在を意識し，それを築き上げる手掛かりの 1 つとして"空洞輻射"に目を付けたのも，空洞輻射の現象にたびたび現れる普遍定数の存在が大きい．

ウィーンは，さらに巧みな熱力学的考察を展開して，空洞輻射の現象論を構築した．ここでは，ウィーンの理論の詳細は省略し，その結論のみを示すことにする．

ウィーンの理論によると，温度 T の空洞内に存在する光のうち，振動数が ν と $\nu + d\nu$ の間の値をもつ空洞輻射の単位体積当たりのエネルギー $u(\nu, T) \, d\nu$

---

* $\nu_{max} \lambda_{max} = c$（光速度）の関係式は成り立たないことに注意．

(すなわち,空洞スペクトル)は,

$$u(\nu, T)\,d\nu = \frac{8\pi}{c^3} F\!\left(\frac{\nu}{T}\right)\nu^3\,d\nu \tag{2.4}$$

で与えられる.これを空洞輻射に関する**ウィーンの輻射法則**とよぶ.ここで,c は光速度,$F(\nu/T)$ は光の振動数 ν と空洞の温度 T の比 ν/T のみで決まる普遍関数である.ただし,熱力学的考察だけでは $F(\nu/T)$ の具体的な関数形を決定することはできない.なお,$d\nu$ の大きさは,その振動数の範囲内の光のエネルギー密度 $u(\nu, T)$ が一定と見なせるくらいに小さく,しかし,その範囲内に十分多くの固有振動が挟まれるくらいに大きいものと考える.

$F(\nu/T)$ は如何なる関数であるべきか.少なくとも,$F(\nu/T)$ は $\nu\to\infty$(紫外領域)において $1/\nu^3$ よりも速やかにゼロに収束するような関数でなければならない.もしそうでなければ,(2.4) 式のエネルギー密度 $u(\nu, T)\,d\nu$ が $\nu\to\infty$ で発散してしまう.そこでウィーンは,波長の異なる電磁波を分子のように考えてマクスウェルの気体分子運動論を用い,$F(\nu/T)$ を指数関数型の減衰関数

$$F\!\left(\frac{\nu}{T}\right) = k_{\mathrm{B}}\beta e^{-\beta\nu/T} \tag{2.5}$$

と仮定し,空洞スペクトルの振動数依存性の具体的な表式として

$$u(\nu, T)\,d\nu = \frac{8\pi k_{\mathrm{B}}\beta}{c^3} e^{-\beta\nu/T}\nu^3\,d\nu \tag{2.6}$$

を提唱した.

この表式を**ウィーンの輻射公式**とよび,本書では (2.4) 式のウィーンの輻射法則と区別する.ここで,$k_{\mathrm{B}} = 1.38065 \times 10^{-23}\,\mathrm{J\cdot K^{-1}}$ は**ボルツマン定数**,β は実験データと合うように決める定数であり,**ウィーン定数**とよばれる.実際,

$$\beta = 4.799237 \times 10^{-11}\,\mathrm{s\cdot K} \tag{2.7}$$

と選ぶことで,紫外領域の空洞スペクトルの実験データは (2.6) 式によって

見事に再現された．

この項で述べたウィーンの一連の研究成果は「空洞輻射に関する研究を量子力学の玄関口に導いた理論」として高く評価されて，ウィーンは1911年にノーベル物理学賞を受賞した．

2.1.3　レイリー‐ジーンズの輻射公式

1893年に発表された(2.6)式のウィーンの輻射公式は，その当時に観測されていた紫外領域の空洞スペクトルと見事に一致した．しかしその後，赤外領域の空洞スペクトルの測定結果が報告されはじめると，それらの結果がウィーンの輻射公式と一致しないことが判明した．

振動数の小さい赤外領域の空洞スペクトル $u(T, \nu)\,d\nu$ の振る舞いを説明する空洞輻射の理論は，レイリーによって1900年に発表され，その後，1905年にレイリーの下で学んでいた大学院生のジーンズ(James Jeans)によってその修正版が発表された．熱力学的考察に基づいたウィーンの理論とは対照的に，レイリー‐ジーンズの理論は，以下で説明するとおり，マクスウェルの電磁気学と古典統計力学の結論であるエネルギー等分配則に基づいた古典物理学の理論である．

マクスウェルの電磁気学によると，光は電場と磁場からなる横波（電磁波）である．したがって，空洞内の光，すなわち電磁波が空洞の壁と熱平衡状態にあるとき，電磁波は空洞内で定在波を形成する．つまり，空洞スペクトルの問題は，箱の中に閉じ込められた波の固有振動の問題と見なすことができる．以下では，この問題に取り組む準備として，両端が固定された長さ L の弦の振動について考えることからはじめよう．

図2.2のように，固定端の弦の固有振動がとり得る波長 λ は，波の節の数を $m = 0, 1, 2, \cdots, \infty$ とするとき，$\lambda = 2L/(m+1)$ で与えられる．例えば，ピアノやバイオリンの音色は，これらの固有振動が重ね合わさったものである．弦に伝わる波の速さを v とすると，波長 λ と振動数 ν の間には $\lambda\nu$

2.1 空洞輻射とエネルギー量子の発見

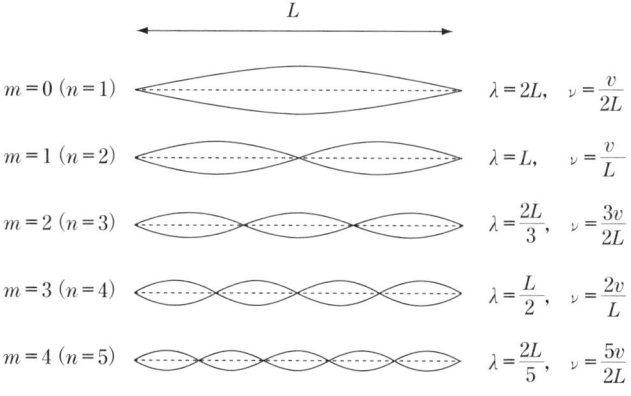

図 2.2 弦の固有振動

$=v$ の関係があるので，弦の固有振動数がとり得る値は $\nu = (v/2L) \times n$ に限られる．ただし，$n \equiv m+1 = 1, 2, 3, \cdots, \infty$ である．したがって，L が十分に大きいときには，ν と $\nu + d\nu$ との間にある固有振動の数 $Z(\nu)\,d\nu$ は，

$$Z(\nu)\,d\nu = \frac{2L}{v}\,d\nu \qquad (2.8)$$

で与えられる．

ここまでの議論は，3 次元の振動に容易に拡張できる．一辺の長さが L の正直方体の 3 次元の振動の場合には，x, y, z 方向にそれぞれ固有の振動数をもち，それらのとり得る値は，

$$\nu_x = \frac{v}{2L} n_x, \quad \nu_y = \frac{v}{2L} n_y, \quad \nu_z = \frac{v}{2L} n_z \quad (n_{x,y,z} = 1, 2, 3, \cdots, \infty) \qquad (2.9)$$

となる．なお，簡単のため，波の速さ v は x, y, z 方向で等しいとした．

図 2.3 (a) に，ν_x-ν_y 平面上で固有振動がとり得る ν_x, ν_y の値を格子点で示した．振動数の大きさが $\nu \equiv \sqrt{\nu_x^2 + \nu_y^2 + \nu_z^2}$ から $\nu + d\nu$ の区間にある固有振動の数 $Z(\nu)\,d\nu$ は，

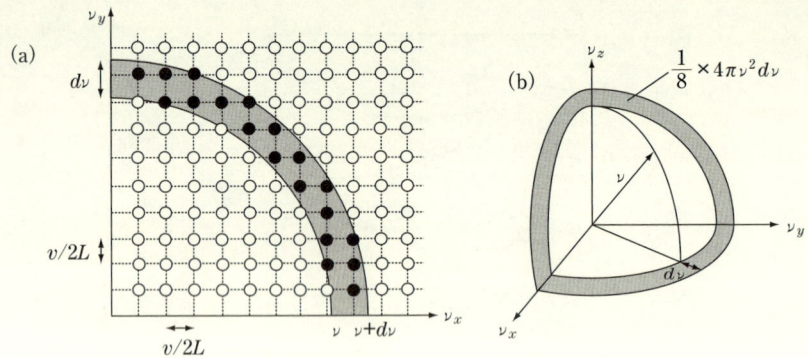

図 2.3 固有振動数の評価の方法
(a) ν_x-ν_y 平面上で固有振動がとり得る ν_x, ν_y の値を格子点で示す.
(b) ν_x, ν_y, ν_z 空間での固有振動の存在する領域

$$Z(\nu)\, d\nu = \frac{1}{8} \times 4\pi \nu^2\, d\nu \left(\frac{2L}{v}\right)^3 = \frac{4\pi L^3}{v^3} \nu^2\, d\nu \qquad (2.10)$$

である.(2.10)式の計算で 1/8 を掛けたのは,3 次元の振動数空間の体積 $4\pi\nu^2 d\nu$ の球殻の中に属する固有振動のうち,ν_x, ν_y, ν_z のいずれもが正の状態(球全体の 1/8)のみを数え上げるためである(図 2.3 (b)).

以上の結果を空洞内の電磁波に適用するには,まずは,波の速さ v として光速度 c ($= 2.99 \times 10^8$ m·s^{-1}) を用いなければならない.また,電磁波は横波であり 2 つの偏りがあるので,同一の n_x, n_y, n_z の組み合わせで指定される固有振動が 2 つずつ存在する.したがって,ν から $\nu + d\nu$ の間に固有振動数をもつ電磁波の数は,(2.10)式を 2 倍して

$$Z(\nu)\, d\nu = 2 \times \frac{4\pi L^3}{c^3} \nu^2\, d\nu \qquad (2.11)$$

となる.

レイリーとジーンズは,(2.11)式を用いて空洞スペクトル $u(\nu, T)\, d\nu$ を求めるために,

2.1 空洞輻射とエネルギー量子の発見

> 電磁波の振動数が高かろうが低かろうが，1つの固有振動当たり，同じエネルギー量 (k_BT) が分配される

というエネルギー等分配則を仮定した．こうして，空洞スペクトルは，(2.11)式を空洞の体積 $V = L^3$ で割ったものに k_BT を掛けて，

$$u(\nu,\,T)\,d\nu = k_BT \times \frac{Z(\nu)\,d\nu}{L^3} = \frac{8\pi}{c^3}k_BT\nu^2\,d\nu \qquad (2.12)$$

で与えられ，この表式をレイリー-ジーンズの輻射公式とよぶ．なお，(2.12)式の導出には直方体の空洞を仮定したが，(2.12)式は直方体でない空洞に対しても一般的に成り立つ．

レイリー-ジーンズの輻射公式では，空洞スペクトルが振動数 ν の2乗(ν^2)に比例するが，この依存性は ν の低い赤外領域の空洞スペクトルの実験結果と一致する（図2.4を参照）．しかし，ν が赤外領域から大きくなると発散の傾向を示し，実験結果を全く説明できない．他方，図2.4の点線に示されたウィーンの輻射公式による空洞スペクトルの振動数依存性は，ν の低い赤外領域から ν のピーク($\nu_{\max}$)あたりまでの領域で，実験結果との一致はよくない．

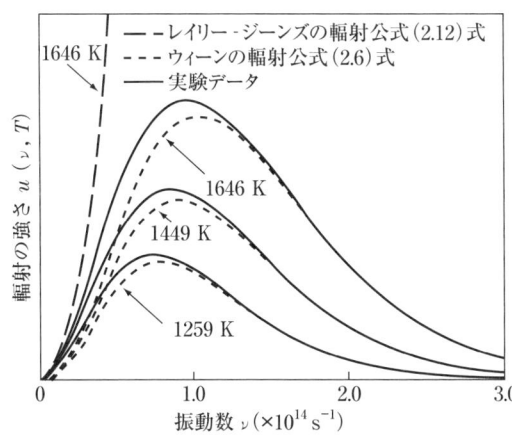

図 2.4 空洞スペクトルの実験データと，レイリー-ジーンズの輻射公式とウィーンの輻射公式の比較

エネルギー等分配則の破綻

(2.12) 式のレイリー-ジーンズの輻射公式は，(2.4) 式の普遍関数を $F(\nu/T) = k_B T/\nu$ としたものである．$F(\nu/T) = k_B T/\nu$ は $\nu \to \infty$ において $1/\nu^4$ よりも収束が弱いため，$u(\nu, T)$ が $\nu \to \infty$ で発散する（**紫外発散問題**）．この非物理的な紫外発散は，高い振動数状態にエネルギーを等分配したことに起因する．もはや，古典物理学の帰結であるエネルギー等分配則が紫外領域で破綻していると考えざるを得なかった．こうして，19 世紀末から 20 世紀初頭の物理学者たちは，古典物理学の限界を徐々に認識しはじめた．

2.1.4 プランクの理論

レイリー-ジーンズの輻射公式とウィーンの輻射公式はいずれも深刻な問題を抱えているものの，前者は振動数の小さい領域で実験結果と一致し，後者は振動数の大きい領域で実験結果と一致することは確かであった．プランク (Max Plank) はこの一致に目を付け，レイリー-ジーンズの公式とウィーンの公式を結び付ける新しい輻射公式の構築に取り組んだ．そして，後に"世紀の発見"とよばれるその成果を，1900 年 10 月にベルリンで行なわれた物理学協会例会において飛び入りで発表した．その内容を以下に要約する．

プランクは，(2.4) 式の普遍関数 $F(\nu/T)$ として

$$F\left(\frac{\nu}{T}\right) = \frac{k_B \beta}{e^{\beta \nu/T} - 1} \tag{2.13}$$

を採用した．ここで，β は (2.7) 式のウィーン定数である．(2.4) 式に (2.13) 式を代入することにより，空洞スペクトルは

$$u(\nu, T)\, d\nu = \frac{8\pi h}{c^3} \frac{1}{e^{h\nu/k_B T} - 1} \nu^3\, d\nu \tag{2.14}$$

で与えられる．これを**プランクの輻射公式**とよぶ．ただし，$h = k_B \beta$ は**プランク定数** (Plank's constant) とよばれ，その値は

$$h = 6.62606957 \times 10^{-34}\, \text{J·s} \tag{2.15}$$

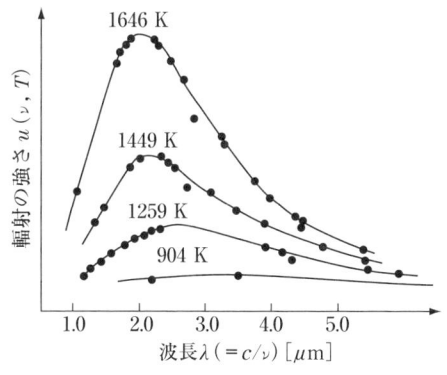

図 2.5 空洞スペクトルの実験データとプランクの輻射公式の比較．黒丸は実験データ，実線はプランクの輻射公式による計算結果．

である．

プランクの輻射公式と空洞スペクトルの実験データとの比較が図 2.5 であるが，あらゆる波長領域でプランクの輻射公式（実線）が実験データ（黒丸）と一致していることがわかる．

―例題 2.1― プランクの輻射公式の低い振動数極限と高い振動数極限

（1） $h\nu \ll k_{\rm B}T$ を満たす低振動数領域において，プランクの輻射公式がレイリー‐ジーンズの輻射公式と一致することを示せ．

（2） $h\nu \gg k_{\rm B}T$ を満たす高振動数領域において，プランクの輻射公式がウィーンの輻射公式と一致することを示せ．

［解］（1） $h\nu/k_{\rm B}T \ll 1$ であるから，$e^{h\nu/k_{\rm B}T} \to 1 + h\nu/k_{\rm B}T$ を用いて

$$u(\nu, T)\, d\nu = \frac{8\pi h}{c^3} \frac{1}{e^{h\nu/k_{\rm B}T}-1} \nu^3 \, d\nu \to \frac{8\pi}{c^3} k_{\rm B}T \nu^2 \, d\nu$$

となって，レイリー‐ジーンズの輻射公式と一致する．

（2） $h\nu/k_{\rm B}T \gg 1$ であるから，$e^{h\nu/k_{\rm B}T} \gg 1$ を用いて

$$u(\nu, T)\, d\nu = \frac{8\pi h}{c^3} \frac{1}{e^{h\nu/k_{\rm B}T}-1} \nu^3 \, d\nu \to \frac{8\pi h}{c^3} e^{-h\nu/k_{\rm B}T} \nu^3 \, d\nu$$

となって，ウィーンの輻射公式と一致する．

2.1.5 プランクのエネルギー量子仮説

1900年10月の発表時点では,プランクの輻射公式は(プランク自身が述べているように)幸運にも見つけた内挿式にすぎなかった.つまり,プランクの輻射公式は空洞輻射の実験データと一致するものの,その物理的な意味や導出方法は全く不明であった.しかし,プランクはこの問題に自ら取り組み,わずか2ヵ月後の1900年12月にその成果を発表した.

プランクの空洞輻射の理論では,まず,**エネルギー量子**という古典物理学とは全く異なる自然観を含む概念を導入する.

プランクの量子仮説

空洞内に存在する振動数 ν の電磁波のエネルギーは,連続的な値をとることができず,**エネルギー量子** $h\nu$ を単位として
$$\varepsilon_n = nh\nu \quad (n = 0, 1, 2, \cdots, \infty)$$
の離散値で与えられる.これを**エネルギーの量子化**とよぶ.

すなわち,プランクの量子仮説では,すべての物体がそれ以上分割することのできない粒子から構成されているように,エネルギーも連続的な量ではなく,それ以上に分割できない素量(エネルギー量子)$h\nu$ からできているというわけである.

それでは,プランクの量子仮説に基づいて (2.14) 式のプランクの輻射公式を導いてみよう.ボルツマンの統計力学によると,温度 T の熱平衡状態にある空洞内の光がエネルギー $\varepsilon_n = nh\nu$ をとる確率 $P_n(T)$ は

$$P_n(T) = \frac{e^{-\varepsilon_n/k_B T}}{\sum_{m=0}^{\infty} e^{-\varepsilon_m/k_B T}} \quad (2.16)$$

で与えられる.この確率分布を用いて,振動数 ν の光の平均エネルギー $\langle \varepsilon \rangle$ を計算すると,

2.2 光電効果

$$\langle \varepsilon \rangle = \sum_{n=0}^{\infty} \varepsilon_n P_n(T) = h\nu \frac{\sum_{n=0}^{\infty} nx^n}{\sum_{m=0}^{\infty} x^m} \quad (2.17)$$

となる．ただし，$x \equiv e^{-h\nu/k_B T}\,(0 < x < 1)$ とおいた．また，(2.17) 式の分母と分子の等比級数はそれぞれ

$$\sum_{m=0}^{\infty} x^m = \frac{1}{1-x}, \quad \sum_{n=0}^{\infty} nx^n = \frac{x}{(1-x)^2} \quad (2.18)$$

と書き直すことができるので，平均エネルギー $\langle \varepsilon \rangle$ は

$$\langle \varepsilon \rangle = \frac{h\nu}{e^{h\nu/k_B T} - 1} \quad (2.19)$$

となる．これに，(2.11) 式で与えた ν から $\nu + d\nu$ の間の振動数をもつ光の状態数を掛け，体積 L^3 で割ることで，(2.14) 式のプランクの輻射公式が導びかれる．

こうして，様々な難問を抱えていた空洞輻射の問題は，プランクのエネルギー量子仮説によって首尾一貫した説明がなされた．量子力学時代の幕開けである．

2.2 光電効果

2.2.1 アインシュタインの光量子仮説

空洞内の光と空洞の壁とが熱平衡にあるとき，両者のエネルギーの平均値は時間変化せず一定であるものの，光と空洞の壁との間では常にエネルギーの交換が行なわれているため，各々のエネルギーは平均エネルギーの周りを揺らいでいる．また，プランクの量子仮説によると，空洞内の光のエネルギーが $h\nu$ を単位に離散化されているので，光と空洞の壁との間のエネルギー移動量も，$h\nu$ を単位として行なわれるはずである．しかし，ある瞬間に有限の

量のエネルギーの塊が瞬時に移動することは，マクスウェルの電磁気学では不可能である．なぜならば，マクスウェルの電磁気学では光は空間的に拡がった電磁波であり，エネルギーの伝播速度は有限だからである．

1905年にアインシュタインは，上述のようなエネルギーの塊が瞬時に移動する現象を説明するために，

> 光は $h\nu$ のエネルギーをもった"粒子"の集まりである

と提唱した．これを**アインシュタインの光量子仮説**とよぶ．

光量子仮説によると，$h\nu$ のエネルギーをもった粒子（**光量子**あるいは**光子**（photon））が空洞内を飛び回っており，空洞の壁が光子を吸ったり吐いたりすることによって，エネルギーの瞬間移動が起こる．このアインシュタインのアイデアは，プランクの量子仮説を進展させたものである．つまりアインシュタインは，光のエネルギーが $h\nu$ を単位とした離散的な値しかとりえないとするプランクのエネルギー量子仮説に，エネルギー $h\nu$ をもつ光量子（光子）という実体を与えたのである．

果たして，本当に光子は存在するのであろうか．その存在を実証するためには，空洞輻射の実験のような間接的手法ではなく，直接的に光子の存在を捕らえる実験が必要である．そのような実験としてアインシュタインが目を付けたのが，次に説明する**光電効果**の実験である．

2.2.2 レーナルトの実験

マクスウェルによって予言された電磁波を実証したことで有名なヘルツ（Heinrich Hertz）は，その実証実験を行なっている最中，金属板（亜鉛板）に光（紫外線）を照射すると金属板が正に帯電することを発見した（1887年）．これは，照射光によって金属板から負の荷電粒子が失われたことを意味する．

ヘルツの弟子であるレーナルト（Philipp Lenard）は，この実験をさらに推し進め，照射光によって物体から飛び出す荷電粒子の比電荷を測定し，それ

が電子であることを確認した (1900 年).

このように照射光によって物体から電子が飛び出すことを**光電効果** (photoelectric effect) とよび,飛び出した電子を**光電子** (photoelectron) とよぶ.以下に,レーナルトの実験結果を要約する.

レーナルトの実験結果

1. 光電効果は,ある閾値以上の振動数の光を金属板に照射しなければ起こらない.
2. 金属から放出された光電子 1 個当たりの運動エネルギーは,照射光の強度に依存せず,照射光の振動数のみに依存する.
3. 単位時間当たりの光電子の数は,照射光の振動数に依存せず,照射光の強度のみに依存する.

マクスウェルの電磁気学では,光は電磁波(横波)であり,そのエネルギーは波の振幅の 2 乗に比例する.したがって,光の強度(振幅)を大きくすると放出される光電子のエネルギーは大きくなるはずであるが,これはレーナルトの実験結果 2 と相容れない.また光の電磁波説では,どんなに振動数の小さな光でも強度を大きくすれば電子が放出されるはずであるが,これは実験結果 1 と矛盾する.さらに,光を波と考える限り,実験結果 3 を説明するのは困難である.

このように,マクスウェルの電磁気学の範疇で光電効果の実験結果を説明するのは極めて難しく,空洞スペクトルと同様,20 世紀初頭の物理学者たちの好奇心を大いに掻き立てた.そのような中,アインシュタインは,光電効果こそが,彼自身が提唱する**光量子仮説**の直接的証拠であることを見抜いたのである.

2.2.3 アインシュタインの光電効果の理論

アインシュタインは,光電効果の実験結果を光量子仮説により次のように

説明した．振動数 ν の光を金属板に照射すると，金属内の電子が光のエネルギー $h\nu$ を吸収する．このとき，$h\nu$ が金属の内部から外部へ電子を放出するのに必要なエネルギー W (**仕事関数** (work function)) より大きいならば，電子の運動エネルギー E はエネルギー保存則より，

$$E = h\nu - W \tag{2.20}$$

で与えられる（図 2.6 を参照）．また，$h\nu$ が W より小さいときには，電子は金属内部から外に出ることができず，光電効果は起こらない．ここで，仕事関数 W は物質（いまの場合は金属）に固有の値である．

このように，アインシュタインの光量子仮説では，レーナルトの実験

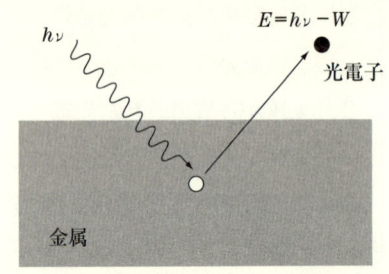

図 2.6　光電効果の概念図

結果 1 と 2 を自然に説明することができる．また光量子仮説では，光の強度は光子の数に対応するので，レーナルトの実験結果 3 も説明がつく．

それにも関わらず，光の電磁波説と相容れないアインシュタインの光量子仮説は，すぐには万人に受け入れられなかった．電子の電荷量を計測する油滴の実験で有名なミリカン (Robert Millikan) も光の電磁波説を信じていた研究者の一人であり，アインシュタインの理論の誤りを見つけるべく，光電効果に関する精密な実験を繰り返した．17 年におよぶその検証実験の結果は，ミリカンの思いに反して，アインシュタインの提唱した (2.20) 式が極めて精度良く成立していることを示した (1916 年)．これにより，アインシュタインは 1921 年にノーベル物理学賞を受賞した．

その後の 1923 年には，コンプトン (Arthur Compton) によって X 線と電子の非弾性散乱（**コンプトン散乱**）の実験が行なわれ，光量子（光子）は仮想粒子ではなく，実際に存在する粒子（実在粒子）であることが確定的となった（章末問題 [2.3]）．

2.3 原子の輝線スペクトル

2.3.1 様々な原子模型

20世紀初頭には，すべての物質が原子から構成されていることはすでに多くの科学者たちによって認知されていたものの，原子の構造に関しては全く不明であり，信頼できる原子模型の構築が当時の物理学者たちの関心の1つであった．

トムソンの原子模型（ぶどうパン型原子模型）

1903年，電子の発見で有名なJ. J. トムソン（Joseph John Thomson）が，正の電荷を帯びた球体の中に負の電荷をもつ電子をまばらに配置した"ぶどうパン"のような原子模型（図2.7 (a)）を提案したが，これは明らかにエネルギー的に不安定であり，定着しなかった．

長岡の原子模型（土星型原子模型）

日本の長岡半太郎は，正の電気を帯びた球体が中心にあり，その周りを土星の輪のように電子が回っている原子模型（図2.7 (b)）を提案した．長岡の原子模型は力学的には安定であるが，電磁気学まで考慮すると安定ではない．なぜなら，マクスウェルの電磁気学では，負の電荷をもった電子が円運動をすると，その回転の振動数に等しい電磁波を放出するため，電子はエネ

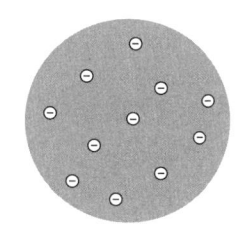

(a) トムソンの原子模型（ぶどうパン型原子模型）　(b) 長岡の原子模型（土星型原子模型）　(c) ラザフォードの原子模型（太陽系型原子模型）

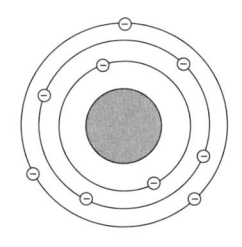

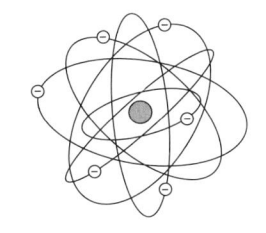

図2.7 様々な原子模型．灰色部分は正の電荷を帯びた部分を表す．

ルギーを失って原子核に落ち込んでしまい,原子が潰れてしまうからである.

ラザフォードの原子模型(太陽系型原子模型)

マンチェスター大学の教授であったラザフォード(Ernest Rutherford)は,助手のガイガー(Hans Geiger)と学生のマースデン(Ernest Marsden)と共に,金箔にアルファ粒子を衝突させる散乱実験を行なった(図 2.8 を参照).その結果,ほとんどのアルファ粒子はわずかしか進路を変えずに金箔を通過するが,ごく稀に(2 万回に 1 回程度の割合で)アルファ粒子が金箔に跳ね返されることが判明した.

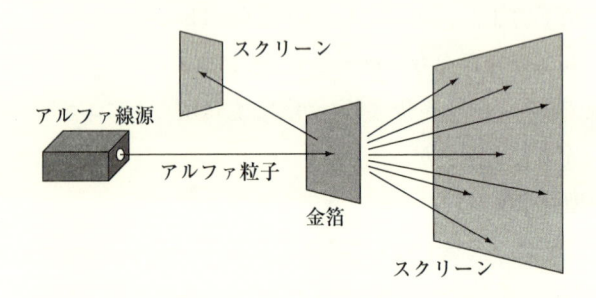

図 2.8 ラザフォードの散乱実験の模式図

このことからラザフォードは,新しい原子模型として「原子の中心に,その質量のほとんどを有する正電荷をもった原子核が存在し,その周りを電子が回転している」という太陽系のような原子模型(図 2.7 (c))を 1911 年に提唱した.これは長岡の原子模型と似ているが,原子核の大きさが非常に小さい(原子の大きさの 10 億分の 1 程度である)ことが,長岡の原子模型と決定的に異なる点である(図 2.7 (c) では,原子核を大き目に描いている).

ラザフォードの原子模型はアルファ粒子の散乱実験の結果を良く再現できたが,様々な問題を抱えていた.第 1 に,原子の大きさや原子核の周りに電子の軌道を決めている要因が不明である.第 2 に,長岡の原子模型と同じように,電子が円運動をすることによって電磁波を放出するため,電子はわずか 10 ピコ秒(10^{-11} 秒)程度で原子核に落ち込み,原子は潰れてしまうことになる.

2.3.2 水素原子の輝線スペクトル

原子が安定に存在することを説明する理論を構築する上で重要な実験事実として，以下で説明する原子の**輝線スペクトル**がある．エネルギーの高い状態に励起された原子から放射される光は，2.1節で学んだ空洞スペクトルのような連続スペクトル（図2.1を参照）ではなく，いくつかの離散的な光の線（**輝線**）からなる輝線スペクトルを示す．図2.9に水素原子の輝線スペクトルを示す．

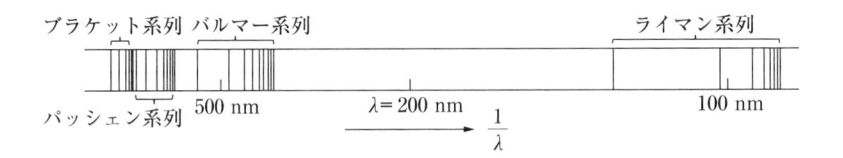

図2.9 水素原子の輝線スペクトル．ただし，プント系列とハンフリース系列は省略してある．

水素原子の可視光領域の輝線スペクトルに関しては，1885年にスイスの中学校の教師であったバルマー（Johann Jakob Balmer）が，

$$\lambda = f \frac{m^2}{m^2 - 4} \tag{2.21}$$

に従うことを発見した（**バルマーの公式**）．ただし，$f = 364.56\,\mathrm{nm}$, $m = 3, 4, 5, 6$である．その後，近紫外領域に$m > 7$に対応する輝線スペクトルが存在することも発見された．バルマーの公式に従う水素原子の輝線スペクトル系列を**バルマー系列**という（図2.9を参照）．

バルマーの発見から5年後の1890年には，スウェーデンの物理学者リュードベリ（Johannes Rydberg）が水素原子の輝線スペクトルを2つの整数nとmを用いて

$$\frac{1}{\lambda} = R \left\{ \frac{1}{(n+a)^2} - \frac{1}{(m+b)^2} \right\} \quad (m > n) \tag{2.22}$$

と表した (**リュードベリの公式**). ここで, $R = 1.0973731 \times 10^7 \, \text{m}^{-1}$ (**リュードベリ定数**) である. (2.21) 式のバルマーの公式は (2.22) 式のリュードベリの公式の特別な場合で, $n = 2$, $a = b = 0$ の場合に当たる.

リュードベリの公式はバルマー系列を再現するだけでなく, $n = 2$ 以外の未発見の系列の存在も予言した. 実験的に発見された水素原子の輝線スペクトル系列を表 2.1 にまとめる (いずれも $a = b = 0$ である).

表 2.1 水素原子の輝線スペクトル系列

n	m	系列名 (発見年)	波長領域
1	2, 3, 4, ⋯	ライマン系列 (1906 年)	遠紫外
2	3, 4, 5, ⋯	バルマー系列 (1885 年)	紫外可視光
3	4, 5, 6, ⋯	パッシェン系列 (1908 年)	赤外
4	5, 6, 7, ⋯	ブラケット系列 (1922 年)	近赤外
5	6, 7, 8, ⋯	プント系列 (1924 年)	遠赤外
6	7, 8, 9, ⋯	ハンフリース系列 (1953 年)	遠赤外

(2.22) 式のリュードベリの公式は, 原子模型を構築する際の指導原理といえる. 次の項では, ラザフォードの原子模型が抱えていた問題を解消し, リュードベリの公式を満足する原子理論について述べる.

2.3.3 ボーアの理論

ラザフォードの原子模型は, アルファ粒子の散乱実験を見事に説明するものの, 次の 2 つの問題を抱えていた.

1. 原子の大きさや原子核の周りを回る電子の軌道が不明
2. 安定な電子軌道が存在する理由が不明

これらの問題を解消するために, 1913 年にコペンハーゲン大学のニールス・ボーア (Niels Bohr) は, プランクの量子仮説とアインシュタインの光量子仮説を原子内の電子に適用することで, 独自の原子理論を提唱した.

ボーアの原子理論は次の量子仮説に基づく.

2.3 原子の輝線スペクトル

> **ボーアの量子仮説**
>
> 1. **第1仮説（量子条件）**
>   電子の角運動量が $h/2\pi$ の自然数倍であるとき，電子は電磁波を放射せずに原子核の周りを安定に回る**定常状態**となる．
> 2. **第2仮説（振動数条件）**
>   エネルギー E_m の定常状態にある電子が別のエネルギー E_n の定常状態に移る（**遷移**する）とき，$h\nu = E_n - E_m$ のエネルギーの光子を放射 ($E_n < E_m$) あるいは吸収 ($E_n > E_m$) する．

以下で，この仮説に基づいて水素原子の電子軌道の大きさを求め，さらに，水素原子の輝線スペクトルに関するリュードベリの公式を導いてみよう．

ボーアの水素原子模型

質量 m_e と電荷 $q = -e (<0)$ の電子が，$+e$ の正電荷をもつ原子核の周りを半径 r の円軌道上を速度 v で等速円運動しているとする（ラザフォードの原子模型）．電子にはたらく遠心力と，電子と原子核の間にはたらくクーロン力がつり合って円運動をしていることから，この電子に対する（動径方向の）ニュートンの運動方程式は，

$$m_e \frac{v^2}{r} = \frac{1}{4\pi\varepsilon_0} \frac{e^2}{r^2} \tag{2.23}$$

で表される．ここで，左辺は電子にはたらく遠心力，右辺は電子と原子核の間にはたらくクーロン力である．

また，電子の角運動量は $m_e v r$ であるから，ボーアの第1仮説（量子条件）は

$$m_e v r = \frac{h}{2\pi} n \quad (n = 1, 2, 3, \cdots) \tag{2.24}$$

である．この量子条件 (2.24) 式を (2.23) 式に代入すると，量子力学的に許される安定な軌道の半径 r_n が

$$r_n = \frac{\varepsilon_0 h^2}{\pi m_e e^2} n^2 \quad (n = 1, 2, 3, \cdots) \tag{2.25}$$

と求まる(**軌道の量子化**).ここで,軌道の大きさを定める自然数 n は**主量子数**(principal quantum number)とよばれる.

このように,ラザフォードの原子模型では原子の大きさを確定できなかったが,ボーアの原子模型では原子の大きさを決定できる.それでは,果たしてボーアの原子模型は現実の水素原子を正しく記述できているのであろうか.それを確認するためには,ボーアの原子模型を用いて輝線スペクトルを計算し,それがリュードベリの公式と一致することを確かめる必要がある.

そこで,まずボーアの原子模型において,定常状態のエネルギー E_n を計算することからはじめよう.電子の全エネルギーは運動エネルギーとポテンシャルエネルギーの和として与えられるので,定常状態のエネルギー E_n は,

$$E_n = \frac{1}{2} m_e v^2 - \frac{e^2}{4\pi\varepsilon_0 r_n} = -\frac{m_e e^4}{8\varepsilon_0^2 h^2} \frac{1}{n^2} \tag{2.26}$$

と求まる.ここで,(2.24)式と(2.25)式を用いた.(2.26)式のように量子化されたエネルギー値を**エネルギー準位**(energy level)とよぶ.そして,エネルギー準位のうち,主量子数が $n=1$ の最もエネルギーの小さい定常状態を**基底状態**(ground state)とよぶ.基底状態の軌道半径 r_1 を a_B と記すと,

$$a_B = \frac{\varepsilon_0 h^2}{\pi m_e e^2} \approx 0.53 \times 10^{-10} \text{ m} = 0.53 \text{ Å} \tag{2.27}$$

である.ここで a_B は**ボーア半径**(Bohr radius)とよばれる.

次に,ボーアの原子模型のエネルギー準位 E_n を用いて,水素原子の輝線スペクトルを求める.光の波長 $\lambda = c/\nu$ を用いるとボーアの第2仮説の振動数条件は,

$$E_n - E_m = h\nu = \frac{hc}{\lambda} \tag{2.28}$$

と書けるので,これに(2.26)式を代入することによって,

$$\frac{1}{\lambda} = R\left(\frac{1}{n^2} - \frac{1}{m^2}\right) \tag{2.29}$$

を得る．これは (2.22) 式のリュードベリの公式で $a = b = 0$ とした場合に他ならず，リュードベリ定数 R は

$$R = \frac{m_e e^4}{8\varepsilon_0^2 h^3 c} \approx 1.0973731 \times 10^7 \, \text{m}^{-1} \tag{2.30}$$

と与えられ，実験結果と大変良く一致する．

こうして，ボーアの原子模型は水素原子の状態を記述するために有効な模型として広く受け入れられるようになった．

2.3.4 前期量子論の限界

ボーアの理論は，水素原子の輝線スペクトルを見事に説明したものの，ヘリウムなどの多電子原子の輝線スペクトルや化学結合を説明できない．また，原子が放出あるいは吸収する光の強度を説明することもできないなどの問題を抱えていた．

また，ボーアの理論では角運動量の量子化（あるいは軌道の量子化）からエネルギーの量子化が導かれるものの，角運動量の量子化が天下り的に導入され，その仕組みや根拠は全く不明である．これらのことからもわかるように，ボーアの理論は完成された量子論ではなく，発展途上の未完成理論であった．そのため，プランクの量子仮説，アインシュタインの光量子仮説，そして，ボーアの原子理論までの発展途上の量子論を**前期量子論**とよぶ．次章では，量子論のその後の発展について述べる．

章末問題

[2.1] プランクの輻射公式 (2.14) 式からウィーンの変位則 (2.1) 式を導け．さらに，その結果を用いて (2.2) 式のウィーンの変位定数 C の数値を求めよ．ただし，方程式 $(3-x)e^x = 3$ の数値解は $x = 2.8214$ とする．

[2.2] シュテファン (Josef Stefan) と弟子のボルツマン (Ludwig Boltzmann) は，空洞中の振動数 ν の空洞スペクトル，すなわち電磁波のエネルギー密度 $u(\nu, T)$ を全振動数領域にわたって積分したエネルギー密度

$$u(T) = \int_0^\infty u(\nu, T)\, d\nu \tag{2.31}$$

の温度依存性が T^4 に比例することを導いた．この法則 $u(T) = \alpha T^4$ を**シュテファン - ボルツマンの法則**とよぶ．プランクの輻射公式 (2.14) 式から，シュテファン - ボルツマンの法則を導け．また，この法則に現れる定数 α（シュテファン - ボルツマン定数）の数値を求めよ．

[2.3] 図のように，振動数 ν の光子（運動量 $h\nu/c$，エネルギー $h\nu$）が，静止した電子に衝突し，衝突後に電子（質量 m_e）は速さ v で弾き飛ばされ，散乱後の光子の振動数は ν' であったとする．相対論的なエネルギー保存の法則は

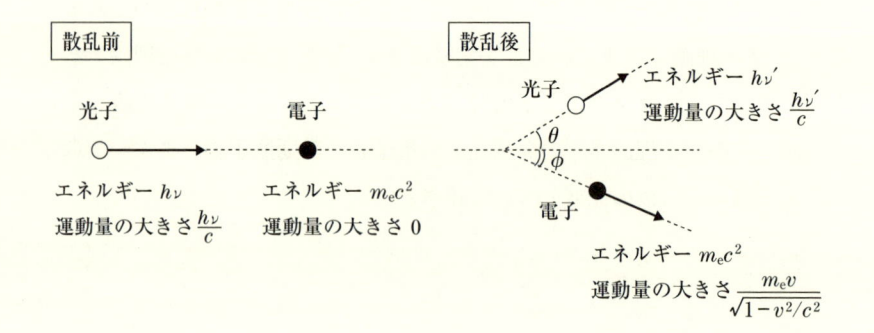

図 2.10

$$hν + m_\mathrm{e}c^2 = hν' + \frac{m_\mathrm{e}c^2}{\sqrt{1 - \dfrac{v^2}{c^2}}} \tag{2.32}$$

であり，運動量保存の法則は

$$\frac{hν}{c} = \frac{hν'}{c}\cosθ + \frac{m_\mathrm{e}v}{\sqrt{1 - \dfrac{v^2}{c^2}}}\cosφ \tag{2.33}$$

$$0 = \frac{hν'}{c}\sinθ + \frac{m_\mathrm{e}v}{\sqrt{1 - \dfrac{v^2}{c^2}}}\sinφ \tag{2.34}$$

である．これらを用いて，散乱後の光子の振動数 $ν'$ を求めよ．

[**2.4**] ボーアの水素原子模型では，水素原子に束縛された電子の基底状態 (主量子数 $n=1$) において，電子は原子核を中心とした半径 a_B (ボーア半径)の円周上を速度 $v = h/2πm_\mathrm{e}a_\mathrm{B}$ で等速円運動している ((2.24)式を参照)．この電子のつくる磁気モーメント(**ボーア磁子**(Bohr magnet)) $μ_\mathrm{B}$ を求めよ．

Tea Time

ウィーンの変位則やプランクの輻射公式などの光の輻射に関する法則は，私たちの身の回りの様々な事柄と関連している．

（1） 医療への応用

人間の体温は37℃程度であるので，ウィーンの変位則からわかるように，我々の体は9 μm 程度の波長の電磁波（赤外線）を発している．暗闇でも赤外線カメラを使えば人や動物を発見できるのは，このためである．また，医療分野においては，外から見えない炎症を起こしている患部を赤外線カメラで発見したり，癌などの特定の患部に一定期間とどまる薬を投与して患部を発熱させ，それを小型の赤外線カメラで見るなど，ウィーンの変位則を利用した医療機器が活躍している．

（2） 太陽の表面温度

太陽光のスペクトルの最大値を与える波長は $\lambda_{max} = 0.5\,\mu$m（紫色）程度である．したがってウィーンの変位則から，太陽の表面温度は約 5800 K と見積もられる．ウィーンの変位則は，太陽に限らず様々な恒星の表面温度を見積もることができるため，天文学の発展に大きく貢献した．なお，一般的には，赤い星より青い星の方が温度が高い．

（3） 地球環境

地球は 10 μm 前後の波長の赤外線を宇宙に向けて放射している（地球放射）．昼は太陽からの放射を受けて地表の温度は上昇するが，夜になると地球放射のために地表付近の気温が下がる（放射冷却現象）．雲があれば，雲による放射や反射によって地表付近の温度の低下は抑えられるが，雲 1 つない晴れた夜は温度の低下が著しい．

また，近年問題となっている地球温暖化は，人為的な要因により大気の成分が変化した結果，地球と宇宙との間で放射エネルギーの入出量が変化して，地球のエネルギー収支のバランスが崩れたことが大きな原因とされている．

（4） 宇宙の平均温度

我々の住む宇宙はビックバンとよばれる大爆発により誕生し，その後の膨張による冷却過程が現在に及んで，宇宙全体が巨大な空洞輻射系になったと考えられている．宇宙背景放射探索衛星による大気圏外での放射のスペクトルの最近の観測データは，プランクの輻射公式から，宇宙の平均温度が $T = 2.735$ K まで下ったと計算されている．

3 シュレーディンガーの波動力学

この章では,まず最初に,電子に対する"粒子と波の二重性"に関するド・ブロイの理論について述べ,電子の波動的側面を表すド・ブロイ波の概念を導入する.次に,ド・ブロイ波の波動量(波動関数)が従う波動方程式(シュレーディンガー方程式)について,また,波動関数は実在する波ではなく,確率波とよばれるものであることを述べる.

3.1 ド・ブロイの物質波

3.1.1 アインシュタイン-ド・ブロイの関係式

それまで"波"と信じられていた光が"粒子"の性質も合わせもつことが,1905 年にアインシュタインによって提唱された(光量子仮説).一方,1906 年に J. J. トムソンが電子を発見して以来,電子は"粒子"であると信じられていた.

1923 年,パリのソルボンヌ大学の大学院生であったド・ブロイ(Louis de Broglie)は,アインシュタインの"光の波動性と粒子性の二重性"の仮説に強く感銘を受け,"波"と考えられていた光が"粒子"としても振る舞うのであれば,逆に,"粒子"と考えられている電子が"波"として振る舞ってもよいはずだと考えた.この世紀の逆転の発想は,1924 年 11 月に「量子論の研究」と題した博士論文としてパリ大学に提出された.

ド・ブロイの発想

ド・ブロイは,アインシュタインの有名なエネルギーの式 $E = \sqrt{(pc)^2 + (mc^2)^2}$

に注目した．m と p は物体の静止質量と運動量，c は光速度である．光速度 c は光の波長 λ と振動数 ν を用いると $c = \lambda\nu$ で与えられる．この光速度の表式 $c = \lambda\nu$ と光子の質量 $m = 0$ を $E = \sqrt{(pc)^2 + (mc^2)^2}$ に代入すると

$$E = p\lambda\nu \tag{3.1}$$

となる．(3.1) 式の左辺にアインシュタインの関係式

$$E = h\nu \tag{3.2}$$

を代入すると，

$$\lambda = \frac{h}{p} \tag{3.3}$$

を得る．この式は，光の波動性を特徴づける波長 λ と光の粒子性を特徴づける運動量 p を結び付ける式であり，まさに光の二重性を表す式といえる．

ド・ブロイは，"粒子と波の二重性" は光に対してのみ成り立つようなものではなく，万物に成立する普遍的な法則と考えた．つまり，(3.2) 式と (3.3) 式は光に対してだけでなく，電子にも適用できることを提唱した．この (3.2) 式と (3.3) 式をセットにして**アインシュタイン - ド・ブロイの関係式**とよぶ．ド・ブロイは粒子に付随した波を実在する波と考え，それを**物質波**と名付けた．なお，(3.3) 式の λ を**ド・ブロイ波長**とよぶ．

光の波数 $k = 2\pi/\lambda$ と光の角振動数 $\omega = 2\pi\nu$ を用いてアインシュタイン - ド・ブロイの関係式を書き直すと，

$$E = \hbar\omega, \qquad p = \hbar k \tag{3.4}$$

となる．ここで，

$$\hbar \equiv \frac{h}{2\pi} \tag{3.5}$$

は**ディラック定数**とよばれる普遍定数であり，「エイチバー」と読む．

3.1.2 物質波によるボーアの量子仮説の解釈

2.3 節で学んだように，原子はボーアの第 1 仮説を満足するときのみ安定

3.1 ド・ブロイの物質波

である（原子が安定であることと，電子の軌道が安定であることはほぼ同義である）．しかし，ボーアの量子仮説は天下り的に導入されたため，なぜそのような量子仮説が成立するのかについては前期量子論の範囲では何も答えていない．そ

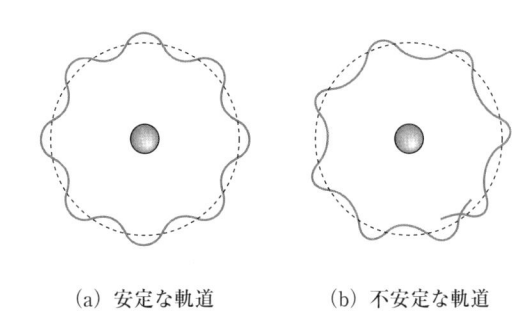

(a) 安定な軌道　　(b) 不安定な軌道

図 3.1 物質波と電子の軌道

こでド・ブロイは，物質波の概念を原子の中の電子に適用し，原子の安定性とボーアの量子仮説について次のような説明を与えた．

いま，電子が半径 r の円周上（これを電子軌道とよぶことにする）を等速円運動しているとする．ド・ブロイによると，この電子軌道が安定に存在するか否かは，電子の物質波が円周上で定在波を形成するか否かによって決まる．そして，定在波を形成するためには，円周の長さ $2\pi r$ が物質波の波長 λ の整数倍に等しくなければならない（図 3.1 (a)）．すなわち，

$$2\pi r = n\lambda \qquad (n = 1, 2, \cdots) \tag{3.6}$$

を満たすときに，電子軌道の円周上に物質波の定在波が形成され，電子軌道は安定な定常状態となる．逆に，この条件を満足しない場合には，物質波は定在波となりえず，電子軌道は不安定となって定常状態にならない（図 3.1 (b)）．実際，(3.6) 式にアインシュタイン – ド・ブロイの関係式 ($\lambda = h/mv$) を代入すると，(2.24) 式のボーアの量子条件が導かれる．

このように物質波の概念は，根拠不明であったボーアの量子条件に物理的な説明を与えたことから，理論的に説得力のあるものとなった．残る課題は，その実験的検証である．

3.1.3 ド・ブロイの物質波の実験的検証

ド・ブロイは「物質波を検出するには，電子線回折の実験（電子線を結晶に入射した際に，電子が結晶格子を構成する原子に反射され，反射した電子がブラッグの公式に従って干渉し合う様子を観測する実験）を行なえばよい」と主張したが，その根拠は以下の例題を解くことで理解できる．

例題 3.1 弾丸と電子のド・ブロイ波長

（1） 速さ $300\,\text{m}\cdot\text{s}^{-1}$ で進む，質量 $1.0\,\text{g}$ の弾丸のド・ブロイ波長を求めよ．

（2） $100\,\text{V}$ の電圧で加速された電子のド・ブロイ波長の値を計算せよ．ただし，プランク定数は $h = 6.6 \times 10^{-34}\,\text{J}\cdot\text{s}$，電子の質量は $m = 9.1 \times 10^{-31}\,\text{kg}$，電荷は $q = -e = -1.6 \times 10^{-19}\,\text{C}$ とする．

[解]（1） ド・ブロイ波長は (3.3) 式より，$p = mv$ とおいて

$$\lambda = \frac{h}{mv} = \frac{6.6 \times 10^{-34}\,\text{J}\cdot\text{s}}{(1.0 \times 10^{-3}\,\text{kg}) \times 300\,\text{m}\cdot\text{s}^{-1}} = 2.2 \times 10^{-33}\,\text{m} \qquad (3.7)$$

となる．この値は極めて小さく，現在の技術では観測できない．つまり，弾丸の波動性を観測することは，いまのところ不可能である．これが，我々が弾丸を粒子としてしか認識できない理由である．

（2） $100\,\text{V}$ で加速された電子のエネルギーは $E = eV$ であるから，電子の運動量は $p = \sqrt{2mE} = \sqrt{2meV}$ であるので，ド・ブロイ波長は (3.3) 式より

$$\lambda = \frac{h}{p} = \frac{h}{\sqrt{2meV}} = 1.2 \times 10^{-10}\,\text{m} \qquad (3.8)$$

であることがわかる．これは X 線の波長と同程度であり，結晶の格子定数（原子間距離）と同程度である．したがって，X 線を結晶に入射すると結晶格子の構造に反映した回折像が得られるのと同じように，$100\,\text{V}$ で加速された電子ビームを結晶に当てると回折像が得られるはずである．

ド・ブロイによる物質波の予言を検証するため，デヴィッソン（Clinton Davisson）とガーマー（Lester Germer）は，1927 年，ニッケルの単結晶の表

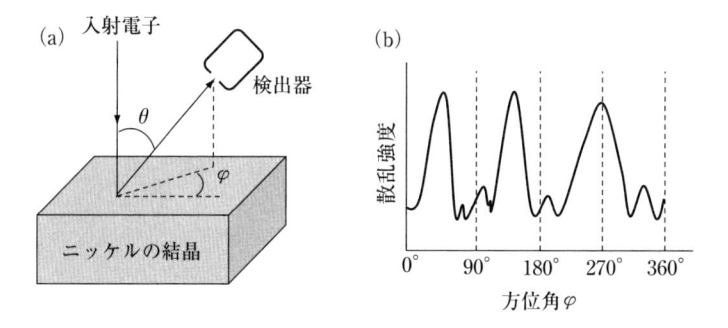

図 3.2 (a) デヴィッソンとガーマーの実験装置の概念図
(b) ニッケルの電子線散乱実験結果の略図

面に低速の電子線を入射させて散乱実験を行なったところ，電子が散乱される方向（方位角）と散乱強度の関係を示す曲線が規則的なデコボコを示すことを見出した（図 3.2）．この曲線は，X線が結晶で回折されるときに得られる強度と散乱角の関係によく似ていたことから，電子線もまた，電磁波のX線と同様，回折という波動の性質をもっていることを実験的に証明した．また，同年に G. P. トムソン（George Paget Thomson）も金箔で，その1年後の1928年には日本の菊池正士も雲母の薄膜で，電子線の回折現象を観測している．これらの実験事実により，電子は，粒子性と波動性を相補的に備えていることが明らかとなった．

余談であるが，金箔を用いて電子の波動性を確認した G. P. トムソンは，電子が粒子であることを発見した J. J. トムソンの息子である．父親は電子が粒子性をもつことを，息子は電子が波動性をもつことを示し，親子で相補的に電子の相補性を発見した．これは，何とも量子力学にふさわしいエピソードである．また，デヴィッソンとガーマーの実験は，大失敗の後に大成功に導いたもので，「失敗は成功のもと」の1つの例として，このエピソードを章末の *Tea Time* で取り上げることにする．

● 3.2 シュレーディンガー方程式 ●

前節で，電子が粒子と波動の両方の性質を兼ね備えていることを述べた．また，電子の粒子性と波動性の結び付きを示すアインシュタイン-ド・ブロイの関係式

$$E = \hbar\omega, \qquad p = \hbar k \qquad (3.9)$$

について述べた．それでは，物質波が従う波動方程式とはいかなるものだろうか．

この問題に真っ向から取り組み，物質波が従うべき波動方程式を見事に創り上げたのが，オーストリアの理論物理学者シュレーディンガー (Erwin Schrödinger) である．1926 年にシュレーディンガーは，ボーアの量子仮説に頼ることなく水素原子の輝線スペクトルを導き，電場や磁場による輝線スペクトルの分裂の説明にも成功した．その後も次々と未解決問題を解き明かしたシュレーディンガーの波動方程式は，古典力学では記述できないミクロな世界の基本方程式として広く受け入れられていった．こうして，量子力学という物理学の新しい分野が誕生したのである．

この節の主たる目的は，シュレーディンガー方程式の導出を通して，量子力学的世界と古典力学的世界の本質的な違いを理解することである．

3.2.1 波の性質と波動方程式

シュレーディンガー方程式の導出を行なう前に，"波"の性質について復習する．例えば，小石を水面に落とすと波紋が拡がっていく．水面に木の葉があれば，木の葉は波の進む方向に移動することなく，波の振幅に合わせて上下に揺れる．つまり，水面の水が波紋と一緒に進行しているわけではなく，水面の各点での水位（水面の高さ）が上下に振動していることがわかる．このように，"波"の特徴の 1 つは，何らかの振動が空間を伝播することである．

音波の場合には，気体や固体の密度の粗密が振動し，それが気体や固体中

3.2 シュレーディンガー方程式

を伝わる．気体や固体のように波を伝える物質のことを**媒質**とよぶが，光や電磁波は特殊で，電場ベクトルと磁場ベクトルの振動が真空中を媒質なしで伝播する横波である．余談であるが，光のこの特殊な性質のおかげで，我々は何光年も離れた星を眺めることができるのである．

水面の波紋ならば水位，音波であれば空気や物質の密度，電磁波であれば電場や磁場といったように，いずれの波も空間を伝わる何らかの物理量をもっている．このような物理量を**波動量**とよび，その量（またはそのベクトルの成分）を Ψ と書くことにする．例えば，x 軸を正の向きに進んでいる正弦波の場合には，時刻 t における位置 x での波動量 Ψ の値は

$$\Psi(x, t) = A \sin(kx - \omega t) \tag{3.10}$$

と表される（図 3.3）．あるいは

$$\Psi(x, t) = A \cos(kx - \omega t) \tag{3.11}$$

と表してもよい．ここで，A は波の**振幅**，k は**波数**，ω は波の**角振動数**である．

また，(3.10) 式や (3.11) 式の中の三角関数の引数 $(kx - \omega t)$ を波の**位相** (phase) とよぶ．さらに，波数 k と波長 λ の間には

$$k = \frac{2\pi}{\lambda} \tag{3.12}$$

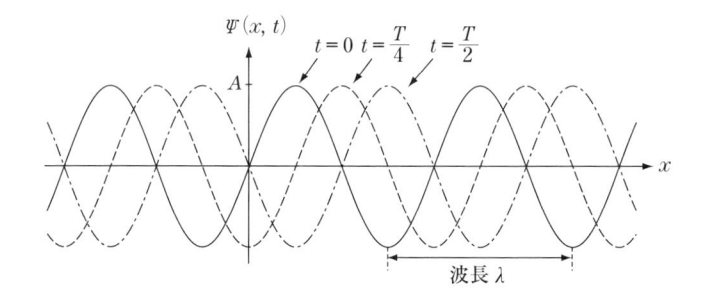

図 3.3 振幅が A で波長が λ の正弦波．時間の経過とともに x 軸を正の方向に波が進行していることがわかる．波の進行速度（位相速度）は $v = \lambda/T = \omega/k$ である．

の関係があり，角振動数 ω と周期 T の間には

$$\omega = \frac{2\pi}{T} \tag{3.13}$$

の関係がある．(3.10) 式や (3.11) 式の位相は $kx - \omega t = k\{x - (\omega/k)t\}$ となることから，正弦波の等位相面（例えば波のピーク）は

$$v = \frac{\omega}{k} \tag{3.14}$$

の速度で x 方向に進んでいることがわかる．この速度を波の**位相速度** (phase velocity) という．この位相速度 v は，波数 k や角振動数 ω によらず一定である．つまり，角振動数 ω は波数 k に比例する．

$$\omega = vk \tag{3.15}$$

この式のように，角振動数 ω と波数 k の関係を**分散関係** (dispersion relation) とよぶ．

「振動・波動」の分野で学ぶように，波動量 $\Psi(x, t)$ の空間変化と時間変化を記述する**波動方程式** (wave equation) は，1 次元の場合

$$\frac{1}{v^2}\frac{\partial^2 \Psi}{\partial t^2} = \frac{\partial^2 \Psi}{\partial x^2} \tag{3.16}$$

で与えられる．ここで，v は波の位相速度である．正弦波が (3.16) 式の波動方程式を満たすことは，(3.10) 式あるいは (3.11) 式を (3.16) 式に代入し，(3.15) 式の分散関係を用いることで容易に確かめられる．

　波動方程式の特徴は，波動量の"時間 t に関する 2 階微分"と"空間 x に関する 2 階微分"が比例関係にある点である．この後ですぐに学ぶように，物質波が満足する方程式（シュレーディンガー方程式）はこれとは異なり，波動量の"時間 t に関する 1 階微分"を含む．この事実が，物質波の波動量の物理的解釈を行なう際に重要な役割をする．

3.2.2 シュレーディンガー方程式

この項では，いよいよ物質波の波動量が満足する方程式を導く．物質波の波動量が何であるかの解説は後回しにして，とにかくそれを Ψ と表し，**波動関数**（wave function）とよぶことにする．

最初に簡単のため，外部から力を受けずに x 軸を正の向きに進行する 1 次元自由電子の波動関数を考える．一昔前は，1 次元自由電子というと数学上の玩具であったが，超微細加工技術や自己組織化成長技術の発展により，現在では 1 次元自由電子系は人工的につくることのできる現実の系である．

古典物理学における波動とのアナロジーから，自由電子の波動関数は，(3.10) 式の正弦波の式に (3.9) 式のアインシュタイン－ド・ブロイの関係式を代入した

$$\Psi(x, t) = A \sin\left(\frac{p}{\hbar}x - \frac{E}{\hbar}t\right) \tag{3.17}$$

であると思うかもしれないが，この波動関数が満足する方程式は存在せず，(3.17) 式は物質波の波動関数として不適切である．まずは，このことを以下で確かめてみよう．

1 次元自由電子のシュレーディンガー方程式

x 軸上を一定の速度 v で等速直線運動する 1 次元自由電子のエネルギー E は，運動量 $p = mv$ を用いて

$$E = \frac{1}{2}mv^2 = \frac{p^2}{2m} \tag{3.18}$$

と表される．このことを念頭におき，(3.17) 式の正弦波が満たす波動方程式の導出を行なってみる．

まず，(3.17) 式の両辺を座標 x で 2 階微分し，両辺に $-\hbar^2/2m$ を掛けると，

$$-\frac{\hbar^2}{2m}\frac{\partial^2 \Psi}{\partial x^2} = \frac{p^2}{2m}\Psi \tag{3.19}$$

となる．一方，(3.17) 式の両辺を時間 t で 1 階微分し，両辺に $\hbar$ を掛けると，

$$\hbar \frac{\partial \Psi}{\partial t} = EA \cos\left(\frac{p}{\hbar}x - \frac{E}{\hbar}t\right) \qquad (3.20)$$

となる．(3.20) 式の右辺はエネルギー E に比例するが，波動関数 Ψ には比例しない．(3.20) 式の両辺をもう一度 t で微分したとしても，今度は Ψ には比例するが E に比例せず，(3.18) 式の自由電子のエネルギー関係を満足する正弦波の波動方程式をつくれない．したがって，明らかに (3.17) 式は自由電子の波動関数として不適切である．では，何が問題なのであろうか．

この問題を見事に解決したのが，シュレーディンガーである．シュレーディンガーのアイデアの核心は，「波動関数は実関数ではなく，一般に複素関数である」と考えた点である．この奇抜なアイデアが量子力学の不思議さと哲学的問題を生むことになったわけであるが，複素数の波動の存在を認めることで得られるシュレーディンガーの波動方程式は，様々な量子現象を説明する強力な方程式となった．そこで，ここでは，複素数の波動の物理的解釈はひとまず後回しにして，まずはシュレーディンガーの波動方程式を導くことにしよう．

シュレーディンガーの主張に従って，(3.17) 式の波動関数を複素関数に拡張し，

$$\Psi(x, t) = A \exp\left\{i\left(\frac{p}{\hbar}x - \frac{E}{\hbar}t\right)\right\} \qquad (3.21)$$

とする．ここで，A は複素数の定数である．(3.21) 式の両辺を座標 x で 2 階微分し，両辺に $-\hbar^2/2m$ を掛けると，

$$-\frac{\hbar^2}{2m}\frac{\partial^2 \Psi}{\partial x^2} = \frac{p^2}{2m}\Psi \qquad (3.22)$$

となる．一方，(3.21) 式の両辺を時間 t で 1 階微分し，両辺に $i\hbar$ を掛けると，

$$i\hbar \frac{\partial \Psi}{\partial t} = E\Psi \qquad (3.23)$$

となる．(3.18) 式より $E = p^2/2m$ であるので，(3.22) 式と (3.23) 式は等

しく,

$$i\hbar \frac{\partial \Psi}{\partial t} = -\frac{\hbar^2}{2m} \frac{\partial^2 \Psi}{\partial x^2} \tag{3.24}$$

を得る.この方程式が**1次元自由電子のシュレーディンガー方程式**である.

このように,物質波を記述する波動関数が従う方程式であるシュレーディンガー方程式が,通常の波動方程式とは異なり,時間 t に関する1階微分で与えられることを再度注意しておく.

運動量演算子とエネルギー演算子

(3.22) 式と (3.23) 式は,通常の数である運動量 p とエネルギー E が,量子力学ではそれぞれ

$$\boxed{p \rightarrow -i\hbar \frac{\partial}{\partial x}, \quad E \rightarrow i\hbar \frac{\partial}{\partial t}} \tag{3.25}$$

のように演算子に置き換わることを示唆している.前者は**運動量演算子**,後者は**エネルギー演算子**とよばれる.したがって,量子力学では自由粒子の運動エネルギーも,

$$\frac{p^2}{2m} \rightarrow -\frac{\hbar^2}{2m} \frac{\partial^2}{\partial x^2} \tag{3.26}$$

のように演算子化される.もちろん,座標 x も演算子($\hat{x}$ と書く)に置き換わるが,ここまでの議論のように波動関数を x と t の関数 $\Psi(x,t)$ として表現する場合には,座標演算子 $\hat{x}$ を波動関数 $\Psi(x,t)$ に演算すると常に(単なる数としての)座標 x になるので,特に座標演算子 $\hat{x}$ と座標 x を区別しなくても差し支えはない.

なお,$\hat{x}$ のように頭に ^(帽子(ハット))を被っている物理量は,それが演算子であることを意味し,$\hat{x}$ や $\hat{H}$ はそれぞれ「エックスハット」や「エイチハット」と読む.

ポテンシャルの中を運動する電子のシュレーディンガー方程式

ここまでは,外力を全く受けていない1次元自由電子について述べてきたが,ポテンシャルエネルギー $U(x, t)$ の中を運動する電子の場合には,(3.26)式の運動エネルギーにさらにポテンシャルエネルギー $U(x, t)$ を加え,

$$E \rightarrow -\frac{\hbar^2}{2m}\frac{\partial^2}{\partial x^2} + U(x, t) \tag{3.27}$$

としてよかろう.こうして,1次元の時間に依存するシュレーディンガー方程式は次のようになる.

$$\boxed{i\hbar\frac{\partial \Psi(x, t)}{\partial t} = \left\{-\frac{\hbar^2}{2m}\frac{\partial^2}{\partial x^2} + U(x, t)\right\}\Psi(x, t)} \tag{3.28}$$

(3.28)式の右辺の括弧内は,古典力学におけるハミルトン関数 H(解析力学では,$H = T + U$(T は運動エネルギー)と表した)を演算子化したものなので,これを**ハミルトニアン**とよび,

$$\hat{H}(x, t) = -\frac{\hbar^2}{2m}\frac{\partial^2}{\partial x^2} + U(x, t) \tag{3.29}$$

と書く.このハミルトニアンを用いて(3.28)式のシュレーディンガー方程式を書くと

$$i\hbar\frac{\partial \Psi(x, t)}{\partial t} = \hat{H}(x, t)\Psi(x, t) \tag{3.30}$$

と,非常に簡潔に表すことができる.

3次元空間を運動する電子のシュレーディンガー方程式

ここまでは,1次元空間を運動する電子に対するシュレーディンガー方程式の導出を行なったが,これを3次元に拡張するのは容易である.電子の位置を $r = (x, y, z)$ とするとき,運動量 $p = (p_x, p_y, p_z)$ を

$$p \rightarrow -i\hbar\left(\frac{\partial}{\partial x}, \frac{\partial}{\partial y}, \frac{\partial}{\partial z}\right) = -i\hbar\nabla \tag{3.31}$$

3.2 シュレーディンガー方程式

とすればよい（∇ はナブラ演算子）．こうして，ポテンシャル $U(\boldsymbol{r}, t)$ の中の3次元空間を運動する電子のシュレーディンガー方程式は次のようになる．

$$i\hbar \frac{\partial \Psi(\boldsymbol{r}, t)}{\partial t} = \left\{ -\frac{\hbar^2}{2m}\nabla^2 + U(\boldsymbol{r}, t) \right\} \Psi(\boldsymbol{r}, t) \tag{3.32}$$

3.2.3 時間に依存しないシュレーディンガー方程式

時間に依存しないポテンシャル $U(\boldsymbol{r})$ の中を運動する質量 m の粒子について考える．このとき，(3.32) 式のシュレーディンガー方程式は

$$i\hbar \frac{\partial \Psi(\boldsymbol{r}, t)}{\partial t} = \left\{ -\frac{\hbar^2}{2m}\nabla^2 + U(\boldsymbol{r}) \right\} \Psi(\boldsymbol{r}, t) \tag{3.33}$$

と表される．いま，この方程式を満足する波動関数として，

$$\Psi(\boldsymbol{r}, t) = \phi(\boldsymbol{r}) f(t) \tag{3.34}$$

のように空間部分 $\phi(\boldsymbol{r})$ と時間部分 $f(t)$ に変数分離した関数を仮定する．(3.34) 式を (3.33) 式に代入し，両辺を $\Psi(\boldsymbol{r}, t) = \phi(\boldsymbol{r}) f(t)$ で割ると

$$\frac{i\hbar}{f(t)} \frac{df(t)}{dt} = \frac{1}{\phi(\boldsymbol{r})} \left\{ -\frac{\hbar^2}{2m}\nabla^2 \phi(\boldsymbol{r}) + U(\boldsymbol{r})\phi(\boldsymbol{r}) \right\} \tag{3.35}$$

となる．

(3.35) 式の左辺は時間 t のみに依存する関数であり，右辺は座標 $\boldsymbol{r}$ のみの関数である．したがって，両辺が等しくなるためには，左辺と右辺の両方が時間 t にも座標 $\boldsymbol{r}$ にも依存しない定数でなければならない．この定数を（何の文字で表してもよいが，後々都合が良いので）E とすると，$f(t)$ は

$$i\hbar \frac{df(t)}{dt} = E f(t) \tag{3.36}$$

を満足する．(3.36) 式は直ちに解くことができ，$f(t)$ は

$$f(t) = C \exp\left(-\frac{iEt}{\hbar} \right) \tag{3.37}$$

と与えられる．ただし，C は積分定数である（見通しを良くするため，以後の議論では $C=1$ とする）．

一方，$\psi(\boldsymbol{r})$ に対する方程式は

$$\boxed{\left\{-\frac{\hbar^2}{2m}\nabla^2 + U(\boldsymbol{r})\right\}\psi(\boldsymbol{r}) = E\,\psi(\boldsymbol{r})} \tag{3.38}$$

となる．あるいは，時間に依存しないハミルトニアン

$$\widehat{H}(\boldsymbol{r}) = -\frac{\hbar^2}{2m}\nabla^2 + U(\boldsymbol{r}) \tag{3.39}$$

を用いて，

$$\boxed{\widehat{H}(\boldsymbol{r})\psi(\boldsymbol{r}) = E\,\psi(\boldsymbol{r})} \tag{3.40}$$

と表される．(3.38) 式および (3.40) 式を**時間に依存しないシュレーディンガー方程式**とよぶ．

定数 E の物理的意味

時間に依存しないシュレーディンガー方程式（(3.38) 式および (3.40) 式）に現れる定数 E の物理的意味について考える．そこで簡単のため，時間に依存しないポテンシャルとして，$U(\boldsymbol{r})=0$ の自由電子を考えることにする．この場合の波動関数 $\Psi(\boldsymbol{r},t)$ は，(3.21) 式の波動関数を 3 次元空間に拡張（$x\to\boldsymbol{r}$ および $p\to\boldsymbol{p}$）することで容易に得られ，

$$\Psi(\boldsymbol{r},t) = A\exp\left(\frac{i\boldsymbol{p}\cdot\boldsymbol{r}}{\hbar}\right)\exp\left(-\frac{iEt}{\hbar}\right) \tag{3.41}$$

である．こうして，波動関数の空間部分 $\psi(\boldsymbol{r})$ と時間部分 $f(t)$ はそれぞれ，

$$\psi(\boldsymbol{r}) \propto \exp\left(\frac{i\boldsymbol{p}\cdot\boldsymbol{r}}{\hbar}\right) \tag{3.42}$$

$$f(t) \propto \exp\left(-\frac{iEt}{\hbar}\right) \tag{3.43}$$

と表され，p と E は電子の運動量とエネルギーである．

一般に，時間に依存しないポテンシャルの中の電子の時間部分 $f(t)$ は (3.37) 式で与えられる．(3.37) 式と (3.43) 式を比較することで，(3.37) 式に現れる定数 E が電子のエネルギーであることがわかる．

3.3 波動関数の物理的な意味

実在波解釈と確率波解釈

3.2.2 項と 3.2.3 項で，物質波の波動量である波動関数 Ψ が満足するシュレーディンガー方程式には虚数単位 i が含まれており，一般に波動関数は実関数ではなく複素関数であることを学んだ．古典物理学の常識から考えると，観測可能な波動量は実数でなければならない．波動関数 $\Psi(\boldsymbol{r}, t)$ が複素関数であるとすると，少なくとも $\Psi(\boldsymbol{r}, t)$ そのものは観測不可能である．一方，波動関数 $\Psi(\boldsymbol{r}, t)$ の絶対値の 2 乗である $|\Psi(\boldsymbol{r}, t)|^2$ は必ず実数であるので，観測に関わり得る．

以下では，シュレーディンガー方程式を解いて得られた波動関数 $\Psi(\boldsymbol{r}, t)$ とその絶対値の 2 乗である $|\Psi(\boldsymbol{r}, t)|^2$ の物理的な意味について考える．

実在波解釈

ド・ブロイやシュレーディンガーは，波動関数 $\Psi(\boldsymbol{r}, t)$ を物理的実体と捉え，原子の中の電子は原子核の周りに雲のように拡がった波（実在波）と考え，$|\Psi(\boldsymbol{r}, t)|^2$ はその密度であると主張した．実在波の解釈では，粒子とは多数の実在波が重なり合って空間に局在した波束であると考える．しかし，この解釈にはいくつかの問題点がある．

まず，(3.32) 式のシュレーディンガー方程式は時間 t に関して 1 階，空間 x に関して 2 階の偏微分方程式，すなわち "拡散方程式" とよばれる形をしており，空間に局在した波束は時間の経過にともない拡がり続ける．しかし，

これでは粒子が安定に存在できないので，粒子を多数の波の重ね合わせと考えることはできない．また，波動関数が実在波であるならば，波のかけらに対応する電子のかけらが見つかってもよいはずであるが，実験的にそのようなものは未だかつて発見されたことがない．

では，波動関数 $\Psi(\mathbf{r}, t)$ が実在波でないとすると，$\Psi(\mathbf{r}, t)$ あるいは $|\Psi(\mathbf{r}, t)|^2$ には果たしてどのような物理的な意味があるのだろうか．

確率波解釈

1926年の夏，ボルン (Max Born) によって実在波解釈とは全く別の波動関数の解釈が与えられた．今日，**確率波解釈**として広く受け入れられているその内容は，以下のとおりである．

> **ボルンの確率波解釈**
>
> 波動関数が $\Psi(\mathbf{r}, t)$ で与えられたとき，時刻 t において位置 $\mathbf{r}$ を含む微小体積 $dV = dx\,dy\,dz$ の中 (図3.4) に粒子を見出す確率は $|\Psi(\mathbf{r}, t)|^2 dV$ に比例する．

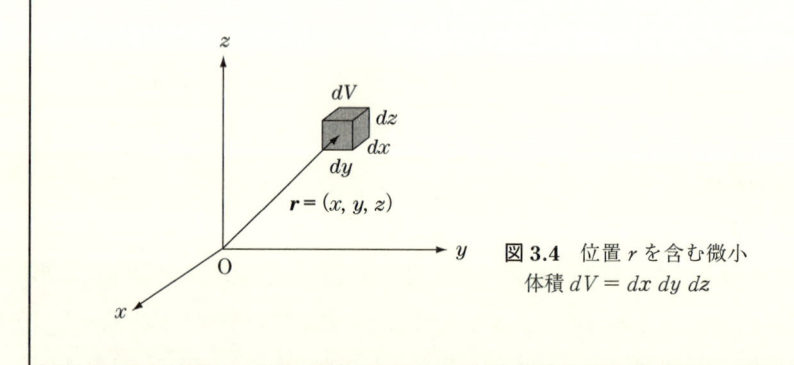

図 3.4 位置 r を含む微小体積 $dV = dx\,dy\,dz$

波動関数 $\Psi(\mathbf{r}, t)$ が

$$\int |\Psi(\mathbf{r}, t)|^2 dV = 1 \tag{3.44}$$

のように**規格化** (normalization) できるとき，$|\Psi(\mathbf{r}, t)|^2 dV$ は微小体積 dV

の中に粒子を見出す確率そのものである．また，波動関数が規格化可能であるためには，少なくとも波動関数は $r \to \infty$ において

$$\lim_{r \to \infty} |\Psi(\boldsymbol{r}, t)| = 0 \tag{3.45}$$

を満たす必要がある．さらに正確にいうと，波動関数は $r \to \infty$ において r のあらゆる冪（べき）よりも早くゼロに収束する必要がある（これ以後，このことを，波動関数は十分速やかにゼロになるということにする）．

結局のところ，ボルンの確率波解釈では，波動関数 $\Psi(\boldsymbol{r}, t)$ は物理的実体ではなく，$|\Psi(\boldsymbol{r}, t)|^2$ が粒子の存在確率を与えるような**確率波**であると考える．

3.4 波動関数に対する要請

3.4.1 波動関数の連続性

波動関数の絶対値の 2 乗 $|\Psi(\boldsymbol{r}, t)|^2$ が粒子の存在確率を与えるためには，$|\Psi(\boldsymbol{r}, t)|^2$ はある時刻 t において任意の位置 $\boldsymbol{r}$ で常に唯一の値をもつ必要がある．すなわち，$|\Psi(\boldsymbol{r}, t)|^2$ は位置と時間に対して一価関数でなければならない（波動関数自体が一価で連続関数である必要はない）．これは波動関数に対する物理的要請である．

それでは，波動関数 $\Psi(\boldsymbol{r}, t)$ そのものはどのような条件を満たすのであろうか．シュレーディンガー方程式は位置に関する 2 階の微分方程式であるので，当然，波動関数は位置 $\boldsymbol{r}$ に関して 2 階微分可能であると思うかもしれない．しかしこれは，ポテンシャル $U(\boldsymbol{r}, t)$ がある位置 $\boldsymbol{r}$ で発散したり不連続であったりしない（有界かつ滑らかな）場合に限られる．いい換えると，シュレーディンガー方程式に従う波動関数は，ポテンシャルが有界かつ滑らかな場合には 2 階微分可能である．これは，波動関数に対する数学的要請である．

それでは，ポテンシャルがある点で不連続な場合には，その点において波動関数はどのように振る舞うのであろうか．ここでは簡単のため，ポテンシャル $U(x, t)$ を感じながら x 軸上を運動する質量 m の粒子について考える．

この粒子が従うシュレーディンガー方程式は

$$i\hbar \frac{\partial \Psi(x, t)}{\partial t} = \left\{-\frac{\hbar^2}{2m}\frac{\partial^2}{\partial x^2} + U(x, t)\right\}\Psi(x, t) \quad (3.46)$$

として与えられる．いま，ポテンシャル $U(x, t)$ がある時刻 t において $x = a$ で不連続であり，ε を微小量として

$$\lim_{x \to a \pm \varepsilon} U(x, t) = \begin{cases} U_0 & (x \to a - \varepsilon) \\ U_0 + \Delta & (x \to a + \varepsilon) \end{cases} \quad (3.47)$$

であったとする．このときの $x = a$ での波動関数の振る舞いを調べるために，まずは，(3.46) 式の両辺を $x = a$ の周りの微小区間 $[a - \varepsilon, a + \varepsilon]$ で積分する．積分結果は，ε が非常に小さいので

$$i\hbar (2\varepsilon) \frac{\partial \Psi(a, t)}{\partial t} = -\frac{\hbar^2}{2m}\left[\left(\frac{\partial \Psi(x, t)}{\partial x}\right)_{x=a+\varepsilon} - \left(\frac{\partial \Psi(x, t)}{\partial x}\right)_{x=a-\varepsilon}\right]$$
$$+ \varepsilon(2U_0 + \Delta)\Psi(a, t) \quad (3.48)$$

となり，$\varepsilon \to 0$ の極限で上式の左辺と右辺第 2 項はゼロになる．

したがって，波動関数に対する条件として，

$$\lim_{\varepsilon \to 0}\left(\frac{\partial \Psi(x, t)}{\partial x}\right)_{x=a+\varepsilon} = \lim_{\varepsilon \to 0}\left(\frac{\partial \Psi(x, t)}{\partial x}\right)_{x=a-\varepsilon} \quad (3.49)$$

を得る．この式は，ポテンシャル $U(x, t)$ が位置 $x = a$ において不連続であったとしても有界でありさえすれば，波動関数はその点で滑らかに接続されることを示している．これは，シュレーディンガー方程式から導かれる波動関数に対する数学的要請である．

3.4.2 確率密度の保存

波動関数が規格化可能であるとき,規格化された波動関数の絶対値の 2 乗 $\rho(\boldsymbol{r}, t) \equiv |\Psi(\boldsymbol{r}, t)|^2$ は粒子の存在確率を与えるので**確率密度** (probability density) とよばれる.この項では,確率密度 $\rho(\boldsymbol{r}, t)$ の時間発展 (時間の経過にともない,どのように変化するか) を記述する方程式をシュレーディンガー方程式から導出する.ここでも簡単のため,ポテンシャル $U(x, t)$ の中で x 軸上を運動する質量 m の粒子について考える.

この系のシュレーディンガー方程式は,

$$i\hbar \frac{\partial \Psi(x, t)}{\partial t} = \left\{ -\frac{\hbar^2}{2m} \frac{\partial^2}{\partial x^2} + U(x, t) \right\} \Psi(x, t) \quad (3.50)$$

である.この方程式の複素共役をとると,

$$-i\hbar \frac{\partial \Psi^*(x, t)}{\partial t} = \left\{ -\frac{\hbar^2}{2m} \frac{\partial^2}{\partial x^2} + U^*(x, t) \right\} \Psi^*(x, t) \quad (3.51)$$

となる.ここで,ポテンシャル $U(x, t)$ は複素関数であるとし,実関数 $V(x, t)$ と $W(x, t)$ を用いて

$$U(x, t) = V(x, t) + i W(x, t) \quad (3.52)$$

と書くことにする (ポテンシャルが複素関数として与えられることもあることに注意).そして,(3.50) 式 × $\Psi^*(x, t)$ から (3.51) 式 × $\Psi(x, t)$ を引くことによって,

$$\frac{\partial \rho(x, t)}{\partial t} + \frac{\partial j(x, t)}{\partial x} = \frac{2}{\hbar} W(x, t) \rho(x, t) \quad (3.53)$$

となり,目的の確率密度 $\rho(x, t)$ の時間発展を記述する方程式を得ることができる.ここで,左辺第 2 項の $j(x, t)$ は

$$j(x, t) = \frac{\hbar}{2im} \left\{ \Psi^*(x, t) \frac{\partial \Psi(x, t)}{\partial x} - \frac{\partial \Psi^*(x, t)}{\partial x} \Psi(x, t) \right\} \quad (3.54)$$

である.もし,ポテンシャルが実関数 ((3.52) 式で $W(x, t) = 0$) であれば,

(3.53) 式の右辺はゼロであり，

$$\frac{\partial \rho(x,t)}{\partial t} + \frac{\partial j(x,t)}{\partial x} = 0 \tag{3.55}$$

を得る．

この方程式は，流体力学で学ぶ物質密度 $\rho(x,t)$ と物質流密度 $j(x,t)$ との間に成り立つ連続の方程式と同じ形をしているので，この類似性から (3.55) 式を**確率の連続方程式** (continuity equation of probability density) とよび，(3.54) 式の $j(x,t)$ を**確率密度の流れ** (current of probability density) とよぶ．

(3.55) 式の連続方程式は，"ある時刻 t における位置 x での確率密度 $\rho(x,t)$ の変化量は，位置 x に流入した量と流出した量の差（確率流密度の発散）に等しい"ことを意味する．言い換えると，**ポテンシャルが実関数で与えられる位置では粒子は生成や消滅をせず，確率密度は保存される．**

一方，ポテンシャル $U(x,t)$ が複素関数（$W(x,t) \neq 0$）の場合，(3.53) 式からわかるように，ある時刻 t における位置 x での確率密度 $\rho(x,t)$ の変化量は，位置 x での流入量と流出量の差に等しくなく，$W(x,t)$ の符号に応じて $(2/\hbar)W(x,t)$ だけ増加（$W(x,t) > 0$）あるいは減少（$W(x,t) < 0$）する．すなわち，$U(x,t)$ が複素関数（$W(x,t) \neq 0$）の場合には，位置 x において粒子が生成（$W(x,t) > 0$）あるいは消滅（$W(x,t) < 0$）する．

例題 3.2 確率密度の保存

実関数ポテンシャル $V(x,t)$ の中を運動する 1 次元の粒子について考える．波動関数 $\Psi(x,t)$ が $x \to \pm\infty$ で十分速やかにゼロになるとき，全粒子数 $N(t) = \int_{-\infty}^{\infty} \rho(x,t)\,dx$ が保存することを示せ．

[**解**] (3.55) 式の確率の連続方程式の両辺を全領域（$-\infty \leq x \leq \infty$）で積分すると，

3.4 波動関数に対する要請

$$\frac{dN(t)}{dt} = -\frac{\hbar}{2im}\left[\Psi^*(x,t)\frac{\partial \Psi(x,t)}{\partial x} - \frac{\partial \Psi^*(x,t)}{\partial x}\Psi(x,t)\right]_{-\infty}^{\infty} \quad (3.56)$$

を得る．もし波動関数 $\Psi(x,t)$ が $x \to \pm\infty$ で十分速やかにゼロに近づければ，上式の右辺はゼロになる．したがって，$N(t)$ は時間によらず一定となり，全粒子数は保存する．

以上の結論を3次元に拡張する（導出は章末問題 [3.1]）と，ポテンシャル $U(\boldsymbol{r},t) = V(\boldsymbol{r},t) + iW(\boldsymbol{r},t)$ の中を運動する質量 m の3次元の粒子の確率密度 $\rho(\boldsymbol{r},t)$ は，

$$\frac{\partial \rho(\boldsymbol{r},t)}{\partial t} + \mathrm{div}\,\boldsymbol{j}(\boldsymbol{r},t) = \frac{2}{\hbar}W(\boldsymbol{r},t)\rho(\boldsymbol{r},t) \quad (3.57)$$

に従い，確率密度の流れ $\boldsymbol{j}(\boldsymbol{r},t)$ は

$$\boldsymbol{j}(\boldsymbol{r},t) = \frac{\hbar}{2im}\{\Psi^*(\boldsymbol{r},t)\nabla\Psi(\boldsymbol{r},t) - \nabla\Psi^*(\boldsymbol{r},t)\Psi(\boldsymbol{r},t)\} \quad (3.58)$$

で与えられる．

例題 3.3 自由粒子の確率密度の流れ

自由空間（$U(x,t) = 0$）を運動する1次元自由粒子の波動関数は (3.21) 式で与えられる．この粒子の確率密度の流れ $j(x,t)$ を (3.54) 式を用いて求めよ．

[解] (3.21) 式より，1次元自由粒子の波動関数は

$$\Psi(x,t) = A\exp\left(\frac{ipx}{\hbar}\right)\exp\left(-\frac{iEt}{\hbar}\right) \quad (3.59)$$

で与えられる．これを (3.54) 式に代入することによって

$$j(x,t) = \frac{\hbar k}{m}|A|^2 = v|A|^2 \quad (3.60)$$

を得る.すなわち,自由粒子の確率流密度の大きさは,粒子の速度 $v = \hbar k/m$ と確率密度 $|\Psi(x, t)|^2 = |A|^2$ に比例し,時間には依存しない.

● 章末問題 ●

[**3.1**] 3次元空間の複素ポテンシャル $U(\boldsymbol{r}, t) = V(\boldsymbol{r}, t) + iW(\boldsymbol{r}, t)$ のもとを運動する粒子に対して,(3.57)式の確率の連続方程式を導け.

[**3.2**] 直線上を1次元運動する粒子の波動関数が

$$\Psi(x, t) = A \exp\left(\frac{iEt}{\hbar}\right) \exp\left(-\frac{\Gamma t}{2\hbar}\right) \exp(ikx)$$

で与えられるとする.ここで,A は複素数,E,Γ,k は実数とする.

（1） この粒子の確率密度 $\rho(x, t)$ とその時間微分 $\partial\rho(x, t)/\partial t$ を求めよ.

（2） この粒子の確率流密度 $j(x, t)$ とその空間微分 $\partial j(x, t)/\partial x$ を求めよ.

（3） （1）と（2）の結果を用いることで,確率の連続方程式が

$$\frac{\partial\rho(x, t)}{\partial t} + \frac{\partial j(x, t)}{\partial x} = -\frac{\Gamma}{\hbar}\rho(x, t)$$

となることを示せ.

（4） $\Gamma/\hbar$ の物理的な意味を述べよ.

Tea Time

電子の干渉

波の特徴の1つは"干渉"である．図3.5のように，光源から発射された光は2つのスリットを通ってスクリーンに到達する．スリット1とスリット2をそれぞれ通過した光は干渉し，スクリーン上には光路差に依存した干渉縞が生じる．これが有名なヤングの干渉実験であり，光が波動性をもつ決定的証拠である．

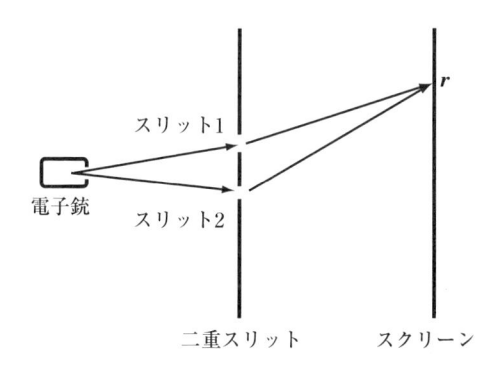

図 3.5 ヤングの二重スリットの干渉実験の概念図

さて，光源の代わりに電子銃を用意し，電子に対してヤングの干渉実験を行なった場合はどうであろうか．本章で学んだように電子も波動性をもつので，スクリーン上の位置 r に到達する電子は，スリット1を通過して位置 r に到達した電子波 $\Psi_1(r, t)$ と，スリット2を通過して位置 r に到達した電子波 $\Psi_2(r, t)$ を重ね合わせた状態として観測されるはずである．すなわち，時刻 t においてスクリーン上の位置 r での確率密度 $|\Psi(r, t)|^2$ は

$$|\Psi(r, t)|^2 = |\Psi_1(r, t) + \Psi_2(r, t)|^2$$
$$= |\Psi_1(r, t)|^2 + |\Psi_2(r, t)|^2 + 2\,\mathrm{Re}\{\Psi_1^*(r, t)\Psi_2(r, t)\}$$
(3.61)

で与えられ，右辺の第3項が電子波の干渉を表す(Re は実部を表す)．

電子に対するヤングの実験は思考実験とされてきたが，1961年にテュービンゲン大学のクラウス・イェンソンによって実際に実験が行なわれた．続いて，1974年にはミラノ大学のピエール・ジョルジョ・メルリらが，電子銃から電子を1個ずつ

電子源（陰極）

電子
電極

検出器

モニター

二重スリットの実験

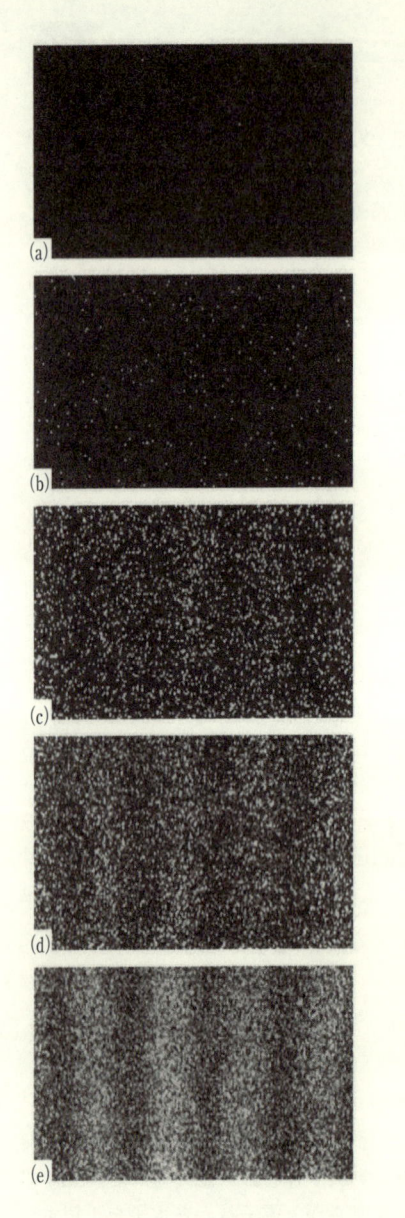

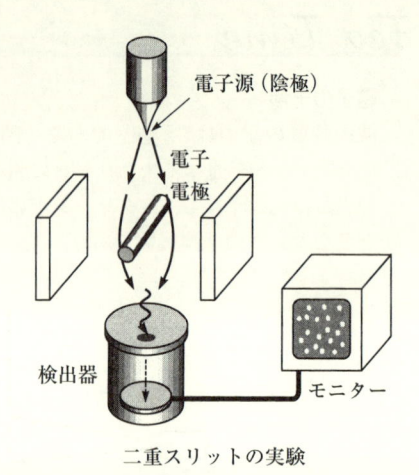

図 3.6 電子線による二重スリットの実験
（日立製作所中央研究所 提供）

図 3.7 電子が積算されて干渉縞が形成される様子
(a) 電子の数 5
(b) 電子の数 200
(c) 電子の数 6,000
(d) 電子の数 40,000
(e) 電子の数 140,000
（日立製作所中央研究所 提供）

打ち込み，干渉縞のできる様子を観察した．

1989年には，より洗練された技術を駆使して外村 彰らが干渉縞のできる様子を精密に観測している．外村らは，2つのスリットに代わる電子線バイプリズムという装置（図3.6）を用いて，その右側と左側を通ってきた電子線をそれぞれ内向きに曲げて検出面で重なるように工夫し，極端に弱い電子線を用いて，電子を1個ずつ電子線バイプリズムに送るようした．電子を粒子と考えると，電子はバイプリズムの右か左を通る．検出器に到着した電子は，モニター上に輝点として観測され，時間とともに積算されていく．

最初は，電子の到着の位置は全くランダムに見えた（図3.7 (a)）．しかし時間が経つにつれ，電子の数が200個から14万個に増えてくると，図3.7 (b)から図3.7 (e)のように検出器上の模様が変化して干渉縞が見えてきた．電子は間隔をおいて装置を通るので，2個の電子が装置の中に同時に存在する確率はほとんどゼロである．それにもかかわらず，電子の波が電子線バイプリズムの両側を同時に通ったときに生じるような干渉縞が見られた．

この実験結果は，はじめ電子の到着位置はランダムのように見えたが，実は完全にランダムだったわけではないことを示している．(3.61)式に見るように，電子を波と考えたときに，単に2個の電子の確率密度の和だけではなく，右辺の第3項の2個の電子の波動関数の位相に起因する干渉効果が重要であることが明らかになった．

デヴィッソンとガーマーの実験の裏話

著者の一人（上村）は，1961年から1964年まで，米国のベル電話研究所で研究を行なったとき，表面実験グループにおられたガーマーさんと知り合いになり，後年ガーマーさんが日本に来られたとき，デヴィッソンとガーマーの実験（図3.2）の裏話を聞く機会を得た．その話を以下に紹介しよう．

デヴィッソンが1925年にド・ブロイの物質波の予言を検証しようとして，低速電子線をニッケルの単結晶の表面に当てて散乱の実験を行なっていたとき，なかなか鮮明な散乱像が現れないことに腹を立てて，真空装置を蹴り飛ばしてしまい，それに使用していた液体空気の容器が破裂すると共に，ニッケルの単結晶を入れていたガラス管球が割れてニッケルが実験室の床に落ち，空気に触れて表面が酸化してしまった．実験助手であったガーマーがその試料の表面を磨き，水素ガス中で長時間高温熱処理を行なった後に再び実験を行なったところ，従来の理論では説明のできない鮮明な散乱像が現れた．

その原因が酸素が吸着していない結晶表面にあることに気が付いて，表面に酸素が吸着していない清浄なニッケルの単結晶を作製することからやり直して，2年後

の 1927 年に実験を行なったところ，鮮明な回折像を観測し，大発見に至ったとのことであった．

4 量子力学の一般原理と諸性質

実験や観測によって得られる物理量は数値であり，もちろん実数である．この数値として与えられる物理量（観測量）と量子力学における演算子としての物理量の間にはどのような関係があるのだろうか．これが，この章のテーマである．また，波動関数や，波動関数に作用する演算子に対する要請と，そこから導かれる諸性質について学ぶ．

4.1 量子力学の基本事項

4.1.1 物理量の期待値

直線上（x軸上）を運動する粒子の位置xの測定について考えよう．量子力学では，1回の測定ではどこに粒子が現れるかを予言することはできない．しかし，粒子の状態が波動関数$\Psi(x, t)$で与えられるとき，位置xにその粒子を見出す確率は$|\Psi(x, t)|^2$に比例するので，多数回測定したときに粒子が平均としてどこにいるかを知ることができて，位置の平均値は

$$\langle x \rangle_t = \frac{\int_{-\infty}^{\infty} x |\Psi(x, t)|^2 dx}{\int_{-\infty}^{\infty} |\Psi(x, t)|^2 dx} \tag{4.1}$$

で与えられる．

この式は，波動関数が$\Psi(x, t)$で与えられる状態において粒子の位置xを多数回測定したときの，位置xの平均値を意味する．ただし，各々の測定は互いに非干渉（影響を及ぼし合わない測定）である．この$\langle x \rangle_t$は位置xの

期待値 (expectation value) ともよばれ，$\langle x \rangle_t$ の添字の t は，期待値が波動関数 $\Psi(x, t)$ を介して時間 t に依存することを表す．

もし，波動関数 $\Psi(x, t)$ が規格化されているのであれば ((4.1)式の分母は 1 になるので)，$\langle x \rangle_t$ は単に，

$$\langle x \rangle_t = \int_{-\infty}^{\infty} x |\Psi(x, t)|^2 \, dx \tag{4.2}$$

でよい．

それでは，状態 $\Psi(x, t)$ での運動量演算子 $\hat{p} = -i\hbar(d/dx)$ の期待値はどのように与えられるであろうか．(4.1) 式のように

$$\langle p \rangle_t = \frac{\int_{-\infty}^{\infty} \hat{p} |\Psi(x, t)|^2 \, dx}{\int_{-\infty}^{\infty} |\Psi(x, t)|^2 \, dx} \tag{4.3}$$

と書きたくなるが，これは間違いである．正しくは，

$$\langle p \rangle_t = \frac{\int_{-\infty}^{\infty} \Psi^*(x, t) \hat{p} \Psi(x, t) \, dx}{\int_{-\infty}^{\infty} |\Psi(x, t)|^2 \, dx} \tag{4.4}$$

のように，運動量演算子を $\Psi^*(x, t)$ と $\Psi(x, t)$ で挟み込まなければならない．なぜ，このような形になるのかを，ここで詳しく述べる．

まず，波動関数 $\Psi(x, t)$ の運動量についてのフーリエ変換

$$\Phi(p, t) = \frac{1}{\sqrt{2\pi\hbar}} \int_{-\infty}^{\infty} \Psi(x, t) e^{-i\frac{p}{\hbar}x} \, dx \tag{4.5}$$

によって，運動量 p を変数とした運動量空間での波動関数 $\Phi(p, t)$ を導入する．また，その逆変換は

$$\Psi(x, t) = \frac{1}{\sqrt{2\pi\hbar}} \int_{-\infty}^{\infty} \Phi(p, t) e^{i\frac{p}{\hbar}x} \, dp \tag{4.6}$$

で与えられる．座標空間での波動関数 $\Psi(x, t)$ に対する規格化条件に (4.6) 式を代入すると，

4.1 量子力学の基本事項

$$
\begin{aligned}
1 &= \int_{-\infty}^{\infty} |\Psi(x,t)|^2 \, dx \\
&= \int_{-\infty}^{\infty} \Psi(x,t) \Big[\frac{1}{\sqrt{2\pi\hbar}} \int_{-\infty}^{\infty} \Phi^*(p,t) e^{-i\frac{p}{\hbar}x} \, dp \Big] dx \\
&= \int_{-\infty}^{\infty} \Big[\frac{1}{\sqrt{2\pi\hbar}} \int_{-\infty}^{\infty} \Psi(x,t) e^{-i\frac{p}{\hbar}x} \, dx \Big] \Phi^*(p,t) \, dp \\
&= \int_{-\infty}^{\infty} |\Phi(p,t)|^2 \, dp \tag{4.7}
\end{aligned}
$$

を得る.ただし,2つ目の等号では (4.6) 式を,また最後の等号では (4.5) 式を用いた.

(4.7) 式の意味するところは,座標空間での波動関数 $\Psi(x,t)$ が規格化されているならば,運動量空間での波動関数 $\Phi(p,t)$ もまた規格化されるということである.こうして,時刻 t において運動量空間の微小領域 $[p, p+dp]$ に粒子の運動量を見出す確率は,

$$
|\Phi(p,t)|^2 \, dp \tag{4.8}
$$

で与えられることがわかる.したがって,状態 $\Phi(p,t)$ で運動量を測定した際の平均値は,運動量 p に確率 $|\Phi(p,t)|^2 \, dp$ を掛けて全運動量空間で積分して

$$
\langle p \rangle_t = \int_{-\infty}^{\infty} p \, |\Phi(p,t)|^2 \, dp \tag{4.9}
$$

となる.

もし,$\Phi(p,t)$ が規格化されていない場合,すなわち,$\int_{-\infty}^{\infty} |\Phi(p,t)|^2 \, dp \neq 1$ の場合には,(4.9) 式の $|\Phi(p,t)|^2$ を $|\Phi(p,t)|^2 / \int_{-\infty}^{\infty} |\Phi(p,t)|^2 \, dp$ に置き換えて

$$
\langle p \rangle_t = \frac{\int_{-\infty}^{\infty} p \, |\Phi(p,t)|^2 \, dp}{\int_{-\infty}^{\infty} |\Phi(p,t)|^2 \, dp} \tag{4.10}
$$

となる.この式は (4.1) 式で $x \to p$,$\Psi(x,t) \to \Phi(p,t)$ と置き換えたものになっている.また,(4.4) 式に (4.6) 式を代入することで,

$$\langle p \rangle_t = \frac{\int_{-\infty}^{\infty} \Psi^*(x, t)\, \hat{p}\, \Psi(x, t)\, dx}{\int_{-\infty}^{\infty} |\Psi(x, t)|^2\, dx}$$

$$= \frac{\int_{-\infty}^{\infty} p\, |\Phi(p, t)|^2\, dp}{\int_{-\infty}^{\infty} |\Phi(p, t)|^2\, dp} \tag{4.11}$$

が得られる．(4.11) 式が (4.10) 式と一致していることからわかるように，座標空間での波動関数 $\Psi(x, t)$ を用いて $\langle p \rangle_t$ を計算する際には，(4.3) 式ではなく (4.4) 式を用いなければならない．

以上の議論では，波動関数を $\Psi(r, t)$ や $\Phi(p, t)$ (ここでは 1 次元の話を例にしたので，$\Psi(x, t)$ や $\Psi(p, t)$) のように座標空間や運動量空間で表現したりしたが，これらの表現の違いが様々な物理量の計算結果に影響することはない．$\Psi(r, t)$ のように座標空間で表現することを波動関数の**座標表示** (r-representation) とよび，$\Phi(p, t)$ のように運動量空間で表現することを波動関数の**運動量表示** (p-representation) とよぶ．

座標表示では常に $\hat{r}\Psi(r, t) = r\Psi(r, t)$ が成立するので，粒子の位置は演算子ではなく通常の数として扱うことが許される．同様に，運動量表示でも常に $\hat{p}\Phi(p, t) = p\Phi(p, t)$ が成立するので，粒子の運動量も通常の数として扱っても差し支えがない．その代わりに，運動量表示では粒子の位置 r を

$$r \quad \to \quad i\hbar \nabla_p \equiv i\hbar \left(\frac{\partial}{\partial p_x}, \frac{\partial}{\partial p_y}, \frac{\partial}{\partial p_z} \right) \tag{4.12}$$

のように微分演算子に置き換える必要がある．本書ではこれ以後，特に断りのない限り，座標表示を採用することにする．

さて次に，古典力学において粒子の位置 r と運動量 p によって与えられる任意の物理量 $Q(r, p, t)$ の期待値について考える．座標表示の量子力学では，物理量 $Q(r, p, t)$ は

$$Q(r, p, t) \quad \to \quad \hat{Q}(r, -i\hbar\nabla, t) \tag{4.13}$$

のように演算子に置き換えられる．例えば，古典力学における重要な物理量の1つである角運動量 $\boldsymbol{L} = \boldsymbol{r} \times \boldsymbol{p}$ は，量子力学では上述のルールに則って演算子化され，

$$\widehat{\boldsymbol{L}} = \boldsymbol{r} \times \widehat{\boldsymbol{p}} = \boldsymbol{r} \times (-i\hbar\nabla) \tag{4.14}$$

と与えられる．波動関数 $\Psi(\boldsymbol{r}, t)$ における物理量 $\widehat{Q}$ の期待値は，$\Psi(\boldsymbol{r}, t)$ が規格化されている場合には

$$\langle Q \rangle_t = \int_v \Psi^*(\boldsymbol{r}, t)\, \widehat{Q}\, \Psi(\boldsymbol{r}, t)\, dv \tag{4.15}$$

であり，そうでない場合には，

$$\langle Q \rangle_t = \frac{\displaystyle\int_v \Psi^*(\boldsymbol{r}, t)\, \widehat{Q}\, \Psi(\boldsymbol{r}, t)\, dv}{\displaystyle\int_v |\Psi(\boldsymbol{r}, t)|^2\, dv} \tag{4.16}$$

で表される．ここで，dv は3次元の微小体積要素であり，直交座標（デカルト座標）では $dv = dx\, dy\, dz$ である．

このように，観測可能な物理量を与える演算子の期待値が観測値（の平均値）を表すということにより，それが実数でなければならないことが要請される．これについては，後ほど（4.2.2項で）詳しく議論する．

4.1.2 エーレンフェストの定理

粒子の位置の期待値 $\langle \boldsymbol{r} \rangle_t$ と運動量の期待値 $\langle \boldsymbol{p} \rangle_t$ は，いずれも波動関数 $\Psi(\boldsymbol{r}, t)$ を介して時間 t に依存するが，それらの時間依存性はどのような方程式に従うのであろうか．結論を先に述べると，もしポテンシャル $V(\boldsymbol{r}, t)$ が実関数であるならば，それらは古典力学における正準方程式

$$\frac{d\langle \boldsymbol{r} \rangle_t}{dt} = \frac{\langle \boldsymbol{p} \rangle_t}{m} \tag{4.17}$$

$$\frac{d\langle \boldsymbol{p} \rangle_t}{dt} = -\langle \nabla V(\boldsymbol{r}, t) \rangle_t \tag{4.18}$$

を満足する. すなわち, 古典力学における粒子の運動は, 期待値の運動として量子力学に包含される. この事実は, 発見者の名にちなんで**エーレンフェストの定理**(Ehrenfest's theorem)とよばれる.

以下では, エーレンフェストの定理の証明を行なう. まず最初に, 位置 r の期待値の時間発展について考えるために, その x 成分の時間発展について調べる.

時間に依存するシュレーディンガー方程式

$$i\hbar \frac{d\Psi(r,t)}{dt} = \left[-\frac{\hbar^2}{2m}\nabla^2 + V(r,t)\right]\Psi(r,t) \qquad (4.19)$$

を満足し, 規格化された波動関数 $\Psi(r,t)$ を用いて, x の期待値を時間で微分すると,

$$\begin{aligned}\frac{d\langle x\rangle_t}{dt} &= \int_v \left(\frac{\partial \Psi^*}{\partial t}x\Psi + \Psi^* x \frac{\partial \Psi}{\partial t}\right)dv \\ &= \frac{\hbar}{2im}\int_v [(\nabla^2\Psi^*)x\Psi - \Psi^* x(\nabla^2\Psi)]\,dv \qquad (4.20)\end{aligned}$$

ここで, 2番目の等号に移る際に (4.19) 式を代入し, さらにポテンシャル $V(r,t)$ は実関数であることを用いた.

ここで $\nabla^2(x\Psi) = 2\partial\Psi/\partial x + x(\nabla^2\Psi)$ の関係式を (4.20) 式の被積分関数の第2項に用いると,

$$\begin{aligned}\frac{d\langle x\rangle_t}{dt} &= \frac{\hbar}{2im}\int_v [(\nabla^2\Psi^*)\,x\Psi - \Psi^*\nabla^2(x\Psi)]\,dv \\ &\quad + \frac{\hbar}{im}\int_v \Psi^*\frac{\partial \Psi}{\partial x}\,dv \\ &= \frac{\hbar}{2im}\int_v \mathrm{div}[(\nabla\Psi^*)\,x\Psi - \Psi^*\nabla(x\Psi)]\,dv \\ &\quad + \frac{1}{m}\int_v \Psi^*\left(-i\hbar\frac{\partial}{\partial x}\right)\Psi\,dv \qquad (4.21)\end{aligned}$$

となり, (4.21) 式の右辺第1項は, ベクトル解析で学ぶ "ガウスの定理" を

4.1 量子力学の基本事項

用いて，次のように体積分から閉曲面の面積分に変形することができる．

$$\int_v \mathrm{div}[(\nabla\Psi^*)x\Psi - \Psi^*\nabla(x\Psi)]\,dv = \int_s [(\nabla\Psi^*)x\Psi - \Psi^*\nabla(x\Psi)]\cdot d\boldsymbol{S} \tag{4.22}$$

もし，波動関数が無限遠方で十分に速やかにゼロになる（あるいは無限遠方の対称な点で同じ値をもつ）ならば，この面積分はゼロとなり，(4.21) 式の右辺第 1 項は消える．

さらに，量子力学における運動量演算子（の x 成分）は $\widehat{p}_x = -i\hbar(\partial/\partial x)$ で与えられるので，(4.21) 式は

$$\frac{d\langle x\rangle_t}{dt} = \frac{\langle p_x\rangle_t}{m} \tag{4.23}$$

となる．y 成分，z 成分についても同様の計算を行なうことで，

$$\begin{aligned}\frac{d\langle \boldsymbol{r}\rangle_t}{dt} &= \frac{1}{m}\int_v \Psi^*(-i\hbar\nabla)\Psi\,dv \\ &= \frac{\langle \boldsymbol{p}\rangle_t}{m}\end{aligned} \tag{4.24}$$

となり，正準方程式のうち (4.17) 式を得る．

次に，もう一方の正準方程式 (4.18) 式の導出を行なうために，運動量演算子の x 成分の期待値の時間に関する微分について考えよう．

$$\begin{aligned}\frac{d\langle p_x\rangle_t}{dt} &= \int_v \left(\frac{\partial\Psi^*}{\partial t}\widehat{p}_x\Psi + \Psi^*\widehat{p}_x\frac{\partial\Psi}{\partial t}\right)dv \\ &= -\frac{\hbar^2}{2m}\int_v \left[(\nabla^2\Psi^*)\frac{\partial\Psi}{\partial x} - \Psi^*\frac{\partial(\nabla^2\Psi)}{\partial x}\right]dv \\ &\quad + \int_v \left[V\Psi^*\frac{\partial\Psi}{\partial x} - \Psi^*\frac{\partial(V\Psi)}{\partial x}\right]dv\end{aligned} \tag{4.25}$$

ここで $V(\boldsymbol{r}, t)$ を V と略記し，2 番目の等式に移る際に，運動量演算子の x 成分の表式 $\widehat{p}_x = -i\hbar(\partial/\partial x)$ および (4.19) 式の時間に依存するシュレー

ディンガー方程式を用いた．(4.25) 式の右辺第 1 項の積分は，

$$\int_v \left[(\nabla^2 \Psi^*) \frac{\partial \Psi}{\partial x} - \Psi^* \frac{\partial (\nabla^2 \Psi)}{\partial x} \right] dv = \int_v \text{div} \left[(\nabla \Psi^*) \frac{\partial \Psi}{\partial x} - \Psi^* \frac{\partial (\nabla \Psi)}{\partial x} \right] dv$$
$$= \int_s \left[(\nabla \Psi^*) \frac{\partial \Psi}{\partial x} - \Psi^* \frac{\partial (\nabla \Psi)}{\partial x} \right] \cdot d\mathbf{S} \tag{4.26}$$

となり，波動関数が無限遠方で十分に速やかにゼロになる場合には，この面積分はゼロとなり，(4.25) 式の右辺第 1 項は消える．また，(4.25) 式の右辺第 2 項は簡単に計算できて，

$$\frac{d\langle p_x \rangle_t}{dt} = -\int_v \Psi^* \frac{\partial V}{\partial x} \Psi \, dv$$
$$= -\left\langle \frac{\partial V}{\partial x} \right\rangle_t \tag{4.27}$$

を得る．y 成分，z 成分についても同様の計算を行なうことで，

$$\frac{d\langle \mathbf{p} \rangle_t}{dt} = -\langle \nabla V \rangle_t \tag{4.28}$$

となり，正準方程式のうち (4.18) 式を得る．

以上，(4.17) 式と (4.18) 式が導かれたことで，エーレンフェストの定理が正しいことがわかる．

一般の物理量の期待値に関する時間発展方程式

一般に，実関数で与えられるポテンシャルのもとで運動する粒子の物理量 $\hat{A}$ の期待値 $\langle A \rangle_t$ の時間発展方程式は，

$$\frac{d\langle A \rangle_t}{dt} = \left\langle \frac{\partial \hat{A}}{\partial t} \right\rangle_t + \frac{i}{\hbar} \langle [\hat{H}, \hat{A}] \rangle_t \tag{4.29}$$

で与えられる（章末問題[4.1]）．ただし，$\hat{H}$ はこの系のハミルトニアンである．$\hat{A}$ があらわに t に依存しない場合には，この式の右辺第 1 項はゼロとなる．また，この結果を利用して上述のエーレンフェストの定理を導くこともできる．

4.2 波動関数と物理量に対する要請

4.2.1 線形演算子としての物理量

シュレーディンガー方程式に従う波動関数に，次のことを要請する．

> **要請 1**
> シュレーディンガー方程式を満足する波動関数 ϕ とそれに任意の定数 c を掛けて得られる波動関数 $c\phi$ は，いずれも同じ状態を表す．

要請 1 は，波動関数 ϕ と $c\phi$ の確率密度 $|\phi|^2$ と $|c\phi|^2$ が同一の相対確率を与えることに基づく要請である．

> **要請 2**
> シュレーディンガー方程式を満足する波動関数の組を $\{\phi_n\}$ ($n=1$, $2, 3, \cdots$) とすると，それらの線形結合 $\Phi = \sum_n c_n \phi_n$ によって任意の状態を表現できる（**状態の重ね合わせの原理**）．

このことを出発点にすると，ある物理量を表す演算子 $\widehat{Q}$ が波動関数に作用する際には，上述の要請 2（重ね合わせの原理）を乱さないようにするために，次の規則に従わなければならない．

$$\widehat{Q}(c\phi) = c(\widehat{Q}\phi) \tag{4.30}$$

$$\widehat{Q}(c_1\phi_1 + c_2\phi_2) = c_1\widehat{Q}\phi_1 + c_2\widehat{Q}\phi_2 \tag{4.31}$$

ここで，c, c_1, c_2 は任意の実数であり，(4.30) 式と (4.31) 式の規則に従う演算子を**線形演算子** (linear operator) という．

4.2.2 エルミート演算子

ある演算子 $\widehat{Q}$ に対して，

$$\boxed{\int \{\widehat{Q}\,\Phi(\xi)\}^* \Psi(\xi)\,d\xi = \int \Phi^*(\xi)\,\widehat{Q}^\dagger \Psi(\xi)\,d\xi} \tag{4.32}$$

で定義される演算子 $\hat{Q}^\dagger$ を $\hat{Q}$ の**エルミート共役な演算子**とよぶ．ただし簡略化のため，波動関数 Ψ と Φ のもつすべての力学的自由度を表す変数（粒子の座標を定めるために必要な変数）をまとめて ξ と書いた．特に，$\hat{Q}$ が $\hat{Q}^\dagger$ と等しい（$\hat{Q} = \hat{Q}^\dagger$）とき，$\hat{Q}$ を**自己共役演算子**（self-adjoint operator）あるいは**エルミート演算子**（hermitian）という．

例題 4.1　エルミート共役な演算子の演算規則

エルミート共役な演算子 $\hat{P}$ と $\hat{Q}$ に関わる次の演算規則を示せ．

（1）　$(\hat{P} + \hat{Q})^\dagger = \hat{P}^\dagger + \hat{Q}^\dagger$ 　　　　　　　　　　　　　　　(4.33)

（2）　$(c\hat{Q})^\dagger = c^* \hat{Q}^\dagger$ 　　　（c は定数）　　　　　　　　(4.34)

（3）　$(\hat{Q}^\dagger)^\dagger = \hat{Q}$ 　　　　　　　　　　　　　　　　　　(4.35)

（4）　$(\hat{P}\hat{Q})^\dagger = \hat{Q}^\dagger \hat{P}^\dagger$ 　　　　　　　　　　　　　　　　(4.36)

［**解**］　いずれの問題も，(4.32) 式のエルミート共役な演算子の定義式を用いて容易に示すことができる．ここでは，（1）のみを示すことにする．

(4.32) 式の $\hat{Q}$ を $\hat{P} + \hat{Q}$ に置き換えると

$$\int \Phi^*(\xi) (\hat{P} + \hat{Q})^\dagger \Psi(\xi) \, d\xi = \int \{(\hat{P} + \hat{Q}) \Phi(\xi)\}^* \Psi(\xi) \, d\xi$$
$$= \int \{\hat{P}\Phi(\xi)\}^* \Psi(\xi) \, d\xi + \int \{\hat{Q}\Phi(\xi)\}^* \Psi(\xi) \, d\xi$$

となる．さらに，右辺第1項と第2項にそれぞれ (4.32) 式を適用すると

$$\int \Phi^*(\xi) (\hat{P} + \hat{Q})^\dagger \Psi(\xi) \, d\xi = \int \Phi^*(\xi) \hat{P}^\dagger \Psi(\xi) \, d\xi + \int \Phi^*(\xi) \hat{Q}^\dagger \Psi(\xi) \, d\xi$$
$$= \int \Phi^*(\xi) (\hat{P}^\dagger + \hat{Q}^\dagger) \Psi(\xi) \, d\xi \qquad (4.37)$$

となる．こうして，(4.33) 式の $(\hat{P} + \hat{Q})^\dagger = \hat{P}^\dagger + \hat{Q}^\dagger$ が示された．

次に，エルミート演算子の性質の1つとして，物理量の観測に関わる重要な性質について述べる．我々が実験で観測する物理量は必ず実数である．したがって，観測可能な物理量（**オブザーバブル**）の期待値は実数でなければならない．すなわち，オブザーバブル $\hat{Q}$ の波動関数 Ψ での期待値 $\langle Q \rangle$ は，

4.2 波動関数と物理量に対する要請

次の実数条件

$$\int \Psi^* \hat{Q} \Psi \, d\xi = \left(\int \Psi^* (\hat{Q}\Psi) \, d\xi \right)^*$$

$$= \int (\hat{Q}\Psi)^* \Psi \, d\xi \quad (4.38)$$

を満足する．ここで，(4.32) 式を用いて (4.38) 式の右辺を変形すると，

$$\int \Psi^* \hat{Q} \Psi \, d\xi = \int \Psi^* \hat{Q}^\dagger \Psi \, d\xi \quad (4.39)$$

となり，$\hat{Q} = \hat{Q}^\dagger$ を得る．こうして，$\hat{Q}$ が適用される関数空間のあらゆる状態 $\Psi(\xi)$ に対して，(4.39) 式が成立するためには，

> 観測可能な物理量を表す演算子はエルミート演算子

であることが要請される．

以下の例題に取り組むことで，様々な物理量が確かにエルミート演算子で与えられることがわかるであろう．

例題 4.2 ─ エルミート演算子

次の演算子がエルミート演算子であることを示せ．
（1） 運動量演算子 $\hat{\boldsymbol{p}} = -i\hbar \nabla$
（2） 角運動量演算子 $\hat{\boldsymbol{L}} = \hat{\boldsymbol{r}} \times \hat{\boldsymbol{p}}$
（3） 実数のポテンシャル $(V(\boldsymbol{r}) = V^*(\boldsymbol{r}))$ をもつハミルトニアン $\hat{H} = \hat{p}^2/2m + V(\boldsymbol{r})$

[解]（1） 運動量演算子の x 成分に (4.32) 式を適用すると

$$\int_v \Phi^* \hat{p}_x^\dagger \Psi \, dv = \int_v (\hat{p}_x \Phi)^* \Psi \, dv$$

$$= i\hbar \int_v \frac{\partial \Phi^*}{\partial x} \Psi \, dv$$

$$= i\hbar \int_v \left[\frac{\partial (\Phi^* \Psi)}{\partial x} - \Phi^* \frac{\partial \Psi}{\partial x} \right] dv$$

となる．ここで，右辺第1項はxに関して部分積分して，波動関数が無限遠方で速やかにゼロになると仮定すると消える．したがって，

$$\int_v \Phi^* \hat{p}_x^\dagger \Psi \, dv = \int_v \Phi^* \left(-i\hbar \frac{\partial}{\partial x}\right) \Psi \, dv$$
$$= \int_v \Phi^* \hat{p}_x \Psi \, dv \tag{4.40}$$

となるので $\hat{p}_x^\dagger = \hat{p}_x$ が得られ，運動量演算子の x 成分がエルミート演算子であることが示される．同様に，$\hat{p}_y$ と $\hat{p}_z$ についても容易に示すことができる．

（2）角運動量演算子の x 成分 $\hat{L}_x = y\hat{p}_z - z\hat{p}_y$ のエルミート共役をとり，$\hat{p}_y = \hat{p}_y^\dagger$ と $\hat{p}_z = \hat{p}_z^\dagger$ を用いることで，容易に

$$\hat{L}_x^\dagger = (y\hat{p}_z - z\hat{p}_y)^\dagger$$
$$= y\hat{p}_z^\dagger - z\hat{p}_y^\dagger$$
$$= y\hat{p}_z - z\hat{p}_y = \hat{L}_x \tag{4.41}$$

を得る．同様に，$\hat{L}_y$ と $\hat{L}_z$ についても容易に示すことができる．

（3）$(p_i^2)^\dagger = (\hat{p}_i \hat{p}_i)^\dagger = \hat{p}_i \hat{p}_i = p_i^2 (i = x, y, z)$ および $V^\dagger(\boldsymbol{r}) = V^*(\boldsymbol{r}) = V(\boldsymbol{r})$ より，実数のポテンシャルをもつハミルトニアン $\hat{H}$ はエルミート演算子である．

4.2.3　固有値と固有関数

一般に，ある演算子 $\hat{Q}$ を波動関数 Ψ に作用させると，

$$\hat{Q}\Psi = \Phi \tag{4.42}$$

のように別の波動関数 Φ に変わる．もし，Φ が Ψ に比例する場合には，比例定数を λ として

$$\hat{Q}\Psi = \lambda \Psi \tag{4.43}$$

と書くことができる．このとき，(4.43) 式を**固有値方程式**（eigenvalue equation）とよび，「Ψ は**固有値**（eigenvalue）λ に属する演算子 $\hat{Q}$ の**固有関数**（eigenfunction）である」と表現する．

例えば，これまでに何度も登場した（時間に依存しない）シュレーディンガー方程式 $\hat{H}\Psi = E\Psi$ は，エネルギーに関する固有値方程式であり，この方程式に従う波動関数 Ψ は**エネルギー固有値**（eigenenergy）E に属する固有関数である．このことから，Ψ をエネルギー E の**固有状態**（eigenstate）と

4.2 波動関数と物理量に対する要請

よぶ．

固有値と期待値

波動関数 $\Psi(\xi)$ が物理量 $\widehat{Q}$ の固有状態であり，その固有値を λ とする．すなわち，$\widehat{Q}\Psi(\xi) = \lambda\Psi(\xi)$ の固有値方程式が成立するものとする．ただし，ξ は波動関数 $\Psi(\xi)$ のもつすべての力学的自由度を表すものとする．このとき，物理量 $\widehat{Q}$ の固有状態 Ψ での期待値 $\langle Q \rangle$ は

$$\langle Q \rangle = \frac{\int \Psi^* \widehat{Q} \Psi \, d\xi}{\int |\Psi|^2 \, d\xi} = \lambda \tag{4.44}$$

となり，期待値と固有値は一致する．

したがって，観測可能な物理量 $\widehat{Q}$ の期待値 $\langle Q \rangle$ が実数であることを踏まえると，(4.44) 式から固有値 λ もまた実数であることがわかる．この結論に加えて，観測可能な物理量 $\widehat{Q}$ はエルミート演算子で表されること (4.2.2 項を参照) を合わせると

$$\boxed{\text{エルミート演算子の固有値は実数である}}$$

ことが結論づけられる．逆に，演算子 $\widehat{Q}$ がエルミート演算子でない場合には，その期待値 $\langle Q \rangle$ は実数とは限らない．

以上では，エルミート演算子 $\widehat{Q}$ の期待値 $\langle Q \rangle$ が実数である事実を用いて，エルミート演算子の固有値 λ が実数であることを示したが，この結論は次に示すように，$\widehat{Q}$ のエルミート性 ($\widehat{Q}^\dagger = \widehat{Q}$) から直接証明することもできる．

エルミート演算子 $\widehat{Q}$ の固有値 λ に属する固有関数を $\phi_\lambda(\xi)$，すなわち，

$$\widehat{Q}\phi_\lambda(\xi) = \lambda\phi_\lambda(\xi) \tag{4.45}$$

とする．この式に左から $\phi_\lambda^*(\xi)$ を掛けて ξ で積分したものから，(4.45) 式の複素共役に右から $\phi_\lambda(\xi)$ を掛けて積分したものを引くと，

$$\int \phi_\lambda^*(\xi)\,\widehat{Q}\,\phi_\lambda(\xi)\,d\xi - \int \{\widehat{Q}\phi_\lambda(\xi)\}^*\phi_\lambda(\xi)\,d\xi = (\lambda - \lambda^*)\int |\phi_\lambda(\xi)|^2\,d\xi \tag{4.46}$$

となる.この式の左辺第2項にエルミート共役演算子の定義式 (4.32) 式を代入し,$\widehat{Q} = \widehat{Q}^\dagger$ を用いると,左辺の第1項と第2項は相殺してゼロとなる.したがって,$\lambda = \lambda^*$ となり,エルミート演算子 $\widehat{Q}$ の固有値 λ は実数であることが証明される.

固有関数の直交性

エルミート演算子 $\widehat{Q}$ の2つの固有値 λ, λ' に属する固有関数を $\phi_\lambda(\xi)$, $\phi_{\lambda'}(\xi)$ とし,

$$\widehat{Q}\phi_\lambda(\xi) = \lambda\,\phi_\lambda(\xi) \tag{4.47}$$

$$\widehat{Q}\phi_{\lambda'}(\xi) = \lambda'\,\phi_{\lambda'}(\xi) \tag{4.48}$$

とする.(4.47) 式の複素共役に右から $\phi_{\lambda'}(\xi)$ を掛けて ξ で積分したものから,(4.48) 式に左から $\phi_\lambda^*(\xi)$ を掛けて ξ で積分したものを引くと

$$\int \{\widehat{Q}\phi_\lambda(\xi)\}^*\phi_{\lambda'}(\xi)\,d\xi - \int \phi_\lambda^*(\xi)\widehat{Q}\phi_{\lambda'}(\xi)\,d\xi = (\lambda - \lambda')\int \phi_\lambda^*(\xi)\phi_{\lambda'}(\xi)\,d\xi \tag{4.49}$$

を得る.ここで,エルミート演算子の固有値が実数であることを用いた.

この式の左辺第2項にエルミート共役演算子の定義式 (4.32) を代入し,$\widehat{Q}$ がエルミート演算子 ($\widehat{Q}^\dagger = \widehat{Q}$) であることを用いると,左辺の第1項と第2項は相殺してゼロとなり,(4.49) 式は

$$(\lambda - \lambda')\int \phi_\lambda^*(\xi)\,\phi_{\lambda'}(\xi)\,d\xi = 0 \tag{4.50}$$

となる.したがって,もし固有値 λ と λ' が異なる ($\lambda \neq \lambda'$) ならば,

$$\int \phi_\lambda^*(\xi)\,\phi_{\lambda'}(\xi)\,d\xi = 0 \tag{4.51}$$

となる.この式はベクトルの内積に対応すると見なすことができるので,

4.2 波動関数と物理量に対する要請

> 異なる固有値に属する固有関数は互いに直交する

ことがわかる.

しばしば,同一の固有値に複数の固有関数が存在することがある.例えば,ある物理量を表す演算子 $\hat{Q}$ の固有値 λ に m 個の固有関数が属する場合には,

$$\hat{Q}\phi_{\lambda,k} = \lambda\phi_{\lambda,k} \quad (k = 1, 2, \cdots, m) \tag{4.52}$$

と書くことができ,この状況を「固有値 λ は m 重に**縮退**(あるいは**縮重**)(degenerate)している」という.縮退した固有関数同士の直交性を上述の方法で証明することはできないが,縮退した固有関数を用いてそれらの線形結合をつくることによって,互いに直交した固有関数をつくることができることが数学的に保証されている(線形代数で学ぶシュミットの直交化法を参照).

(4.51) 式の直交性に加え,固有関数 $\phi_\lambda(\xi)$ の規格化条件

$$\int |\phi_\lambda(\xi)|^2 \, d\xi = 1 \tag{4.53}$$

をまとめて表現すると,λ が不連続な値(離散値)をもつ場合には

$$\int \phi_\lambda^*(\xi) \, \phi_{\lambda'}(\xi) \, d\xi = \delta_{\lambda,\lambda'} \tag{4.54}$$

と書くことができる.これを $\phi_\lambda(\xi)$ の**規格直交関係**(orthnormal relation)という.ただし,$\delta_{\lambda,\lambda'}$ は

$$\delta_{\lambda,\lambda'} = \begin{cases} 1 & (\lambda = \lambda') \\ 0 & (\lambda \neq \lambda') \end{cases} \tag{4.55}$$

によって定義される**クロネッカーのデルタ**(Kronecker delta)である.

もし,エルミート演算子の固有値 μ が連続的な値をもつ場合には,規格直交関係は

$$\int \phi_\mu^*(\xi)\, \phi_{\mu'}(\xi)\, d\xi = \delta(\mu - \mu') \tag{4.56}$$

となる．ここで，右辺の $\delta(\mu - \mu')$ は

$$\delta(\mu - \mu') = \begin{cases} \infty & (\mu = \mu') \\ 0 & (\mu \neq \mu') \end{cases} \tag{4.57}$$

ならびに

$$\int f(\mu)\, \delta(\mu - \mu')\, d\mu = f(\mu') \tag{4.58}$$

によって定義される**ディラックのデルタ関数**（Dirac delta function）である．

4.2.4 完全性と完備性

いま，エルミート演算子 $\widehat{Q}$ が不連続な固有値 $\{\lambda\}$ と連続な固有値 $\{\mu\}$ をもち，これらの固有値に属する固有関数系 $\{\phi_\lambda(\xi), \phi_\mu(\xi)\}$ は規格直交系を構成しているものとする．すなわち，

$$\widehat{Q}\,\phi_\lambda(\xi) = \lambda\,\phi_\lambda(\xi) \quad \text{ただし,} \quad \int \phi_\lambda^*(\xi)\, \phi_{\lambda'}(\xi)\, d\xi = \delta_{\lambda,\lambda'} \tag{4.59}$$

$$\widehat{Q}\,\phi_\mu(\xi) = \mu\,\phi_\mu(\xi) \quad \text{ただし,} \quad \int \phi_\mu^*(\xi)\, \phi_{\mu'}(\xi)\, d\xi = \delta(\mu - \mu') \tag{4.60}$$

とする．

一般に，固有関数系 $\{\phi_\lambda(\xi), \phi_\mu(\xi)\}$ と同じ定義域にある任意の関数 $\Psi(\xi)$ は，エルミート演算子の固有関数系 $\{\phi_\lambda(\xi), \phi_\mu(\xi)\}$ を用いて

$$\Psi(\xi) = \sum_\lambda C_\lambda\, \phi_\lambda(\xi) + \int C_\mu\, \phi_\mu(\xi)\, d\mu \tag{4.61}$$

のように展開できる．このとき，関数系 $\{\phi_\lambda(\xi), \phi_\mu(\xi)\}$ は**完全系**（complete set）を構成しているという．また，展開係数 C_λ と C_μ は，(4.61) 式に $\phi_\nu^*(\xi)$

4.2 波動関数と物理量に対する要請　　　　　　　　　　75

$(v = \{\lambda, \mu\})$ を掛けて ξ で積分し，(4.59) 式あるいは (4.60) 式の規格直交条件を課すことで，

$$C_\lambda = \int \phi_\lambda^*(\xi) \, \Psi(\xi) \, d\xi \tag{4.62}$$

$$C_\mu = \int \phi_\mu^*(\xi) \, \Psi(\xi) \, d\xi \tag{4.63}$$

であることがわかる．これら 2 つの式を (4.61) 式に代入すると，

$$\Psi(\xi) = \int \left[\sum_\lambda \phi_\lambda(\xi) \, \phi_\lambda^*(\xi') + \int \phi_\mu(\xi) \, \phi_\mu^*(\xi') \, d\mu \right] \Psi(\xi') \, d\xi' \tag{4.64}$$

を得る．したがって，この式の両辺が等しいためには，(4.58) 式より

$$\sum_\lambda \phi_\lambda(\xi) \, \phi_\lambda^*(\xi') + \int \phi_\mu(\xi) \, \phi_\mu^*(\xi') \, d\mu = \delta(\xi - \xi') \tag{4.65}$$

であればよい．この関係式を関数系 $\{\phi_\lambda(\xi), \phi_\mu(\xi)\}$ の**完備性** (complete properties) という．以上をまとめると，

> エルミート演算子の固有関数系は規格直交完全性をなし，完備性をもつ

ことになる．

確率振幅

いま，エルミート演算子 $\widehat{Q}$ の固有値 $\lambda_i (i = 1, 2, \cdots)$ に属する固有関数 $\phi_{\lambda_i}(\xi)$ を用いて，$\phi_{\lambda_i}(\xi)$ と同じ定義域にある任意の関数 $\Psi(\xi, t)$ を

$$\Psi(\xi, t) = \sum_i C_{\lambda_i}(t) \, \phi_{\lambda_i}(\xi) \tag{4.66}$$

のように展開する．簡単のため，固有値 $\lambda_i (i = 1, 2, \cdots)$ は不連続な (離散) 固有値をとり，固有関数 $\phi_{\lambda_i}(\xi)$ は規格化されているものとする．状態 $\Psi(\xi, t)$ が規格化されるためには，$C_{\lambda_i}(t)$ に

を課せばよい.

$$\sum_i |C_{\lambda_i}(t)|^2 = 1 \qquad (4.67)$$

展開係数 $C_{\lambda_i}(t)$ の物理的意味を調べるために, エルミート演算子 $\widehat{Q}$ の状態 $\Psi(\xi, t)$ での期待値を計算してみると,

$$\begin{aligned}
\langle Q \rangle_t &= \int \Psi^*(\xi, t)\, \widehat{Q}\, \Psi(\xi, t)\, d\xi \\
&= \sum_{i,j} C_{\lambda_i}^*(t)\, C_{\lambda_j}(t) \int \phi_{\lambda_i}^*(\xi)\, \widehat{Q}\, \phi_{\lambda_j}(\xi)\, d\xi \\
&= \sum_{i,j} C_{\lambda_i}^*(t)\, C_{\lambda_j}(t) \times \lambda_i \delta_{i,j} \\
&= \sum_i \lambda_i |C_{\lambda_i}(t)|^2 \qquad (4.68)
\end{aligned}$$

となる. 上式の 3 番目の等号に移る際に, 固有値方程式 $\widehat{Q}\phi_{\lambda_i}(\xi) = \lambda\phi_{\lambda_i}(\xi)$ と規格直交関係 $\int \phi_{\lambda_i}^*(\xi)\phi_{\lambda_j}(\xi)\,d\xi = \delta_{i,j}$ を用いた.

こうして, 状態 Ψ で物理量 $\widehat{Q}$ を測定した際には, 様々な固有値 λ_i がそれぞれ確率 $|C_{\lambda_i}(t)|^2$ で混合した平均値として与えられることがわかる. すなわち, $|C_{\lambda_i}(t)|^2$ は状態 Ψ の中にある固有値 λ_i に属する固有状態 ϕ_{λ_i} が混ざっている確率であり, この意味から, 固有状態 ϕ_{λ_i} の**確率振幅**(probability amplitude) とよばれる. ただし, 一般に量子力学では, 1 回の測定でどの固有値が測定されるかを予測することはできないことを注意しておく.

4.3 運動量の固有状態(自由粒子)

古典力学でもそうであったように, 空間的に一様なポテンシャル ($V = 0$ とする) の中を運動する粒子は, 一定の大きさの運動量をもって等速直線運動をする. 量子力学において, この事実は"運動量の固有状態"として表現される. すなわち, 例えば 1 次元の自由粒子の波動関数 $\phi_p(x)$ は

4.3 運動量の固有状態（自由粒子）

$$-i\hbar\frac{d}{dx}\phi_p(x) = p\,\phi_p(x) \tag{4.69}$$

を満足する．したがって，自由粒子の波動関数は

$$\phi_p(x) = Ae^{i\frac{p}{\hbar}x} = Ae^{ikx} \tag{4.70}$$

のように平面波によって記述される．ここで，A は振幅，$k = p/\hbar$ は波数である．

また古典力学では，運動量 p をもつ質量 m の自由粒子は一定の大きさのエネルギー $E = p^2/2m$ をもち，(4.70) 式の自由粒子の波動関数 $\phi_p(x)$ が，確かにエネルギー固有値 $E = p^2/2m$ をもつエネルギーの固有状態として，

$$-\frac{\hbar^2}{2m}\frac{d^2}{dx^2}\phi_p(x) = \frac{p^2}{2m}\phi_p(x) \tag{4.71}$$

であることを容易に確かめることができる．ここで，エネルギーの固有関数が必ずしも運動量の固有関数ではないことに注意しよう．

次に，自由粒子の存在確率について考えよう．(4.70) 式より，自由粒子の存在確率 $|\phi_p(x)|^2$ は

$$|\phi_p(x)|^2 = |A|^2 \tag{4.72}$$

となり，空間の至る所で一定の確率 $|A|^2$ で粒子を見出すことができる．このため，$|\phi_p(x)|^2$ を全空間で積分すると，

$$\int_{-\infty}^{\infty}|\phi_p(x)|^2\,dx = \infty \tag{4.73}$$

となり，自由粒子の波動関数は通常の方法では規格化できないことがわかる．

そこで，自由粒子の波動関数を規格化する方法として，以下では周期境界条件を用いた規格化について述べる．

周期境界条件（periodic boundary condition）とは，ある位置 x での状態 $\phi_p(x)$ が，x から距離 L だけ並進した位置 $x + L$ で元の状態に戻るような条件

$$\phi_p(x + L) = \phi_p(x) \tag{4.74}$$

である.(4.74) 式の周期境界条件を (4.70) 式に課すと,波動関数の運動量は任意の値をとれなくなり,

$$p_n = \frac{2\pi\hbar}{L}n \qquad (n = 0, \pm1, \pm2, \cdots) \qquad (4.75)$$

のような特定の離散値のみが許される(運動量の量子化).ここで,運動量が量子化されたことを明示するために,p_n のように添字に n を付けた.また,運動量の量子化にともない,自由粒子のエネルギー E も量子化され,

$$E_n = \frac{p_n^2}{2m} = \frac{2\pi^2\hbar^2}{mL^2}n^2 \qquad (4.76)$$

となる(エネルギーの量子化).周期 L が十分に大きい極限 ($L \to \infty$) においては,運動量やエネルギーは連続値をとるようになる.

さて,自由粒子の波動関数 $\phi_p(x)$ を,長さ L の中に 1 個の粒子がいるように

$$\int_{-L/2}^{L/2} |\phi_p(x)|^2 dx = 1 \qquad (4.77)$$

と規格化しよう.(4.70) 式を (4.77) 式に代入すると,複素振幅 A は

$$A = \frac{1}{\sqrt{L}}e^{i\delta} \qquad (4.78)$$

となる.ここで,δ は任意の実数であり,波動関数の**位相** (phase) とよばれる.なお,波動関数全体に掛かる位相 δ の選び方は任意であり,その選び方によって物理現象が影響を受けることはない(ただし,2 つの波動関数が干渉するような状況においては,2 つの波動関数の位相差が物理現象に本質的な役割をすることを注意しておく).そこで,ここでは $\delta = 0$ と選び,このとき波動関数は

$$\phi_n(x) = \frac{1}{\sqrt{L}}e^{i\frac{p_n}{\hbar}x} = \frac{1}{\sqrt{L}}e^{i\frac{2\pi n}{L}x} \qquad (n = 0, \pm1, \pm2, \cdots) \quad (4.79)$$

となる.

この波動関数は,

4.3 運動量の固有状態（自由粒子）

規格直交性： $\displaystyle\int_{-L/2}^{L/2} \phi_n^*(x)\,\phi_m(x)\,dx = \delta_{n,m}$ (4.80)

完備性： $\displaystyle\sum_{n=-\infty}^{\infty} \phi_n(x)\,\phi_n^*(x') = \delta(x-x')$ (4.81)

を満足するので，関数系 $\{\phi_n(x)\}$ を用いて $-L/2 \leq x \leq L/2$ の定義域にある任意の関数 $f(x)$ を

$$f(x) = \frac{1}{\sqrt{L}} \sum_{n=-\infty}^{\infty} c_n e^{i\frac{2\pi x}{L}n} \quad (4.82)$$

$$c_n = \frac{1}{\sqrt{L}} \int_{-L/2}^{L/2} e^{-i\frac{2\pi x}{L}n} f(x)\,dx \quad (4.83)$$

のように展開することができる．これは，$f(x)$ のフーリエ級数展開に他ならない．

─ 例題 4.3 ─ **自由粒子の平面波解（完備性）**
自由粒子の固有関数系が完備性を満足することを示せ．

［解］ (4.79) 式の自由粒子の波動関数を (4.81) 式の完備性の式に代入すると，

$$\sum_{n=-\infty}^{\infty} \phi_n(x)\,\phi_m^*(x) = \frac{1}{L} \lim_{N\to\infty} \sum_{n=-N}^{N} e^{i\frac{2\pi n}{L}(x-x')}$$

$$= \frac{1}{L} \lim_{N\to\infty} \frac{\sin\left\{\dfrac{(2N+1)(x-x')\pi}{L}\right\}}{\sin\left\{\dfrac{(x-x')\pi}{L}\right\}}$$

$$= \frac{\pi}{L} \lim_{N\to\infty} \frac{\dfrac{(x-x')\pi}{L}}{\sin\left\{\dfrac{(x-x')\pi}{L}\right\}} \frac{\sin\left\{\dfrac{(2N+1)(x-x')\pi}{L}\right\}}{\pi\left\{\dfrac{(x-x')\pi}{L}\right\}}$$

となる．ここで，デルタ関数の定義

$$\delta(\xi) = \lim_{N\to\infty} \frac{\sin N\xi}{\pi\xi}$$

を用いれば，

$$\sum_{n=-\infty}^{\infty} \phi_n(x)\,\phi_m^*(x) = \frac{\pi}{L}\delta\left(\frac{(x-x')\pi}{L}\right) = \delta(x-x')$$

となり，自由粒子の固有関数系 $\{\phi_n(x)\}$ が完備性をもっていることがわかる．

● 4.4 交換関係 ●

量子力学では物理量が演算子で与えられるということは，それらを波動関数に演算する順序が重要であることを意味する．言い換えると，2つの物理量 $\hat{A}$ と $\hat{B}$ を波動関数 Ψ に演算する際に，どちらを先に Ψ に演算するかによって結果が変わり得るということである．すなわち，

$$\hat{A}(\hat{B}\Psi) \neq \hat{B}(\hat{A}\Psi) \tag{4.84}$$

である．ここで，**交換子** (commutator) とよばれる演算子

$$[\hat{A}, \hat{B}] \equiv \hat{A}\hat{B} - \hat{B}\hat{A} \tag{4.85}$$

を導入すると，(4.84) 式は

$$[\hat{A}, \hat{B}]\Psi \neq 0 \tag{4.86}$$

と書き直すことができるので，交換子は一般に

$$[\hat{A}, \hat{B}] \neq 0 \tag{4.87}$$

である．より正確にいうと，(4.87) 式の右辺の 0 は演算子であり，$\hat{0}$ と書くべき量である．もし，$[\hat{A}, \hat{B}] = 0$ ならば「$\hat{A}$ と $\hat{B}$ は交換する」あるいは「$\hat{A}$ と $\hat{B}$ は**可換**である」という．また，交換子が従う関係式を**交換関係** (commutation relation) とよぶ．

例題 4.4 **可換なエルミート演算子の積**

2つのエルミート演算子 $\hat{A}$ と $\hat{B}$ が交換するとき，それらの積で定義される演算子 $\hat{A}\hat{B}$ もエルミート演算子であることを示せ．

[**解**] 題意より，$\hat{A}\hat{B} = \hat{B}\hat{A}$．また，$\hat{A}^\dagger = \hat{A}$, $\hat{B}^\dagger = \hat{B}$ であるから，
$$(\hat{A}\hat{B})^\dagger = \hat{B}^\dagger \hat{A}^\dagger = \hat{B}\hat{A} = \hat{A}\hat{B}$$
となる．なお，2つのエルミート演算子 $\hat{A}$ と $\hat{B}$ が与えられたとき，それらの積 $\hat{A}\hat{B}$

4.4 交換関係

や $\widehat{B}\widehat{A}$ がエルミート演算子であるとは限らない.しかし,

$$\frac{1}{2}(\widehat{A}\widehat{B}+\widehat{B}\widehat{A}) \tag{4.88}$$

$$\frac{i}{2}(\widehat{A}\widehat{B}-\widehat{B}\widehat{A}) \tag{4.89}$$

はいずれもエルミート演算子であることが,(4.33) 式と (4.36) 式を用いて容易に示される.このような操作を**エルミート化**とよぶ.

正準交換関係

交換関係の重要な例として,粒子の位置 $\widehat{x}$ とその運動量 $\widehat{p}$ の交換関係について調べてみよう.座標表示の量子力学では,運動量演算子は $\widehat{p}_x = -i\hbar(d/dx)$ で与えられる.このとき,交換子 $[\widehat{x}, \widehat{p}_x]$ をある関数 $\Psi(x,t)$ に演算すると,

$$[\widehat{x}, \widehat{p}_x]\Psi(x,t) = x\left\{-i\hbar\frac{d}{dx}\Psi(x,t)\right\} + i\hbar\frac{d}{dx}(x\Psi(x,t))$$
$$= i\hbar\,\Psi(x,t) \tag{4.90}$$

となる.したがって,粒子の位置 $\widehat{x}$ と運動量 $\widehat{p}_x$ の交換関係は,

$$[\widehat{x}, \widehat{p}_x] = i\hbar \tag{4.91}$$

で与えられる.

同様に,演算子 $\widehat{x}, \widehat{y}, \widehat{z}$ と $\widehat{p}_x, \widehat{p}_y, \widehat{p}_z$ のそれぞれの組に対する交換子を計算すると,

$$[\widehat{x}, \widehat{p}_x] = [\widehat{y}, \widehat{p}_y] = [\widehat{z}, \widehat{p}_z] = i\hbar \tag{4.92}$$

となり,他のすべての組の交換子はゼロとなる(交換する).また,運動量表示の量子力学においても (4.92) 式が成立し(章末問題[4.4]),位置 $\widehat{r}$ と運動量 $\widehat{p}$ で記述される演算子の間の交換関係は,すべて (4.92) 式から導かれる.

一般に,2つの物理量 A と B の交換関係が

$$[\widehat{A}, \widehat{B}] = i\hbar \tag{4.93}$$

で与えられるとき,それら2つの物理量は互いに**正準共役**(canonical conjugation) であるといい，(4.93) 式を**正準交換関係**（canonical commutation relation）という．

古典力学では，2つの物理量は必ず交換する（$AB - BA = 0$）．したがって，ディラック定数 $\hbar$ が無視できる状況（$\hbar \to 0$）が，古典力学が量子力学の良い近似理論であるための必要条件である．

例題 4.5 — 角運動量の交換関係

角運動量演算子に対する以下の交換関係が成り立つことを示せ．

$$[\hat{L}_x, \hat{L}_y] = i\hbar \hat{L}_z \tag{4.94}$$

$$[\hat{L}_y, \hat{L}_z] = i\hbar \hat{L}_x \tag{4.95}$$

$$[\hat{L}_z, \hat{L}_x] = i\hbar \hat{L}_y \tag{4.96}$$

なお，これらをまとめて，

$$\hat{\boldsymbol{L}} \times \hat{\boldsymbol{L}} = i\hbar \hat{\boldsymbol{L}} \tag{4.97}$$

と書くことができる．

[解] ここでは，$[\hat{L}_x, \hat{L}_y] = i\hbar \hat{L}_z$ について示す．

$$\begin{aligned}
[\hat{L}_x, \hat{L}_y] &= [\hat{L}_x \hat{L}_y - \hat{L}_y \hat{L}_x] \\
&= (y\hat{p}_z - z\hat{p}_y)(z\hat{p}_x - x\hat{p}_z) - (z\hat{p}_x - x\hat{p}_z)(y\hat{p}_z - z\hat{p}_y) \\
&= y\hat{p}_z(z\hat{p}_x) + xz\hat{p}_y\hat{p}_z - yz\hat{p}_x\hat{p}_z - x\hat{p}_z(z\hat{p}_y)
\end{aligned}$$

ただし，3番目の等号に移る際に，異なる成分の座標と運動量は交換することを用いた．また，右辺の第1項と第4項はそれぞれ

$$y\hat{p}_z(z\hat{p}_x) = -i\hbar y\hat{p}_x + yz\hat{p}_x\hat{p}_z$$

$$x\hat{p}_z(z\hat{p}_y) = -i\hbar x\hat{p}_y + xz\hat{p}_y\hat{p}_z$$

となるので，

$$[\hat{L}_x, \hat{L}_y] = i\hbar(x\hat{p}_y - y\hat{p}_x) = i\hbar \hat{L}_z$$

を得る．

4.5 不確定性原理

4.5.1 物理量の測定に関わる不確定さ

4.1.1項で述べたように，物理量の非干渉な測定を多数回行なった際の平均値は，その期待値として与えられる．また，古典力学における粒子の運動は，量子力学の期待値の時間発展として内包される．しかし，一般に量子力学では，1回ごとの測定で得られる物理量にはばらつきがあり，各測定で得られる値を予言したり確定させたりすることはできない．この項では，この「ばらつき」の中に量子力学の本質が潜んでいることを述べる．

そこで，物理量 $\widehat{Q}$ のずれを表す演算子 $\delta\widehat{Q}$ を，

$$\delta\widehat{Q} \equiv \widehat{Q} - \langle Q \rangle \tag{4.98}$$

として導入し，$\widehat{Q}$ の不確定さ ΔQ を，

$$\begin{aligned}\Delta Q &\equiv \sqrt{\langle (\delta Q)^2 \rangle} \\ &= \sqrt{\langle Q^2 \rangle - 2\langle Q \rangle \langle Q \rangle + \langle Q \rangle^2} \\ &= \sqrt{\langle Q^2 \rangle - \langle Q \rangle^2}\end{aligned} \tag{4.99}$$

として，$\widehat{Q}$ の測定値の標準偏差によって定義する．

例題 4.6 **物理量の不確定さ**

ある物理量 $\widehat{Q}$ の不確定さ ΔQ が実数であることを示せ．

[解] 物理量 $\widehat{Q}$ の期待値からのずれを表す演算子 $\delta\widehat{Q}$ もエルミート演算子であるから，物理量 $\widehat{Q}$ の分散 $\langle (\delta Q)^2 \rangle$ は

$$\begin{aligned}\langle (\delta Q)^2 \rangle &= \int \Psi^*(\xi, t) \, (\delta\widehat{Q})^2 \, \Psi(\xi, t) \, d\xi \\ &= \int \Psi^*(\xi, t) \, \delta\widehat{Q}^\dagger \, (\delta\widehat{Q} \, \Psi(\xi, t)) \, d\xi \\ &= \int (\delta\widehat{Q} \, \Psi(\xi, t))^* \, (\delta\widehat{Q} \, \Psi(\xi, t)) \, d\xi \\ &= \int |\delta\widehat{Q} \, \Psi(\xi, t)|^2 \, d\xi \geq 0\end{aligned}$$

となる. ここで, 2番目の等号に移る際に $\delta\widehat{Q}^\dagger = \delta\widehat{Q}$ を用い, 3番目の等号に移る際に (4.32) 式を用いた. 分散 $\langle(\delta Q)^2\rangle$ はゼロまたは正の実数であるので, 不確定さ $\varDelta Q = \sqrt{\langle(\delta Q)^2\rangle} \geq 0$ となり, 実数であることがわかる.

固有状態による測定

いま, ある物理量を表すエルミート演算子 $\widehat{Q}$ の固有値 λ に属する固有状態を $\phi_\lambda(\xi)$ とする. このとき, 固有値方程式

$$\widehat{Q}\phi_\lambda(\xi) = \lambda\phi_\lambda(\xi) \tag{4.100}$$

を満足する固有状態 $\phi_\lambda(\xi)$ において物理量 $\widehat{Q}$ を測定したときの不確定さを調べよう.

固有状態 $\phi_\lambda(\xi)$ は規格化されているものとすると,

$$\int \phi_\lambda^*(\xi)\,\widehat{Q}\,\phi_\lambda(\xi)\,d\xi = \lambda \tag{4.101}$$

そして,

$$\int \phi_\lambda^*(\xi)\,\widehat{Q}^2\,\phi_\lambda(\xi)\,d\xi = \lambda^2 \tag{4.102}$$

であるから, 明らかにこの測定における不確定さは,

$$\varDelta Q = \sqrt{\langle Q^2 \rangle - \langle Q \rangle^2} = 0 \tag{4.103}$$

となる. したがって,

> 物理量 $\widehat{Q}$ に対する固有値方程式 ($\widehat{Q}\phi_\lambda = \lambda\phi_\lambda$) を満足する固有状態 ϕ_λ で $\widehat{Q}$ の測定を行なった際には, 測定値に不確定さは生じない

ことがわかる.

不確定性原理

角運動量演算子に対する交換関係 (4.94) 〜 (4.96) 式, 位置と運動量の間の交換関係 (4.92) 式とその一般形である正準共役な物理量の間の交換関係 (4.93) 式のように, 2つの物理量を表すエルミート演算子 $\widehat{A}(=\widehat{A}^\dagger)$ と $\widehat{B}(=$

4.5 不確定性原理

$\widehat{B}^{\dagger}$) の交換子が

$$[\widehat{A}, \widehat{B}] = i\widehat{C} \qquad (4.104)$$

の形で与えられるとき，それらの測定に関わる不確定さについて考える．

容易に確かめることができるように，$\widehat{A}$ と $\widehat{B}$ がエルミート演算子であれば，演算子 $\widehat{C}$ もまたエルミート演算子である．$\widehat{A}$ と $\widehat{B}$ の期待値からのずれを表す演算子 $\delta\widehat{A}$ と $\delta\widehat{B}$ はそれぞれ

$$\delta\widehat{A} = \widehat{A} - \langle A \rangle \qquad (4.105)$$
$$\delta\widehat{B} = \widehat{B} - \langle B \rangle \qquad (4.106)$$

であり，これらを (4.104) 式に代入して計算することで，$\delta\widehat{A}$ と $\delta\widehat{B}$ の間の交換関係が，$\widehat{A}$ と $\widehat{B}$ の交換関係 (4.104) 式と同じ関係になって，

$$[\delta\widehat{A}, \delta\widehat{B}] = i\widehat{C} \qquad (4.107)$$

であることがわかる．

次に，$\delta\widehat{A}$ と $\delta\widehat{B}$ および任意の実数 r を用いて，新しい演算子

$$\widehat{O} \equiv \delta\widehat{A} + ir\,\delta\widehat{B} \qquad (4.108)$$

を導入し，この演算子 $\widehat{O}$ とそのエルミート共役な演算子 $\widehat{O}^{\dagger}$ の積 $\widehat{O}^{\dagger}\widehat{O}$ をつくる．このとき，積 $\widehat{O}^{\dagger}\widehat{O}$ の波動関数 $\Psi(\xi)$ での期待値

$$\langle \widehat{O}^{\dagger}\widehat{O} \rangle = \int \Psi^{*}(\xi)\, \widehat{O}^{\dagger}\widehat{O}\, \Psi(\xi)\, d\xi \qquad (4.109)$$

は，エルミート共役な演算子の定義式 (4.32) 式を用いて，

$$\langle \widehat{O}^{\dagger}\widehat{O} \rangle = \int |\widehat{O}\, \Psi(\xi)|^{2}\, d\xi \geq 0 \qquad (4.110)$$

と書けるので，$\langle \widehat{O}^{\dagger}\widehat{O} \rangle \geq 0$ であることがわかる．

一方，$\langle \widehat{O}^{\dagger}\widehat{O} \rangle$ に (4.108) 式を代入すると，(4.107) 式を用いて

$$\langle \widehat{O}^{\dagger}\widehat{O} \rangle = \langle (\delta\widehat{A} - ir\,\delta\widehat{B})(\delta\widehat{A} + ir\,\delta\widehat{B}) \rangle \qquad (4.111)$$
$$= (\Delta B)^{2} r^{2} - \langle C \rangle r + (\Delta A)^{2} \qquad (4.112)$$

を得る．(4.110) 式と (4.112) 式を比較することで，実数 r に対する 2 次不等式

$$(\Delta B)^2 r^2 - \langle C \rangle r + (\Delta A)^2 \geq 0 \qquad (4.113)$$

が得られる.任意の実数 r に対して,この方程式が成り立つための判別条件は

$$\langle C \rangle^2 - 4(\Delta A)^2 (\Delta B)^2 \leq 0 \qquad (4.114)$$

で与えられるから,

$$\Delta A \, \Delta B \geq \frac{\langle C \rangle}{2} \qquad (4.115)$$

を得る.

したがって,「2つの演算子が可換でないとき,それらによって表される2つの物理量を同時に不確定さなしに測定することはできない」ことがわかる.ただしこの結論は,2つの物理量を表す演算子が可換であれば,常にそれらの物理量を同時に不確定さなしに測定できるということを意味するものではない.

例として,直線上(x 軸上)を運動する粒子の位置 x とその運動量 p に (4.115) 式を適用すると

$$\Delta x \, \Delta p \geq \frac{\hbar}{2} \qquad (4.116)$$

が得られる.3次元系の場合には,粒子の位置 $\boldsymbol{r} = (q_1, q_2, q_3)$ とその運動量 $\boldsymbol{p} = (p_1, p_2, p_3)$ の交換関係は,

$$[q_j, p_k] = i\hbar \, \delta_{j,k} \qquad (j, k = 1, 2, 3) \qquad (4.117)$$

で与えられる.同じように (4.115) 式を適用すると,座標と運動量を同時に測定する際の不確定さは,

$$\Delta q_j \, \Delta p_k \geq \frac{\hbar}{2} \delta_{j,k} \qquad (4.118)$$

となる.この関係式は**ハイゼンベルクの不確定性関係**(Heisenberg's uncertainty relation)とよばれ,このような関係が存在するという原理を**不確定性原理**(uncertainty principle)という.

以上を整理すると,不確定性原理とは

4.5 不確定性原理

> 　位置とそれに正準共役な運動量のいずれかを正確に測定しようとすると，他方の測定精度が悪くなる

あるいは

> 　位置の測定値とそれに共役な運動量の測定値の両方が不確定さなしに決まるような量子状態は存在しない

ことを意味する．

　不確定性原理は量子力学に従って運動する粒子の波動性を如実に表したものであり，これについての詳細は次章以降で述べる．

4.5.2 可換な演算子と同時固有状態

　いま，可換な2つの演算子 $\widehat{P}$ と $\widehat{Q}$ について考える．演算子 $\widehat{P}$ の固有値 λ に属する固有関数を ϕ_λ とし，

$$\widehat{P}\phi_\lambda = \lambda\phi_\lambda \tag{4.119}$$

とする．$\widehat{P}$ の固有関数 ϕ_λ に交換子 $[\widehat{P}, \widehat{Q}]\,(=0)$ を演算すると

$$[\widehat{P}, \widehat{Q}]\phi_\lambda = \widehat{P}\widehat{Q}\phi_\lambda - \lambda\widehat{Q}\phi_\lambda = 0 \tag{4.120}$$

となるので，

$$\widehat{P}(\widehat{Q}\phi_\lambda) = \lambda(\widehat{Q}\phi_\lambda) \tag{4.121}$$

を得る．したがって，状態 $\widehat{Q}\phi_\lambda$ は固有値 λ をもつ演算子 $\widehat{P}$ の固有関数である．

　もし $\widehat{P}$ の固有関数に縮退がなければ，状態 $\widehat{Q}\phi_\lambda$ は ϕ_λ に比例することになり，その比例定数を μ とすると，

$$\widehat{Q}\phi_\lambda = \mu\phi_\lambda \tag{4.122}$$

と書ける．すなわち，状態 ϕ_λ は固有値 λ をもつ演算子 $\widehat{P}$ の固有関数であると同時に，固有値 μ をもつ演算子 $\widehat{Q}$ の固有関数でもある．そこで，ϕ_λ を $\phi_{\lambda,\mu}$ と書き換え，上述の結果を

$$\widehat{P}\phi_{\lambda,\mu} = \lambda\phi_{\lambda,\mu}, \qquad \widehat{Q}\phi_{\lambda,\mu} = \mu\phi_{\lambda,\mu} \tag{4.123}$$

とまとめることができる．こうして，状態 $\phi_{\lambda,\mu}$ は可換な2つの演算子 $\hat{P}$ と $\hat{Q}$ の同時固有状態であることがわかった．以上をまとめると

> 2つの演算子が可換であるとき，それらの両方に同一の固有関数（**同時固有状態**）が存在する

また，状態 $\phi_{\lambda,\mu}$ において物理量 $\hat{P}$ と $\hat{Q}$ を同時に測定したとき，それらの測定値をそれぞれ λ, μ として不確定さなしに得ることができる．ここでの解説では，$\phi_{\lambda,\mu}$ に縮退がないことを仮定したが，$\phi_{\lambda,\mu}$ に縮退がある場合には，それらの線形結合をつくることによって上と同じ結論を導くことができる．

例題 4.7 エネルギーと運動量の同時固有状態

直線状（x 軸上）を自由に運動する質量 m，エネルギー $E = \hbar^2 k^2/2m$ の粒子について考える．この粒子の波動関数（エネルギーの固有関数）は2重縮退しており，$\phi_k = e^{ikx}$ と $\phi_{-k} = e^{-ikx}$ である．この状態に対する以下の小問に答えよ．

（1）$\phi_k(x)$ と $\phi_{-k}(x)$ がそれぞれ運動量演算子 $\hat{p}_x = -i\hbar\,(\partial/\partial x)$ の固有状態であることを確かめよ．

（2）$\phi_k(x)$ と $\phi_{-k}(x)$ の線形結合によってつくられる新しい状態 $\Phi_+(x) = \phi_k(x) + \phi_{-k}(x) \propto \cos kx$ や $\Phi_-(x) = \phi_k(x) - \phi_{-k}(x) \propto \sin kx$ は $\hat{p}_x$ の固有状態でないことを確かめよ．

[解]（1）運動量演算子 $\hat{p}_x$ を $\phi_k(x)$ と $\phi_{-k}(x)$ にそれぞれ演算すると，$\hat{p}_x \phi_k(x) = \hbar k \phi_k(x)$ と $\hat{p}_x \phi_{-k}(x) = -\hbar k \phi_{-k}(x)$ を得る．すなわち，$\phi_k(x)(\phi_{-k}(x))$ はハミルトニアンと運動量演算子の同時固有状態であり，エネルギー $E = \hbar^2 k^2/2m$ と運動量 $p = \hbar k (p = -\hbar k)$ をもつ．

（2）運動量演算子 $\hat{p}_x$ を $\Phi_+(x)$ と $\Phi_-(x)$ にそれぞれ演算すると，$\hat{p}_x \Phi_+(x) \propto \Phi_-(x)$ と $\hat{p}_x \Phi_-(x) \propto \Phi_+(x)$ となり，$\Phi_+(x)$ と $\Phi_-(x)$ は $\hat{p}_x$ の固有状態ではないことがわかる．すなわち，ハミルトニアンと運動量演算子は交換するものの，ハミルトニアンの固有状態である $\Phi_+(x)$ や $\Phi_-(x)$ で運動量を測定すると不確定さが生

じる.

章末問題

[**4.1**] 実関数で与えられるポテンシャルのもとで運動する粒子の，ある物理量 $\widehat{A}$ の期待値 $\langle \widehat{A} \rangle_t$ の時間発展方程式が，(4.29) 式を満足することを示せ．また，(4.29) 式を利用してエーレンフェストの定理 (4.17) 式と (4.18) 式を確かめよ．

[**4.2**] 交換関係に関する以下の関係式を確かめよ．

$$[\widehat{A}, \widehat{B}] = -[\widehat{B}, \widehat{A}] \quad (交換性)$$

$$[\widehat{A}, \widehat{B} + \widehat{C}] = [\widehat{A}, \widehat{B}] + [\widehat{A}, \widehat{C}] \quad (線形性)$$

$$[\widehat{A}, \widehat{B}\widehat{C}] = [\widehat{A}, \widehat{B}]\widehat{C} + \widehat{B}[\widehat{A}, \widehat{C}] \quad (ライプニッツ則)$$

$$[[\widehat{A}, \widehat{B}], \widehat{C}] + [[\widehat{B}, \widehat{C}], \widehat{A}] + [[\widehat{C}, \widehat{A}], \widehat{B}] = 0 \quad (ヤコビの恒等式)$$

[**4.3**] 運動量表示の量子力学においても，座標と運動量の間に正準交換関係

$$[\widehat{x}, \widehat{p}_x] = [\widehat{y}, \widehat{p}_y] = [\widehat{z}, \widehat{p}_z] = i\hbar$$

が成立することを示せ．

5　1次元のポテンシャル問題

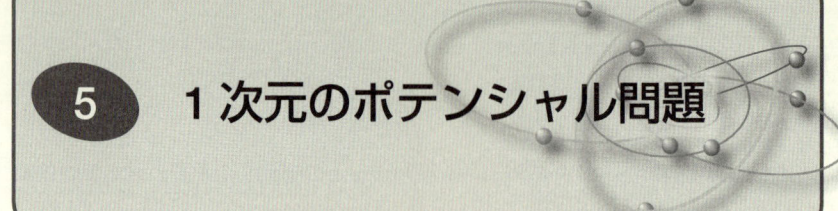

　この章では，シュレーディンガー方程式が厳密に解けるポテンシャルの代表例として，"1次元井戸型ポテンシャル"と"1次元調和ポテンシャル"を取り上げ，その定常状態の中でも，とりわけ束縛状態について学ぶ．
　この章で取り扱うポテンシャル問題は1次元系という特殊なものであるが，そこには量子力学の基本的な考え方や本質が多く含まれており，ここで習得する計算手法と知識は，複雑な量子現象を理解する上で大変役に立つものである．

● 5.1　束縛状態と散乱状態 ●

　ポテンシャルが時間に依存しない系の波動関数 $\Psi(\bm{r}, t)$ は

$$\Psi(\bm{r}, t) = e^{i\frac{E}{\hbar}t}\phi(\bm{r}) \tag{5.1}$$

の形に表せることを 3.2.3 項で述べた．このとき，確率密度 $\rho(\bm{r}, t) \equiv |\Psi(\bm{r}, t)|^2$ は時間 t によらず常に一定 $(\rho(\bm{r}) = |\phi(\bm{r})|^2)$ であることから，(5.1) 式の状態を**定常状態** (steady state) とよぶ．
　定常状態の波動関数の空間部分 $\phi(\bm{r})$ (以後，$\phi(\bm{r})$ を単に波動関数とよぶ) を求めるためには，考えている物理的状況に適した**境界条件** (boundary condition) を波動関数に課し，その条件の下で (3.38) 式の (時間に依存しない) シュレーディンガー方程式を解く必要がある．
　波動関数に課される境界条件には大きく分けて2種類ある．1つは，原子

内の電子のように，空間的に束縛された粒子の状態（**束縛状態**（bound state））を記述する**束縛条件**である．束縛条件とは，すでに何度か登場したように，無限遠方において波動関数が速やかにゼロになるという条件である．もう１つの境界条件は，電子線を原子に衝突させる実験などのように，空間のあらゆる場所に粒子が存在できる**非束縛状態**（あるいは**散乱状態**（scattering state））を記述する条件である．前章で述べた自由粒子の平面波の状態は非束縛状態の一例である．この章では，前者の束縛状態について詳しく述べ，散乱の量子力学については，より専門的な量子力学の本に譲ることにする．

また，この章で取り扱う系は１次元系に限定する．１次元系を取り扱う理由は，主として２つある．１つは，数学的な煩雑さなしに量子力学の基本的な考え方や本質を学ぶことができることである．もう１つは，科学技術の進歩により，量子細線，ナノワイヤー，原子鎖といった１次元物質が現実のものとなり，１次元系に固有の量子現象が実際に観測されるようになったことが挙げられる．つまりこの章では，量子力学の基礎を述べると同時に，最先端のナノサイエンス，ナノテクノロジーの基礎を述べることになる．

5.2　無限に深い井戸型ポテンシャル

x 軸上を１次元運動する質量 m の粒子に対する（時間に依存しない）シュレーディンガー方程式は

$$\left\{-\frac{\hbar^2}{2m}\frac{d^2}{dx^2} + V(x)\right\}\psi(x) = E\,\psi(x) \tag{5.2}$$

で与えられる．１次元系といえども，この微分方程式が解析的に解けるようなポテンシャルは，ごく稀である．なお，"解析的に解ける" とは，数式の変形などによって厳密に解けることをいい，そのときの解を解析解という．

ここでは，(5.2) 式の方程式に解析解が存在する最も簡単なポテンシャル

として，**無限に深い井戸型ポテンシャル**

$$V(x) = \begin{cases} 0 & (0 \leq x \leq L) \\ \infty & (x < 0, x > L) \end{cases} \qquad (5.3)$$

を考える（図 5.1）．

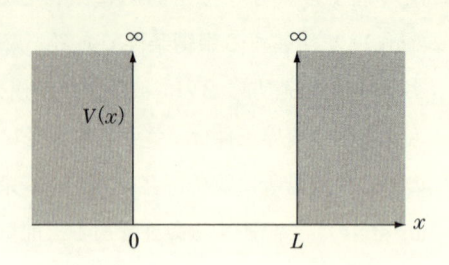

図 5.1 無限に深い井戸型ポテンシャル

一昔前ならば，井戸型ポテンシャルといえば量子力学の初等的な演習問題に過ぎなかった．しかしナノテクノロジーの発展により，電子のド・ブロイ波長（$\lambda = h/p$）と同程度であるナノメートル程度の幅をもつ井戸型ポテンシャル（**量子ドット**（quantum dot）とよばれる）をつくることが可能になり，現在では，井戸型ポテンシャルは単なる演習問題の域を超えた現実的な量子系である（章末問題 [5.1]）．最近では，量子ドットの量子コンピュータ素子（量子ビット）などへの応用も考えて研究が進められている．

ポテンシャルの壁の高さが無限に高いということは，井戸の内側の粒子は井戸の外に出るために無限のエネルギーを必要とするので，古典力学と同様に量子力学においても，井戸の内側の粒子は外側に出ることはできない．すなわち，$x < 0$ と $x > L$ では $\phi(x) = 0$ である．

また，井戸の内側の波動関数 $\phi(x)$ は $V(x) = 0$ より

$$-\frac{\hbar^2}{2m}\frac{d^2\phi(x)}{dx^2} = E\phi(x) \qquad (0 \leq x \leq L) \qquad (5.4)$$

に従い，この微分方程式の一般解は

$$\phi(x) = A\sin kx + B\cos kx, \qquad k \equiv \frac{\sqrt{2mE}}{\hbar} \qquad (5.5)$$

の形に表せる．ここで，A と B は振幅に相当する未知の複素定数であり，以下のように決定される．

(5.5) 式の波動関数 $\phi(x)$ に $x = 0$ での境界条件として $\phi(0) = 0$ を課す

5.2 無限に深い井戸型ポテンシャル

と $B=0$ が得られるので，

$$\phi(x) = A \sin kx \tag{5.6}$$

となる．一方，(5.6) 式の波動関数に $x=L$ での境界条件として $\phi(L)=0$ を課すと，波数 k が

$$k_n = \frac{\pi}{L} n \quad (n=1,2,3,\cdots) \tag{5.7}$$

と離散的な値に限定される（量子化される）．ここで，波数 k が量子化されたことを明示するために，k_n のように添字 n を付けた．これにともない，今後は波動関数 ϕ にも添字 n を付け，ϕ_n と書くことにする．

この自然数 n は，この系の量子状態を指定する量子数である．k_n が負の値をとらない理由は，(5.6) 式からわかるように，$k_n = -(\pi/L)n$ と $k_n = (\pi/L)n$ が（符号が異なるだけで）同じ状態を与えるためである．また，$k_n = 0 \, (n=0)$ は，どこにも粒子が存在しない（物理的に興味のない）状態（$\phi_0(x) = 0$）を与えるので排除した．

波数 k_n が (5.7) 式のように量子化されたことに起因して，エネルギー固有値も量子化され，

$$E_n = \frac{\hbar^2 k_n^2}{2m} = \frac{\hbar^2}{2m} \frac{\pi^2}{L^2} n^2 \quad (n=1,2,3,\cdots) \tag{5.8}$$

となる（図 5.2）．この式より，質量 m が小さく，L の小さな狭い井戸に閉じ込められた粒子ほど，エネルギー間隔 $\Delta E_n = E_{n+1} - E_n$ が大きいことがわかる．逆に，系の長さ L が非常に長い（$L \to \infty$）場合には，波数 $k_n = \pi n/L$ は連続変数となり，その結果，エネルギーも連続値をとることになる．

また，境界条件だけでは，(5.6) 式の波動関数の振幅 A を決定することはできないため，規格化条件

$$\int_0^L |\phi_n(x)|^2 \, dx = 1 \tag{5.9}$$

によって A を決定する．そこで，(5.6) 式を (5.9) 式に代入すると，振幅 A

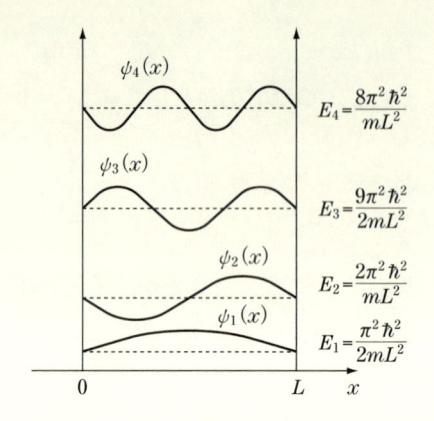

図 5.2 無限に深い井戸型ポテンシャルに束縛された粒子の固有エネルギー E_n とその波動関数 $\phi_n(x)$

は $A = e^{i\delta}\sqrt{2/L}$ となる．ここで，実数 δ は波動関数の**位相**である．粒子の確率密度が波動関数の絶対値の 2 乗で与えられることからもわかるように，位相 δ の選び方によって物理現象が変更されることはない（**ゲージ普遍性**）．*ここでは，位相を $\delta = 0$ に選び，波動関数を実関数として

$$\phi_n(x) = \sqrt{\frac{2}{L}} \sin k_n x \tag{5.10}$$

と表すことにする．

(5.10) 式は，両端を固定された 1 次元のひもがとりうる定在波と同じ形であり，定在波 $\phi_n(x)$ の節の数は $n-1$ である（図 5.2）．エネルギーの最も小さい $n=1$ の状態を**基底状態**（ground state）とよび，それ以外（$n>1$）の状態をすべて**励起状態**（excited state）とよぶ．エネルギーの高い励起状態ほど節の数 n が大きくなり，それに対応して運動エネルギーが大きくなるが，$n \to \infty$ の極限では，粒子の存在確率 $|\phi_n(x)|^2$ が井戸の中で一様（$|\phi_n(x)| = 1/L$）となり，古典力学から期待される結論と一致する．

---

* 物理現象は波動関数全体に掛かる振幅の不定位相 δ の選び方に影響を受けない．ただし，2 つの波動関数が干渉するような状況では，それらの位相差が物理現象に本質的な役割を果たす．

不確定性原理と零点エネルギー

古典力学では，井戸の内側に閉じ込められた粒子は $E \geq 0$ の任意の値のエネルギーをとるのに対して，量子力学では量子数 n に応じた離散的な値のエネルギーだけが許される．また，古典力学では静止した状態が最もエネルギーが小さく $E = 0$ であるが，量子力学では，(5.8) 式からわかるように，基底状態のエネルギーは $E_1 = \pi^2 \hbar^2 / 2mL^2$ と有限の値をとる．この違いこそが量子力学の特徴であり，不確定性原理に起因するものである．

量子力学では不確定性原理のために，粒子は静止し続けることはできず，その運動量が揺らぐ．正確な計算を行なうと（章末問題[5.2]），基底状態 $\phi_1(x)$ の運動量の不確定さは $(\Delta p)_{n=1} = \pi \hbar / L$ であり，エネルギーの最低値は $E_1 = (\Delta p)_{n=1}^2 / 2m = \pi^2 \hbar^2 / 2mL^2$ となる．このような不確定性原理に起因する有限の基底エネルギーを**零点エネルギー** (zero-point energy) とよぶ．

1次元系の束縛状態の非縮退性

無限に深い1次元井戸に束縛された粒子の量子状態 $\phi_n(x)$ は，(5.10) 式で示したように，節の数 n で一義的に指定される．また，(5.8) 式からわかるように，節の数の異なる状態のエネルギーは異なる．したがって，この系のエネルギー固有状態には縮退がない．すなわち，

> 1次元系の束縛状態では，エネルギー固有値に縮退はない

これは1次元系に対して一般的に成り立つ重要な性質なので，章末問題[5.3]で読者自身によって証明してほしい．

5.3 有限の深さの井戸型ポテンシャル

前節では，無限に深い井戸型ポテンシャルの束縛状態について述べた．この節では，深さが有限の井戸型ポテンシャル

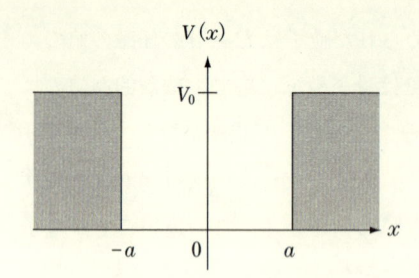

図5.3 有限の深さの井戸型ポテンシャル

$$V(x) = \begin{cases} 0 & (|x| \leq a) \\ V_0 > 0 & (|x| > a) \end{cases} \qquad (5.11)$$

の束縛状態について述べる（図5.3）。

井戸の内側 $(V(x) = 0, |x| \leq a)$ と外側 $(V(x) = V_0, |x| > a)$ の各領域でのシュレーディンガー方程式は，それぞれ

$$-\frac{\hbar^2}{2m}\frac{d^2\psi(x)}{dx^2} = E\,\psi(x) \qquad (|x| \leq a) \qquad (5.12)$$

$$-\frac{\hbar^2}{2m}\frac{d^2\psi(x)}{dx^2} + V_0\,\psi(x) = E\,\psi(x) \qquad (|x| > a) \qquad (5.13)$$

で与えられる。これらの方程式を書き直し，

$$\frac{d^2\psi(x)}{dx^2} = -k^2\,\psi(x), \quad k \equiv \sqrt{\frac{2mE}{\hbar^2}} \qquad (|x| \leq a) \qquad (5.14)$$

$$\frac{d^2\psi(x)}{dx^2} = -\kappa^2\,\psi(x), \quad \kappa \equiv \sqrt{\frac{2m(E-V_0)}{\hbar^2}} \qquad (|x| > a) \qquad (5.15)$$

とする。一般に，系のポテンシャルの最低値を $V_{\min}$ とすると，$E \geq V_{\min}$ である（章末問題[5.4]）。いまの場合は $V_{\min} = 0$ であるから $E \geq 0$ となるが，すぐ後で説明する理由から $E = 0$ は除かれて $E > 0$ となり，$k = \sqrt{2mE/\hbar^2}$ は $k > 0$ の実数となる。$E \geq 0$ から $E = 0$ $(k = 0)$ を除いたのは，この場合には (5.12) 式が $d^2\psi/dx^2 = 0$ となり，波動関数が $\psi(x) = ax + b$ $(a, b$ は複素定数$)$ となることから，以下で述べる境界条件を満たさないためである。

5.3 有限の深さの井戸型ポテンシャル

(5.14) 式と (5.15) 式の一般解は，

$$\phi(x) = Ae^{i\kappa x} + Be^{-i\kappa x} \quad (x < -a) \tag{5.16}$$

$$\phi(x) = Ce^{ikx} + De^{-ikx} \quad (-a \leq x \leq a) \tag{5.17}$$

$$\phi(x) = Fe^{i\kappa x} + Ge^{-i\kappa x} \quad (a < x) \tag{5.18}$$

と表せる．ここで，6 個の係数 A, B, C, D, F, G は未知の複素定数であり，以下のように決定することができる．

井戸の中に束縛された粒子の波動関数 $\phi(x)$ が，無限遠方 ($x \to \pm\infty$) において速やかにゼロとなる（束縛条件）ためには，(5.16) 式と (5.18) 式が $x \to \pm\infty$ において発散しないように，$A = G = 0$ かつ $E < V_0$ (κ が純虚数) とすればよい．こうして，$\lambda = \sqrt{2m(V_0 - E)/\hbar^2} > 0$ ($\kappa = i\lambda$) を用いて，(5.16) 〜 (5.18) 式は

$$\phi(x) = Be^{\lambda x} \quad (x < -a) \tag{5.19}$$

$$\phi(x) = Ce^{ikx} + De^{-ikx} \quad (-a \leq x \leq a) \tag{5.20}$$

$$\phi(x) = Fe^{-\lambda x} \quad (a < x) \tag{5.21}$$

となる．なお，$E > V_0$ の場合には，無限遠方 ($x \to \pm\infty$) においても粒子が存在する散乱状態となるが，これについては本書では扱わない．興味のある読者は，より専門的な量子力学の本で学ぶことを薦める．

残り 4 つの未定係数 B, C, D, F は，次のように波動関数 ϕ とその 1 階の導関数 $d\phi/dx$ の連続条件から決定することができる．$x = \pm a$ においてポテンシャル $V(x)$ は不連続であるが上限値をもつ（有界である）ので，$x = \pm a$ において波動関数 $\phi(x = \pm a)$ は 1 価連続かつ滑らか（微分可能）である (3.4.1 項を参照)．この条件を $\phi(x)$ および $d\phi/dx$ に課すと，

$$Be^{-\lambda a} = Ce^{-ika} + De^{ika} \tag{5.22}$$

$$\lambda Be^{-\lambda a} = ik(Ce^{-ika} - De^{ika}) \tag{5.23}$$

$$Fe^{-\lambda a} = Ce^{ika} + De^{-ika} \tag{5.24}$$

$$-\lambda Fe^{-\lambda a} = ik(Ce^{ika} - De^{-ika}) \tag{5.25}$$

が得られる．

さらに，これらから B と F を消去すると

$$(C - D)(\lambda + k \cot ka) = 0 \tag{5.26}$$

$$(C + D)(\lambda - k \tan ka) = 0 \tag{5.27}$$

が得られる．すなわち，係数 C, D, k, λ がこの 2 つの関係式の両方を満足するとき，波動関数 $\phi(x)$ は $x = \pm a$ において滑らかにつながることになる．

(A) $C = D$ の場合

(5.22) 式と (5.24) 式より $B = F = 2Ce^{\lambda a} \cos ka$，また，(5.27) 式より固有値方程式 $\lambda = k \tan ka$ を得る．$k = \sqrt{2mE/\hbar^2}$ と $\lambda = \sqrt{2m(V_0 - E)/\hbar^2}$ がエネルギー固有値 E の関数なので，方程式 $\lambda = k \tan ka$ はエネルギー固有値 E を定める方程式である (これを固有値方程式とよぶこともある)．以上をまとめると，

$$\text{固有値方程式：} \lambda = k \tan ka \tag{5.28}$$

$$\text{波動関数：} \phi(x) = N \cos ka \, e^{\lambda(x+a)} \quad (x < -a) \tag{5.29}$$

$$\phi(x) = N \cos kx \quad (-a \leq x \leq a) \tag{5.30}$$

$$\phi(x) = N \cos ka \, e^{-\lambda(x-a)} \quad (a < x) \tag{5.31}$$

となる．ただし，$N (= 2C)$ は波動関数を規格化することによって定められる (章末問題[5.5])．

この波動関数 $\phi(x)$ は x の偶関数である (図 5.4 (a))．このように空間反転 ($x \to -x$) に対して波動関数が対称 ($\phi(-x) = \phi(x)$) な状態を**偶パリティ** (even parity) 状態という．

(B) $C = -D$ の場合

(5.22) 式と (5.24) 式より $B = -F = -2Cie^{\lambda a} \sin ka$，また，(5.26) 式より固有値方程式 $\lambda = -k \cot ka$ を得る．以上をまとめると，

$$\text{固有値方程式：} \lambda = -k \cot ka \tag{5.32}$$

$$\text{波動関数：} \phi(x) = -M \sin ka \, e^{\lambda(x+a)} \quad (x < -a) \tag{5.33}$$

$$\phi(x) = M \sin kx \quad (-a \leq x \leq a) \tag{5.34}$$

$$\phi(x) = M \sin ka \, e^{-\lambda(x-a)} \quad (a < x) \tag{5.35}$$

5.3 有限の深さの井戸型ポテンシャル

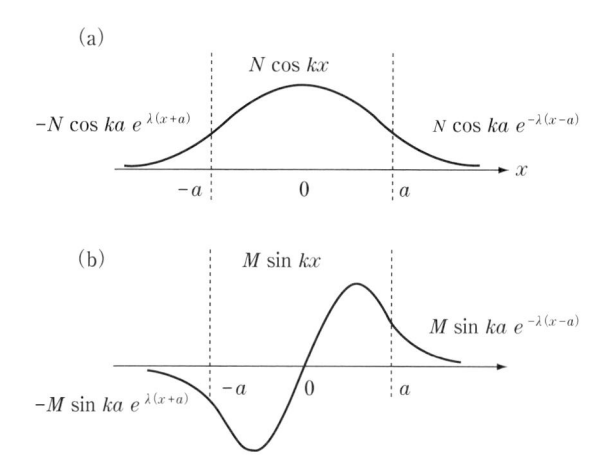

図5.4 有限の深さの井戸型ポテンシャルに束縛された粒子の波動関数
(a) 基底状態（偶パリティ）
(b) 第1励起状態（奇パリティ）

となる．ただし，$M\,(=2iC)$ は波動関数を規格化することによって定められる（章末問題[5.5]）．

この波動関数 $\phi(x)$ は x の奇関数である（図5.4 (b)）．このように空間反転 $(x \to -x)$ に対して波動関数が反対称 $(\phi(-x) = -\phi(x))$ な状態を**奇パリティ**（odd parity）状態という．

波動関数の偶奇性（パリティ）

上述のように，(5.11) 式で与えられる井戸型ポテンシャルに束縛された粒子の波動関数は，偶パリティ状態と奇パリティ状態の2種類に分類される．このような波動関数の偶奇性は，ポテンシャルの空間反転対称性 $(V(-x) = V(x))$ に起因する．このことを以下で示す．

原点に対して空間反転対称なポテンシャル $(V(-x) = V(x))$ をもつ1次元系について考える．この系のシュレーディンガー方程式は

$$\widehat{H}(x,\,\widehat{p})\,\phi_E(x) = E\,\phi_E(x) \tag{5.36}$$

で与えられ，$V(-x) = V(x)$ であるから，ハミルトニアンは

$$\hat{H}(x, \hat{p}) = \frac{\hat{p}^2}{2m} + V(x) = \hat{H}(-x, -\hat{p}) \tag{5.37}$$

を満たす．

いま，x の任意関数 $f(x)$ に対して，

$$\hat{I} f(x) = f(-x) \tag{5.38}$$

のように空間反転を行なう演算子（**パリティ演算子**（parity operator））$\hat{I}$ を導入し，ハミルトニアン $\hat{H}$ とパリティ演算子 $\hat{I}$ の交換子 $[\hat{H}, \hat{I}]$ をエネルギーの固有状態 $\phi_E(x)$ に演算すると，

$$\begin{aligned} [\hat{H}(x, \hat{p}), \hat{I}] \phi_E(x) &= \hat{H}(x, \hat{p}) \hat{I} \phi_E(x) - \hat{I} \hat{H}(x, \hat{p}) \phi_E(x) \\ &= \hat{H}(x, \hat{p}) \phi_E(-x) - \hat{H}(-x, -\hat{p}) \phi_E(-x) \\ &= 0 \end{aligned} \tag{5.39}$$

となる．ただし，最後の等号で (5.37) 式を用いた．したがって，

$$[\hat{H}(x, \hat{p}), \hat{I}] = 0 \tag{5.40}$$

となり，$\hat{H}$ と $\hat{I}$ が交換することがわかった．この結論は，空間反転対称性（$V(-\boldsymbol{r}) = V(\boldsymbol{r})$）をもつ2次元系や3次元系においても成立する．

いま，(5.40) 式の $\phi_E(x)$ について1次元系の束縛状態を考えるならば，5.1節で述べたように，その固有エネルギー E には縮退がないので，エネルギーの固有関数 $\phi_E(x)$ は $\hat{H}$ と $\hat{I}$ の同時固有状態である（同時固有状態については，4.5.2項を参照）．

以上を整理すると，次のようになる．

> 空間反転対称なポテンシャルをもつ1次元系の束縛状態はパリティ演算子 $\hat{I}$ の固有状態であり，偶パリティ状態と奇パリティ状態の2種類に分類される．

エネルギー固有値の決定

ここでは，井戸型ポテンシャルに束縛された粒子のエネルギー固有値を決

5.3 有限の深さの井戸型ポテンシャル

定する．エネルギー固有値を決定する方程式は，偶パリティ状態に対しては(5.28)式，奇パリティ状態に対しては(5.32)式である．以下では，偶パリティ状態と奇パリティ状態にそれぞれ場合分けをしてエネルギー固有値を求めることにする．

（A） 偶パリティ状態のエネルギー固有値

エネルギー固有値を決定する方程式は，(5.28)式に示したように $\lambda = k \tan ka$ である．この式の両辺に a を掛け，$\xi = ka$, $\eta = \lambda a$ とおくと，(5.28)式は

$$\eta = \xi \tan \xi \tag{5.41}$$

となる．また，$k = \sqrt{2mE/\hbar^2}$ および $\lambda = \sqrt{2m(V_0 - E)/\hbar^2}$ であるから，この2式より

$$\xi^2 + \eta^2 = \frac{2mV_0 a^2}{\hbar^2} \tag{5.42}$$

が得られる．(5.41)式と(5.42)式は ξ と η の連立方程式であるから，これを解き，得られた ξ から

$$E = \frac{\hbar^2}{2ma^2}\xi^2 \tag{5.43}$$

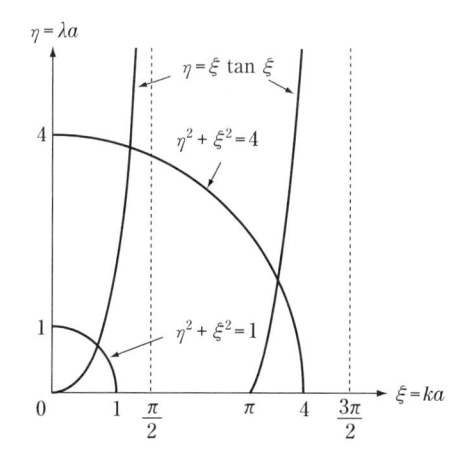

図5.5 偶パリティをもつ波動関数の固有エネルギーの決定

のように偶パリティ状態のエネルギー固有値が求まる．

なお，(5.41)式と(5.42)式は解析的に解くことはできないが，図5.5のように(5.41)式と(5.42)式を ξ-η 平面に描くことで，図形的にではあるが，$2mV_0a^2/\hbar^2 = $ 一定 の円弧と(5.41)式の曲線 ($\eta = \xi\tan\xi$) の交点として解を得ることができる．また，この図形的解法により，エネルギー固有値の振る舞いについて重要な結論を導くことができる．これについては，次の奇パリティ状態の結果と一緒に後で述べる．

(B) 奇パリティ状態のエネルギー固有値

偶パリティ状態の場合と同様，エネルギー固有値を決定する方程式は，(5.32)式に示したように $\lambda = -k\cot ka$ である．この式の両辺に a を掛け，$\xi = ka$, $\eta = \lambda a$ とおくと，(5.32)式は

$$\eta = -\xi\cot\xi \tag{5.44}$$

となる．(5.44)式と(5.42)式は ξ と η の連立方程式であるから，これを解くことで，奇パリティ状態のエネルギー固有値が求まる．偶パリティ状態の場合と同様，図5.6に示すように，$2mV_0a^2/\hbar^2 = $ 一定 の円弧と(5.44)式の曲線 ($\eta = -\xi\cot\xi$) の交点として解を得ることができる．

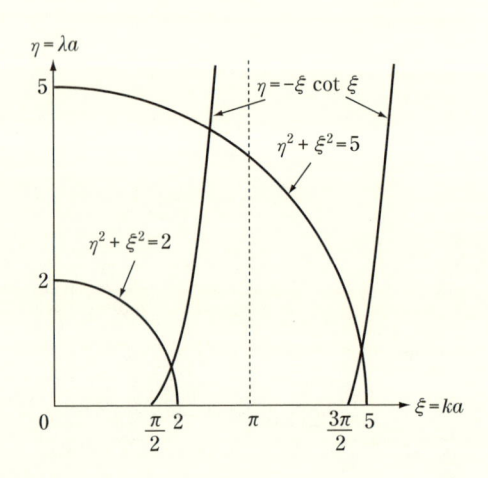

図5.6 奇パリティをもつ波動関数の固有エネルギーの決定

井戸型ポテンシャルの束縛状態の諸性質

（A） 束縛状態の数

図 5.5 と図 5.6 から読みとれるように，曲線同士の交点の数は，それぞれポテンシャルの強さ V_0 が増すに従って増え，

$$\frac{\pi}{2}(n-1)\hbar \leq a\sqrt{2mV_0} < \frac{\pi}{2}n\hbar \tag{5.45}$$

のときに n 個の束縛状態が存在する．等号は，$E = V_0$ のときの結合エネルギーがゼロの定常状態を表す．また，

> 井戸の深さ V_0 がどんなに浅くても，束縛状態が必ず 1 つ存在する

ことも図 5.5 からわかる．

（B） 基底状態と励起状態の性質

図 5.4 (a) と (b) はそれぞれ基底状態（$n = 1$）と第 1 励起状態（$n = 2$）の波動関数を表したものであったが，基底状態（$n = 1$）は偶パリティ状態であり，波動関数の節の数はゼロである．励起状態（$n \geq 2$ の自然数）の節の数は，エネルギーの低い方から 1 個，2 個，3 個，… と順に 1 つずつ増える．すなわち，節の数は量子数 n を用いて $n - 1$（$= 0, 1, 2, \cdots$）と表される．したがって，節の数 $n - 1$ が偶数のとき，波動関数は偶パリティ状態，$n - 1$ が奇数のときは奇パリティ状態である．

（C） トンネル効果

図 5.4 (a) と (b) を見ると，古典力学では粒子が侵入できないはずの井戸の外（$|x| > a$）に波動関数が染み出していることがわかる．これはまるで，粒子が井戸の壁にトンネルを掘って外に染み出したかのようである．古典力学では起こりえない量子力学特有のこの現象を**トンネル効果**（tunnel effect）という．

壁の中（井戸の外）の波動関数は $\phi(x) \propto e^{-\lambda|x|}$ のように指数関数的に減衰する．壁の中の波動関数の減衰因子 λ は (5.29) 式や (5.31) 式（あるいは

(5.33) 式や (5.35) 式より $\lambda = \sqrt{2m(V_0 - E)/\hbar^2}$ なので，基底状態が最も染み出しの距離（トンネル長 $\sim \lambda^{-1}$）が短く，逆に E が V_0 に近いほどトンネル長は長くなる．

5.4　1次元調和振動子

図5.7のように，ポテンシャル $V(x)$ が $x = a$ で安定な平衡点をもつとする．ここで，安定な平衡点とは，数学的には

$$\left(\frac{dV(x)}{dx}\right)_{x=a} = 0, \quad \left(\frac{d^2V(x)}{dx^2}\right)_{x=a} > 0 \tag{5.46}$$

を満たすことをいう．このとき，$x = a$ の近傍での粒子の微小運動を考えると，ポテンシャル $V(x)$ は，$x = a$ の周りでテイラー展開して

$$V(x) \approx V(a) + \frac{1}{2}\left(\frac{d^2V(x)}{dx^2}\right)_{x=a} (x - a)^2 \tag{5.47}$$

のように近似できる．この近似を**調和近似** (harmonic approximation) という．

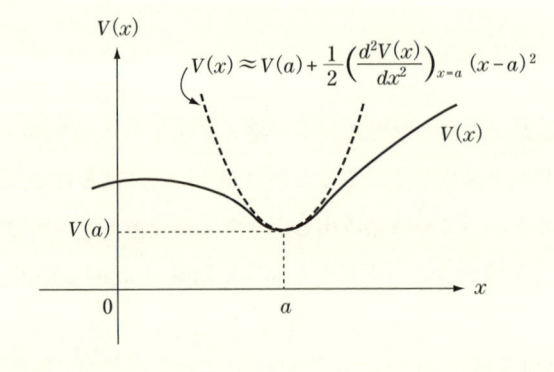

図 5.7　ポテンシャルの調和近似

右辺第1項は平衡点でのポテンシャルであり，これ以後の議論では，これをエネルギーの原点に選ぶ $(V(a) = 0)$．また，この平衡点を座標原点 $(a = 0)$ に選ぶことにする．調和近似で無視をした x^3 以上の次数をもつ項は**非調和ポテンシャル** (anharmonic potential) とよばれ，例えば，結晶格子の熱伝導や熱膨張などを支配する．以下では，調和近似が成立する領域での粒子の量子力学的状態について学ぶ．

調和近似のもとでは，平衡点近傍での質量 m の粒子のハミルトニアンは

$$\widehat{H} = -\frac{\hbar^2}{2m}\frac{d^2}{dx^2} + \frac{1}{2}m\omega^2 x^2 \qquad (5.48)$$

となり，右辺第2項は**調和振動子ポテンシャル** (harmonic oscillator potential) とよばれる．ただし，$\omega \equiv \sqrt{V''(0)/m}$ とおいた．この式が使われる具体的な例としては，分子振動，結晶格子の振動（フォノン），原子核の表面振動などが挙げられる．また，電磁場は無数の独立な調和振動子の集まりとして記述することもできる（**量子電磁力学**）．これについては，本書の第12章で述べる．その際には，この節で述べることが基盤となる．

このように，調和振動子ポテンシャルは簡単なポテンシャルでありながら，私たちの身の回りの様々な現象を記述する際に頻繁に現れるポテンシャルである．

(5.48) 式のハミルトニアンに対するシュレーディンガー方程式は

$$\left(-\frac{\hbar^2}{2m}\frac{d^2}{dx^2} + \frac{1}{2}m\omega^2 x^2\right)\psi(x) = E\psi(x) \qquad (5.49)$$

である．この微分方程式を適当な境界条件のもとで解析的に解くことで，エネルギー固有値 E と波動関数 $\psi(x)$ を得ることもできるが，それについては他の量子力学の本に譲り，以下では，より見通しの良い方法として，生成・消滅演算子を用いて代数的に E と $\psi(x)$ を決定する方法を述べる．

まず，位置 $\hat{x}$ と運動量 $\hat{p}$ との線形結合によって，互いにエルミート共役な演算子

$$\hat{a} = \sqrt{\frac{m\omega}{2\hbar}}\,\hat{x} + i\frac{1}{\sqrt{2m\hbar\omega}}\,\hat{p} \qquad (5.50)$$

$$\hat{a}^\dagger = \sqrt{\frac{m\omega}{2\hbar}}\,\hat{x} - i\frac{1}{\sqrt{2m\hbar\omega}}\,\hat{p} \qquad (5.51)$$

を導入する．$\hat{x}$ と $\hat{p}$ の間の交換関係 $[\hat{x}, \hat{p}] = i\hbar$ を用いると，$\hat{a}^\dagger$ と $\hat{a}$ の間の交換関係は，

$$[\hat{a}, \hat{a}^\dagger] = 1, \qquad [\hat{a}, \hat{a}] = [\hat{a}^\dagger, \hat{a}^\dagger] = 0 \qquad (5.52)$$

となる．$\hat{a}^\dagger$ と $\hat{a}$ を用いて (5.48) 式のハミルトニアンを書き換えると

$$\hat{H} = \left(\hat{a}^\dagger \hat{a} + \frac{1}{2}\right)\hbar\omega \qquad (5.53)$$

となり，(5.49) 式のシュレーディンガー方程式も

$$\left(\hat{a}^\dagger \hat{a} + \frac{1}{2}\right)\hbar\omega\,\psi(x) = E\,\psi(x) \qquad (5.54)$$

と書き換えられる．$\hbar\omega\,\psi(x)/2$ を右辺に移項すると演算子 $\hat{a}^\dagger \hat{a}$ が左辺に残り，$\hat{H}$ の固有関数 $\psi(x)$ は演算子 $\hat{a}^\dagger \hat{a}$ の固有関数でもあることがわかるので，$\hat{a}^\dagger \hat{a}$ の固有値を k として $\psi_k(x)$ と書き，$\hat{a}^\dagger \hat{a}$ の固有値方程式を

$$\hat{a}^\dagger \hat{a}\,\psi_k(x) = k\,\psi_k(x) \qquad (5.55)$$

と書く．$\hat{a}^\dagger \hat{a}$ は，$(\hat{a}^\dagger \hat{a})^\dagger = \hat{a}^\dagger \hat{a}$ を満足するエルミート演算子であるから，固有値 k は実数である．さらに，以下で示すように，(5.52) 式の交換関係に起因して，固有値 k はゼロまたは正の整数である．

まず，k が負にならないことを示す．(5.55) 式の両辺に左から $\psi_k^*(x)$ を掛けて積分すると，

$$k = \int_{-\infty}^{\infty} \psi_k^*(x)\,\hat{a}^\dagger \hat{a}\,\psi_k(x)\,dx = \int_{-\infty}^{\infty} |\hat{a}\,\psi_k(x)|^2\,dx \geq 0 \qquad (5.56)$$

となるので，k は負にならないことがわかる．なお，2 つ目の等号では，(4.32) 式より $\psi_k^*(x)\,\hat{a}^\dagger = (\hat{a}\,\psi_k(x))^*$ となることを用いた．

次に，(5.52) 式を用いて ((x) を省略すると)

5.4 1次元調和振動子

$$\hat{a}^\dagger \hat{a}(\hat{a}^\dagger \psi_k) = \hat{a}^\dagger(\hat{a}\hat{a}^\dagger \psi_k) = \hat{a}^\dagger(\hat{a}^\dagger \hat{a} + 1)\psi_k = (k+1)\hat{a}^\dagger \psi_k \tag{5.57}$$

$$\hat{a}^\dagger \hat{a}(\hat{a}\psi_k) = (\hat{a}\hat{a}^\dagger - 1)\hat{a}\psi_k = \hat{a}(\hat{a}^\dagger \hat{a} - 1)\psi_k = (k-1)\hat{a}\psi_k \tag{5.58}$$

という関係が得られる.すなわち,「状態 ψ_k に演算子 $\hat{a}^\dagger$ ($\hat{a}$) を作用させてつくられる状態 $\hat{a}^\dagger \psi_k$ ($\hat{a}\psi_k$) に演算子 $\hat{a}^\dagger \hat{a}$ を作用させると,固有値を 1 増やした(減らした)状態 ψ_{k+1} (ψ_{k-1}) ができる」.この演算の手続きを m 回繰り返すことで

$$(\hat{a}^\dagger \hat{a})\{(\hat{a}^\dagger)^m \psi_k\} = (k+m)\{(\hat{a}^\dagger)^m \psi_k\} \tag{5.59}$$

$$\hat{a}^\dagger \hat{a}(\hat{a}^m \psi_k) = (k-m)(\hat{a}^m \psi_k) \tag{5.60}$$

という関係を導くことができる.

こうして,

- 状態 $(\hat{a}^\dagger)^m \psi_k$ は,固有値 $k+m$ をもつ $\hat{a}^\dagger \hat{a}$ の固有関数 ($\propto \psi_{k+m}$)
- 状態 $\hat{a}^m \psi_k$ は,固有値 $k-m$ をもつ $\hat{a}^\dagger \hat{a}$ の固有関数 ($\propto \psi_{k-m}$)

であることがわかる ($m = 0, 1, 2, \cdots$).

いま,実数 k を $k = n + \delta$ (n はゼロまたは正の整数,$0 \leq \delta < 1$) と書くと,上述の説明から容易にわかるように

$$\hat{a}^\dagger \hat{a}(\hat{a}^n \psi_{n+\delta}) = \delta(\hat{a}^n \psi_{n+\delta}) \tag{5.61}$$

$$\hat{a}^\dagger \hat{a}(\hat{a}^{n+1} \psi_{n+\delta}) = (\delta - 1)(\hat{a}^{n+1} \psi_{n+\delta}) \tag{5.62}$$

となる.しかし,上で示したように $\hat{a}^\dagger \hat{a}$ の固有値は負にならないので,(5.62) 式において固有値が $\delta - 1 < 0$ になることはあり得ない.したがって,$\hat{a}^{n+1} \psi_{n+\delta} = 0$ でなければならない.そこで,$\hat{a}^{n+1} \psi_{n+\delta} = 0$ の両辺に左から $\hat{a}^\dagger$ を掛けて,(5.61) 式を用いると

$$\hat{a}^\dagger \hat{a}(\hat{a}^n \psi_{n+\delta}) = \delta(\hat{a}^n \psi_{n+\delta}) = 0 \tag{5.63}$$

となる.ここで,$\hat{a}^n \psi_{n+\delta} \neq 0$ なので $\delta = 0$ となり,$k = n$,すなわち,k はゼロまたは正の整数である.

以上をまとめると,

> 1. $\hat{a}^\dagger \hat{a}$ の固有値はゼロまたは正の整数である．
> $$\hat{a}^\dagger \hat{a} \psi_n(x) = n \psi_n(x) \quad (n = 0, 1, 2, \cdots) \quad (5.64)$$
> 2. 固有値ゼロをもつ状態 $\psi_0(x)$ に対して
> $$\hat{a} \psi_0(x) = 0 \quad (5.65)$$
> が成立する（∵ (5.56) 式）．$\psi_0(x)$ を**真空状態** (vacuum state) とよぶ．

(5.64) 式より，(5.54) 式のシュレーディンガー方程式のエネルギー固有値は，ゼロまたは正の整数 n を用いて

$$E_n = \left(n + \frac{1}{2}\right)\hbar\omega \quad (5.66)$$

となる．すなわち，量子力学的な調和振動子のエネルギーは，古典力学のように連続的な値をとることができず，(5.66) 式に示すように $\hbar\omega$ を単位としたとびとびの値に量子化される．

以下に，1 次元調和振動子のエネルギー E_n の特徴をまとめる．

> 1. 量子化されたエネルギー準位の間隔 $\Delta E = E_{n+1} - E_n$ は n によらず $\Delta E = \hbar\omega$ で一定である．
> 2. $n = 0$ の基底状態のエネルギーはゼロではなく，$E_0 = \hbar\omega/2$（零点振動のエネルギー）をもつ．

1 で示した特徴は，2.1.5 項で述べた空洞放射に対するプランクのエネルギー量子仮説と一致する．この一致は偶然の一致ではなく，電磁場が調和振動子の集まりとして記述できることに由来する．これについては第 12 章で述べる．

調和振動子の波動関数

調和振動子の波動関数 $\psi_n(x)$ は，演算子 $\hat{a}^\dagger \hat{a}$ の固有関数（$\hat{a}^\dagger \hat{a} \psi_n(x) = n \psi_n(x)$）であり，それは真空状態 $\psi_0(x)$ に生成演算子 $\hat{a}^\dagger$ を n 回作用して得られるので，

5.4 1次元調和振動子

$$\phi_n(x) = A_n (\hat{a}^\dagger)^n \phi_0(x) \tag{5.67}$$

と表される.

ここで, 比例係数 A_n は $\phi_n(x)$ の規格化 ($\int_{-\infty}^{\infty} |\phi_n(x)|^2 \, dx = 1$) によって決定される定数であり, 次のように求まる.

$$\begin{aligned}
\int_{-\infty}^{\infty} |\phi_n(x)|^2 \, dx &= |A_n|^2 \int_{-\infty}^{\infty} ((\hat{a}^\dagger)^n \phi_0(x))^* (\hat{a}^\dagger)^n \phi_0(x) \, dx \\
&= |A_n|^2 \int_{-\infty}^{\infty} \phi_0^*(x) \, \hat{a}^n (\hat{a}^\dagger)^n \phi_0(x) \, dx \\
&= |A_n|^2 \int_{-\infty}^{\infty} \phi_0^*(x) \left[\hat{a}^n, (\hat{a}^\dagger)^n \right] \phi_0(x) \, dx
\end{aligned} \tag{5.68}$$

3番目の等号において, $\hat{a}^n (\hat{a}^\dagger)^n - (\hat{a}^\dagger)^n \hat{a}^n = [\hat{a}^n, (\hat{a}^\dagger)^n]$ と $\hat{a} \phi_0(x) = 0$ を用いた.

次に, 交換子 $[\hat{a}^n, (\hat{a}^\dagger)^n]$ に対する公式 (証明は章末問題[5.7]):

$$[\hat{a}^n, (\hat{a}^\dagger)^n] = n \{ \hat{a}^{n-1} (\hat{a}^\dagger)^{n-1} + \hat{a}^{n-2} (\hat{a}^\dagger)^{n-1} \hat{a} + \cdots + (\hat{a}^\dagger)^{n-1} \hat{a}^{n-1} \} \tag{5.69}$$

を (5.68) 式に代入し, $\hat{a} \phi_0(x) = 0$ を用いると, 公式の右辺第1項以外はすべてゼロになるので,

$$\int_{-\infty}^{\infty} |\phi_n(x)|^2 \, dx = \left| \frac{A_n}{A_{n-1}} \right|^2 n \int_{-\infty}^{\infty} |\phi_{n-1}(x)|^2 \, dx \tag{5.70}$$

となる. この式の右辺に対して, 同様の計算を $n-1$ 回繰り返すことで,

$$\int_{-\infty}^{\infty} |\phi_n(x)|^2 \, dx = |A_n|^2 n! \int_{-\infty}^{\infty} |\phi_0(x)|^2 \, dx \tag{5.71}$$

を得る. ここで, 基底状態 $\phi_0(x)$ が規格化されている ($\int_{-\infty}^{\infty} |\phi_0(x)|^2 \, dx = 1$) ならば $|A_n|^2 = 1/n!$ となり, 係数 A_n は

$$A_n = \frac{1}{\sqrt{n!}} e^{i\phi} \quad \rightarrow \quad \frac{1}{\sqrt{n!}} \tag{5.72}$$

となる. ここで, 波動関数全体に掛かる位相 ϕ はゼロに選んだ.

こうして, 規格化された波動関数は

$$\phi_n(x) = \frac{1}{\sqrt{n}}\hat{a}^\dagger \phi_{n-1}(x) = \cdots = \frac{1}{\sqrt{n!}}(\hat{a}^\dagger)^n \phi_0(x) \qquad (5.73)$$

と表される. $\phi_n(x)$ は，真空状態 $\phi_0(x)$ にエネルギー量子 $\hbar\omega$ を n 個生成した状態である.

$\hat{a}^\dagger$ を $\phi_n(x)$ に作用すると，エネルギー量子が1つ多い状態 $\phi_{n+1}(x)$ へと状態が変わるので，この意味で $\hat{a}^\dagger$ はエネルギー量子の**生成演算子**(creation operator)とよばれる. 逆に, $\hat{a}$ が $\phi_n(x)$ に作用すると，エネルギー量子が1つ少ない状態 $\phi_{n-1}(x)$ へと状態が変わるので, $\hat{a}$ はエネルギー量子の**消滅演算子**(annihilation operator)とよばれる. また, $\hat{a}^\dagger\hat{a}$ は $\phi_n(x)$ に作用するとエネルギー量子の数 n を固有値として与えるので，エネルギー量子の**数演算子**(number operator)とよばれる.

基底状態(真空状態) ϕ_0 の決定

無次元化された座標の変数 $\xi = \sqrt{m\omega/\hbar}\,\hat{x}$ を導入して, (5.50)式の消滅演算子 $\hat{a}$ と (5.51)式の生成演算子 $\hat{a}^\dagger$ をそれぞれ書き直すと，

$$\hat{a} = \sqrt{\frac{m\omega}{2\hbar}}\hat{x} + i\frac{1}{\sqrt{2m\hbar\omega}}\hat{p} = \frac{1}{\sqrt{2}}\left(\frac{d}{d\xi} + \xi\right) \qquad (5.74)$$

$$\hat{a}^\dagger = \sqrt{\frac{m\omega}{2\hbar}}\hat{x} - i\frac{1}{\sqrt{2m\hbar\omega}}\hat{p} = -\frac{1}{\sqrt{2}}\left(\frac{d}{d\xi} - \xi\right) \qquad (5.75)$$

となる. これを用いて真空状態 $\phi_0(\xi)$ の定義である (5.65)式を書き直すと，

$$\hat{a}\phi_0(\xi) = 0 \;\Rightarrow\; \frac{d\phi_0(\xi)}{d\xi} + \xi\phi_0(\xi) = 0 \qquad (5.76)$$

となるから，真空状態 $\phi_0(\xi)$ は，この微分方程式の解として $\phi_0(\xi) = A_0 e^{-\frac{\xi^2}{2}}$ と与えられる. ここで，係数 A_0 は波動関数の規格化条件

$$\int_{-\infty}^{\infty} |\psi_n(x)|^2 dx = \alpha \int_{-\infty}^{\infty} |\psi_n(\xi)|^2 d\xi = 1 \;\;\left(\alpha = \sqrt{\frac{\hbar}{m\omega}}\right) \qquad (5.77)$$

によって決定され, $A_0 = (\sqrt{\pi}\alpha)^{-\frac{1}{2}}$ となるから，真空状態は

5.4 1次元調和振動子

$$\phi_0(\xi) = \left(\frac{1}{\sqrt{\pi}\,\alpha}\right)^{\frac{1}{2}} e^{-\frac{\xi^2}{2}} \tag{5.78}$$

となる．

励起状態 ϕ_n の決定

次に，任意の量子数 n をもつ状態 $\phi_n(\xi)$ について考える．(5.73) 式で x を ξ に置き換えた式に (5.78) 式を代入すると

$$\phi_n(\xi) = \frac{1}{(\sqrt{\pi}\,n!\,\alpha)^{\frac{1}{2}}} (\hat{a}^\dagger)^n e^{-\frac{\xi^2}{2}} \tag{5.79}$$

となる．また，(5.75) 式で与えられる生成演算子 $\hat{a}^\dagger$ の表式を書き直すと，

$$\hat{a}^\dagger = -\frac{1}{\sqrt{2}} e^{\frac{\xi^2}{2}} \frac{d}{d\xi} e^{-\frac{\xi^2}{2}} \tag{5.80}$$

となるから（章末問題[5.8]），簡単な計算から $(\hat{a}^\dagger)^n$ は

$$(\hat{a}^\dagger)^n = \left(-\frac{1}{\sqrt{2}}\right)^n e^{\frac{\xi^2}{2}} \frac{d^n}{d\xi^n} e^{-\frac{\xi^2}{2}} \tag{5.81}$$

であることが確かめられる（章末問題[5.8]）．こうして，$\phi_n(\xi)$ は

$$\phi_n(\xi) = \frac{1}{(\sqrt{\pi}\,2^n n!\,\alpha)^{\frac{1}{2}}} e^{-\frac{\xi^2}{2}} \left[(-1)^n e^{\xi^2} \frac{d^n e^{-\xi^2}}{d\xi^n}\right]$$

$$= \frac{1}{(\sqrt{\pi}\,2^n n!\,\alpha)^{\frac{1}{2}}} e^{-\frac{\xi^2}{2}} H_n(\xi) \tag{5.82}$$

となる．

ここで，$H_n(\xi)$ は n 次のエルミート多項式

$$H_n(\xi) = (-1)^n e^{\xi^2} \frac{d^n e^{-\xi^2}}{d\xi^n} \quad \text{（ロドリゲスの公式）} \tag{5.83}$$

である（章末問題 [5.9]）．

$H_n(\xi)$ をいくつか書き下してみると，

5. 1次元のポテンシャル問題

表 5.1 調和振動子のエネルギー固有値と波動関数

n	パリティ	$\varepsilon_n = E_n/\hbar\omega$	波動関数 $\phi_n(\xi)$
0	偶	$\dfrac{1}{2}$	$(\sqrt{\pi}\alpha)^{-\frac{1}{2}} e^{-\frac{\xi^2}{2}}$
1	奇	$\dfrac{3}{2}$	$(2\sqrt{\pi}\alpha)^{-\frac{1}{2}} 2\xi e^{-\frac{\xi^2}{2}}$
2	偶	$\dfrac{5}{2}$	$(8\sqrt{\pi}\alpha)^{-\frac{1}{2}} (4\xi^2 - 2) e^{-\frac{\xi^2}{2}}$
3	奇	$\dfrac{7}{2}$	$(48\sqrt{\pi}\alpha)^{-\frac{1}{2}} \xi(8\xi^3 - 12\xi) e^{-\frac{\xi^2}{2}}$
4	偶	$\dfrac{9}{2}$	$(384\sqrt{\pi}\alpha)^{-\frac{1}{2}} (16\xi^4 - 48\xi^2 + 12) e^{-\frac{\xi^2}{2}}$

$$\left. \begin{array}{l} H_0(\xi) = 1, \quad H_1(\xi) = 2\xi, \quad H_2(\xi) = 4\xi^2 - 2 \\ H_3(\xi) = 8\xi^3 - 12\xi, \quad H_4(\xi) = 16\xi^4 - 48\xi^2 + 12 \end{array} \right\} \quad (5.84)$$

となる.

表 5.1 に，調和振動子のエネルギー固有値と波動関数をまとめる．また図 5.8 に，1 次元調和振動子の波動関数 $\phi_n(\xi)$ を (量子数 n の小さいものから 4 つ) 示す．

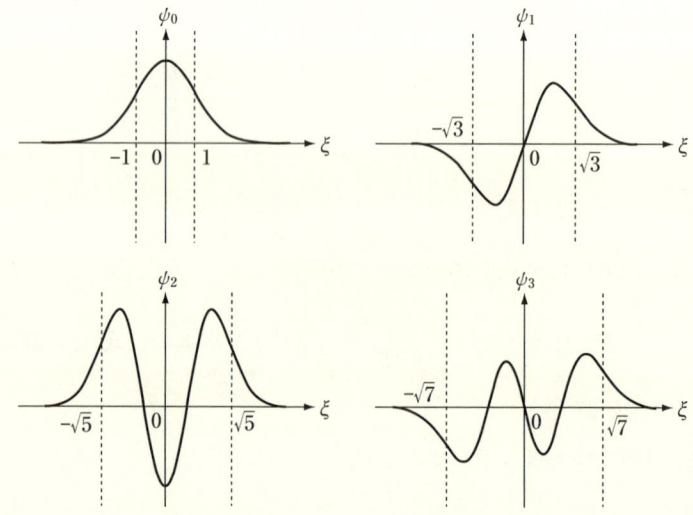

図 5.8 1 次元調和振動子の波動関数 $\phi_n(\xi)$．点線は古典力学的な転回点を表す．

古典力学的な調和振動子

角振動数 ω の1次元調和振動子のエネルギーは,(5.66)式に示したように $E_n = (n+1/2)\hbar\omega$ であったが,古典力学では,調和振動子のエネルギー E は,振幅を A とすると $E = m\omega^2 A^2/2$ で与えられる.したがって,両者のエネルギーを比較することによって,量子力学的な調和振動子の(古典力学的な)振幅 A_n を求めることができて,

$$A_n = \sqrt{(2n+1)\frac{\hbar}{m\omega}} \tag{5.85}$$

あるいは,無次元変数 ξ を用いて振幅の最大値(転回点)を表すと

$$\xi_{\max} \equiv \frac{A_n}{\alpha} = \sqrt{\frac{m\omega}{\hbar}}A_n = \sqrt{2n+1} \tag{5.86}$$

となる.

図5.8には転回点を点線で示した.量子力学では,波動関数が古典的調和振動子の転回点の外側に染み出していることがわかる.これはトンネル効果の一例である.

基底状態と不確定性原理

古典力学では,調和振動子ポテンシャル $V(x) = m\omega^2 x^2/2$ に束縛された粒子の最もエネルギーの低い状態は,ポテンシャルの底($V(0) = 0$)で静止したエネルギー $E = 0$ の状態である.

しかし,量子力学では調和振動子の基底エネルギーは $E_0 = \hbar\omega/2$ となり,ゼロではない.基底エネルギーがゼロにならないのは不確定性原理に起因するものであり,位置 x と運動量 p が不確定であるために,運動量のゆらぎ Δp によって運動エネルギーが有限の幅をもち,位置のゆらぎ Δx によりポテンシャルも有限の幅をもち,その結果として,全力学的エネルギーが有限の幅をもつというものである(章末問題[5.10]).

● 章末問題 ●

[**5.1**] 一辺が L の箱(量子ドット)の中に閉じ込められた質量 m の粒子について考える. 井戸の内側の領域でのシュレーディンガー方程式は

$$-\frac{\hbar^2}{2m}\nabla^2\phi(x,y,z) = E\phi(x,y,z)$$

で与えられる. いま, 波動関数を $\phi(x,y,z) = \phi_x(x)\phi_y(y)\phi_z(z)$ と変数分離すると, $\phi_x(x), \phi_y(y), \phi_z(z)$ のそれぞれが満足する方程式が, (5.4) 式の 1 次元シュレーディンガー方程式と同じ形をしていることを示せ.

[**5.2**] (5.3) 式の無限に高い井戸型ポテンシャルに束縛された粒子の基底状態 ($n=1$ の状態) の位置の不確定さ $(\Delta x)_{n=1}$ と運動量の不確定さ $(\Delta p)_{n=1}$ を求めよ. さらに, それらの積 $(\Delta x)_{n=1}(\Delta p)_{n=1}$ を計算せよ.

[**5.3**] 1 次元の束縛状態にはエネルギー固有値に縮退がないことを示せ.

[**5.4**] 系のポテンシャルの最小値が $V_{\min}$ であるとき, この系のとり得るエネルギー E が $E \geq V_{\min}$ を満たすことを示せ.

[**5.5**] (5.29), (5.30) 式の定数 N と (5.33)〜(5.35) 式の定数 M を, 波動関数に対する規格化条件から決定せよ.

[**5.6**] パリティ演算子 $\hat{I}$ の固有状態を $\phi(x)$ とし, その固有値を c (これを**パリティ**とよぶ)とする. このとき, パリティが $c = \pm 1$ であることを示せ. なお, $c = +1$ に属する固有状態を偶パリティ状態, $c = -1$ に属する固有状態を奇パリティ状態とよぶ.

[**5.7**] (5.69) 式を導け.

[**5.8**] (5.80) 式と (5.81) 式を導け.

[**5.9**] エルミート多項式の母関数は

$$G(\rho,\xi) \equiv \exp(-\rho^2 + 2\rho\xi) = \sum_{n=0}^{\infty}\frac{H_n(\xi)}{n!}\rho^n \qquad (5.87)$$

で与えられる. ここで, $H_n(\xi)$ はエルミート多項式であり, 母関数を用いて

$$H_n(\xi) = \left(\frac{\partial^n G(\rho, \xi)}{\partial \rho^n}\right)_{\rho=0} \tag{5.88}$$

と与えられる．エルミート多項式に関する以下の問いに答えよ．

（1） (5.83)のロドリゲスの公式を導け．

（2） $H_n(\xi)$ に対する以下の2つの漸化式を導け．

$$\frac{dH_n(\xi)}{d\xi} = 2nH_{n-1}(\xi) \qquad (n>0) \tag{5.89}$$

$$H_{n+1}(\xi) - 2\xi H_n(\xi) + 2nH_{n-1}(\xi) = 0 \qquad (n>0) \tag{5.90}$$

（3） （2）の結果を利用して，$H_n(\xi)$ の満足する微分方程式（エルミートの微分方程式）

$$\frac{d^2 H_n(\xi)}{d\xi^2} - 2\xi \frac{dH_n(\xi)}{d\xi} + 2nH_n(\xi) = 0 \qquad (n \geq 0) \tag{5.91}$$

を導け．

（4） エルミート多項式 $H_n(\xi)$ が

$$\int_{-\infty}^{\infty} H_m(\xi) H_n(\xi) e^{-\xi^2} d\xi = \sqrt{\pi} 2^n n! \, \delta_{mn} \tag{5.92}$$

の直交関係式を満足することを示せ．

[**5.10**] 1次元調和振動子が基底状態（$n=0$ の状態）にあるとき，この粒子の位置の不確定さ $(\Delta x)_{n=0}$ と運動量の不確定さ $(\Delta p)_{n=0}$ を求めよ．さらに，この状態が $(\Delta x)_{n=0} (\Delta p)_{n=0} = \hbar/2$ を満たすとき，不確定さが最小の状態であることを確かめよ．また，不確定性原理の立場から，1次元調和振動子の基底状態が $E_0 = \hbar\omega/2$ であることを示せ．

6 中心力ポテンシャルの中の粒子

　この章では，水素原子の中を運動する電子のように，中心力ポテンシャルの中を運動する粒子の束縛状態について学ぶ．前半では，中心力ポテンシャルに束縛された粒子の量子状態を理解する上で重要な角運動量について，後半では，水素原子の束縛状態について学ぶ．そこでは，第2章で学んだボーアの量子仮説に頼ることなく，シュレーディンガー方程式から自然と水素原子のスペクトルが導かれる．

● 6.1 中心力ポテンシャルと角運動量演算子 ●

　第5章で述べた1次元空間を運動する粒子とは異なり，3次元空間を運動する粒子は一般に回転の自由度をともなう．古典力学で学んだように，系のもつ回転の強さは**角運動量**（angular momentum）によって特徴づけられる．また角運動量は，力の中心（座標の原点とする）から粒子までの距離 r だけの関数 $V(r)$ で与えられる**中心力ポテンシャル**（central force potential）のような回転対称性をもつ系の保存量でもある．

　量子力学では，角運動量はベクトル演算子として与えられ，

$$\widehat{\boldsymbol{L}} = \hat{\boldsymbol{r}} \times \hat{\boldsymbol{p}} \tag{6.1}$$

と定義される．また，角運動量演算子の各成分は

$$\widehat{L}_x = \hat{y}\hat{p}_z - \hat{z}\hat{p}_y \tag{6.2}$$

$$\widehat{L}_y = \hat{z}\hat{p}_x - \hat{x}\hat{p}_z \tag{6.3}$$

$$\widehat{L}_z = \hat{x}\hat{p}_y - \hat{y}\hat{p}_x \tag{6.4}$$

6.1　中心力ポテンシャルと角運動量演算子

である．

　以下の項では，角運動量演算子の諸性質について述べる．そこでは，量子力学における角運動量と古典力学での角運動量の相違点にも注意を払ってもらいたい．

6.1.1　角運動量保存の法則

　ここでは，古典力学のときと同様，量子力学においても回転対称性をもつ系の角運動量が保存することを述べる．いま，回転対称性をもつ系の例として，中心力ポテンシャル $V(r)$ を考えよう．$V(r)$ のもとで運動する質量 m の粒子に対するハミルトニアンは

$$\widehat{H} = \frac{\widehat{\bm{p}}^2}{2m} + V(r) \tag{6.5}$$

と表される．また，容易に確かめられるように

$$[\widehat{\bm{p}}^2, \widehat{\bm{L}}] = 0 \tag{6.6}$$

$$[V(r), \widehat{\bm{L}}] = 0 \tag{6.7}$$

なので（章末問題[6.1]），中心力ポテンシャルのもとでは

$$[\widehat{H}, \widehat{\bm{L}}] = 0 \tag{6.8}$$

すなわち，$[\widehat{H}, \widehat{L}_x] = [\widehat{H}, \widehat{L}_y] = [\widehat{H}, \widehat{L}_z] = 0$ であるから，<u>ハミルトニアンと角運動量演算子（の各成分）は交換する</u>．これは，<u>ハミルトニアンと角運動量演算子（の各成分）が同時固有状態をもつ</u>ことを意味する．

　一方，第4章の (4.15) 式を用いると，規格化された波動関数 $\Psi(\bm{r}, t)$ に対する $\widehat{\bm{L}}$ の期待値 $\langle \widehat{\bm{L}} \rangle_t$ は，

$$\langle \widehat{\bm{L}} \rangle_t = \int_v \Psi^*(\bm{r}, t)\, \widehat{\bm{L}}\, \Psi(\bm{r}, t)\, dv \tag{6.9}$$

と表されるので，$\langle \widehat{\bm{L}} \rangle_t$ の時間発展 $d\langle \widehat{\bm{L}} \rangle_t/dt$ は，$\widehat{\bm{L}}$ が時間 t に依存しないことに注意して計算すると

$$\begin{aligned}
\frac{d\langle \hat{\boldsymbol{L}} \rangle_t}{dt} &= \int_v \left\{ \frac{d\Psi^*(\boldsymbol{r},t)}{dt} \hat{\boldsymbol{L}} \Psi(\boldsymbol{r},t) + \Psi^*(\boldsymbol{r},t) \hat{\boldsymbol{L}} \frac{d\Psi(\boldsymbol{r},t)}{dt} \right\} dv \\
&= \frac{i}{\hbar} \int_v \{ (\hat{H}\Psi(\boldsymbol{r},t))^* \hat{\boldsymbol{L}} \Psi(\boldsymbol{r},t) - \Psi^*(\boldsymbol{r},t) \hat{\boldsymbol{L}} \hat{H} \Psi(\boldsymbol{r},t) \} dv \\
&= \frac{i}{\hbar} \int_v \{ \Psi^*(\boldsymbol{r},t) \hat{H}^\dagger \hat{\boldsymbol{L}} \Psi(\boldsymbol{r},t) - \Psi^*(\boldsymbol{r},t) \hat{\boldsymbol{L}} \hat{H} \Psi(\boldsymbol{r},t) \} dv \\
&= \frac{i}{\hbar} \int_v \{ \Psi^*(\boldsymbol{r},t) (\hat{H}\hat{\boldsymbol{L}} - \hat{\boldsymbol{L}}\hat{H}) \Psi(\boldsymbol{r},t) \} dv \\
&= \frac{i}{\hbar} \langle [\hat{H}, \hat{\boldsymbol{L}}] \rangle_t \tag{6.10}
\end{aligned}$$

となる.2番目の等号において,時間に依存するシュレーディンガー方程式 ($i\hbar(d\Psi/dt) = \hat{H}\Psi$) とその複素共役 ($-i\hbar(d\Psi^*/dt) = (\hat{H}\Psi)^*$) を用いた.また,3番目の等号において,第4章の (4.32) 式,4番目の等号において,ハミルトニアンがエルミート演算子であること ($\hat{H}^\dagger = \hat{H}$) を用いた.

中心力のもとでは,(6.8) 式を (6.10) 式に代入することで

$$\frac{d\langle \hat{\boldsymbol{L}} \rangle_t}{dt} = 0 \tag{6.11}$$

となり,$\langle \hat{\boldsymbol{L}} \rangle_t$ は時間によらず一定(保存量)であることがわかる.こうして,量子力学においても,中心力ポテンシャルをもつ系の角運動量の期待値は保存される(**角運動量保存の法則** (law of conservation of angular momentum)).

6.1.2 角運動量演算子に関わる交換関係

次に,角運動量演算子の重要な性質として,角運動量演算子に関連する様々な交換関係を挙げておこう.4.3節で学んだように,角運動量演算子の各成分の間には次の交換関係が成立する.

$$[\hat{L}_x, \hat{L}_y] = i\hbar \hat{L}_z \tag{6.12}$$

$$[\hat{L}_y, \hat{L}_z] = i\hbar \hat{L}_x \tag{6.13}$$

$$[\hat{L}_z, \hat{L}_x] = i\hbar \hat{L}_y \tag{6.14}$$

6.1 中心力ポテンシャルと角運動量演算子

なお，これらをまとめてベクトル表記すると $\hat{\boldsymbol{L}} \times \hat{\boldsymbol{L}} = i\hbar\hat{\boldsymbol{L}}$ と書ける．

古典力学では，2つの同じベクトル量 $\boldsymbol{L}$ のベクトル積は必ず $\boldsymbol{L} \times \boldsymbol{L} = \boldsymbol{0}$ であるが，量子力学では，角運動量演算子同士のベクトル積は $\hat{\boldsymbol{L}} \times \hat{\boldsymbol{L}} = i\hbar\hat{\boldsymbol{L}}$ ($\neq \boldsymbol{0}$) となり，古典力学の角運動量とは全く異なる代数（リー代数）に従う．この代数の違いに起因して，角運動量をともなう多くの量子現象が古典力学の帰結と顕著な違いを示す．ただし，$\hbar \to 0$ の極限で $\hat{\boldsymbol{L}} \times \hat{\boldsymbol{L}} = \boldsymbol{0}$ となることから，量子力学が古典力学を内包した理論体系であることがわかる．

また，(6.12)～(6.14) 式の交換関係を用いることで，

$$[\hat{\boldsymbol{L}}^2, \hat{L}_x] = [\hat{\boldsymbol{L}}^2, \hat{L}_y] = [\hat{\boldsymbol{L}}^2, \hat{L}_z] = 0 \tag{6.15}$$

を得ることができる（章末問題[6.2]）．ここで，$\hat{\boldsymbol{L}}^2$ は

$$\hat{\boldsymbol{L}}^2 = \hat{L}_x^2 + \hat{L}_y^2 + \hat{L}_z^2 \tag{6.16}$$

である．(6.12)～(6.14) 式と (6.15) 式より，<u>角運動量演算子の x, y, z 成分同士は互いに交換しないが，各々の成分 $(\hat{L}_x, \hat{L}_y, \hat{L}_z)$ は $\hat{\boldsymbol{L}}^2$ と交換する</u>．また，(6.8) 式より，角運動量演算子の各成分は中心力ポテンシャルをもつハミルトニアンと交換するので，中心力ポテンシャルの中を運動する粒子の波動関数を $\hat{\boldsymbol{L}}^2$ および $\hat{L}_x$ または $\hat{L}_y$ または $\hat{L}_z$ の固有関数に選ぶことができる．これについては 6.4.1 項で詳しく述べる．

次に，後の準備として，**昇降演算子**（raising/lowering operator または ladder operator）とよばれる演算子

$$\hat{L}_\pm = \hat{L}_x \pm i\hat{L}_y \tag{6.17}$$

を導入する．これらの演算子が昇降演算子とよばれる理由は 6.2 節で説明する．昇降演算子 $\hat{L}_\pm$ は

$$[\hat{L}_+, \hat{L}_-] = 2\hbar\hat{L}_z \tag{6.18}$$

$$[\hat{L}_z, \hat{L}_\pm] = \pm\hbar\hat{L}_\pm \tag{6.19}$$

の交換関係を満足する（章末問題[6.2]）．また，$\hat{\boldsymbol{L}}^2 = \hat{L}_x^2 + \hat{L}_y^2 + \hat{L}_z^2$ は $\hat{L}_\pm$ を用いて

$$\hat{\boldsymbol{L}}^2 = \hat{L}_\mp \hat{L}_\pm \pm \hbar\hat{L}_z + \hat{L}_z^2 \tag{6.20}$$

と表される (章末問題[6.2]).

6.1.3 角運動量演算子の極座標表示

古典力学でもそうであったように,回転対称な系を取り扱う際には,直交座標 (x, y, z) よりも極座標 (r, θ, ϕ) を用いた方が数学的な取り扱いが簡潔になるだけでなく,物理的な見通しも良くなることが多い.

直交座標と極座標の間の関係は,図 6.1 から幾何学的にわかるように

$$x = r \sin\theta \cos\phi \quad (-\infty \leq x \leq \infty) \tag{6.21}$$

$$y = r \sin\theta \sin\phi \quad (-\infty \leq y \leq \infty) \tag{6.22}$$

$$z = r \cos\theta \quad (-\infty \leq z \leq \infty) \tag{6.23}$$

あるいは,これらの逆変換として

$$r = \sqrt{x^2 + y^2 + z^2} \quad (0 \leq r \leq \infty) \tag{6.24}$$

$$\theta = \tan^{-1}\frac{\sqrt{x^2 + y^2}}{z} \quad (0 \leq \theta \leq \pi) \tag{6.25}$$

$$\phi = \tan^{-1}\frac{y}{x} \quad (0 \leq \phi < 2\pi) \tag{6.26}$$

である.

さらに,これらの関係式から

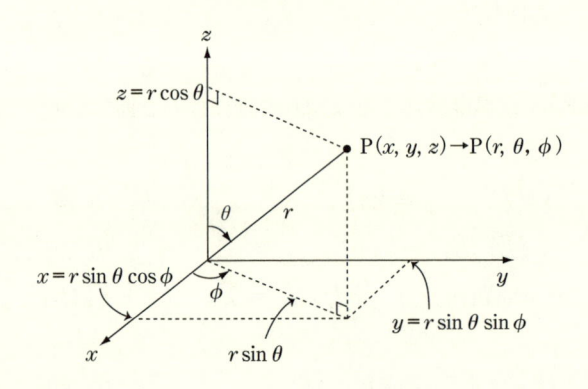

図 6.1 3 次元の極座標

6.1 中心力ポテンシャルと角運動量演算子

$$\frac{\partial}{\partial x} = \sin\theta\cos\phi\frac{\partial}{\partial r} + \frac{\cos\theta\cos\phi}{r}\frac{\partial}{\partial \theta} - \frac{\sin\phi}{r\sin\theta}\frac{\partial}{\partial \phi} \quad (6.27)$$

$$\frac{\partial}{\partial y} = \sin\theta\sin\phi\frac{\partial}{\partial r} + \frac{\cos\theta\sin\phi}{r}\frac{\partial}{\partial \theta} + \frac{\cos\phi}{r\sin\theta}\frac{\partial}{\partial \phi} \quad (6.28)$$

$$\frac{\partial}{\partial z} = \cos\theta\frac{\partial}{\partial r} - \frac{\sin\theta}{r}\frac{\partial}{\partial \theta} \quad (6.29)$$

が得られる (章末問題[6.3]). したがって, 角運動量演算子の各成分は極座標を用いて

$$\widehat{L}_x = i\hbar\left(\sin\phi\frac{\partial}{\partial \theta} + \cot\theta\cos\phi\frac{\partial}{\partial \phi}\right) \quad (6.30)$$

$$\widehat{L}_y = i\hbar\left(-\cos\phi\frac{\partial}{\partial \theta} + \cot\theta\sin\phi\frac{\partial}{\partial \phi}\right) \quad (6.31)$$

$$\widehat{L}_z = -i\hbar\frac{\partial}{\partial \phi} \quad (6.32)$$

と表される. これらを用いると, $\widehat{\boldsymbol{L}}^2 = \widehat{L}_x^2 + \widehat{L}_y^2 + \widehat{L}_z^2$ の極座標表示は

$$\widehat{\boldsymbol{L}}^2 = -\hbar^2\left[\frac{1}{\sin\theta}\frac{\partial}{\partial \theta}\left(\sin\theta\frac{\partial}{\partial \theta}\right) + \frac{1}{\sin^2\theta}\frac{\partial^2}{\partial \phi^2}\right] \quad (6.33)$$

となる.

6.1.4 ハミルトニアンの極座標表示

ラプラシアン $\nabla^2 = \partial^2/\partial x^2 + \partial^2/\partial y^2 + \partial^2/\partial z^2$ は (6.27)〜(6.29) 式を用いて

$$\nabla^2 = \frac{1}{r^2}\frac{\partial}{\partial r}\left(r^2\frac{\partial}{\partial r}\right) + \frac{1}{r^2\sin\theta}\frac{\partial}{\partial \theta}\left(\sin\theta\frac{\partial}{\partial \theta}\right) + \frac{1}{r^2\sin^2\theta}\frac{\partial^2}{\partial \phi^2}$$

$$= \frac{1}{r^2}\frac{\partial}{\partial r}\left(r^2\frac{\partial}{\partial r}\right) - \frac{1}{\hbar^2}\frac{\widehat{\boldsymbol{L}}^2}{r^2} \quad (6.34)$$

となる. ただし, 2番目の等号で (6.33) 式を用いた. こうして, 中心力ポテンシャル $V(r)$ のもとで運動する質量 m の粒子のハミルトニアン (6.5) 式は, 極座標表示では

$$\widehat{H} = -\frac{\hbar^2}{2mr^2}\frac{\partial}{\partial r}\left(r^2\frac{\partial}{\partial r}\right) + \frac{\widehat{\boldsymbol{L}}^2}{2mr^2} + V(r) \tag{6.35}$$

となる.

また，動径方向の運動量演算子は

$$\widehat{p}_r = -i\hbar\left(\frac{\partial}{\partial r} + \frac{1}{r}\right) \tag{6.36}$$

で与えられるので (章末問題[6.4])，(6.34) 式のハミルトニアンは

$$\widehat{H} = \frac{\widehat{p}_r^2}{2m} + \frac{\widehat{\boldsymbol{L}}^2}{2mr^2} + V(r) \tag{6.37}$$

と書き直すことができる．(6.37) 式の右辺第1項は動径方向の運動エネルギー，第2項は遠心力ポテンシャル，第3項は中心力ポテンシャルに対応する．

6.2 一般の角運動量演算子

6.2.1 角運動量演算子の一般化

前節において，角運動量 $\widehat{\boldsymbol{L}} = \widehat{\boldsymbol{r}} \times \widehat{\boldsymbol{p}}$ が (6.12)〜(6.14) 式，あるいはそれらと等価な (6.18) 式と (6.19) 式の交換関係を満足することを述べた．ここでは，この結論を一般化することを行なう．

あるエルミート演算子 $\widehat{\boldsymbol{J}}$ が交換関係 $\widehat{\boldsymbol{J}} \times \widehat{\boldsymbol{J}} = i\hbar\widehat{\boldsymbol{J}}$，すなわち

$$[\widehat{J}_x, \widehat{J}_y] = i\hbar\widehat{J}_z \tag{6.38}$$

$$[\widehat{J}_y, \widehat{J}_z] = i\hbar\widehat{J}_x \tag{6.39}$$

$$[\widehat{J}_z, \widehat{J}_x] = i\hbar\widehat{J}_y \tag{6.40}$$

を満足するとき，$\widehat{\boldsymbol{J}}$ を (一般の) **角運動量演算子** (angular momentum operator) とよぶことにする．また，この一般の角運動量演算子 $\widehat{\boldsymbol{J}}$ と $\widehat{\boldsymbol{L}} = \widehat{\boldsymbol{r}} \times \widehat{\boldsymbol{p}}$ を明示的に区別するために，今後，$\widehat{\boldsymbol{L}}$ を**軌道角運動量演算子** (orbital angular momentum operator) とよぶことにする．

前節の (6.15) 式と同様に，(6.38)〜(6.40) 式の交換関係を用いることで，
$$[\hat{\bm{J}}^2, \hat{J}_x] = [\hat{\bm{J}}^2, \hat{J}_y] = [\hat{\bm{J}}^2, \hat{J}_z] = 0 \tag{6.41}$$
が得られる．また，$\hat{J}_\pm = \hat{J}_x \pm i\hat{J}_y$ を導入することで，(6.38)〜(6.40) 式と等価な交換関係

$$[\hat{J}_+, \hat{J}_-] = 2\hbar \hat{J}_z \tag{6.42}$$

$$[\hat{J}_z, \hat{J}_\pm] = \pm\hbar \hat{J}_\pm \tag{6.43}$$

が得られることや，$\hat{\bm{J}}^2$ が

$$\hat{\bm{J}}^2 = \hat{J}_\mp \hat{J}_\pm \pm \hbar \hat{J}_z + \hat{J}_z^2 \tag{6.44}$$

と表されることも前節と同様である．

6.2.2 $\hat{\bm{J}}^2$ と $\hat{J}_z$ の同時固有状態

(6.38)〜(6.40) 式と (6.41) 式からわかるように，$\hat{J}_x, \hat{J}_y, \hat{J}_z$ 成分のいずれか 1 つと $\hat{\bm{J}}^2$ は，実数の固有値をもつ同時固有状態を有する．以下では，その 1 つとして $\hat{J}_z$ を選び，$\hat{\bm{J}}^2$ と $\hat{J}_z$ の同時固有状態の性質を調べる．そこで，角運動量が $\hbar$ と同じ次元をもつことを踏まえて，$\hat{\bm{J}}^2$ と $\hat{J}_z$ の固有値をそれぞれ $k\hbar^2$ と $m\hbar$ とする．ここで，k, m は無次元の実数とする．

以上から，$\hat{\bm{J}}^2$ と $\hat{J}_z$ の同時固有状態を $\Phi_{k,m}(\xi)$ とすると，それらの固有値方程式は

$$\hat{\bm{J}}^2 \Phi_{k,m}(\xi) = k\hbar^2 \Phi_{k,m}(\xi) \tag{6.45}$$

$$\hat{J}_z \Phi_{k,m}(\xi) = m\hbar \Phi_{k,m}(\xi) \tag{6.46}$$

と表される．ここで，ξ は関数 $\Phi_{k,m}$ を指定するすべての力学的自由度を表す略記号である．また $\Phi_{k,m}(\xi)$ は，ξ が連続変数のときには

$$\int \Phi_{k,m}^*(\xi) \, \Phi_{k',m'}(\xi) \, d\xi = \delta_{k,k'} \, \delta_{m,m'} \tag{6.47}$$

ξ が離散変数の場合には

$$\sum_\xi \Phi_{k,m}^*(\xi) \, \Phi_{k',m'}(\xi) = \delta_{k,k'} \, \delta_{m,m'} \tag{6.48}$$

の規格直交条件を満たすものとする．

以下に示すように，k と m は，角運動量の交換関係による制約により，任意の実数をとることはできず，

$$k = j(j+1) \tag{6.49}$$

$$m = -j, -j+1, \cdots, j-1, j \tag{6.50}$$

に限られる．ここで，j のとり得る値は，ゼロおよび正の整数か正の半奇数

$$j = 0, \frac{1}{2}, 1, \frac{3}{2}, 2, \frac{5}{2}, \cdots \tag{6.51}$$

である．

k と m のとり得る値の決定

k と m のとり得る値の決定に，以下の4つの関係式

(1) $\hat{\boldsymbol{J}}^2 - \hat{J}_z^2 = \hat{J}_x^2 + \hat{J}_y^2$　　[(6.16) 式]

(2) $[\hat{\boldsymbol{J}}^2, \hat{J}_\pm] = 0$　　[(6.41) 式の変形式]

(3) $[\hat{J}_z, \hat{J}_\pm] = \pm \hbar \hat{J}_\pm$　　[(6.43) 式]

(4) $\hat{J}_\mp \hat{J}_\pm = \hat{\boldsymbol{J}}^2 - \hat{J}_z^2 \mp \hbar \hat{J}_z$　　[(6.44) 式]

を用いて，次の4つのステップを踏むことにする．

【ステップ1】

第1式 [(6.16) 式の一般化] を用いる．$\hat{\boldsymbol{J}}^2$ と $\hat{J}_z$ の同時固有状態 $\Phi_{k,m}(\xi)$ で第1式の両辺の期待値をとると，

$$(k - m^2)\hbar^2 = \int |\hat{J}_x \Phi_{k,m}(\xi)|^2 d\xi + \int |\hat{J}_y \Phi_{k,m}(\xi)|^2 d\xi \geq 0 \tag{6.52}$$

を得る．ここで，(6.45) 式と (6.46) 式を用いた．したがって，k と m の間には

$$-\sqrt{k} \leq m \leq \sqrt{k}, \quad k \geq 0 \tag{6.53}$$

の関係があることがわかる．すなわち，m には上限 ($m_{\max}$) と下限 ($m_{\min}$) が存在する．

6.2 一般の角運動量演算子

【ステップ2】

第2式 [(6.41) 式の変形式] を状態 $\varPhi_{k,m}(\xi)$ に演算し, (6.45) 式を用いると

$$\hat{\boldsymbol{J}}^2(\hat{J}_\pm \varPhi_{k,m}(\xi)) = k\hbar^2(\hat{J}_\pm \varPhi_{k,m}(\xi)) \tag{6.54}$$

を得る. すなわち, 状態 $\hat{J}_\pm \varPhi_{k,m}(\xi)$ は $\hat{\boldsymbol{J}}^2$ の固有状態であり, 状態 $\varPhi_{k,m}(\xi)$ と同じ $\hat{\boldsymbol{J}}^2$ の固有値 $k\hbar^2$ をもつ.

【ステップ3】

第3式 [(6.43) 式] を状態 $\varPhi_{k,m}(\xi)$ に演算し, (6.46) 式を用いると

$$\hat{J}_z(\hat{J}_\pm \varPhi_{k,m}(\xi)) = (m \pm 1)\hbar(\hat{J}_\pm \varPhi_{k,m}(\xi)) \tag{6.55}$$

を得る. すなわち, 状態 $\hat{J}_\pm \varPhi_{k,m}(\xi)$ は $\hat{J}_z$ の固有状態であるが, $\hat{J}_\pm$ を状態 $\varPhi_{k,m}(\xi)$ に演算すると $\hat{J}_z$ の固有値が $\hbar$ を単位に ± 1 だけ増減した状態に変わる. これが, $\hat{J}_\pm$ を**昇降演算子**とよぶ理由である.

したがって, 以上の議論から

$$\hat{J}_\pm \varPhi_{k,m}(\xi) = C_{k,m}^{(\pm)} \varPhi_{k,m\pm 1}(\xi) \tag{6.56}$$

であることがわかる. ただし, 両辺の状態 $\varPhi_{k,m}(\xi)$, $\varPhi_{k,m\pm 1}(\xi)$ とも規格化された状態に選ぶことにする. 特に, 最大固有値 $m_{\max}\hbar$ と最小固有値 $m_{\min}\hbar$ の状態に対して, それぞれ

$$\hat{J}_+ \varPhi_{k,m_{\max}}(\xi) = \hat{J}_- \varPhi_{k,m_{\min}}(\xi) = 0 \tag{6.57}$$

でなければならない.

【ステップ4】

第4式 [(6.44) 式] の $\hat{J}_-\hat{J}_+$ と $\hat{J}_+\hat{J}_-$ をそれぞれ $\hat{J}_z$ の最大固有値の状態 $\varPhi_{k,m_{\max}}(\xi)$ と最小固有値の状態 $\varPhi_{k,m_{\min}}(\xi)$ に演算すると

$$\hat{J}_-\hat{J}_+ \varPhi_{k,m_{\max}}(\xi) = (k - m_{\max}^2 - m_{\max})\hbar^2 \varPhi_{k,m_{\max}}(\xi) = 0 \tag{6.58}$$

$$\hat{J}_+\hat{J}_- \varPhi_{k,m_{\min}}(\xi) = (k - m_{\min}^2 + m_{\min})\hbar^2 \varPhi_{k,m_{\min}}(\xi) = 0 \tag{6.59}$$

を得る. したがって,

$$k - m_{\max}^2 - m_{\max} = 0 \tag{6.60}$$

$$k - m_{\min}^2 + m_{\min} = 0 \tag{6.61}$$

が得られるので, $m_{\max}$ と $m_{\min}$ の間には $m_{\max} = -m_{\min}$ の関係が成立するこ

とがわかる．そこで，$m_{\max}$ を j と書き，

$$m_{\max} = j, \qquad m_{\min} = -j \tag{6.62}$$

$$k = j(j+1) \tag{6.63}$$

を得る．またこれ以後，$\Phi_{k,m}$ を $\Phi_{j,m}$ と書くことにする．

ある特定の j に対して任意の m をもつ状態 $\Phi_{j,m}$ は，$m = j$（あるいは $m = -j$）の状態 $\Phi_{j,j}$（あるいは $\Phi_{j,-j}$）に $\hat{J}_-$（あるいは $\hat{J}_+$）を演算することで順次得られるので，m のとり得る値は

$$m = -j, -j+1, \cdots, j-1, j \tag{6.64}$$

の $2j+1$ 個である．また，$2j+1$ が正の整数であることから，j がとり得る値は「ゼロおよび正の整数」か「半奇数」に限られる．

以上の結論を以下にまとめる．

$\hat{\boldsymbol{J}}^2$ と $\hat{J}_z$ は同時固有状態 $\Phi_{j,m}(\xi)$ をもち，$\Phi_{j,m}(\xi)$ は固有値方程式

$$\hat{\boldsymbol{J}}^2 \Phi_{j,m}(\xi) = j(j+1)\hbar^2 \Phi_{j,m}(\xi) \tag{6.65}$$

$$\hat{J}_z \Phi_{j,m}(\xi) = m\hbar \Phi_{j,m}(\xi) \tag{6.66}$$

を満足する．ただし，$m = -j, -j+1, \cdots, j-1, j$ である．また，j のとり得る値は「ゼロまたは正の整数」か「半奇数」である．

表 6.1　角運動量の大きさ j に対する m のとり得る値

角運動量の大きさ j	とり得る角運動量の z 成分 m の値	状態 $\Phi_{j,m}$ の数
0	0	1
$\dfrac{1}{2}$	$-\dfrac{1}{2}, \dfrac{1}{2}$	2
1	$-1, 0, 1$	3
$\dfrac{3}{2}$	$-\dfrac{3}{2}, -\dfrac{1}{2}, \dfrac{1}{2}, \dfrac{3}{2}$	4
2	$-2, -1, 0, 1, 2$	5
$\dfrac{5}{2}$	$-\dfrac{5}{2}, -\dfrac{3}{2}, -\dfrac{1}{2}, \dfrac{1}{2}, \dfrac{3}{2}, \dfrac{5}{2}$	6

6.2 一般の角運動量演算子

また，いくつかの角運動量の大きさ j に対する m のとり得る値を表 6.1 に示す．

6.2.3 生成・消滅演算子と角運動量の固有状態

この節の最後として，(6.56) 式に現れる係数 $C_{k,m}^{(\pm)}$ の具体的な表式を求める ($C^{(\pm)}$ の添字 k は，(6.63) 式で示したように，$k = j(j+1)$ であるから，これ以後，k を j に置き換える)．そこで，状態 $\Phi_{j,m}(\xi)$ での演算子 $\hat{J}_\mp \hat{J}_\pm$ の期待値

$$\int \Phi_{j,m}^*(\xi)\, \hat{J}_\mp \hat{J}_\pm\, \Phi_{j,m}(\xi)\, d\xi = \int |\hat{J}_\pm\, \Phi_{j,m}(\xi)|^2\, d\xi$$
$$= |C_{j,m}^{(\pm)}|^2 \qquad (6.67)$$

について考える．ここで，$\Phi_{j,m}(\xi)$ は規格化されているとした．

(6.20) 式の関係式を用いると，上式左辺は

$$\int \Phi_{j,m}^*(\xi)\, \hat{J}_\mp \hat{J}_\pm\, \Phi_{j,m}(\xi)\, d\xi = \int \Phi_{j,m}^*(\xi)\, (\hat{\boldsymbol{J}}^2 \mp \hbar \hat{J}_z - \hat{J}_z^2)\, \Phi_{j,m}(\xi)\, d\xi$$
$$= j(j+1)\hbar^2 - (m\hbar)^2 \mp m\hbar^2 \qquad (6.68)$$

となる．したがって，係数 $C_{j,m}^{(\pm)}$ は

$$C_{j,m}^{(\pm)} = \sqrt{(j \mp m)(j \pm m + 1)}\, \hbar \qquad (6.69)$$

となる．ただし，$C_{j,m}^{(\pm)}$ が正の実数になるように位相はゼロに選んだ．したがって，(6.56) 式は

$$\hat{J}_\pm\, \Phi_{j,m}(\xi) = \sqrt{(j \mp m)(j \pm m + 1)}\, \hbar\, \Phi_{j,m\pm 1}(\xi) \qquad (6.70)$$

となる．

また，状態 $\Phi_{j,m}(\xi)$ は (6.69) 式を用いて状態 $\Phi_{j,j}(\xi)$ から順次求めることができる．すなわち，状態 $\Phi_{j,m}(\xi)$ は状態 $\Phi_{j,j}(\xi)$ に $\hat{J}_-$ を $l-m$ 回演算することで

$$\Phi_{j,m}(\xi) = \sqrt{\frac{(j+m)!}{(2j)!(j-m)!}} \left(\frac{\hat{J}_-}{\hbar}\right)^{j-m} \Phi_{j,j}(\xi) \qquad (6.71)$$

を得る (章末問題[6.5]).

6.2.4 角運動量の行列表現

軌道角運動量は $\hat{\boldsymbol{L}} = \hat{\boldsymbol{r}} \times \hat{\boldsymbol{p}}$ のように空間座標と運動量によって表されるが，一般の角運動量演算子を表す変数は必ずしも空間座標や運動量とは限らない．そのような場合，一般の角運動量演算子を行列によって表現するのが便利である．そこで，$\hat{J}^2$ と $\hat{J}_z$ の同時固有状態 $\Phi_{j,m}(\xi)$ を基底とする演算子 $\hat{Q}$ の行列表現を以下に示す．

いま，一般の角運動量演算子の各成分 $\hat{J}_i (i=x,y,z)$ のように，状態 $\Phi_{j,m}(\xi)$ に作用した際に量子数 j を変化させない演算子 $\hat{Q}$ の m' 行 m 列の行列要素 $Q_{m',m}$ を

$$Q_{m',m} \equiv \int \Phi_{j,m'}^*(\xi) \, \hat{Q} \, \Phi_{j,m}(\xi) \, d\xi \tag{6.72}$$

とすると，$\hat{Q}$ の行列表現は

$$\hat{Q} = \begin{pmatrix} Q_{j,j} & Q_{j,j-1} & \cdots & Q_{j,-j} \\ Q_{j-1,j} & Q_{j-1,j-1} & \cdots & Q_{j-1,-j} \\ \vdots & \vdots & \ddots & \vdots \\ Q_{-j,j} & Q_{-j,j-1} & \cdots & Q_{-j,-j} \end{pmatrix} \tag{6.73}$$

と表される．

例えば，$j = 1/2$ の場合の一般の角運動量 $\hat{\boldsymbol{J}}$ の行列表現は

$$\hat{J}_x = \frac{\hbar}{2}\begin{pmatrix} 0 & 1 \\ 1 & 0 \end{pmatrix}, \quad \hat{J}_y = \frac{\hbar}{2}\begin{pmatrix} 0 & -i \\ i & 0 \end{pmatrix}, \quad \hat{J}_z = \frac{\hbar}{2}\begin{pmatrix} 1 & 0 \\ 0 & -1 \end{pmatrix} \tag{6.74}$$

となる (章末問題[6.6]).

6.3 軌道角運動量と球面調和関数

この節では，(6.1) 式で定義される軌道角運動量 $\hat{\boldsymbol{L}} = \hat{\boldsymbol{r}} \times \hat{\boldsymbol{p}}$ の固有関数について述べる．

(6.65) 式と (6.66) 式で示したように，$\hat{\boldsymbol{L}}^2$ と $\hat{L}_z$ は同時固有状態をもつ．$\hat{\boldsymbol{L}}^2$ と $\hat{L}_z$ の同時固有状態を $Y_{l,m}(\theta, \phi)$ とすると，それらの固有値方程式は

$$\hat{\boldsymbol{L}}^2 Y_{l,m}(\theta, \phi) = l(l+1)\hbar^2 Y_{l,m}(\theta, \phi) \tag{6.75}$$

$$\hat{L}_z Y_{l,m}(\theta, \phi) = m\hbar \, Y_{l,m}(\theta, \phi) \tag{6.76}$$

と表される．ここで，l は**軌道量子数** (orbital quantum number)，m は**磁気量子数** (magnetic quantum number) とよばれる．磁気量子数 m と軌道量子数 l の間には (6.50) 式より

$$m = -l, -l+1, \cdots, l-1, l \tag{6.77}$$

の関係がある．

この節では，軌道量子数 l と磁気量子数 m のとり得る値を定め，$Y_{l,m}(\theta, \phi)$ の関数形を決定する．結論を先に述べると，軌道量子数 l はゼロまたは正の整数 ($l = 0, 1, 2, \cdots$) のみをとり（半奇数は除外され），それにともない，磁気量子数 m のとり得る値も整数 ($m = 0, \pm 1, \pm 2, \cdots$) となる．また，$Y_{l,m}(\theta, \phi)$ は**球面調和関数** (spherical harmonics) とよばれる特殊関数で与えられる．

6.3.1 軌道量子数と磁気量子数

この項では，軌道量子数 l と磁気量子数 m のとり得る値を定める．まず，(6.32) 式を用いて (6.76) 式を微分方程式の形で書き直すと，$Y_{l,m}(\theta, \phi)$ の満足する方程式は

$$\frac{\partial Y_{l,m}(\theta, \phi)}{\partial \phi} = im \, Y_{l,m}(\theta, \phi) \tag{6.78}$$

となる．この微分方程式は容易に解けて，その解は

$$Y_{l,m}(\theta, \phi) = \Theta_{l,m}(\theta)\, e^{im\phi} \tag{6.79}$$

となる．ここで，$\Theta_{l,m}(\theta)$ は ϕ に関する積分定数である．

それでは，磁気量子数 m はどのような値をとり得るだろうか．まずは，次の例題に取り組んでみよう．

例題 6.1 — 磁気量子数の整数性

波動関数が空間座標に関して一価関数であるとする．このとき，z 軸の周りを 1 回転する座標変換 $\phi \to \phi + 2\pi$ のもとで，球面調和関数 $Y_{l,m}(\theta, \phi)$ は $Y_{l,m}(\theta, \phi) = Y_{l,m}(\theta, \phi + 2\pi)$ を満たすことを用いて，磁気量子数 m が整数であることを示せ．

［解］ 図 6.2 に示すように，$Y_{l,m}(\theta, \phi) = Y_{l,m}(\theta, \phi + 2\pi)$ より $e^{2\pi i m} = 1$ を得る．したがって，$m = 0, \pm 1, \pm 2, \cdots$（$m$ は整数）である．

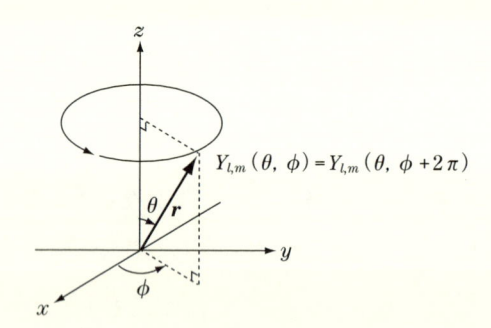

図 6.2 z 軸の周りの回転操作と波動関数の一価性

この例題では，波動関数の空間座標に関する一価性から磁気量子数 m が整数であることを導いた．しかし 3.4 節で述べたように，波動関数は必ずしも空間座標に関する一価関数である必要はなく，粒子の存在確率（波動関数の絶対値の 2 乗）が空間座標に対して一価関数であれば，確率解釈は成立する．そこで以下では，波動関数に一価性を要請することなく，昇降演算子 $\hat{L}_{\pm}$ の性質を利用して，磁気量子数 m のとり得る値を決める．

6.3 軌道角運動量と球面調和関数

磁気量子数 m のとり得る値を決定する準備として，昇降演算子 $\hat{L}_\pm$ の性質について述べる．昇降演算子 $\hat{L}_\pm$ は，(6.30) 式と (6.31) 式から

$$\hat{L}_\pm = \hbar e^{\pm i\phi}\left(\pm\frac{\partial}{\partial\theta} + i\cot\theta\frac{\partial}{\partial\phi}\right) \tag{6.80}$$

で与えられる．いま，新しい変数 $\xi = \cos\theta\,(0 \leq \theta \leq \pi)$ を導入すると，$\hat{L}_\pm$ は

$$\hat{L}_\pm = \hbar e^{\pm i\phi}\left(\mp\sqrt{1-\xi^2}\frac{\partial}{\partial\xi} + i\frac{\xi}{\sqrt{1-\xi^2}}\frac{\partial}{\partial\phi}\right) \tag{6.81}$$

と書き直される．(6.81) 式の $\hat{L}_\pm$ を $Y_{l,m} = \Theta_{l,m}(\xi)e^{im\phi}$ に作用させると，

$$\hat{L}_\pm Y_{l,m} = \hbar e^{\pm i\phi}\left(\mp\sqrt{1-\xi^2}\frac{\partial}{\partial\xi} - \frac{m\xi}{\sqrt{1-\xi^2}}\right)Y_{l,m}$$

$$= \mp\hbar e^{\pm i\phi}(\sqrt{1-\xi^2})^{\pm m+1}\frac{\partial}{\partial\xi}\{(\sqrt{1-\xi^2})^{\mp m}Y_{l,m}\} \tag{6.82}$$

を得る．一般に，$\hat{L}_-$ を $Y_{l,m}$ に n 回作用させた場合には

$$(\hat{L}_-)^n Y_{l,m} = \hbar^n e^{-in\phi}(\sqrt{1-\xi^2})^{-m+n}\frac{\partial^n}{\partial\xi^n}\{(\sqrt{1-\xi^2})^m Y_{l,m}\} \tag{6.83}$$

となる．(6.83) 式は，$n = 1$ のとき (6.82) 式を満たす．したがって，数学的帰納法を用いて，(6.83) 式を証明することができる．すなわち，$n = k$ において (6.83) 式が成立するとして，$n = k+1$ の場合においても (6.83) 式が成立することを示せばよい．

以上で準備が整ったので，磁気量子数 m のとり得る値の決定にとり掛かろう．磁気量子数 m が最大値 $m_\mathrm{max} = l$ の場合の $Y_{l,l}(\theta,\phi)$ に，演算子 $\hat{L}_+$ を演算する．このとき，(6.57) 式と (6.82) 式から

$$\hat{L}_+ Y_{l,l} = -\hbar e^{i\phi}(\sqrt{1-\xi^2})^{l+1}\frac{\partial}{\partial\xi}\{(\sqrt{1-\xi^2})^{-l}Y_{l,l}\} = 0 \tag{6.84}$$

となる．この関係式が，任意の ξ に対して常に成立するためには

$$\frac{\partial}{\partial\xi}\{(\sqrt{1-\xi^2})^{-l}Y_{l,l}\} = 0 \tag{6.85}$$

でなければならないので

$$(\sqrt{1-\xi^2})^{-l} Y_{l,l} = f_{l,l}(\phi) \tag{6.86}$$

であることがわかる.ここで,$f_{l,l}(\phi)$ は ϕ の関数であるが,ξ に関して一定である.

一方,$Y_{l,l}$ に $\widehat{L}_-$ を $2l+1$ 回演算すると,(6.57) 式と (6.83) 式より

$$(\widehat{L}_-)^{2l+1} Y_{l,l} = e^{-i(2l+1)\phi} (\sqrt{1-\xi^2})^{l+1} \frac{\partial^{2l+1}}{\partial \xi^{2l+1}} \{(\sqrt{1-\xi^2})^l Y_{l,l}\} = 0 \tag{6.87}$$

となるので,

$$\frac{\partial^{2l+1}}{\partial \xi^{2l+1}} \{(\sqrt{1-\xi^2})^l Y_{l,l}\} = 0 \tag{6.88}$$

を得る.したがって,(6.88) 式を $2l+1$ 回積分することで

$$(\sqrt{1-\xi^2})^l Y_{l,l} = g_0(\phi) + g_1(\phi)\xi + g_2(\phi)\xi^2 + \cdots + g_{2l}(\phi)\xi^{2l}$$
$$= 2l+1 \text{ 項からなる } \xi \text{ の多項式} \tag{6.89}$$

を得る.ここで,$g_k(\phi)$ $(k=0, 1, 2, \cdots, 2l)$ は ϕ の関数であるが,ξ に関して一定であり,(6.89) 式を (6.86) 式で割ることで

$$(1-\xi^2)^l = C_0(\phi) + C_1(\phi)\xi + C_2(\phi)\xi^2 + \cdots + C_{2l}(\phi)\xi^{2l}$$
$$= 2l+1 \text{ 項からなる } \xi \text{ の多項式} \tag{6.90}$$

が得られる.ここで,$C_k(\phi) \equiv g_k(\phi)/f_{l,l}(\phi)$ もまた ϕ の関数であるが,ξ に関して一定である.(6.90) 式を満たすためには,l はゼロまたは正の整数でなければならない.すなわち,軌道量子数 l のとり得る値が

$$l = 0, 1, 2, \cdots, \infty \tag{6.91}$$

であることが示された.

また,(6.77) 式で示したように,一般に m は $m = -l, -l+1, \cdots, l-1, l$ の $2l+1$ 個の値をとるので,(6.91) 式より,磁気量子数 m のとり得る値は整数に限られる.こうして,波動関数の一価性を要請することなしに,m のとり得る値が任意の与えられた l (ゼロまたは正の整数) に対して

$$m = 0, \pm 1, \pm 2, \cdots, \pm l \tag{6.92}$$

であることが示された.

6.3.2 球面調和関数

ルジャンドルの陪多項式と多項式

この項では，$\hat{\boldsymbol{L}}^2$ と $\hat{L}_z$ の同時固有状態 $Y_{l,m}(\theta, \phi)$ の関数形を決定する. そこでまず，(6.33) 式を用いて (6.75) 式を微分方程式の形で書き表すと

$$-\left[\frac{1}{\sin\theta}\frac{\partial}{\partial\theta}\left(\sin\theta\frac{\partial}{\partial\theta}\right) + \frac{1}{\sin^2\theta}\frac{\partial^2}{\partial\phi^2}\right]Y_{l,m}(\theta, \phi) = l(l+1)Y_{l,m}(\theta, \phi) \tag{6.93}$$

となり，さらに，前項と同様に $\xi = \cos\theta\ (0 \leq \theta \leq \pi)$ を用いて書くと

$$-\left[\frac{\partial}{\partial\xi}\left\{(1-\xi^2)\frac{\partial}{\partial\xi}\right\} + \frac{1}{1-\xi^2}\frac{\partial^2}{\partial\phi^2}\right]Y_{l,m}(\theta, \phi) = l(l+1)\,Y_{l,m}(\theta, \phi) \tag{6.94}$$

となる.

また，(6.79) 式で示したように，$Y_{l,m}(\theta, \phi)$ は

$$Y_{l,m}(\theta, \phi) = \Theta_{l,m}(\xi)\,e^{im\phi} \tag{6.95}$$

と表される. (6.95) 式を (6.94) 式に代入することで，$\Theta_{l,m}(\xi)$ の満足する方程式

$$\left.\begin{array}{l}\dfrac{d}{d\xi}\left[(1-\xi^2)\dfrac{d\Theta_{l,m}(\xi)}{d\xi}\right] + \left[l(l+1) - \dfrac{m^2}{1-\xi^2}\right]\Theta_{l,m}(\xi) = 0 \\ (m = 0, \pm 1, \pm 2, \cdots\,;\,l = |m|, |m|+1, |m|+2, \cdots)\end{array}\right\} \tag{6.96}$$

を得る. この方程式は**ルジャンドルの陪微分方程式** (associated Legendre differential equation) とよばれ，その解 $\Theta_{l,m}(\xi)$ は

$$P_l^{|m|}(\xi) = \frac{1}{2^l l!}\,(1-\xi^2)^{\frac{|m|}{2}}\frac{d^{l+|m|}(\xi^2-1)^l}{d\xi^{l+|m|}} \tag{6.97}$$

表 6.2　$l = 0, 1, 2$ に対するルジャンドルの陪多項式 $P_l^{|m|}(\xi)$

軌道量子数 l	磁気量子数 m	ルジャンドルの陪多項式 $P_l^{|m|}(\xi)$
$l = 0$	$m = 0$	$P_0^0(\xi) = 1$
$l = 1$	$m = 0$	$P_1^0(\xi) = z$
	$m = \pm 1$	$P_1^1(\xi) = \sqrt{1 - \xi^2}$
$l = 2$	$m = 0$	$P_2^0(\xi) = \dfrac{1}{2}(3\xi^2 - 1)$
	$m = \pm 1$	$P_2^1(\xi) = 3\xi\sqrt{1 - \xi^2}$
	$m = \pm 2$	$P_2^2(\xi) = 3(1 - \xi^2)$

に比例することが量子力学の誕生以前から知られている．したがって，

$$\Theta_{l,m}(\xi) = N_{l,m} P_l^{|m|}(\xi) \tag{6.98}$$

である．ここで，$N_{l,m}$ は ξ に依存しない定数である．

$P_l^{|m|}(\xi)$ が (6.96) 式の解であることは，(6.97) 式を (6.96) 式に代入することによって確かめられる（章末問題[6.7]）．なお，$P_l^{|m|}(\xi) \, (m \neq 0)$ を**ルジャンドルの陪多項式**（associated Legendre polynomial）といい，$m = 0$ の場合の

$$P_l(\xi) \equiv P_l^0(\xi)$$
$$= \frac{1}{2^l l!} \frac{d^l (\xi^2 - 1)^l}{d\xi^l} \tag{6.99}$$

を**ルジャンドル多項式**（Legendre polynomial）という．$l = 0, 1, 2$ の場合の $P_l^{|m|}(\xi)$ の具体的な表式を表 6.2 に示す．

ルジャンドルの陪多項式 $P_l^{|m|}(\xi)$ は次の関係式を満たす（章末問題[6.7]）．

$$\int_{-1}^{1} P_l^{|m|}(\xi) \, P_{l'}^{|m|}(\xi) \, d\xi = \begin{cases} 0 & (l \neq l') \\ \dfrac{2}{2l + 1} \dfrac{(l + |m|)!}{(l - |m|)!} & (l = l') \end{cases} \tag{6.100}$$

この関係式を用いると

6.3 軌道角運動量と球面調和関数

$$\int_{-1}^{1} |\Theta_{l,m}(\xi)|^2 \, d\xi = |N_{l,m}|^2 \frac{2}{2l+1} \frac{(l+|m|)!}{(l-|m|)!} \quad (6.101)$$

であるから，$Y_{l,m}(\xi)$ を規格化するような定数 $N_{l,m}$ は

$$N_{l,m} = e^{i\eta} \sqrt{\frac{2l+1}{4\pi} \frac{(l-|m|)!}{(l+|m|)!}} \quad (6.102)$$

となる．したがって，$Y_{l,m}(\theta, \phi)$ は

$$Y_{l,m}(\theta, \phi) = (-1)^{\frac{m+|m|}{2}} \sqrt{\frac{2l+1}{4\pi} \frac{(l-|m|)!}{(l+|m|)!}} P_l^{|m|}(\xi) e^{im\phi} \quad (6.103)$$

となる．この関数を**球面調和関数**（spherical harmonics）とよぶ．また，位相 η は自由に選ぶことができるが，ここでは $e^{i\eta} = (-1)^{\frac{m+|m|}{2}}$ と選んだ．その理由は後ほど述べる．

$l = 0, 1, 2$ の場合の球面調和関数 $Y_{l,m}(\theta, \phi)$ の具体的な表式を表 6.3 に示す．また，図 6.3 にこれらを図示する．

表 6.3　$l = 0, 1, 2$ に対する球面調和関数 $Y_{l,m}(\theta, \phi)$

軌道量子数 l	磁気量子数 m	$Y_{l,m}(\theta, \phi)$
$l = 0$	$m = 0$	$Y_{0,0}(\theta, \phi) = \sqrt{\dfrac{1}{4\pi}}$
$l = 1$	$m = 0$	$Y_{1,0}(\theta, \phi) = \sqrt{\dfrac{3}{4\pi}} \cos\theta$
	$m = \pm 1$	$Y_{1,\pm 1}(\theta, \phi) = \mp \sqrt{\dfrac{3}{8\pi}} e^{\pm i\phi} \sin\theta$
$l = 2$	$m = 0$	$Y_{2,0}(\theta, \phi) = \sqrt{\dfrac{5}{16\pi}} (3\cos^2\theta - 1)$
	$m = \pm 1$	$Y_{2,\pm 1}(\theta, \phi) = \mp \sqrt{\dfrac{15}{8\pi}} e^{\pm i\phi} \cos\theta \sin\theta$
	$m = \pm 2$	$Y_{2,\pm 2}(\theta, \phi) = \mp \sqrt{\dfrac{15}{32\pi}} e^{\pm 2i\phi} \sin^2\theta$

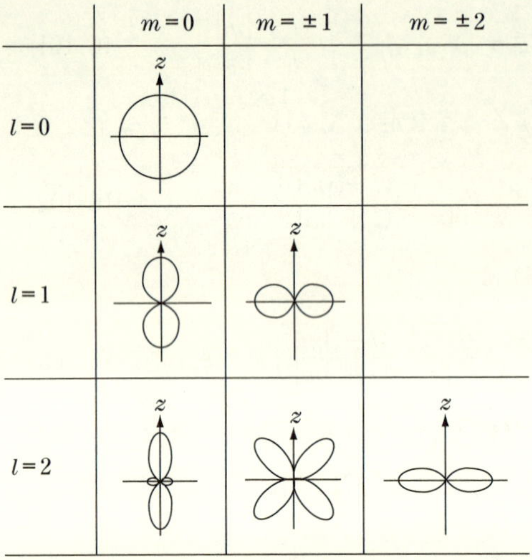

	$m=0$	$m=\pm 1$	$m=\pm 2$
$l=0$	○		
$l=1$	∞	∞	
$l=2$			

図 6.3 球面調和関数 $Y_{l,m}(\theta, \phi)$ の絶対値の 2 乗 $|Y_{l,m}(\theta, \phi)|^2$

昇降演算子法による球面調和関数の導出

ここでは,昇降演算子 $\hat{L}_\pm$ の性質を利用して,球面調和関数 $Y_{l,m}(\theta, \phi)$ を導出する.その際,(6.103) 式の位相の選び方についても述べる.

(6.95) 式より,$Y_{l,l}(\theta, \phi)$ は

$$Y_{l,m}(\theta, \phi) = \Theta_{l,m}(\xi) e^{im\phi} \tag{6.104}$$

である.一方,(6.86) 式より,$Y_{l,l}(\theta, \phi)$ は

$$Y_{l,l}(\theta, \phi) = f_{l,l}(\phi)(1-\xi^2)^{\frac{l}{2}} \tag{6.105}$$

と表される.(6.104) 式と (6.105) 式が等しいことから,

$$f_{l,l}(\phi) = N_{l,l} e^{il\phi}, \qquad \Theta_{l,l}(\xi) = N_{l,l}(1-\xi^2)^{\frac{l}{2}} \tag{6.106}$$

であることがわかる.ここで $N_{l,l}$ は ξ と ϕ に依存しない定数であり,$Y_{l,l}(\theta, \phi)$ の規格化条件

$$\int |Y_{l,l}(\theta, \phi)|^2 \sin\theta \, d\theta \, d\phi = 2\pi |N_{l,l}|^2 \int_{-1}^{1} (1-\xi^2)^l \, d\xi$$

$$= \frac{4\pi}{2l+1} \frac{(2^l l!)^2}{(2l)!} |N_{l,l}|^2 = 1 \tag{6.107}$$

を用いて

6.3 軌道角運動量と球面調和関数

$$N_{l,l} = e^{i\eta}\sqrt{\frac{(2l+1)!}{4\pi}}\frac{1}{2^l l!} \qquad (\eta \text{ は任意の実数}) \qquad (6.108)$$

と求まる.

こうして, $Y_{l,l}(\theta, \phi)$ は

$$Y_{l,l}(\theta, \phi) = e^{i\eta}\sqrt{\frac{(2l+1)!}{4\pi}}\frac{1}{2^l l!}(1-\xi^2)^{\frac{l}{2}}e^{il\phi} \qquad (6.109)$$

となる. ただし, 状態 $Y_{l,l}(\theta, \phi)$ の位相 η は任意に選ぶことができるので, 後で都合良く決める.

以上により, $\widehat{L}_z$ の最大固有値 ($m=l$) をもつ状態 $Y_{l,l}(\theta, \phi)$ が求まったので, 次に, 一般の m ($m=0, \pm 1, \pm 2, \cdots, \pm l$) をもつ状態 $Y_{l,m}(\theta, \phi)$ をつくる. (6.71) 式と同様に, $Y_{l,l}(\theta, \phi)$ に $\widehat{L}_-$ を $l-m$ 回演算すると

$$Y_{l,m}(\theta, \phi) = \sqrt{\frac{(l+m)!}{(2l)!(l-m)!}}\left(\frac{\widehat{L}_-}{\hbar}\right)^{l-m}Y_{l,l}(\theta, \phi) \qquad (6.110)$$

となる. (6.110) 式の $(\widehat{L}_-)^{l-m}Y_{l,l}(\theta, \phi)$ を実行するために, (6.83) 式において $m=l$ と $n=l-m$ とおくと

$$\left(\frac{\widehat{L}_-}{\hbar}\right)^{l-m}Y_{l,l}(\theta, \phi) = e^{-i(l-m)\phi}(\sqrt{1-\xi^2})^{-m}\frac{\partial^{l-m}}{\partial \xi^{l-m}}\{(\sqrt{1-\xi^2})^l Y_{l,l}(\theta, \phi)\} \qquad (6.111)$$

となる. (6.109) 式を (6.111) 式に代入し, その結果を (6.110) 式に代入すると

$$Y_{l,m}(\theta, \phi) = e^{i\eta}(-1)^l\sqrt{\frac{2l+1}{4\pi}\frac{(l+m)!}{(l-m)!}}e^{im\phi}\frac{1}{2^l l!}(1-\xi^2)^{-\frac{m}{2}}\frac{d^{l-m}(1-\xi^2)^l}{d\xi^{l-m}} \qquad (6.112)$$

を得る. ここで位相 η は, 係数 $e^{i\eta}(-1)^l$ が常に1となるように, $\eta = l\pi$ と選ぶことにする.

(6.112) 式は, $Y_{l,m}(\theta, \phi)$ の正しい表式であるが, m の符号で混乱しやすいという欠点がある. そこで, 任意の m ($-l \leq m \leq l$) に対して成り立つ次

の関係式

$$\frac{d^{l-m}(1-\xi^2)^l}{d\xi^{l-m}} = (-1)^m \frac{(l-m)!}{(l+m)!}(1-\xi^2)^m \frac{d^{l+m}(\xi^2-1)^l}{d\xi^{l+m}} \tag{6.113}$$

を用いることで，(6.112) 式を

$$\begin{aligned}
Y_{l,m}(\theta,\phi) &= (-1)^{\frac{m+|m|}{2}} \sqrt{\frac{2l+1}{4\pi} \frac{(l-|m|)!}{(l+|m|)!}} e^{im\phi} \frac{1}{2^l l!} (1-\xi^2)^{\frac{|m|}{2}} \\
&\quad \times \frac{d^{l+|m|}(\xi^2-1)^l}{d\xi^{l+|m|}} \\
&= (-1)^{\frac{m+|m|}{2}} \sqrt{\frac{2l+1}{4\pi} \frac{(l-|m|)!}{(l+|m|)!}} e^{im\phi} P_l^{|m|}(\xi) \tag{6.114}
\end{aligned}$$

のように書き直すと，m の符号で混乱を招きにくい．ここで，$P_l^{|m|}(\xi)$ は (6.97) 式のルジャンドルの陪多項式である．

6.4　中心力ポテンシャルの中の粒子

中心力ポテンシャル $V(r)$ の中を運動する質量 m の粒子に対するシュレーディンガー方程式は

$$\left\{-\frac{\hbar^2}{2m}\nabla^2 + V(r)\right\}\Psi(\boldsymbol{r}) = E\,\Psi(\boldsymbol{r}) \tag{6.115}$$

である．(6.115) 式を極座標表示すると，(6.35) 式を用いて

$$\left\{-\frac{\hbar^2}{2mr^2}\frac{\partial}{\partial r}\left(r^2\frac{\partial}{\partial r}\right) + \frac{\widehat{\boldsymbol{L}}^2}{2mr^2} + V(r)\right\}\Psi(\boldsymbol{r}) = E\,\Psi(\boldsymbol{r}) \tag{6.116}$$

と表される．

6.4.1 波動関数の変数分離

(6.116) 式の解である波動関数 $\Psi(\mathbf{r})$ を

$$\Psi(\mathbf{r}) = R(r)\,\chi(\theta, \phi) \tag{6.117}$$

のように,動径方向成分 $R(r)$ と角度方向成分 $\chi(\theta, \phi)$ に変数分離すると,(6.116) 式は

$$\frac{2mr^2}{R(r)}\left[-\frac{\hbar^2}{2mr^2}\frac{\partial}{\partial r}\left(r^2\frac{\partial R(r)}{\partial r}\right) + \{V(r) - E\}R(r)\right] = \frac{1}{\chi(\theta, \phi)}\widehat{\mathbf{L}}^2\chi(\theta, \phi) \tag{6.118}$$

となる.この式の左辺は r にのみ依存し,一方,右辺は r に依存せず θ, ϕ に依存する.したがって両辺が等しくなるためには,(6.118) 式の左辺と右辺のいずれもが r, θ, ϕ に依存しない定数に等しくなければならない.この定数の次元が $\hbar^2$ と同じ次元であることを考慮し,この定数を $\lambda\hbar^2$ (λ は無次元の実数) とおくと,動径部分 $R(r)$ に対する方程式

$$-\frac{\hbar^2}{2mr^2}\frac{\partial}{\partial r}\left(r^2\frac{\partial R(r)}{\partial r}\right) + \left\{V(r) + \frac{\lambda\hbar^2}{2mr^2}\right\}R(r) = E\,R(r) \tag{6.119}$$

と,角度部分 $\chi(\theta, \phi)$ に対する方程式

$$\widehat{\mathbf{L}}^2\chi(\theta, \phi) = \lambda\hbar^2\chi(\theta, \phi) \tag{6.120}$$

が得られる.

(6.8) 式に示したように,中心力ポテンシャルをもつハミルトニアンは軌道角運動量演算子と交換し,また (6.12)〜(6.14) 式に示したように,軌道角運動量演算子の各成分同士は交換しない.これらの事実から,中心力ポテンシャルの中の粒子の波動関数 $\Psi(\mathbf{r})$ を角運動量のどれか 1 成分との同時固有状態に選ぶことができる.ここでは,その 1 成分を z 成分とし,$\Psi(\mathbf{r})$ に対する $\widehat{L}_z$ の固有値を $\mu\hbar$ (μ は無次元の定数) とすれば

$$\widehat{L}_z\Psi(\mathbf{r}) = \mu\hbar\,\Psi(\mathbf{r}) \tag{6.121}$$

と表される.この式に (6.117) 式を代入し,$\widehat{L}_z$ が角度変数 ϕ しか含まない

ことを踏まえると

$$\hat{L}_z \chi(\theta, \phi) = \mu \hbar \, \chi(\theta, \phi) \tag{6.122}$$

となる.すなわち,波動関数の角度部分 $\chi(\theta, \phi)$ は $\hat{\boldsymbol{L}}^2$ と $\hat{L}_z$ の同時固有状態である.

(6.120) 式と (6.122) 式をそれぞれ (6.75) 式と (6.76) 式と比較すれば,$\lambda = l(l+1)\,(l=0,1,2,\cdots)$ および $\mu = m\,(m=-l, -l+1, \cdots, l-1, l)$ であり,波動関数の角度部分 $\chi(\theta, \phi)$ は,軌道量子数 l と磁気量子数 m で指定される球面調和関数 $Y_{l,m}(\theta, \phi)$ である.こうして,中心力ポテンシャルの中を運動する粒子の波動関数 $\varPsi(\boldsymbol{r})$ は,どのような中心力ポテンシャルであれ,つまり,中心力ポテンシャル $V(r)$ の関数形に関わらず

$$\varPsi(\boldsymbol{r}) = R(r)\,Y_{l,m}(\theta, \phi) \tag{6.123}$$

と表される.言い換えると,中心力ポテンシャルの中の粒子の特徴は動径波動関数 $R(r)$ のみに反映される.

6.4.2 動径波動関数

動径波動関数 $R(r)$ が満足する方程式は,(6.119) 式中の λ を $\lambda = l(l+1)$ として

$$-\frac{\hbar^2}{2mr^2}\frac{\partial}{\partial r}\left(r^2 \frac{\partial R_{n,l}(r)}{\partial r}\right) + \left\{V(r) + \frac{l(l+1)\hbar^2}{2mr^2}\right\} R_{n,l}(r) = E_{n,l}\, R_{n,l}(r) \tag{6.124}$$

である.(6.124) 式で動径波動関数 $R(r)$ およびエネルギー固有値 E の添字に,軌道量子数 l の他に新たな量子数 n を加えた.$R_{n,l}(r)$ と $E_{n,l}$ が軌道量子数 l に依存するのは,ハミルトニアンが l を含むためであるが,これらが量子数 n にも依存するのは,(6.124) 式の解が与えられた境界条件を満足するように,エネルギー固有値が量子化されるためである.この量子数 n を **主量子数** (principal quantum number) とよぶ.

なお,主量子数 n とエネルギー $E_{n,l}$ との関係は,中心力ポテンシャル $V(r)$

6.4 中心力ポテンシャルの中の粒子

の関数形によって決まる．次節では，クーロンポテンシャル ($V(r) \propto 1/r$) の場合の主量子数 n とエネルギー $E_{n,l}$ との関係について述べる．

また，新しい関数

$$u_{n,l}(r) = r\, R_{n,l}(r) \tag{6.125}$$

を導入し，これを (6.124) 式に代入すると，$u_{n,l}(r)$ の満足する方程式

$$\left[-\frac{\hbar^2}{2m} \frac{d^2}{dr^2} + \left\{ V(r) + \frac{l(l+1)\hbar^2}{2mr^2} \right\} \right] u_{n,l}(r) = E_{n,l}\, u_{n,l}(r) \tag{6.126}$$

が得られる．この方程式は，r の定義域が $r \geq 0$ の半無限領域であることを除けば，ポテンシャル

$$V_{\text{eff}}(r) = V(r) + \frac{l(l+1)\hbar^2}{2mr^2} \tag{6.127}$$

のもとで運動する質量 m の粒子に対する 1 次元問題 (1 次元のシュレーディンガー方程式) と同じ形をしている．

動径波動関数の漸近的な振る舞い

(6.126) 式の微分方程式を解く準備として，$r \to \infty$ と $r \sim 0$ での動径波動関数の振る舞いを調べよう．

(1) 無限遠方 ($r \to \infty$) での漸近的な振る舞い

中心力ポテンシャルに束縛された粒子の波動関数 $\Psi_{n,l,m}(\boldsymbol{r}) = R_{n,l}(r) Y_{l,m}(\theta, \phi)$ が，規格化条件

$$\int_0^\infty |R_{n,l}(r)|^2 r^2\, dr \underbrace{\int_0^{2\pi} \int_0^\pi |Y_{l,m}(\theta, \phi)|^2 \sin\theta\, d\theta\, d\phi}_{= 1\,((6.107)\text{式を参照})} = \int_0^\infty |u_{n,l}(r)|^2\, dr$$

$$= 1 \tag{6.128}$$

を満足するためには，$r \to \infty$ において $u_{n,l}(r)$ が $|u_{n,l}(r)|^2 \to O(1/r)$，すなわち

$$r \to \infty \quad \text{で} \quad u_{n,l}(r) \to O(r^{-\frac{1}{2}}) \tag{6.129}$$

を満たさなければならない. ここで, $O(r^\alpha)$ は r^α よりも速くゼロに収束することを表す記号であり, ランダウ記号とよばれる.

$r \to \infty$ で $V(r) \to 0$ を満たす中心力ポテンシャルに束縛された粒子の $u_{n,l}(r)$ の漸近的振る舞いを調べてみると, $r \to \infty$ において (6.126) 式は

$$-\frac{\hbar^2}{2m}\frac{d^2 u_{n,l}(r)}{dr^2} = E_{n,l} u_{n,l}(r) \tag{6.130}$$

となる. この方程式の2つの独立な解のうち, $r \to \infty$ で (6.129) 式の束縛境界条件を満足する解は,

$$E_{n,l} = -B_{n,l} \leq 0 \tag{6.131}$$

として,

$$u_{n,l}(r) \;\to\; \exp\left(-\frac{\sqrt{2mB_{n,l}}}{\hbar}r\right) \tag{6.132}$$

である. (6.131) 式で導入した $B_{n,l}$ は, $V(r)$ に束縛された粒子の**結合エネルギー** (binding energy) とよばれる.

（2） 原点近傍 ($r \sim 0$) での漸近的な振る舞い

次に, 原点近傍 ($r \sim 0$) での動径波動関数 $u_{n,l}$ の振る舞いについて述べる. $r = 0$ で波動関数が発散しないために, (6.125) 式より $u_{n,l}(r)$ は

$$u_{n,l}(0) = 0 \tag{6.133}$$

を満たさなければならない. 特に, $V(r)$ が r^2 よりも弱い特異性をもつ場合, すなわち $\lim_{r \to 0} r^2 V(r) = 0$ の場合には, $l \neq 0$ に対して, $u_{n,l}(r)$ は原点近傍 ($r \sim 0$) で

$$u_{n,l}(r) \;\sim\; r^{l+1} \tag{6.134}$$

あるいは

$$u_{n,l}(r) \;\sim\; r^{-l} \tag{6.135}$$

のように振る舞う (章末問題[6.8]). (6.135) 式は $r = 0$ で発散するので, (6.133) 式を満たさないが, (6.134) 式は $r = 0$ で (6.133) 式を満たす. こうして, 動径波動関数は原点近傍で (6.134) 式のように振る舞う. 一方,

$l=0$ の場合も (6.133) 式の境界条件は成立する (章末問題 [6.8]).

次節では，原点近傍 ($r \sim 0$) で r^2 よりも弱い特異性をもち，$r \to \infty$ で $V(r) \to 0$ であるような中心力ポテンシャルの典型的な例として，クーロンポテンシャル ($V(r) \propto 1/r$) の束縛状態について学ぶ.

6.5 水素原子

この節では，中心力ポテンシャルに束縛された粒子の重要な例として，水素原子の電子状態について述べる．水素原子は，正電荷 e に帯電した 1 つの陽子と負電荷 $-e$ に帯電した 1 つの電子から構成される最も単純な原子でありながら，2.3 節で述べたように，その輝線スペクトルは古典物理学では全く説明のできない現象であった．以下では，水素原子の輝線スペクトルをシュレーディンガー方程式から導く.

陽子の質量 M は電子の質量 m の 1840 倍も重いので，水素原子の中を運動する電子の状態を考える際には，陽子は静止していると近似してもよいであろう．この近似のもとでは，水素原子の中の電子は，原点に静止した陽子からクーロンポテンシャル

$$V(r) = -\frac{e^2}{4\pi\varepsilon_0 r} \tag{6.136}$$

の中心力ポテンシャルを受けて運動していると見なされる (図 6.4). したがって，水素原子の中の電子に対する動径波動関数 $R(r)$ は

$$-\frac{\hbar^2}{2mr^2}\frac{\partial}{\partial r}\left(r^2\frac{\partial R_{n,l}(r)}{\partial r}\right) + \left\{\frac{l(l+1)\hbar^2}{2mr^2} - \frac{e^2}{4\pi\varepsilon_0 r}\right\}R_{n,l}(r) = E_{n,l}R_{n,l}(r) \tag{6.137}$$

を満たす.

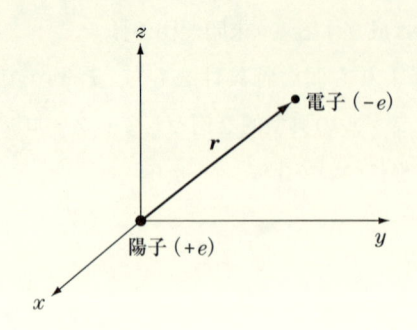

図 6.4 水素原子の模型（原点で静止した陽子の周りを運動する電子）

以下の項では，水素原子に束縛された電子のエネルギー固有値と動径波動関数を求め，輝線スペクトルについて調べる．

6.5.1 動径波動関数とエネルギー固有値の決定

(6.137) 式の微分方程式を解く準備として，方程式を無次元化することから始めよう．そこで，(6.137) 式を特徴づける定数である m, $e^2/4\pi\varepsilon_0$, プランク定数 h（あるいはディラック定数 $\hbar$）を用いて，長さの次元をもつ定数 a とエネルギーの次元をもつ定数 ε を次のようにつくる．

$$a = \frac{\hbar^2}{m}\left(\frac{4\pi\varepsilon_0}{e^2}\right), \qquad \varepsilon = \frac{m}{\hbar^2}\left(\frac{e^2}{4\pi\varepsilon_0}\right)^2 \qquad (6.138)$$

このように，系を特徴づけるパラメータを使って次元解析を行ない，長さやエネルギーの次元をもつ定数をつくると，それらの値からその系を特徴づける長さやエネルギーのおおよその大きさを知ることができる．実際に，a は 2.3.3 項のボーアの理論で登場したボーア半径 $a_B = 0.53\text{Å}$ ((2.27) 式を参照) に等しく，ε はボーアの理論から導かれた水素原子の基底エネルギー ((2.26) 式で $n=1$ の場合) の半分である．

以上の事実から，a と $\varepsilon/2$ を使って，動径座標 r と結合エネルギー $B_{n,l}$ を次のように無次元化し，新しい無次元変数

6.5 水素原子

を用いて，(6.126) 式の微分方程式を書き直すと

$$\rho = \frac{r}{a}, \qquad \alpha^2 = \frac{B_{n,l}}{\frac{\varepsilon}{2}} = \frac{2B_{n,l}}{\varepsilon} \qquad (6.139)$$

$$\frac{d^2 u_{n,l}}{d\rho^2} - \left\{ \alpha^2 + \frac{l(l+1)}{\rho^2} - \frac{2}{\rho} \right\} u_{n,l} = 0 \qquad (6.140)$$

となる.

それでは，この無次元化された方程式を解き，動径波動関数 $u_{n,l}(\rho)$ を求めよう．そこで，$u_{n,l}(\rho)$ が $\rho \to \infty$ で (6.132) 式のように振る舞い，原点近傍 ($\rho \sim 0$) で (6.134) 式のように振る舞うことを考慮して

$$u_{n,l}(\rho) = \rho^{l+1} e^{-\alpha\rho} F_{n,l}(\rho) \qquad (\text{ただし}, F_{n,l}(0) \neq 0) \qquad (6.141)$$

とおこう．これを (6.140) 式に代入すると，$F_{n,l}(\rho)$ が満足する微分方程式は

$$\rho \frac{d^2 F_{n,l}}{d\rho^2} - 2(l+1-\alpha\rho) \frac{dF_{n,l}}{d\rho} + 2\{1 - \alpha(l+1)\} F_{n,l} = 0 \qquad (6.142)$$

となる.

次に，(6.142) 式の微分方程式の解を探すために，$F_{n,l}(\rho)$ を

$$F_{n,l}(\rho) = \sum_{k=0}^{\infty} C_k \rho^k \qquad (6.143)$$

のように級数展開する．ここで，級数展開の次数を k として $k < 0$ を除いたのは，それらの項は原点近傍 ($\rho \sim 0$) で発散するためである．そこで，(6.143) 式を (6.142) 式に代入し，ρ の同じ次数の項でまとめると

$$\sum_{k=1}^{\infty} \left[k(k+2l+1)C_k - 2\alpha \left(k+l-\frac{1}{\alpha} \right) C_{k-1} \right] \rho^k = 0 \qquad (6.144)$$

となる．この方程式が任意の ρ で常に成立するためには，ρ のそれぞれの次数での係数がゼロであればよい．こうして，展開係数 C_k の間に

$$C_k = 2\alpha \frac{k + l - \dfrac{1}{\alpha}}{k(k + 2l + 1)} C_{k-1} \qquad (k \geq 1) \qquad (6.145)$$

の関係（漸化式）があることがわかる．この漸化式から C_0 を与えれば，逐次的に展開係数 $C_k (k \geq 1)$ が決まる．また，C_0 は規格化によって決定される．

(6.145) 式からわかるように，k 次の展開係数 C_k と $k-1$ 次の展開係数 C_{k-1} の比 C_k/C_{k-1} は，k が非常に大きい極限 ($k \gg 1$) で

$$\frac{C_k}{C_{k-1}} \approx \frac{2\alpha}{k} \qquad (6.146)$$

のように振る舞う．一方，指数関数 $\exp(2\alpha\rho)$ を

$$\exp(2\alpha\rho) = \sum_{k=0}^{\infty} \frac{(2\alpha)^k}{k!} \rho^k \equiv \sum_{k=0}^{\infty} A_k \rho^k$$

のようにマクローリン展開した際の展開係数 A_k が，k が非常に大きい極限 ($k \gg 1$) で

$$\frac{A_k}{A_{k-1}} \approx \frac{2\alpha}{k} \qquad (6.147)$$

のように振る舞う．(6.146) 式と (6.147) 式が一致していることから，(6.143) 式の $F_{n,l}(\rho)$ は $\rho \to \infty$ において $F_{n,l}(\rho) \sim \exp(2\alpha\rho)$ のように発散し，波動関数の束縛条件を満たさない．よって，波動関数が束縛条件を満たすためには，$F_{n,l}(\rho)$ は無限級数ではなく，有限項からなる多項式でなければならない．

$F_{n,l}(\rho)$ が有限項の多項式であるためには，展開係数 C_k が，k がある値より大きいときに，すべてゼロになればよい．もし $1/\alpha = n$ (n は自然数) であれば，C_k は

$$k = n - l \equiv n_r + 1 \qquad (n_r = 0, 1, 2, \cdots) \qquad (6.148)$$

のときゼロとなり，(6.145) 式より $C_{n_r+1} = C_{n_r+2} = \cdots = 0$ となる．こうして，束縛条件を満足する $F_{n,l}(\rho)$ は

6.5 水素原子

$$F_{n,l}(\rho) = \sum_{k=0}^{n_r} C_k \rho^k \tag{6.149}$$

の有限級数である．ここで，$n_r(=0, 1, 2, \cdots)$ を**動径量子数**（radial quantum number）とよび，動径波動関数の節の数と一致する．一方，$n(=1, 2, \cdots)$ は**主量子数**とよばれる．n_r と n のいずれも水素原子の動径波動関数を指定する量子数であるが，原子分子物理学や物性物理学などでは，慣例として，主量子数 n を水素原子の量子数として用いることが多い．

また，無次元化されたエネルギー α^2 は，(6.139) 式より $\alpha^2/2 = B_{n,l}/\varepsilon$ と与えられ，α が軌道量子数 l に依存せず主量子数 n にのみ依存することから，結合エネルギー $B_{n,l}$ は l に依存しないことがわかる．したがって，これ以後，結合エネルギー $B_{n,l}$ を B_n と書く．こうして，水素原子に束縛された電子のエネルギー E_n は

$$E_n = -B_n = -\frac{me^4}{32\pi^2\varepsilon_0^2\hbar^2}\frac{1}{n^2} = -\frac{me^4}{8\varepsilon_0^2 h^2}\frac{1}{n^2} \quad (n=1, 2, \cdots) \tag{6.150}$$

となる．これは，第 2 章においてボーアの量子化条件を用いて導いた (2.26) 式と完全に一致する．すなわち，量子力学の基本方程式であるシュレーディンガー方程式から（ボーアの量子化条件に頼ることなく）水素原子のエネルギースペクトルを説明することができたわけである．また，第 2 章と同様にして，(6.150) 式から (2.29) 式のリュードベリの公式（水素原子の輝線スペクトルの公式）を導くことができる．

例題 6.2 ─ 水素原子の縮退度

主量子数 n で指定されるエネルギー固有値 E_n に属する状態の数（縮退度）を求めよ．

［解］ (6.148) 式より，ある主量子数 n に対して，軌道量子数は $l = 0, 1, 2, \cdots, n-1$ の値をとる．また，軌道量子数が l のとき，磁気量子数 m のとり得る値

は $2l+1$ 個である．したがって，主量子数 n で指定される E_n に縮退している状態の数を N_n とすると

$$N_n = \sum_{k=1}^{n}(2k-1) = n^2 \qquad (6.151)$$

である．

6.5.2 水素原子の軌道とその特徴

束縛条件を満足する動径波動関数 $u_{n,l}(\rho)$ の有限級数部分 $F_{n,l}(\rho)$ は，(6.142) 式と $1/\alpha = n\ (= 1, 2, \cdots)$ より

$$\rho\frac{d^2F_{n,l}}{d\rho^2} + 2\left(l+1-\frac{\rho}{n}\right)\frac{dF_{n,l}}{d\rho} + 2\left(1-\frac{l+1}{n}\right)F_{n,l} = 0 \quad (6.152)$$

を満足する．いま，新しい変数

$$z = \frac{2\rho}{n}, \qquad p = 2l+1, \qquad q = n+l \qquad (6.153)$$

を導入し，$F_{n,l}(\rho) \to L_q^p(z)$ とおくと，(6.152) 式は

$$z\frac{d^2L_n^m(z)}{dz^2} + (m+1-z)\frac{dL_n^m(z)}{dz} + (n-m)L_n^m(z) = 0$$

$$(6.154)$$

と書き換えられる．この微分方程式はラゲールの陪微分方程式 (associated Laguerre differential equation) とよばれ，**ラゲールの陪多項式** (associated Laguerre polynomials)

$$L_n^m(z) = \frac{d^m}{dz^m}\left(e^z\frac{d^n}{dz^n}(z^n e^{-z})\right) \qquad (\text{ロドリゲスの公式}) \quad (6.155)$$

を解にもつことが量子力学の誕生以前から知られている（章末問題[6.9]）．

したがって，(6.152) 式の解は

$$F_{n,l}(\rho) \propto L_{n+l}^{2l+1}\left(\frac{2\rho}{n}\right) \qquad (6.156)$$

6.5 水素原子

のようにラゲールの陪多項式に比例する．こうして，水素原子の動径波動関数は (6.141) 式より

$$u_{n,l}(\rho) = N_{n,l}\rho^{l+1}e^{-\frac{\rho}{n}}L_{n+l}^{2l+1}\left(\frac{2\rho}{n}\right) \quad (6.157)$$

となる．ここで，$N_{n,l}$ は規格化定数であり，$u_{n,l}(r)$ に対する規格化条件 (6.135) 式より決定される．

結局，規格化された動径波動関数 $R_{n,l}(r)$ は

$$R_{n,l}(r) = \frac{u_{n,l}(r)}{r} = \frac{u_{n,l}(\rho)}{a\rho}$$

$$= -\sqrt{\left(\frac{2}{na}\right)^3 \frac{(n-l-1)!}{2n\{(n+l)!\}^3}}\left(\frac{2\rho}{n}\right)^l e^{-\frac{\rho}{n}} L_{n+l}^{2l+1}\left(\frac{2\rho}{n}\right)$$

$$= -\sqrt{\left(\frac{2}{na}\right)^3 \frac{(n-l-1)!}{2n\{(n+l)!\}^3}}\left(\frac{2r}{na}\right)^l e^{-\frac{r}{na}} L_{n+l}^{2l+1}\left(\frac{2r}{na}\right) \quad (6.158)$$

となる（章末問題[6.9]）．したがって，規格化された水素原子の波動関数は

$$\Psi_{n,l,m}(r,\theta,\phi) = R_{n,l}(r)\,Y_{l,m}(\theta,\phi)$$

$$= -\sqrt{\left(\frac{2}{na}\right)^3 \frac{(n-l-1)!}{2n\{(n+l)!\}^3}}\left(\frac{2r}{na}\right)^l e^{-\frac{r}{na}} L_{n+l}^{2l+1}\left(\frac{2r}{na}\right) Y_{l,m}(\theta,\phi)$$
$$(6.159)$$

となる．

（1） 原子分光学的な軌道の名称

原子分光学の分野では，軌道量子数 $l = 0, 1, 2, 3, \cdots$ で指定される状態をそれぞれ **s** 軌道 ($l=0$)，**p** 軌道 ($l=1$)，**d** 軌道 ($l=2$)，**f** 軌道 ($l=3$)，$\cdots$ とよぶ．また，主量子数 n と軌道量子数 $l = 1, 2, 3, \cdots$ で指定される状態をそれぞれ，ns 軌道，np 軌道，nd 軌道，nf 軌道，$\cdots$ とよぶ．本書でも，この名称を用いる．

（2） 動径波動関数の具体的な表現

$n = 1, 2, 3$ の場合の動径波動関数の具体的な表現を以下に記す．

1s 軌道： $R_{1,0}(r) = 2\left(\dfrac{1}{a}\right)^{\frac{3}{2}} e^{-\frac{r}{a}}$ (6.160)

2s 軌道： $R_{2,0}(r) = \left(\dfrac{1}{2a}\right)^{\frac{3}{2}} \left(2 - \dfrac{r}{a}\right) e^{-\frac{r}{2a}}$ (6.161)

2p 軌道： $R_{2,1}(r) = \dfrac{1}{\sqrt{3}} \left(\dfrac{1}{2a}\right)^{\frac{3}{2}} \left(\dfrac{r}{a}\right) e^{-\frac{r}{2a}}$ (6.162)

3s 軌道： $R_{3,0}(r) = \dfrac{2}{\sqrt{3}} \left(\dfrac{1}{3a}\right)^{\frac{3}{2}} \left(3 - \dfrac{2r}{a} + \dfrac{2r^2}{9a^2}\right) e^{-\frac{r}{3a}}$ (6.163)

3p 軌道： $R_{3,1}(r) = \dfrac{2\sqrt{2}}{\sqrt{9}} \left(\dfrac{1}{3a}\right)^{\frac{3}{2}} \left(\dfrac{2r}{a} - \dfrac{r^2}{3a^2}\right) e^{-\frac{r}{3a}}$ (6.164)

3d 軌道： $R_{3,2}(r) = \dfrac{4}{27\sqrt{10}} \left(\dfrac{1}{3a}\right)^{\frac{3}{2}} \left(\dfrac{r^2}{a^2}\right) e^{-\frac{r}{3a}}$ (6.165)

動径波動関数に現れる因子 $e^{-\frac{r}{na}}$ からわかるように，主量子数 n が大きくなるに連れて，電子密度が外側に広がる．ここで $a = 4\pi\varepsilon_0\hbar^2/me^2 \sim 0.53$ Å はボーア半径である．

（3） 軌道確率密度

水素原子の中の束縛状態 $\Psi_{n,l,m}(r, \theta, \phi) = R_{n,l}(r) Y_{l,m}(\theta, \phi)$ において，電子

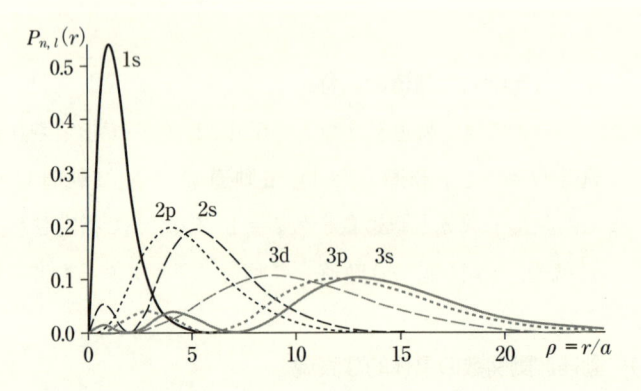

図 6.5　水素原子の軌道確率密度 $P_{n,l}(r) = |u_{n,l}(r)|^2$

が動径距離 r と $r+dr$ の2つの球面で挟まれた厚さ dr の薄い球殻内に存在する確率を $P_{n,l}(r)\,dr$ とするとき，軌道確率密度 $P_{n,l}(r)$ は $P_{n,l}(r)=|u_{n,l}(r)|^2$ で与えられる．図6.5に $n=1,2,3$ の場合の軌道確率密度 $P_{n,l}(r)$ を示す．

例題 6.3 ボーア半径

水素原子の基底状態 $(n=1,\,l=0)$ において，電子の存在確率 $P_{1,0}(r)$ が最大となる動径距離 $r_{\max}$ を求めよ．

[解] 基底状態の軌道確率密度は $P_{1,0}(r)=(4r^2/a^3)\,e^{-\frac{2r}{a}}$ であるから，

$$\frac{dP_{1,0}(r)}{dr}=\frac{d}{dr}\left(\frac{4r^2}{a^3}e^{-\frac{2r}{a}}\right)=\frac{8}{a^3}\left(r-\frac{r^2}{a}\right)e^{-\frac{2r}{a}}=0 \tag{6.166}$$

となる．したがって，$r_{\max}=a\sim 0.53\text{Å}$（ボーア半径）で $P_{1,0}$ が最大となる．

以下に，水素原子のエネルギー固有値と波動関数についてまとめる．

水素原子のエネルギー固有値

水素原子のエネルギー固有値 E_n は

$$E_n=-\frac{me^4}{8\varepsilon_0^2 h^2}\frac{1}{n^2} \tag{6.167}$$

である．ここで，$n=1,2,\cdots$ は主量子数とよばれる．

水素原子の波動関数

主量子数 n，軌道量子数 l，磁気量子数 m で指定される水素原子の動径波動関数 $R_{n,l}(r)$ は

$$R_{n,l}(r)=-\sqrt{\left(\frac{2}{na}\right)^3\frac{(n-l-1)!}{2n\{(n+l)!\}^3}}\left(\frac{2r}{na}\right)^l e^{-\frac{r}{na}}L_{n+l}^{2l+1}\left(\frac{2r}{na}\right) \tag{6.168}$$

で与えられる．ここで，$a=4\pi\varepsilon_0\hbar^2/me^2\sim 0.53\text{Å}$ はボーア半径，$L_n^m(z)$ はラゲールの陪多項式である．

章末問題

[**6.1**] (6.6) 式と (6.7) 式の交換関係を示せ.

[**6.2**] (6.18)〜(6.20) 式を示せ.

[**6.3**] (6.27)〜(6.29) 式を示せ.

[**6.4**] $\hat{\boldsymbol{p}}$ を運動量演算子, $\boldsymbol{e}_r = \boldsymbol{r}/r$ を動径方向の単位ベクトルとするとき, $\hat{p}_r = \boldsymbol{e}_r \cdot \hat{\boldsymbol{p}} = -i\hbar(\partial/\partial r)$ と定義される演算子がエルミート演算子でないことを確かめよ. また, エルミート化の手続きを施した $\hat{p}_r = (\boldsymbol{e}_r \cdot \hat{\boldsymbol{p}} + \hat{\boldsymbol{p}} \cdot \boldsymbol{e}_r)/2$ が, (6.36) 式の動径方向の運動量演算子で与えられることを示せ (エルミート化については第 4 章の例題 4.5 を参照).

[**6.5**] (6.71) 式を示せ.

[**6.6**] (6.74) 式を示せ.

[**6.7**] ルジャンドル多項式 $P_l(\xi)$ は, 母関数 $(1 - 2\xi t - t^2)^{-1/2}$ を用いて

$$(1 - 2\xi t - t^2)^{-\frac{1}{2}} = \sum_{l=0}^{\infty} P_l(\xi) t^l \qquad (6.169)$$

と定義される. $P_l(\xi)$ に関する以下の小問に答えよ.

(1) $P_l(\xi)$ が, 次の 2 つの漸化式を満足することを示せ.

$$(l+1)P_{l+1}(\xi) - (2l+1)\xi P_l(\xi) + lP_{l-1}(\xi) = 0 \quad (l > 0) \quad (6.170)$$

$$\frac{dP_{l+1}(\xi)}{d\xi} - 2\xi \frac{dP_l(\xi)}{d\xi} + \frac{dP_{l-1}(\xi)}{d\xi} = P_l(\xi) \quad (l > 0) \quad (6.171)$$

(2) (1) の結果を利用して, $P_l(\xi)$ が満足する次の微分方程式 (ルジャンドルの陪微分方程式) を導け.

$$(1-\xi^2)\frac{d^2P_l(\xi)}{d\xi^2} - 2\xi\frac{dP_l(\xi)}{d\xi} + l(l+1)P_l(\xi) = 0 \quad (l \geq 0) \quad (6.172)$$

(3) m を $-l \leq m \leq l$ を満たす整数として, (6.172) 式を $|m|$ 回微分することによって

$$(1-\xi^2)\frac{d^{|m|+2}P_l(\xi)}{d\xi^{|m|+2}} - 2(|m|+1)\xi\frac{d^{|m|+1}P_l(\xi)}{d\xi^{|m|+1}}$$
$$+ (l-|m|)(l+|m|+1)\frac{d^{|m|}P_l(\xi)}{d\xi^{|m|}} = 0 \quad (6.173)$$

を導け.さらに,$P_l^m(\xi)$ を

$$P_l^m(\xi) = (1-\xi^2)^{\frac{|m|}{2}}\frac{d^{|m|}P_l(\xi)}{d\xi^{|m|}} \quad (6.174)$$

と定義すると((6.97)式と(6.99)式を参照),$P_l^m(\xi)$ が (6.96) 式のルジャンドルの陪微分方程式を満たすことを示せ.

[**6.8**] 中心力ポテンシャル $V(r)$ が r^2 よりも弱い特異性をもつとき,原点近傍 ($r \sim 0$) での動径波動関数 $u_{n,l}(r)$ の振る舞いに関する以下の問いに答えよ.

(1) $l \neq 0$ の場合,原点近傍で $u_{n,l}(r)$ が満足する方程式は,(6.126) 式により

$$\frac{d^2 u_{n,l}(r)}{dr^2} + \frac{l(l+1)}{r^2}u_{n,l}(r) = 0 \quad (6.175)$$

となる.(6.175) 式の 2 つの独立な解が,(6.134) 式と (6.135) 式であることを示せ.

(2) $l = 0$ の場合でも,$u_{n,l}(r)$ が (6.133) 式の境界条件を満足することを示せ.

[**6.9**] ラゲール多項式 $L_n(z)$ は,母関数 $\exp\left(\dfrac{-zt}{1-t}\right)/(1-t)$ を用いて

$$\frac{\exp\left(\dfrac{-zt}{1-t}\right)}{1-t} = \sum_{n=0}^{\infty}\frac{L_n(z)}{n!}t^n \quad (6.176)$$

と定義される.$L_n(z)$ に関する以下の小問に答えよ.

(1) (6.176) 式を用いて,$L_n(z)$ が

$$L_n(z) = \sum_{m=0}^{n}\frac{(-1)^m (n!)^2}{(m!)^2(n-m)!}z^m \quad (6.177)$$

で与えられることを示せ.また,$L_n(z)$ に対するロドリゲスの公式

$$L_n(z) = e^z \frac{d^n}{dz^n}(z^n e^{-z}) \quad (6.178)$$

を用いて，(6.177) 式を導け．

（2） $L_n(z)$ が次の 2 つの漸化式を満足することを示せ．

$$\frac{dL_n(z)}{dz} - n\frac{dL_{n-1}(z)}{dz} + nL_{n-1}(z) = 0 \quad (n > 0) \tag{6.179}$$

$$L_{n+1}(z) = (2n+1-z)L_n(z) - n^2 L_{n-1}(z) \quad (n > 0) \tag{6.180}$$

（3） （2）の結果を利用して，$L_n(z)$ が満足する次の微分方程式を導け．

$$z\frac{d^2 L_n(z)}{dz^2} + (1-z)\frac{dL_n(z)}{dz} + nL_n(z) = 0 \quad (n \geq 0) \tag{6.181}$$

（4） (6.181) 式を m 回微分することによって

$$z\frac{d^{m+2} L_n(z)}{dz^{m+2}} + (m+1-z)\frac{d^{m+1} L_n(z)}{dz^{m+1}} + (n-m)\frac{d^m L_n(z)}{dz^m} = 0 \tag{6.182}$$

を導け．さらに，$L_n^m(z) = d^m L_n(z)/dz^m$ と定義すると，$L_n^m(z)$ が (6.154) 式のラゲールの陪微分方程式を満たすことを示せ．

[**6.10**] ラゲールの陪多項式 $L_n^m(z)$ に対する直交関係式

$$\int_0^\infty e^{-z} z^{m+1} \{L_n^m(z)\}^2 dz = \frac{(2n-m+1)(n!)^3}{(n-m)!} \tag{6.183}$$

を用いて，(6.158) 式の規格化された動径波動関数 $R_{n,l}(r)$ を求めよ．

[**6.11**] 水素原子の基底エネルギー E_1 とボーア半径 a_B を，不確定性関係を用いて概算せよ．

Tea Time

シュレーディンガー描像とハイゼンベルク描像

本章の 6.1.1 項で「角運動量保存の法則」を導く際に，角運動量演算子 $\widehat{\boldsymbol{L}}$ の期待値 $\langle \widehat{\boldsymbol{L}} \rangle_t$ の時間発展 $d\langle \widehat{\boldsymbol{L}} \rangle_t/dt$ を計算した．その際，角運動量演算子 $\widehat{\boldsymbol{L}}$ は時間に依存せず，期待値 $\langle \widehat{\boldsymbol{L}} \rangle_t$ の時間発展は波動関数 $\Psi(\boldsymbol{r}, t)$ の時間発展に起因すると考えた．同様の考え方は，第 4 章の 4.1.1 項で，エーレンフェストの定理を導出する際にも用いた．このように「物理量の観測値（期待値）の時間発展は，波動関数 $\Psi(\boldsymbol{r}, t)$ の時間発展を起因として生じる」という見方を**シュレーディンガー描像** (Schrödinger's picture) という．

シュレーディンガー描像に従えば，時間に依存するシュレーディンガー方程式の解は，形式的に

$$\Psi(\boldsymbol{r}, t) = \exp\left(-\frac{i\widehat{H}t}{\hbar}\right) \Psi_0(\boldsymbol{r}) \tag{6.184}$$

で与えられる．ここで，$\Psi_0(\boldsymbol{r}) \equiv \Psi(\boldsymbol{r}, t=0)$ は時刻 $t=0$ での波動関数である．これを用いて，ある物理量を表す演算子 $\widehat{A}$ の期待値を書くと

$$\begin{aligned}\langle \widehat{A} \rangle_t &= \int_v \Psi^*(\boldsymbol{r}, t) \widehat{A} \Psi(\boldsymbol{r}, t) \, dv \\ &= \int_v \Psi_0^*(\boldsymbol{r}) \exp\left(\frac{i\widehat{H}t}{\hbar}\right) \widehat{A} \exp\left(-\frac{i\widehat{H}t}{\hbar}\right) \Psi_0(\boldsymbol{r}) \, dv\end{aligned} \tag{6.185}$$

となる．ただし，初期の波動関数 $\Psi_0(\boldsymbol{r})$ は規格化されているとした．そうすると，(6.184) 式からわかるように，任意の時刻 t での波動関数 $\Psi(\boldsymbol{r}, t)$ も規格化される．

さて次に，シュレーディンガー描像とは別の見方を紹介しよう．まず，

$$\widehat{A}_\mathrm{H}(t) \equiv \exp\left(\frac{i\widehat{H}t}{\hbar}\right) \widehat{A} \exp\left(-\frac{i\widehat{H}t}{\hbar}\right) \tag{6.186}$$

を導入する．これを用いて，(6.185) 式の期待値を書き直すと

$$\langle \widehat{A} \rangle_t = \int_v \Psi_0^*(\boldsymbol{r}) \, \widehat{A}_\mathrm{H}(t) \, \Psi_0(\boldsymbol{r}) \, dv \tag{6.187}$$

となる．この式は，「物理量の観測値（期待値）$\langle \widehat{A} \rangle_t$ の時間発展は，演算子 $\widehat{A}_\mathrm{H}(t)$ の時間発展を起因として生じる」ことを表しており，シュレーディンガー描像とは異なった見方である．この見方を**ハイゼンベルク描像** (Heisenberg's picture) といい，(6.186) 式で定義される時間に依存する演算子を**ハイゼンベルク演算子**という．

ハイゼンベルク描像では，物理量 $\widehat{A}_\mathrm{H}(t)$ の時間発展は，(6.186) 式から

$$\frac{d\widehat{A}_\mathrm{H}(t)}{dt} = \frac{i}{\hbar}[\widehat{H}, \widehat{A}_\mathrm{H}(t)] \tag{6.188}$$

で与えられる．(6.188) 式は**ハイゼンベルクの運動方程式**（Heisenberg's equation）とよばれ，シュレーディンガー方程式と同様，量子力学の基本方程式である．ハイゼンベルク描像では，$\widehat{A}_\mathrm{H}(t)$ が $\widehat{H}$ と交換する場合，すなわち

$$[\widehat{H}, \widehat{A}_\mathrm{H}(t)] = 0 \tag{6.189}$$

のとき，$\widehat{A}_\mathrm{H}(t)$ が時間に依存せず一定となる．したがって，ハイゼンベルク描像での「角運動量保存の法則」は，$[\widehat{H}, \widehat{L}_\mathrm{H}(t)] = 0$ で表される．

　また，シュレーディンガー方程式は波動関数 $\Psi(\boldsymbol{r}, t)$ に対する時間発展方程式であったのに対して，ハイゼンベルクの運動方程式は物理演算子 $\widehat{A}_\mathrm{H}(t)$ に対する方程式である．そのため，ハイゼンベルク描像での量子力学は，物理量そのものが時間発展する古典力学との対応関係が明瞭であり，古典力学（正確には，ハミルトン形式の力学）を習得している者にとっては受け入れやすい形式をしている．この対応関係に興味のある読者は，是非ともハミルトン形式の力学を勉強されるとよい．

7 原子の電子状態
～ 同種粒子系の量子力学 ～

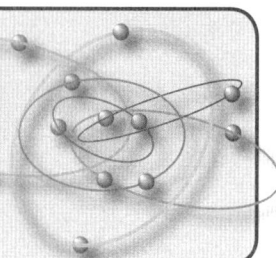

　この章では，2個以上の電子をもつ原子の電子状態を求める理論について述べる．前章で1個の電子をもつ水素原子の電子状態について述べたが，多数の電子をもつ原子の場合には，電子間のクーロン相互作用のために，電子状態を正確に求めることは難しい．したがって，近似的に求めることになるが，まず近似方法を考える際に，どのように「問題を定式化するか」についての基本的な考え方を述べることにする．前章でも簡単に触れたが，特に古典物理学では対応するものがない電子のスピンについて，この章で詳しく述べる．その後で，電子間相互作用を取り扱う近似法について述べ，最後に，原子の電子状態の特徴である電子配置により元素の周期律が説明できることを述べる．

7.1　問題の定式化 (1)：配位空間での記述の仕方

　N 個の電子をもつ原子では，電子は $+Ne$ の電荷をもつ原子核の周りを回っている．前章の水素原子の電子状態を求める際に述べたように，原子核は電子に比べて質量が何千倍も大きいので，本章でも原子核は静止していると考えて，電子状態を与えるシュレーディンガー方程式を導く．

　量子力学では，N 個の電子系のように，たくさんの粒子からなる系を**多体系**とよび，多体系の状態を記述するために，**配位空間** (configuration space) とよばれる $3N$ 次元の空間を考える．

> **配位空間 (3N次元) での多電子系状態の表し方**
>
> 3次元空間で座標 (x_k, y_k, z_k) $(k=1, 2, \cdots, N)$ をもつ N 個の電子は，この $3N$ 次元の配位空間では座標 $(x_1, y_1, z_1, x_2, y_2, z_2, \cdots, x_N, y_N, z_N)$ をもつ1個の粒子として記述される．したがって，原子を構成する N 個の電子の座標を $r_1(x_1, y_1, z_1)$, $r_2(x_2, y_2, z_2)$, $\cdots$, $r_N(x_N, y_N, z_N)$ とするとき，原子の状態は，配位空間の1座標 (**配位点**とよぶ) の関数として定義される波動関数
>
> $$\Psi(r_1(x_1, y_1, z_1), r_2(x_2, y_2, z_2), \cdots, r_N(x_N, y_N, z_N))$$
>
> で表される．

配位空間内における無限小の体積を

$$dV = dv_1 dv_2 \cdots dv_N$$

とするとき，

$$|\Psi(r_1(x_1, y_1, z_1), r_2(x_2, y_2, z_2), \cdots, r_N(x_N, y_N, z_N))|^2 dv_1 dv_2 \cdots dv_N$$

は，配位空間の体積要素 dV の中で，原子の第1の電子が r_1 の付近の dv_1 内に，第2の電子が r_2 の付近の dv_2 内に，$\cdots$，第 N の電子が r_N 付近の dv_N 内に見出される確率を表す．

次に，N 個の電子をもつ原子のエネルギーを表すハミルトニアンを古典物理学からの類推で考え，第2章の図 2.7(c) にあるラザフォードの原子模型の図で，再び原子核と電子の配置の様子を見てみよう．

図 7.1 のように，中心の $+Ne$ の電荷をもつ原子核を座標の原点にとると，原子核から r_i に位置する電子は，原子核からの静電引力による

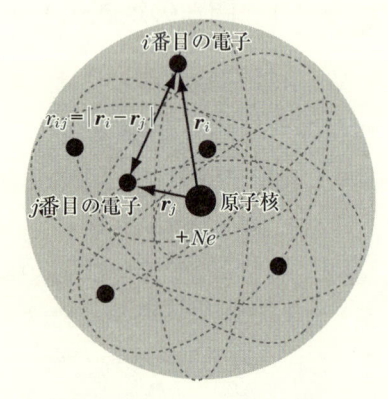

図 7.1 N 個の電子をもつ原子の系の模式図

ポテンシャルエネルギー $u(|\mathbf{r}_i|)$ をもつ．また，他の電子からはクーロン斥力の相互作用を受けるので，例えば $\mathbf{r}_j$ の電子からの相互作用エネルギーは $e^2/4\pi\varepsilon_0 r_{ij}$ の形に表される．ここで $r_{ij} = |\mathbf{r}_i - \mathbf{r}_j|$ である．また，ここでは MKSA 単位系を採用したために，$4\pi\varepsilon_0$ の因子が現れる．ここで ε_0 は，真空の誘電率である．CGS 単位系の場合には，$4\pi\varepsilon_0 \to 1$ とすればよい．

以上のことから，N 個の電子をもつ原子に対するエネルギーを表すハミルトニアン $\hat{H}$ は，

$$\hat{H} = \sum_{i=1}^{N}\left(-\frac{\hbar^2}{2m}\Delta_i - \frac{Ne^2}{4\pi\varepsilon_0 r_i}\right) + \sum_{i>j}\frac{e^2}{4\pi\varepsilon_0 r_{ij}} \tag{7.1}$$

で与えられる．第1項は各**電子の運動エネルギー**，第2項は**原子核と電子の間のクーロン引力ポテンシャル**をすべての電子について加えたもの，第3項は**電子間のクーロン斥力ポテンシャル**を表す．シグマ ($\sum$) は，電子間のすべての対について和をとることを意味するが，(7.1) 式第3項の (i, j) 対についての和を2重に数えないように，和に $i > j$ の制限を付けてある．

原子の定常状態を表す波動関数 $\Psi(\mathbf{r}_1(x_1, y_1, z_1), \mathbf{r}_2(x_2, y_2, z_2), \cdots, \mathbf{r}_N(x_N, y_N, z_N))$ は，シュレーディンガー方程式

$$\hat{H}\Psi = E\Psi \tag{7.2}$$

を満足する．E は，時間に依存しない原子の定常状態のエネルギーである．

● 7.2 問題の定式化 (2)：スピンの導入 ●

電子は，その位置に関する3つの自由度の他に，電子自身の固有の角運動量と関連して，**スピン** (spin) とよばれる第4の自由度をもつことが実験から示唆された．したがって，電子の状態を記述するには，軌道運動を表す x, y, z などの変数 (位置座標) の他に，**スピン座標** (本書では σ と記す) を導入することが必要となる．この節では，スピンについて述べることにしよう．

7.2.1 シュテルン-ゲルラッハの実験

この項では，シュテルン (Otto Stern) とゲルラッハ (Walther Gerlach) が電子のスピンを発見した実験について述べる．

1922年，シュテルンとゲルラッハは，図7.2に示すように，炉の中で熱して蒸発させた銀粒子をビームとして不均一な磁場の中を通過させた．**不均一な磁場**を発生させるために考案された装置は，図7.3 (a) に示したビームに垂直な断面図に見るように，上方のN極をくさび型に，下側のS極を平らにしたものである（S極の中央からN極を結んだ線を z 軸にとる）．紙面内の

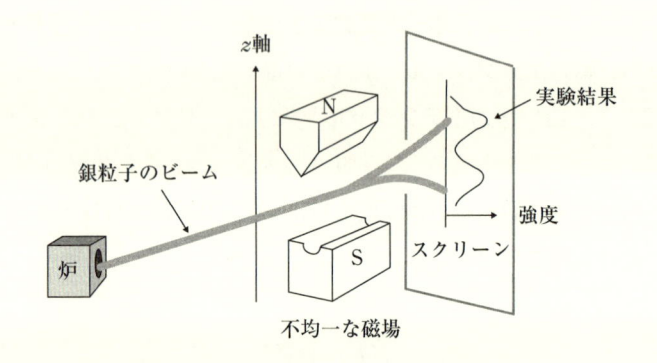

図 7.2 シュテルン-ゲルラッハの実験の全体図

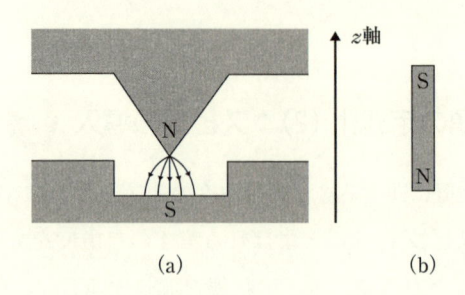

図 7.3 (a) 図7.2における不均一な磁場の断面図（ビームに垂直な面）
(b) 磁気モーメントの模式図

z軸に垂直に銀粒子のビームが不均一な磁場の中を通過したところ，1つの銀粒子群は上向きに力を受けてN極側に，もう1つの銀粒子群は下向きに力を受けてS極側に押しやられた．その結果，不均一な磁場を通過したビームは，図7.2のように2つに分かれて観測された．

この現象は，電子が単純な荷電粒子ではなく，図7.3 (b) に示す小磁石のような磁気双極子による磁気モーメントをもっているとすれば説明できる．電子の磁気モーメントの向きが図のように下向きの場合 (z軸の負の方向)，くさび型のN極付近では平らなS極付近より磁場が強いので，磁気モーメントのS極 (図7.3 (b)) が装置のN極との強い引力で上へ引き上げられる力の方が，磁気モーメントのN極の受ける下向きの力よりも大きくなり，磁気モーメントは上向きの力 (z軸の正の方向) を受ける．他方，磁気モーメントの方向がz軸の正の方向を向いている場合には (小磁石のN極が上向きの場合)，磁気モーメントは下向きの力を受ける．

古典物理学では磁気双極子の向きは連続的であるので，シュテルン－ゲルラッハの装置を通り抜けた原子の方向は連続的であるはずなのに，実験結果が上下2つの向きだけに分かれたということは，磁気モーメントのz成分が正負の2つの向きだけをとると考えれば説明できる．

7.2.2 電子固有のスピン角運動量

シュテルン－ゲルラッハの実験は，銀 (Ag) 原子の他，水素 (H) やナトリウム (Na) 原子を用いても行なわれ，いずれの場合も磁気モーメントが2つの向きをもち，それぞれの磁気モーメントのz成分 (装置の磁場方向) が

$$\mu_z = \pm \mu_0 \mu_B \tag{7.3}$$

であることが確かめられた．μ_0は**真空の透磁率**である．また，μ_Bは**ボーア磁子** (Bohr magneton) とよばれ，

$$\mu_B = \frac{e\hbar}{2m} = 9.274009 \times 10^{-24} \, \text{J} \cdot \text{T}^{-1} \tag{7.4}$$

である.

　以上で述べたシュテルン-ゲルラッハの実験から明らかなように,電子の磁気モーメントは,第6章で述べた電子の軌道運動にともなう軌道角運動量に起因するものではなく,電子に固有のものである.すなわち,電子は固有の**スピン角運動量** (spin angular momentum) $\hat{s}$ をもち,それにともなって生じる磁気モーメント

$$\hat{\boldsymbol{\mu}} = -g\mu_0 \frac{e}{2m} \hat{\boldsymbol{s}} \tag{7.5}$$

をもつ.電子の場合,スピン磁気モーメントとスピン角運動量のベクトルが逆向きになっているのは,電子の電荷が負 ($-e$) であることによる.比例係数の g は,**磁気回転比**あるいはランデの **g 因子**とよばれる.また,スピン角運動量は量子化されて,z 成分は2つの値だけをとると考えられる.

● 7.3　スピン角運動量 ●

　前節で述べたように,電子固有のスピンは,電子の運動には関係のない内部自由度であるので,その演算子は,座標や運動量を用いて表すことはできない.(7.5)式で定義された $\hat{s}$ は角運動量であり,この節でスピン角運動量 $\hat{s}$ の特筆すべき性質について述べることにする.

　$\hat{s}$ の3つの成分,$\hat{s}_x$, $\hat{s}_y$, $\hat{s}_z$ のスピン角運動量演算子は,すでに第6章で述べたように,次の交換関係を満たす.

$$[\hat{s}_y, \hat{s}_z] \equiv \hat{s}_y\hat{s}_z - \hat{s}_z\hat{s}_y = i\hbar\hat{s}_x \tag{7.6a}$$

$$[\hat{s}_z, \hat{s}_x] \equiv \hat{s}_z\hat{s}_x - \hat{s}_x\hat{s}_z = i\hbar\hat{s}_y \tag{7.6b}$$

$$[\hat{s}_x, \hat{s}_y] \equiv \hat{s}_x\hat{s}_y - \hat{s}_y\hat{s}_x = i\hbar\hat{s}_z \tag{7.6c}$$

　スピンの概念は,今日,スピントロニクスの分野における研究を通じて様々

7.3 スピン角運動量

なデバイスにも応用されており、大変重要なものである。そのため 6.2 節で一般角運動量 $\hat{j}$ の数学的表現を用いて説明したが (6.2.4 項では $j = 1/2$ でスピンを表している)、この節ではスピンの物理的概念を念頭に復習を兼ねて詳しく述べることにする.

スピン 2 乗演算子は

$$\hat{s}^2 = \hat{s}_x^2 + \hat{s}_y^2 + \hat{s}_z^2 \tag{7.7}$$

と定義され、スピン演算子とスピン 2 乗演算子は可換である。すなわち、

$$[\hat{s}^2, \hat{s}_x] = [\hat{s}^2, \hat{s}_y] = [\hat{s}^2, \hat{s}_z] = 0 \tag{7.8}$$

となる。このことから、$\hat{s}^2$ の固有関数を同時にスピン演算子の 1 つ、例えば $\hat{s}_z$ の固有関数にも選ぶことができる。また、スピン演算子の期待値が実数であるためには、スピン角運動量演算子はエルミート演算子でなければならない。すなわち、

$$\hat{s} = \hat{s}^\dagger \tag{7.9}$$

が成り立たなければならない.

例題 7.1 ― **スピン角運動量の種々の交換関係**

交換関係 (7.6) 式を用いて (7.8) 式を証明せよ.

[解] 例えば、$[\hat{s}^2, \hat{s}_x] = 0$ を計算してみよう.

$$[\hat{s}^2, \hat{s}_x] = [\hat{s}_x^2 + \hat{s}_y^2 + \hat{s}_z^2, \hat{s}_x] = [\hat{s}_x^2, \hat{s}_x] + [\hat{s}_y^2, \hat{s}_x] + [\hat{s}_z^2, \hat{s}_x]$$
$$= 0 + (\hat{s}_y^2 \hat{s}_x - \hat{s}_x \hat{s}_y^2) + (\hat{s}_z^2 \hat{s}_x - \hat{s}_x \hat{s}_z^2) \tag{7.10}$$

(7.10) 式右辺の第 2 項は、$\hat{s}_y^2 \hat{s}_x = \hat{s}_y(\hat{s}_y \hat{s}_x)$ とし、$\hat{s}_y \hat{s}_x$ に対して交換関係 (7.6 a) を用いると、

$$\hat{s}_y^2 \hat{s}_x - \hat{s}_x \hat{s}_y^2 = \hat{s}_y(\hat{s}_y \hat{s}_x) - \hat{s}_x \hat{s}_y^2 = \hat{s}_y(-i\hbar \hat{s}_z + \hat{s}_x \hat{s}_y) - \hat{s}_x \hat{s}_y^2$$
$$= -i\hbar \hat{s}_y \hat{s}_z + (\hat{s}_y \hat{s}_x)\hat{s}_y - \hat{s}_x \hat{s}_y^2 = -i\hbar \hat{s}_y \hat{s}_z + (-i\hbar \hat{s}_z + \hat{s}_x \hat{s}_y)\hat{s}_y - \hat{s}_x \hat{s}_y^2$$
$$= -i\hbar(\hat{s}_y \hat{s}_z + \hat{s}_z \hat{s}_y) \tag{7.11}$$

また、(7.10) 式右辺の第 3 項も同様の計算を行なって

$$\hat{s}_z^2 \hat{s}_x - \hat{s}_x \hat{s}_z^2 = \hat{s}_z(\hat{s}_z \hat{s}_x) - \hat{s}_x \hat{s}_z^2 = +i\hbar(\hat{s}_z \hat{s}_y + \hat{s}_y \hat{s}_z) \tag{7.12}$$

と変形できる。(7.11) 式と (7.12) 式を加えればゼロになるので、(7.10) 式の左辺

の $[\hat{\boldsymbol{s}}^2, \hat{s}_x] = 0$ になることが確かめられた.

さて,軌道角運動量との類推から,$\hat{\boldsymbol{s}}^2$ の固有値は $s(s+1)\hbar^2$,$\hat{s}_z$ の固有値は $s\hbar, \cdots, -s\hbar$ の $2s+1$ 個が存在することになる.シュテルン - ゲルラッハの実験結果から,$\hat{s}_z$ の固有値は 2 個存在することが示されたので,

$$2s + 1 = 2 \tag{7.13}$$

となる.すなわち,s は $1/2$ となる.したがって,$\hat{\boldsymbol{s}}^2$ の固有値 $s(s+1)\hbar^2$ は $3\hbar^2/4$ である.なお,$\hat{s}_z$ の固有値は $\hbar/2$,または $-\hbar/2$ のどちらか一方をとることができる.

また,第 6 章で軌道角運動量について述べた際,$\hat{l}^2$ の固有値が $l(l+1)\hbar^2$ で,$\hat{l}_z$ の固有値が $m\hbar$ の固有関数を $\psi_{l,m}$ と記述した.この例にならえば,スピン角運動量についても,$\hat{\boldsymbol{s}}^2$ の固有値が $s(s+1)\hbar^2$ で,$\hat{s}_z$ の固有値が $m_s\hbar$ のスピン関数を $\theta_{s,m_s}(\sigma)$ のように記述してもよいが,スピン量子数 ($s = 1/2$,$m_s = \pm 1/2$) の電子スピンについては,$\hat{\boldsymbol{s}}^2$ と $\hat{s}_z$ (固有値 $m_s\hbar$) の同時固有関数のうち,$m_s = 1/2$ の $\theta_{1/2, 1/2}(\sigma)$ を $\alpha(\sigma)$,$m_s = -1/2$ の $\theta_{1/2, -1/2}(\sigma)$ を $\beta(\sigma)$ と書く習慣がある.本書もその習慣に従って,$\alpha(\sigma)$,$\beta(\sigma)$ の記号を用いる.したがって,

$$\hat{\boldsymbol{s}}^2 \alpha = \frac{3}{4}\hbar^2 \alpha, \quad \hat{s}_z \alpha = \frac{1}{2}\hbar \alpha, \quad \hat{\boldsymbol{s}}^2 \beta = \frac{3}{4}\hbar^2 \beta, \quad \hat{s}_z \beta = -\frac{1}{2}\hbar \beta \tag{7.14}$$

が成り立つ.

電子の位置座標 x,y,z は,$-\infty$ から $+\infty$ までのあらゆる値を連続的にとるのに対し,スピンの 2 成分を意味する**スピン座標** σ は,$\hat{s}_z$ の固有値 $m_s\hbar = +\hbar/2$ に対して $+1$,$m_s\hbar = -\hbar/2$ に対して -1 の 2 つの値だけをもつ変数である.以上のことから,スピン座標 σ を変数とする**スピン関数** $\alpha(\sigma)$,$\beta(\sigma)$ の性質は,図 7.4 に示すように

7.3 スピン角運動量

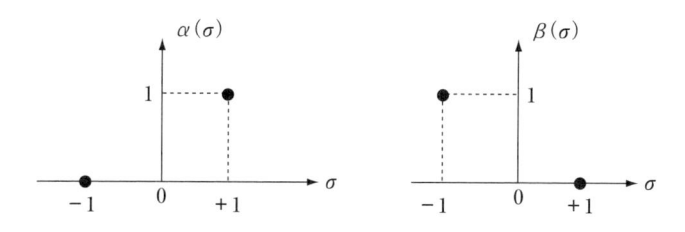

図7.4 スピン波動関数 $\alpha(\sigma)$, $\beta(\sigma)$ の振る舞い

$$\alpha(+1) = 1, \quad \alpha(-1) = 0 \quad (7.15\,\text{a})$$
$$\beta(+1) = 0, \quad \beta(-1) = 1 \quad (7.15\,\text{b})$$

と表せる．$\hat{s}_z$ の固有値 $m_s\hbar = +\hbar/2$ に対する $\alpha(\sigma)$ を**上向きスピンの状態**，$\hat{s}_z$ の固有値 $m_s\hbar = -\hbar/2$ に対する $\beta(\sigma)$ を**下向きスピンの状態**とよぶ．

このように，1個の電子のスピン関数 $\alpha(\sigma)$, $\beta(\sigma)$ は，$\hat{s}_z$ の上向きと下向きの2つの固有値に対応し，この2つだけで完全系をつくっている．そこで，(7.15 a) を成分とする列ベクトルを，以下のように定義する．

$$\boldsymbol{\alpha} \equiv \begin{pmatrix} \alpha(+1) \\ \alpha(-1) \end{pmatrix} = \begin{pmatrix} 1 \\ 0 \end{pmatrix} \quad (7.16\,\text{a})$$

また，(7.15 b) を成分とする列ベクトルを以下のように定義する．

$$\boldsymbol{\beta} \equiv \begin{pmatrix} \beta(+1) \\ \beta(-1) \end{pmatrix} = \begin{pmatrix} 0 \\ 1 \end{pmatrix} \quad (7.16\,\text{b})$$

なお，その共役な関数は，2成分の行ベクトルで

$$\boldsymbol{\alpha}^\dagger \equiv (\alpha^*(+1), \alpha^*(-1))$$
$$= (1 \quad 0) \quad (7.16\,\text{c})$$
$$\boldsymbol{\beta}^\dagger \equiv (\beta^*(+1), \beta^*(-1))$$
$$= (0 \quad 1) \quad (7.16\,\text{d})$$

と表される．

例題 7.2　スピン波動関数の規格化・直交性条件と完備性

（1）$\hat{s}_z$ の異なる固有値に対するスピン波動関数 $\alpha(\sigma)$, $\beta(\sigma)$ は，次の規格直交関係を満たすことを (7.16 a)～(7.16 d) を用いて証明せよ．ここで $\sum$ についての和は，スピン座標 σ の $+1$ と -1 についてとる．

規格化条件　$\boldsymbol{\alpha}^\dagger \cdot \boldsymbol{\alpha} \equiv \sum_{\sigma=\pm 1} \alpha^*(\sigma)\alpha(\sigma) = 1$　　(7.17 a)

直交性条件　$\boldsymbol{\alpha}^\dagger \cdot \boldsymbol{\beta} \equiv \sum_{\sigma=\pm 1} \alpha^*(\sigma)\beta(\sigma) = 0$　　(7.17 b)

$(\boldsymbol{\beta}^\dagger \cdot \boldsymbol{\alpha} = \sum_{\sigma=\pm 1} \beta^*(\sigma)\alpha(\sigma) = 0)$

規格化条件　$\boldsymbol{\beta}^\dagger \cdot \boldsymbol{\beta} \equiv \sum_{\sigma=\pm 1} \beta^*(\sigma)\beta(\sigma) = 1$　　(7.17 c)

（2）スピン波動関数 $\alpha(\sigma)$ と $\beta(\sigma)$ は，第 4 章で述べた完備性（完全性）の条件（第 4 章の (4.65) 式）

$$\alpha\alpha^\dagger + \beta\beta^\dagger = \hat{I} \qquad (7.18)$$

を満たすことを (7.16 a)～(7.16 d) を用いて証明せよ．ここで $\hat{I}$ は 2×2 の単位行列である．

[解]　（1）
$$\sum_{\sigma=\pm 1} \alpha^*(\sigma)\alpha(\sigma) = \alpha^*(1)\alpha(1) + \alpha^*(-1)\alpha(-1)$$
$$= 1 \cdot 1 + 0 \cdot 0 = 1$$
$$\sum_{\sigma=\pm 1} \alpha^*(\sigma)\beta(\sigma) = \alpha^*(1)\beta(1) + \alpha^*(-1)\beta(-1)$$
$$= 1 \cdot 0 + 0 \cdot 1 = 0$$
$$\sum_{\sigma=\pm 1} \beta^*(\sigma)\beta(\sigma) = \beta^*(1)\beta(1) + \beta^*(-1)\beta(-1)$$
$$= 0 \cdot 0 + (-1) \times (-1) = 1$$

（2）
$$\alpha\alpha^\dagger + \beta\beta^\dagger = \begin{pmatrix} 1 \\ 0 \end{pmatrix}(1\ 0) + \begin{pmatrix} 0 \\ 1 \end{pmatrix}(0\ 1)$$
$$= \begin{pmatrix} 1 & 0 \\ 0 & 0 \end{pmatrix} + \begin{pmatrix} 0 & 0 \\ 0 & 1 \end{pmatrix}$$
$$= \begin{pmatrix} 1 & 0 \\ 0 & 1 \end{pmatrix} \equiv \hat{I}$$

7.4 スピン演算子の行列表現とパウリ行列

前節で,電子のスピンの z 成分 $\hat{s}_z$ の固有値 $m_s\hbar$ が $+\hbar/2$ と $-\hbar/2$ の 2 つの値であることから,電子のスピン状態が 2 つしかないこと,つまり,スピン波動関数 $\alpha(\sigma)$, $\beta(\sigma)$ を 2 成分のベクトル $\boldsymbol{\alpha}, \boldsymbol{\beta}$ として表すことができることを述べた.この節では,これらの 2 成分のベクトルを基底としたスピン演算子 $\hat{s}_x$, $\hat{s}_y$, $\hat{s}_z$ の行列表現を求めてみよう.

(7.14) 式の $\hat{s}_z \alpha = \hbar \alpha / 2$, $\hat{s}_z \beta = -\hbar \beta / 2$ において,スピン波動関数 $\alpha(\sigma)$, $\beta(\sigma)$ を (7.16 a) 式の列ベクトルで表すと,

$$\hat{s}_z \begin{pmatrix} 1 \\ 0 \end{pmatrix} = \frac{1}{2}\hbar \begin{pmatrix} 1 \\ 0 \end{pmatrix}, \qquad \hat{s}_z \begin{pmatrix} 0 \\ 1 \end{pmatrix} = -\frac{1}{2}\hbar \begin{pmatrix} 0 \\ 1 \end{pmatrix} \qquad (7.19)$$

と表される.(7.19) 式から,$\hat{s}_z$ も 2×2 行列で表すことができるので,

$$\hat{s}_z = \frac{1}{2}\hbar \begin{pmatrix} a & b \\ c & d \end{pmatrix}$$

と書いて (7.19) 式に代入すると,$a = 1$, $b = 0$, $c = 0$, $d = -1$ を得る.したがって,スピン演算子 $\hat{s}_z$ を 2×2 行列で表すと

$$\hat{s}_z = \frac{1}{2}\hbar \begin{pmatrix} 1 & 0 \\ 0 & -1 \end{pmatrix} \qquad (7.20)$$

となる.

他のスピン演算子 $\hat{s}_x$, $\hat{s}_y$ も行列の形に表してみよう.その場合,通常,因子 $\hbar/2$ を取り出して,スピン演算子 $\hat{\boldsymbol{s}} = (\hat{s}_x, \hat{s}_y, \hat{s}_z)$ を次の (7.21) 式の形に表して,$\hat{\boldsymbol{\sigma}} = (\hat{\sigma}_x, \hat{\sigma}_y, \hat{\sigma}_z)$ を 2×2 行列で表すのが慣例である.

$$\hat{s}_x = \frac{1}{2}\hbar \hat{\sigma}_x, \qquad \hat{s}_y = \frac{1}{2}\hbar \hat{\sigma}_y, \qquad \hat{s}_z = \frac{1}{2}\hbar \hat{\sigma}_z \qquad (7.21)$$

この $\hat{\boldsymbol{\sigma}} = (\hat{\sigma}_x, \hat{\sigma}_y, \hat{\sigma}_z)$ を**パウリ行列** (Pauli spin matrices) という.(7.21) 式を (7.6) 式に代入すると,$\hat{\boldsymbol{\sigma}} = (\hat{\sigma}_x, \hat{\sigma}_y, \hat{\sigma}_z)$ の交換関係は以下のように表される.

$$\hat{\sigma}_x\hat{\sigma}_y - \hat{\sigma}_y\hat{\sigma}_x = 2i\hat{\sigma}_z, \quad \hat{\sigma}_y\hat{\sigma}_z - \hat{\sigma}_z\hat{\sigma}_y = 2i\hat{\sigma}_x, \quad \hat{\sigma}_z\hat{\sigma}_x - \hat{\sigma}_x\hat{\sigma}_z = 2i\hat{\sigma}_y$$
$$(7.22)$$

(7.20)式から

$$\hat{\sigma}_z = \begin{pmatrix} 1 & 0 \\ 0 & -1 \end{pmatrix}$$

したがって,

$$\hat{\sigma}_z^{\,2} = \begin{pmatrix} 1 & 0 \\ 0 & 1 \end{pmatrix} = \hat{I}$$

となる. $\hat{\sigma}_z^{\,2} = \hat{I}$ は量子化軸のとり方によらないので,

$$\hat{\sigma}_x^{\,2} = \hat{\sigma}_y^{\,2} = \hat{\sigma}_z^{\,2} = \hat{I} \tag{7.23}$$

である.

また, (7.22)式の最初の式に $\hat{\sigma}_y$ を左から掛けたものと右から掛けたものの和をとり, (7.23)式を用いると, $\hat{\boldsymbol{\sigma}} = (\hat{\sigma}_x, \hat{\sigma}_y, \hat{\sigma}_z)$ に関する反交換関係式を得る(下記の第2式). (下記の第1式, 第3式の導出は各自で試みてほしい.)

$$\hat{\sigma}_x\hat{\sigma}_y + \hat{\sigma}_y\hat{\sigma}_x = 0, \quad \hat{\sigma}_y\hat{\sigma}_z + \hat{\sigma}_z\hat{\sigma}_y = 0, \quad \hat{\sigma}_z\hat{\sigma}_x + \hat{\sigma}_x\hat{\sigma}_z = 0$$
$$(7.24)$$

(7.20)式から $\hat{\sigma}_z$ の行列表現が上記に示した行列((7.22)式の下の行)で表されることを述べたが, [例題7.3]で $\hat{\sigma}_x, \hat{\sigma}_y$ の行列表現も求めてみよう.

例題7.3　パウリ行列の表現

(7.20)式から, パウリ行列の z 成分 $\hat{\sigma}_z$ が

$$\hat{\sigma}_z = \begin{pmatrix} 1 & 0 \\ 0 & -1 \end{pmatrix} \tag{7.25 a}$$

で表されることを示した. この形の行列を**対角行列**という. (7.24)式における $\hat{\sigma}_z$ との反交換関係の式, 並びにエルミート性(7.9)式を用いて, パウリ行列の他の2つの成分 $\hat{\sigma}_x$ と $\hat{\sigma}_y$ の 2×2 行列が次の形に表されることを示せ.

7.4 スピン演算子の行列表現とパウリ行列

$$\hat{\sigma}_x = \begin{pmatrix} 0 & 1 \\ 1 & 0 \end{pmatrix} \tag{7.25b}$$

$$\hat{\sigma}_y = \begin{pmatrix} 0 & -i \\ i & 0 \end{pmatrix} \tag{7.25c}$$

[解] $\hat{\sigma}_x$ と $\hat{\sigma}_y$ の 2×2 行列を次の形におき,行列要素の値を決める.

$$\hat{\sigma}_x = \begin{pmatrix} a_{11} & a_{12} \\ a_{21} & a_{22} \end{pmatrix}, \quad \hat{\sigma}_y = \begin{pmatrix} b_{11} & b_{12} \\ b_{21} & b_{22} \end{pmatrix} \tag{7.26}$$

まず,$\hat{\sigma}_x$ の行列要素 a_{11}, a_{12}, a_{21}, a_{22} の値を決めよう.そのために,(7.24) 式における $\hat{\sigma}_x$ と $\hat{\sigma}_z$ の反交換関係の式に,(7.25a) 式と (7.26) 式を代入すると,

$$\begin{pmatrix} a_{11} & -a_{12} \\ a_{21} & -a_{22} \end{pmatrix} = \begin{pmatrix} -a_{11} & -a_{12} \\ a_{21} & a_{22} \end{pmatrix} \tag{7.27}$$

が得られる.よって,$a_{11} = a_{22} = 0$ である.また,エルミート性 $\hat{\sigma}_x = \hat{\sigma}_x^\dagger$ より,$a_{21} = a_{12}{}^*$ が成り立つ.したがって,

$$\hat{\sigma}_x = \begin{pmatrix} 0 & a_{12} \\ a_{12}{}^* & 0 \end{pmatrix}, \quad \hat{\sigma}_x{}^2 = \begin{pmatrix} |a_{12}|^2 & 0 \\ 0 & |a_{12}|^2 \end{pmatrix} \tag{7.28}$$

さらに $\hat{\sigma}_x{}^2 = \hat{\sigma}_y{}^2 = \hat{\sigma}_z{}^2 = \hat{I}$ より,$|a_{12}|^2 = 1$ でなければならない.したがって実数 c を用いて,$a_{12} = e^{ic}$ となる ($\hat{\sigma}_y$ も同様に計算される).このようにして,

$$\hat{\sigma}_x = \begin{pmatrix} 0 & e^{ic} \\ e^{-ic} & 0 \end{pmatrix}, \quad \hat{\sigma}_y = \begin{pmatrix} 0 & e^{id} \\ e^{-id} & 0 \end{pmatrix} \tag{7.29}$$

となる.α も実数である.

さらに,(7.24) 式における $\hat{\sigma}_x$, $\hat{\sigma}_y$ の反交換関係の式に (7.29) 式を代入すると,

$$\begin{pmatrix} e^{i(c-d)} & 0 \\ 0 & e^{-i(c-d)} \end{pmatrix} = -\begin{pmatrix} e^{-i(c-d)} & 0 \\ 0 & e^{i(c-d)} \end{pmatrix} \tag{7.30}$$

が得られる.この式が成り立つためには,

$$e^{i(c-d)} = -e^{-i(c-d)} \tag{7.31}$$

であり,したがって,$c - d = \pi/2$ でなければならない.$c = 0$, $d = -\pi/2$ に選べば,$\hat{\sigma}_x$ と $\hat{\sigma}_y$ が (7.25b) 式と (7.25c) 式の行列になることが証明されたことになる.

7.5 問題の定式化 (3)：多電子系の波動関数

この章の前節までで，電子の状態を決めるには電子の位置以外に，スピン角運動量の z 成分 $\hat{s}_z$ の固有値 $m_s\hbar$（スピン量子数とよぶ）が $\pm\hbar/2$ のいずれの値をとるかを決める必要があることを述べた．そこで 1 電子の波動関数は，位置座標 r の他に，± 1 のいずれかの値をとるスピン座標 σ にも依存する．このような波動関数 $\phi_\mu(r, \sigma)$ を**スピン軌道** (spin-orbital) とよぶ．

前節で学んだ上向き $(m_s = +1/2)$ と下向き $(m_s = -1/2)$ のスピン関数 $\alpha(\sigma)$，$\beta(\sigma)$ をまとめて $\theta_{1/2, m_s}(\sigma)$ と書くとき，軌道を表す波動関数 $\phi_k(r)$ とスピン関数 $\theta_{1/2, m_s}(\sigma)$ を用いて，スピン軌道は

$$\phi_\mu(r, \sigma) = \phi_k(r)\theta_{1/2, m_s}(\sigma) \tag{7.32}$$

と書ける．ここで量子数 μ は $\mu = (1/2, m_s, k)$ を意味する．また，電子の位置座標 r とスピン座標 σ をひとまとめにして ξ と書くと，(7.32) 式のスピン軌道は $\phi_\mu(\xi)$ と表せる．

この節では，多電子系の電子状態について述べる．その際，まず考慮すべきことに**パウリの原理**がある．そのため，最初にパウリの原理について述べる．次に，多電子系の電子状態について述べるが，いきなりパウリの原理を満たす N 電子系の波動関数を求める前に，まずは簡単な 2 電子系について考えてみよう．その後に，パウリの原理を満たす N 電子系の波動関数の一般的な形式を求め，N 電子系電子状態のシュレーディンガー方程式を解いて，エネルギー固有値と固有関数を求めてみよう．

7.5.1 パウリの原理

1925 年に，パウリ（Wolfgang Pauli）は，原子のスペクトルを研究しているときに，

「原子の電子状態にはスピン量子数まで含めて 4 つの量子数がある．4 つの量子数が決まった状態には，2 個の電子が入る

ことはありえない．すなわち，電子の占有数は0か1である」
という原理を提唱した．この原理は，今日では**パウリの原理**，あるいは**パウリの排他律** (Pauli's exclusion principle) とよばれている．

7.5.2 2電子系のハミルトニアンと反対称波動関数

2電子系のハミルトニアンは，(7.1) 式から次のように書ける．

$$\widehat{H}(1,2) = -\frac{\hbar^2}{2m}\Delta_1 - \frac{2e^2}{4\pi\varepsilon_0 r_1} - \frac{\hbar^2}{2m}\Delta_2 - \frac{2e^2}{4\pi\varepsilon_0 r_2} + \frac{e^2}{4\pi\varepsilon_0 |\boldsymbol{r}_1 - \boldsymbol{r}_2|} \tag{7.33}$$

これに対するシュレーディンガー方程式は，

$$\widehat{H}(1,2)\,\Psi(\xi_1, \xi_2) = E\,\Psi(\xi_1, \xi_2) \tag{7.34}$$

となる．なお，$\Psi(\xi_1, \xi_2) \equiv \Psi(r_1, \sigma_1, r_2, \sigma_2)$ である．

ここで，座標 ξ_1 と ξ_2 を交換する演算子 $\widehat{P}_{12}$ を次のように定義する．

(a) 演算子に対して $\quad \widehat{P}_{12}\widehat{H}(1,2)\widehat{P}_{12}^{-1} = \widehat{H}(2,1) \quad$ (7.35 a)

(b) 波動関数に対して $\quad \widehat{P}_{12}\Psi(\xi_1, \xi_2) = \Psi(\xi_2, \xi_1) \quad$ (7.35 b)

ハミルトニアン (7.33) 式は，電子1と2の座標の交換に対して不変であるから，

$$\widehat{H}(2,1) = \widehat{H}(1,2) \tag{7.36}$$

したがって，(7.35 a) 式の右辺は，

$$\widehat{P}_{12}\widehat{H}(1,2)\widehat{P}_{12}^{-1} = \widehat{H}(1,2) \tag{7.37}$$

と書ける．

$\widehat{I}$ を粒子の交換に対しての恒等操作の演算子とすれば，

$$\widehat{P}_{12}\widehat{P}_{12}^{-1} = \widehat{P}_{12}^{-1}\widehat{P}_{12} = \widehat{I} \tag{7.38}$$

であるから，(7.37) 式の右側から演算子 $\widehat{P}_{12}$ を演算すると

$$\widehat{P}_{12}\widehat{H}(1,2) = \widehat{H}(1,2)\widehat{P}_{12} \tag{7.39}$$

が得られる．(7.39) 式から，演算子 $\widehat{P}_{12}$ はハミルトニアンと可換であることがわかる．交換子 $[\widehat{A}, \widehat{B}] \equiv \widehat{A}\widehat{B} - \widehat{B}\widehat{A}$ を用いると，(7.39) 式は，

$$[\hat{H}(1,2), \hat{P}_{12}] = 0 \tag{7.40}$$

と表すことができる.以下,$\hat{P}_{12}$ を**粒子交換の演算子**とよぶことにする.

例題 7.4 ─ 2 粒子を交換する演算子

2 粒子を交換する演算子を $\hat{P}_{12}$ とするとき,$\hat{P}_{12}$ の固有値が ± 1 であることを示せ.

[**解**] 粒子交換の演算子 $\hat{P}_{12}$ の固有値を λ_{12} とすると,(7.35 b) 式から

$$\hat{P}_{12}\,\Psi(\xi_1, \xi_2) = \Psi(\xi_2, \xi_1) = \lambda_{12}\,\Psi(\xi_1, \xi_2) \tag{7.41}$$

となる.ここで,(7.41) 式に $\hat{P}_{12}$ をもう 1 回左から演算すると,(7.35 b) 式から,

$$\hat{P}_{12}{}^2\,\Psi(\xi_1, \xi_2) = \hat{P}_{12}\,\Psi(\xi_2, \xi_1) = \lambda_{12}\hat{P}_{12}\,\Psi(\xi_1, \xi_2) = \lambda_{12}{}^2\,\Psi(\xi_1, \xi_2) \tag{7.42}$$

となる.他方,上式左辺は,座標 ξ_1 と ξ_2 を 2 度交換したことになるので元に戻る.したがって,

$$\hat{P}_{12}{}^2\,\Psi(\xi_1, \xi_2) = \Psi(\xi_1, \xi_2) \tag{7.43}$$

と書いてよい.(7.42) 式と (7.43) 式の右辺同士を比べて

$$\lambda_{12} = \pm 1 \tag{7.44}$$

となる.(7.44) 式より,一般の粒子系における 2 粒子系の波動関数は,

$$\Psi(\xi_1, \xi_2) = \phi_1(\xi_1)\,\phi_2(\xi_2) \pm \phi_1(\xi_2)\,\phi_2(\xi_1) \tag{7.45}$$

の形式に表せる.

ところで,いま考えている電子系では,パウリの原理により,スピンも含めた座標 ξ の同じ位置に 2 つの粒子は存在できない.したがって $\xi_1 = \xi_2$ のときを考えると,$\Psi(\xi_1, \xi_2) = 0$ である.この条件を満たさなければならない電子系では,(7.45) 式でマイナスの符号しかとることができない.すなわち,(7.33) 式のハミルトニアンに対するシュレーディンガー方程式 (7.34) 式の解の波動関数は,電子の座標 ξ の交換に対して反対称であると結論できる.

したがって,2 電子系 (2-electron system) の波動関数を添字 ele を付けて $\Psi_{\text{ele}}(\xi_1, \xi_2)$ と記すとき,$\Psi_{\text{ele}}(\xi_1, \xi_2)$ は (7.45) 式でマイナスの符号を選んで

7.5 問題の定式化 (3)：多電子系の波動関数

$$\Psi_{\text{ele}}(\xi_1, \xi_2) = a\{\phi_1(\xi_1)\phi_2(\xi_2) - \phi_1(\xi_2)\phi_2(\xi_1)\} \tag{7.46}$$

と書ける．ここで a は，規格化因子である．

規格化因子 a を求めよう．まず，1 電子波動関数 $\phi_i(\xi)$, $\phi_j(\xi)$ $(i, j = 1, 2)$ を規格直交系に選ぶ．すなわち，

$$\sum_{\sigma=\pm 1} \int \phi_i^*(\xi) \phi_j(\xi) dv = \delta_{ij} \tag{7.47}$$

ここで，$\xi = (\boldsymbol{r}, \sigma)$，空間座標 $\boldsymbol{r}$ は連続変数だから積分を行ない，スピン座標 σ については ± 1 の和をとる．2 電子系の波動関数 (7.46) 式を 1 に規格化する，

$$\iint |\Psi_{\text{ele}}(\xi_1, \xi_2)|^2 d\xi_1 d\xi_2 \equiv \sum_{\sigma_1=\pm 1}\sum_{\sigma_2=\pm 1}\int |\Psi_{\text{ele}}(\xi_1, \xi_2)|^2 dv_1 dv_2 = 1 \tag{7.48}$$

の条件から (7.47) 式を用いて計算すると，$a = 1/\sqrt{2}$ となる．

規格化された 2 電子系の波動関数は，

$$\Psi_{\text{ele}}(\xi_1, \xi_2) = \frac{1}{\sqrt{2}}\{\phi_1(\xi_1)\phi_2(\xi_2) - \phi_1(\xi_2)\phi_2(\xi_1)\} \tag{7.49}$$

である．(7.49) 式は，行列式を用いて

$$\Psi_{\text{ele}}(\xi_1, \xi_2) = \frac{1}{\sqrt{2}} \begin{vmatrix} \phi_1(\xi_1) & \phi_1(\xi_2) \\ \phi_2(\xi_1) & \phi_2(\xi_2) \end{vmatrix} \tag{7.50}$$

と書くこともできる．この式で電子状態 ϕ_1 と ϕ_2 が行列式の行に，電子の座標 ξ_1 と ξ_2 が列に対応するが，ここで $\xi_1 = \xi_2$ とおけば，2 つの列が等しくなるので $\Psi_{\text{ele}}(\xi_1, \xi_1) = 0$ となり，パウリの原理を満たしていることが明らかである．

7.5.3 同種粒子系の波動関数 〜粒子座標の交換に対して対称・反対称波動関数〜

前項で述べたように，量子力学では，同種粒子の系では一般に 1 つ 1 つの粒子を区別することはできない．この点でも，量子力学は 1 つ 1 つの粒子を区別できる古典力学と全く異なっている．また，[例題 7.4] で粒子交換に関する対称性が存在することを述べた．このことは，多粒子系の量子力学的状

態を記述する際に大変重要なことなので，この項でまとめておこう．

同種粒子系のハミルトニアンは粒子交換の演算子 $\hat{P}_{12}$ と可換であり，その結果，

$$\hat{P}_{12}\,\Psi(\xi_1,\xi_2) = \lambda_{12}\,\Psi(\xi_1,\xi_2) \qquad (7.51)$$

における固有値が

$$\lambda_{12} = \pm 1 \qquad (7.52)$$

である．このことから，同種粒子系の量子状態は，2個の粒子の座標の入れ替えに対して符号を変えないか ($\lambda_{12} = +1$, 対称)，あるいは符号を変えるか ($\lambda_{12} = -1$, 反対称) のいずれかの波動関数で記述されることがわかった．このことは，粒子間の相互作用の有無にかかわらず成り立ち，粒子の種類によって決まっている．

スピンを含めた粒子座標の交換に対して，波動関数が反対称な粒子系を**フェルミ粒子** (Fermi particles)，対称な粒子系を**ボース粒子** (Bose particles) とよぶ．フェルミ粒子の系は，パウリの原理を満たす．フェルミ粒子の代表例としては，電子が挙げられる．

7.6 多電子原子の電子状態を求める近似法

この節で，いよいよ多数の電子をもつ原子の電子状態を与える量子力学の方法論について述べる．N 電子系のシュレーディンガー方程式を出発点にするが，原子，分子，固体の中の電子状態を求めるときの厄介な問題は，電子間のクーロン相互作用のために電子状態を正確に解くことが難しいことである．そのため，近似的に問題を解くことになる．

そのような近似としてよく使われる近似法に，**ハートリー近似** (Hartree approximation) および**ハートリー-フォック近似** (Hartree-Fock approximation) とよばれているものがある．この近似では，電子間のクーロン相互

作用を平均場ポテンシャルとして扱い，各電子は相互に独立して運動すると考えて，個々の電子状態を与える近似式を導く．したがって，ハートリーおよびハートリー-フォック近似を総称して，**1電子近似**とよぶ．ここでは原子に注目し，原子の中の N 電子系の電子状態を計算する近似法について学ぶ．

変 分 法

複雑な系の最低のエネルギー固有値およびそれに対する固有関数を近似的に求めるための有力な方法として，**変分法** (variation method) がある．この項では，変分法について述べる．

ハミルトニアン H をもつ系のシュレーディンガー方程式

$$\widehat{H}\phi(\xi) = E\phi(\xi) \tag{7.53}$$

を規格化条件

$$\int \phi^*\phi\, d\xi = 1 \tag{7.54}$$

のもとに解き，エネルギー固有値 $E_n(n = 1, 2, 3, \cdots)$ が得られたとしよう．ここで $\int d\xi$ は空間座標 $\boldsymbol{r}$ については積分を行ない，スピン座標 σ については ± 1 の和をとる計算を意味する．$E_1 < E_2 < E_3 < \cdots$ とし，それに対応する固有関数を $\phi_n (n = 1, 2, 3, \cdots)$ とすると，この固有関数の全体は完全規格直交系をなすから，

$$\widehat{H}\Psi = E\Psi \tag{7.55}$$

を満たす任意の関数 Ψ は，(7.53) 式の固有関数系 $\{\phi_n\}$ で展開でき，

$$\Psi(a_1, a_2, a_3, \cdots) = \sum_{n=1}^{\infty} a_n \phi_n \tag{7.56}$$

と表せる．(7.56) 式で，Ψ は展開係数 $(a_1, a_2, a_3, \cdots)$ の値に依存するので，$\Psi(a_1, a_2, a_3, \cdots)$ と記してある．

Ψ は規格化されているとすると，

$$\int \Psi^* \Psi\, d\xi = \sum_{n=1}^{\infty} |a_n|^2 = 1 \tag{7.57}$$

である．(7.56) 式の Ψ を用いて H の期待値を計算すると，

$$E(a_1, a_2, a_3, \cdots) \equiv \int \Psi^* \hat{H} \Psi \, d\xi = \sum_{n=1}^{\infty} E_n |a_n|^2 \qquad (7.58)$$

の結果が得られる．$E_1 < E_2 < E_3 < \cdots$ であるから，(7.58) 式右辺の n についての和をとるときに，すべての E_n を最小値の E_1 で置き換えると，

$$E(a_1, a_2, a_3, \cdots) = \sum_{n=1}^{\infty} E_n |a_n|^2 > E_1 \sum_{n=1}^{\infty} |a_n|^2 = E_1 \qquad (7.59)$$

となる．

(7.59) 式から，エネルギー固有値 $E(a_1, a_2, a_3, \cdots)$ は，$\Psi(a_1, a_2, a_3, \cdots)$ を固有関数系 $\{\phi_n\}$ で展開したときの係数 a_1, a_2, a_3, $\cdots$ の値に依存している．もし (7.56) 式で $a_1 = 1$, $a_2 = a_3 = \cdots = 0$ として，$\Psi(a_1, a_2, a_3, \cdots)$ を ϕ_1 に選ぶことができたとしたら，$E(a_1, a_2, a_3, \cdots)$ は最小値 E_1 を与える．このことから，

「基底状態に対する $\hat{H}$ の固有関数は，$E(a_1, a_2, a_3, \cdots)$ の値を最小にするような関数であり，その最小値が基底状態のエネルギー固有値である」

ということができる．

この節で述べたことから，実際に基底状態のエネルギーを変分法で求めようとするときには，ハミルトニアンの期待値を計算するための未知の波動関数 $\Psi(a_1, a_2, a_3, \cdots)$（試行関数とよぶ）に対して，できるだけ真の固有関数に近いものを選べるように，変化しうるパラメータ a_1, a_2, a_3, $\cdots$ の数を多くした試行関数を選んでエネルギー固有値 (7.58) 式を計算し，パラメータ a_1, a_2, a_3, $\cdots$ を変化させて，その変化の範囲内で最小のエネルギー固有値の状態を見つけることになる．最初に選ぶ試行関数が適切ならば，真の基底状態にかなり近いものを見出すことができるであろう．

次節以下で，多電子原子の基底状態を求めるために，先人たちがどのような試行関数を選んで変分法で基底状態を求めたかを述べることにする．

7.7 ハートリー近似

　正の電荷をもつ原子核の周りに多数の電子が束縛されている原子，あるいはイオンの系の基底状態を，変分法で求めてみよう．このような系のシュレーディンガー方程式を解くことは非常に難しいので，いかに原子の真の基底状態に近い試行関数を選ぶかが重要である．この節では，スピンの効果を取り入れていない大変粗い近似ではあるが，量子力学の初期にケンブリッジ大学理論物理学の教授であったハートリー（Douglas Rayner Hartree）によって導入され，広く使われてきた**ハートリー近似**について述べる．

　ハートリー近似では，多電子系においても，その中の1つ1つの電子がそれぞれ決まった軌道をもって運動しているとする．すなわち，量子力学が支配する微視的な世界では，各電子はそれぞれ1電子の波動関数である軌道関数 $\phi_k(\boldsymbol{r})$ をもっているものとする．軌道状態 1, 2, … の軌道関数を $\phi_1(\boldsymbol{r})$, $\phi_2(\boldsymbol{r})$, … として，全系の波動関数を

$$\Psi(\boldsymbol{r}_1, \boldsymbol{r}_2, \boldsymbol{r}_3, \cdots, \boldsymbol{r}_N) = \phi_1(\boldsymbol{r}_1)\phi_2(\boldsymbol{r}_2)\phi_3(\boldsymbol{r}_3)\cdots\phi_N(\boldsymbol{r}_N) \qquad (7.60)$$

とする近似を行ない，(7.60)式を試行関数に選んで変分法により計算を進めることにする．なお，ここで軌道状態 i の軌道関数 ϕ_i は

$$\int \phi_i(\boldsymbol{r}_i)^* \phi_i(\boldsymbol{r}_i) \, dv_i = 1 \qquad (7.61)$$

のように規格化されているものとし，したがって，(7.60)式の Ψ も規格化されているとする．

　ところで7.5節で述べたように，多電子系の波動関数はパウリの原理を満たすように空間座標だけでなく，スピン座標を含め，電子の交換について反対称でなければならない．この点については次節で述べることにして，この節では，電子の配置について次のような制限を設けて変分計算を行なう．

(1) 軌道関数の組 $\phi_1, \phi_2, \phi_3, \cdots, \phi_N$ の中に同一の軌道が3回以上含まれてはいけない．もし $\phi_1 = \phi_2$ であれば，$\phi_3, \cdots, \phi_N$ は，すべて ϕ_1

と異なる軌道でなければならない.

(2) $\phi_1, \phi_2, \phi_3, \cdots, \phi_N$ の中で異なる軌道だけをとれば，それらは1次独立である.

それでは，与えられた原子に対して，(7.60) 式の軌道関数 $\phi_1, \phi_2, \phi_3, \cdots, \phi_N$ をどのように選べばよいかを考えよう．仮に (7.1) 式のハミルトニアンにおいて電子間のクーロン相互作用を無視した近似を採用すれば，(7.1) 式のハミルトニアンは，各電子のハミルトニアンの和で書くことができ，その結果，各電子は独立に $+Ne$ の原子核の電荷のつくるクーロン場の中を運動することになる．したがって，第6章6.5節の結果に従って，$\phi_1, \phi_2, \phi_3, \cdots, \phi_N$ は，1s, 2s, 2p, 3s, 3p, 3d 軌道などの波動関数から選ばれることになる．

この近似では，全電子系のエネルギーは個々の電子のエネルギーの総和となるから，エネルギー最低の基底状態に対しては，エネルギーの低い軌道状態から順に電子を詰めていけばよい．$N = 2$ のヘリウム (He) 原子では，1s 軌道に2個電子を収容すればよい．このような電子の軌道への配置を**電子配置** (electron configuration) とよび，$(1\mathrm{s})^2$ のように表す．これ以上，1s 軌道に電子を収容することはパウリの原理によって許されないので，$(1\mathrm{s})^2$ は**閉殻** (closed shell) とよぶ．したがって，リチウム (Li) 原子 ($N = 3$) では，3番目の電子は 2s 軌道か 2p 軌道に収容しなければならない．すなわち，$(1\mathrm{s})^2(2\mathrm{s})$ か $(1\mathrm{s})^2(2\mathrm{p})$ の電子配置となる．

実際には，電子間のクーロン相互作用を無視することはできないので，この相互作用を取り入れた近似を考えなければならない．(7.1) 式で見たように，$e^2/4\pi\varepsilon_0 r_{ij}$ で表される電子間相互作用は $r_{ij} = |\mathbf{r}_i - \mathbf{r}_j|$ という2つの電子の座標を含むために，(7.1) 式のハミルトニアンは各電子のハミルトニアンの和に書くことができない．したがって，各電子の軌道関数の積で表した (7.60) 式の $\Psi(\mathbf{r}_1, \mathbf{r}_2, \mathbf{r}_3, \cdots)$ も正確な波動関数ではない．

ハートリーは，N 電子系のハミルトニアンにおける電子間相互作用は，

7.7 ハートリー近似

例えば k 番目の軌道の電子に着目すると,この電子を除く $N-1$ 個のすべての電子からの相互作用 $\sum_{j(\neq k)} e^2/4\pi\varepsilon_0 r_{jk}$ として表されるので,その瞬間における相手の(k 番目の軌道の電子を除く)すべての電子の位置によって決まると考えた(図7.5).相手の電子は原子核の周りを軌道関数 ϕ_j によって飛び回っているので,k 番目の軌道の電子は,相手のすべての電子の位置について平均をとったポテンシャル場の中にあると考えた.

量子空間では電子は点電荷ではなく波動関数で表されるので,電子の位置についての平均のとり方が電磁気学の場合とは異なる.ここでは,この点について述べることにする.

図 7.5 k 番目の電子に対して,他の電子が相互作用をする様子

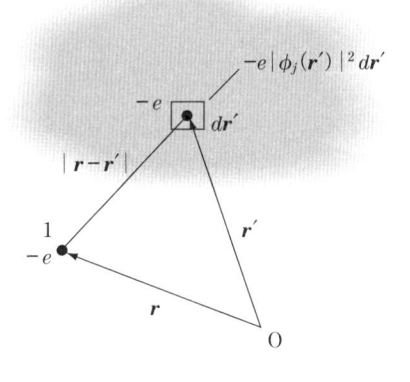

図 7.6 電荷雲と平均場近似の概念図

相手の j 番目の軌道 $\phi_j(\boldsymbol{r}')$ 上の電子が位置 $\boldsymbol{r}'$ にいたとすると,電子が $\boldsymbol{r}'$ を含む微小体積 $d\boldsymbol{r}'$ の領域内に存在する確率は $|\phi_j(\boldsymbol{r}')|^2 d\boldsymbol{r}'$ で表される.したがって,電荷 $-e$ の電子が軌道関数 $\phi_j(\boldsymbol{r}')$ で与えられる広がりをもって空間的に分布している(電荷雲とよぶ)場合には,$\boldsymbol{r}$ と $\boldsymbol{r}'$ にいる電子間のクーロン相互作用は,電磁気学における $e^2/4\pi\varepsilon_0 |\boldsymbol{r}-\boldsymbol{r}'|$ ではなく,位置 $\boldsymbol{r}'$ を含む微小領域 $d\boldsymbol{r}'$ に含まれる電荷雲
$$-e|\phi_j(\boldsymbol{r}')|^2 d\boldsymbol{r}'$$

と r にいる電子とのクーロン相互作用（図 7.6 を参照）を電荷雲の広がった領域にわたって積分したものになる．それを電子が占めるすべての電子軌道 $j(r$ にある軌道 k の電子自体は除く：$j \neq k$）について和をとったものが，k 番目の電子軌道 $\phi_k(r)$ の電子に作用する電子間相互作用によるポテンシャルエネルギーであるとハートリーは考えた．

このポテンシャルエネルギーは，k 番目の軌道の電子の位置 r だけに依存するので，k 番目の軌道の電子に対する**平均場ポテンシャル**，あるいは**ハートリー場ポテンシャル**とよび，$V_{\text{Hartree},k}(r)$ と記す．また，この形のポテンシャルエネルギーに対応するポテンシャル場を**ハートリー場**（Hartree field），あるいは**平均場**（mean field）とよぶ．

$V_{\text{Hartree},k}(r)$ は，

$$V_{\text{Hartree},k}(r) = \sum_{j(\neq k)} \int \frac{e^2}{4\pi\varepsilon_0|r-r'|} |\phi_j(r')|^2 \, dv' \qquad (7.62)$$

と表される．この $V_{\text{Hartree},k}(r)$ も加えて，k 番目の電子軌道 $\phi_k(r)$ を与えるシュレーディンガー方程式は，

$$\left\{ -\frac{\hbar^2}{2m}\Delta - \frac{Ne^2}{4\pi\varepsilon_0 r} + V_{\text{Hartree},k}(r) \right\} \phi_k(r) = \varepsilon_k \phi_k(r) \qquad (7.63)$$

と表される．

電子間相互作用を (7.62) 式で表す近似を**ハートリー近似**，あるいは**平均場近似**（a mean field approximation）とよび，平均場近似のもとに得られたシュレーディンガー方程式 (7.63) 式を**ハートリー方程式**（Hartree equation）とよぶ．ハートリー方程式が各電子ごとに分離して N 個の式になっているのは，平均場近似によるものである．

さて，(7.63) 式は $\phi_k(r)$ については線形であるが，左辺第 3 項のハートリーポテンシャルでは，k 以外のすべての軌道 $\phi_j(r)$ を含んでいるので連立微積分方程式となり，これを解くのは容易ではない．実際には，出発点の近似として適当に $\phi_1, \cdots, \phi_N$ を仮定して (7.62) 式のハートリーポテンシャル

7.7 ハートリー近似

の計算を行ない，(7.63) 式を ϕ_k についての 1 次の微分方程式に直す．これを解いて得られた $\phi_1, \cdots, \phi_N$ を用いて（第 1 ステージとよぶ），(7.62) 式のハートリーポテンシャル $V_{\text{Hartree},k}(\boldsymbol{r})$ を再び計算し（第 2 ステージとよぶ），得られた第 2 ステージの $V_{\text{Hartree},k}(\boldsymbol{r})$ を用いて，第 2 ステージのシュレーディンガー方程式を (7.63) 式により計算する．この手続きを繰り返して，最初に仮定した $\phi_1, \cdots, \phi_N$ に一致するまで計算を行なう．この意味でハートリー方程式の解を**つじつまの合った** (self-consistent な) **解**，またハートリー場を**つじつまの合った場** (self-consistent field) とよぶ．

電子間相互作用の電子配置への影響

多数の電子をもつ原子で，電子をエネルギーの低い軌道から順々に詰めて電子配置を形成する場合，電子間相互作用を無視するときには，いくつかの電子配置が同じエネルギーをもつ可能性があることは Li 原子の $(1\,\text{s})^2\,(2\,\text{s})$ と $(1\,\text{s})^2\,(2\,\text{p})$ 電子配置の場合について述べた．

この項では，(7.62) 式のハートリーポテンシャル $V_{\text{Hartree},k}(\boldsymbol{r})$ の存在によって，どの電子配置が低いエネルギーをもつかを決めることができることを示す．第 6 章の 6.5 節で，水素原子では原子核からの静電引力ポテンシャルは原子核からの距離 r だけに依存して角度に依存しないことを述べたが，このようなポテンシャル場を**球対称の場**という．(7.62) 式のハートリーポテンシャル $V_{\text{Hartree},k}(\boldsymbol{r})$ は，一般には $\boldsymbol{r}$ の動径方向 r だけでなく角度にも依存するので，球対称ではない．ハートリー近似で原子の電子状態を計算するとき，ハートリーポテンシャル $V_{\text{Hartree},k}(\boldsymbol{r})$ を原子核を原点として角度について平均をとって，球対称ポテンシャルとして扱うことがよくある．

ここでも $V_{\text{Hartree},k}(\boldsymbol{r})$ を球対称ポテンシャル $V_{\text{Hartree},k}(r)$ として取り扱うことにする．そうすれば，電子間相互作用も原子核の電荷によるクーロン引力と合わせて

$$-\frac{Ne^2}{4\pi\varepsilon_0 r} + V_{\text{Hartree},k}(r) \equiv -\frac{Z_{\text{eff}}(r)e^2}{4\pi\varepsilon_0 r} \tag{7.64}$$

の形にまとめることができる．ここで定義した有効電荷 $Z_{\text{eff}}(r)$ は，電子間相互作用を含んでいるために，原子核から電子までの距離 r に依存する．この有効電荷 $Z_{\text{eff}}(r)$ の r 依存性から，電子間相互作用を無視したときに同じエネルギーをもっていた電子配置のうち，どれが最低のエネルギーをもつかを決めることができる．このことを，Li 原子 $(N=3)$ の $(1\text{s})^2(2\text{s})$ と $(1\text{s})^2(2\text{p})$ 電子配置の場合に調べてみよう．

Li 原子では，2 個の電子が 1s 軌道を占有して $(1\text{s})^2$ 閉殻をつくる．3 番目の電子は，パウリの原理により，2s 軌道か 2p 軌道を占める．第 6 章の図 6.5 より，2s, 2p 状態の確率密度が最大になる r の値は，2s, 2p 状態の場合には 1s 状態の 4 倍程度となるから，r が大きくなると，原子核の $+3e$ の電荷は 2 個の 1s 電子で遮蔽されて，$Z_{\text{eff}}(r)=1$ と考えてよい．一方，r が小さな原子核の近くでは遮蔽効果がないので，$Z_{\text{eff}}(r)=3$ と考えられる．

例題 7.5 電子間相互作用の電子配置への影響

（1）第 6 章の 6.5 節で述べた水素原子の 2s 軌道と 2p 軌道の動径関数 ((6.161) 式と (6.162) 式を参照) について，これらの関数を r/a の関数として図に描いてみよ．ここで a は，ボーア半径である．これらの図を見て，2s 軌道と 2p 軌道の空間的な広がりの特徴，特にその差異について述べよ．

（2）Li 原子の 3 番目の電子が，(7.64) 式で与えられるポテンシャル場で 2s 軌道または 2p 軌道を占めるとき，2s 軌道と 2p 軌道のどちらの軌道を占めたときがエネルギーが低くなるか．ただし，いま述べた理由により，有効電荷 $Z_{\text{eff}}(r)$ は原子核のすぐ近くの領域で $Z_{\text{eff}}(r)=3$ の値をとり，r の大きいところで $Z_{\text{eff}}(r)=1$ の値をとる．

［解］（1）図 7.7 を見よ．

2s 軌道と 2p 軌道の空間的な広がりの特徴について述べる．図から，2s 軌道は $Z_{\text{eff}}(r)=3$ となる原子核付近で大きな電子密度をもつのに対し，2p 軌道は原子核

7.7 ハートリー近似

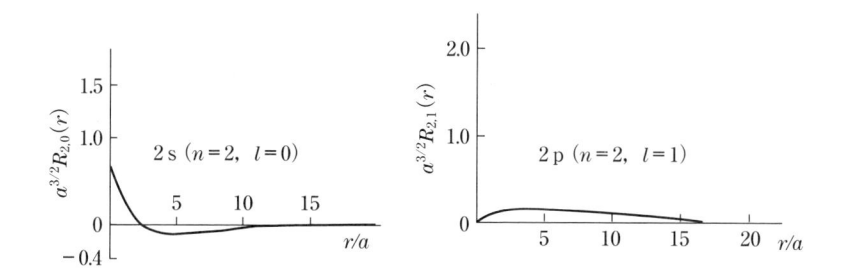

図 7.7 水素原子の 2s 軌道と 2p 軌道の動径関数

の位置で電子密度がゼロ，r が大きくなって $Z_{\text{eff}} = 1$ の領域で電子密度は大きくなり，さらに大きくなると徐々に小さくなってゼロに近づく．

（2） $Z_{\text{eff}}(r)$ が大きな値をもつ領域で 2s 軌道の電子密度は大きいので，静電引力エネルギーを得する．したがって，2s 軌道のエネルギーの方が 2p 軌道のエネルギーより低くなり，Li 原子では電子間相互作用により，$(1\text{s})^2(2\text{s})$ 電子配置が基底状態となる．

本節のまとめ

第 6 章の 6.5 節の水素原子について，主量子数 n が指定されると，軌道量子数 l の異なる状態は縮退していることを述べた．しかし，この節で，電子間相互作用をとり入れると，ハートリー近似ではあるが，Li 原子の場合に 2s 準位と 2p 準位のエネルギー値が異なることを示した．このように，2 個以上の電子をもつ原子の系では，一般に電子間相互作用の効果で軌道量子数 l の状態の縮退は解け，電子配置 (n, l) は異なるエネルギーをもつ．

主量子数 n を指定したときの (n, l) 準位のエネルギーは，$n = 1, 2, 3$ に対して，1s の準位のエネルギーが一番低く，次に $n = 2$ で 2s 準位，そして 2p 準位となり，次に $n = 3$ で，

$$n\text{s} < n\text{p} < n\text{d}$$

のように高くなる．$n = 4$ 以上になると，例えば $n = 4$ の場合，4s 準位と

3d 準位のエネルギーがほとんど等しく,周期表で電子配置 $(1s)^2(2s)^2$ $(2p)^6(3s)^2(3p)^6$ をもつアルゴン (Ar), その次の原子であるカリウム (K) では, 最後の電子は 3d 軌道のエネルギー準位に入らずに, 4s 軌道の準位に入る. このように, $n=4$ 以上になると, $l=3$ の 4f 準位も含めて, 順序づけが複雑になる. このような場合には, これらの準位のエネルギーの大小はつけずに括弧で括ることにする. 多電子の原子における電子配置 (n, l) への電子の収容の仕方は, ハートリー近似の取り扱いで,

$$1s < 2s < 2p < 3s < 3p < (4s, 3d) < 4p < (5s, 4d) < 5p$$
$$< (6s, 4f, 5d) < 6p < (7s, 5f, 6d)$$

のように順序づけて, 下の準位から電子を詰めていけばよいことが明らかになっている.

また, n を指定した (n, l) 軌道には, 6.5 節で述べたように, $2l+1$ 個の磁気量子数の状態が縮退していて, スピンの縮退度の 2 を考慮すると, $2(2l+1)$ 個の電子が収容できる. これを**閉殻**という. 上記の Ar ではすべての (n, l) 軌道が閉殻となっているが, このような完全に閉殻構造をもった元素は化学的に不活性で, **希ガス**とよばれる.

7.8 ハートリー近似の量子力学的基礎づけ

演算子 $\widehat{A}(\boldsymbol{r})$ を波動関数 $\phi_j(\boldsymbol{r})$, $\phi_k(\boldsymbol{r})$ で挟んだ $\int \phi_j^*(\boldsymbol{r})\,\widehat{A}(\boldsymbol{r})\,\phi_k(\boldsymbol{r})\,dv$ のタイプの積分と軌道の規格直交関係を表す $\int \phi_j^*(\boldsymbol{r})\,\phi_k(\boldsymbol{r})\,dv\,(=\delta_{jk})$ タイプの積分が量子力学ではよく現れるが, これらの積分をそれぞれ

$$\int \phi_j^*(\boldsymbol{r})\,\phi_k(\boldsymbol{r})\,dv \equiv \langle \phi_j | \phi_k \rangle \qquad (7.65\,\text{a})$$

$$\int \phi_j^*(\boldsymbol{r})\,\widehat{A}(\boldsymbol{r})\,\phi_k(\boldsymbol{r})\,dv \equiv \langle \phi_j | \widehat{A} | \phi_k \rangle \qquad (7.65\,\text{b})$$

7.8 ハートリー近似の量子力学的基礎づけ

と簡略化することが多い．この便利な記号法は，ディラック（Paul A. M Dirac，1933年にシュレーディンガーとともにノーベル物理学賞を受賞）が導入したものである．ディラックは，$\langle \phi_j | \phi_k \rangle$を2つのベクトル$\langle \phi_j |$と$| \phi_k \rangle$の内積と解釈して，$| \phi_k \rangle \equiv \phi_k(\boldsymbol{r})$を**ケット (ket) ベクトル**（略してケット），$\langle \phi_j | \equiv \phi_j^*(\boldsymbol{r})$を**ブラ (bra) ベクトル**（略してブラ）とよんだ．本節と次節では，この記号を用いて式を表すことにする．

前節では，N電子の原子系のハミルトニアン (7.1) 式に対する全系の波動関数 $\Psi(\boldsymbol{r}_1, \boldsymbol{r}_2, \boldsymbol{r}_3, \cdots, \boldsymbol{r}_N)$ を (7.60) 式のように軌道関数の積として表し，電子間相互作用をハートリー近似で取り扱うと，軌道関数が (7.63) 式のシュレーディンガー方程式の解になることを述べた．この方法は，ハートリーがはじめて提唱したが，この節では，ハートリーの方法が量子力学的に基礎づけられることを示す．

7.6節で学んだ量子力学の変分法によれば，ハミルトニアン $\hat{H}$ の基底状態とそのエネルギー値を求めたいのであれば，規格化された波動関数 $\Psi(\boldsymbol{r}_1, \boldsymbol{r}_2, \boldsymbol{r}_3, \cdots, \boldsymbol{r}_N)$ を用いて，ハミルトニアン $\hat{H}$ の期待値

$$\int \Psi^* \hat{H} \Psi \, dV = E \tag{7.66}$$

を計算し，その最小値を求めればよいことになる．(7.66) 式は，この章のはじめに述べた「配位空間の記述の仕方」に従っており，N個の電子は$3N$次元の配位空間で，座標 $(x_1, y_1, z_1, x_2, y_2, z_2, \cdots, x_N, y_N, z_N)$ をもつ1個の粒子として記述されている．また，$dV = dv_1 dv_2 \cdots dv_N$ である．

まず，(7.60) 式の $\Psi(\boldsymbol{r}_1, \boldsymbol{r}_2, \boldsymbol{r}_3, \cdots, \boldsymbol{r}_N)$ を変分の試行関数に選び，

$$\Psi(\boldsymbol{r}_1, \boldsymbol{r}_2, \boldsymbol{r}_3, \cdots, \boldsymbol{r}_N) = \phi_1(\boldsymbol{r}_1) \phi_2(\boldsymbol{r}_2) \phi_3(\boldsymbol{r}_3) \cdots \phi_N(\boldsymbol{r}_N) \tag{7.67}$$

を用いて，ハミルトニアン (7.1) 式の期待値を計算する．ここでは，ハミルトニアンとして，(7.1) 式の右辺第2項の原子核からのポテンシャル・エネルギーについては，$-Ne^2/4\pi\varepsilon_0 r_i$ のような具体的な関数形を表示する代わりに $u(\boldsymbol{r}_i)$ と表示したハミルトニアン

$$\widehat{H} = \sum_{i=1}^{N}\left\{-\frac{\hbar^2}{2m}\Delta_i + u(\boldsymbol{r}_i)\right\} + \sum_{i<j}\frac{e^2}{4\pi\varepsilon_0 r_{ij}} \tag{7.68}$$

を用いる．各軌道関数 $\phi_k(\boldsymbol{r}_k)$ は規格化されているので,

$$\langle\phi_i|\phi_i\rangle \equiv \int \phi_i(\boldsymbol{r})^* \phi_i(\boldsymbol{r})\, dv = 1 \tag{7.69}$$

であり，したがって，$\Psi(\boldsymbol{r}_1, \boldsymbol{r}_2, \boldsymbol{r}_3, \cdots, \boldsymbol{r}_N)$ も規格化されている．

　試行関数 (7.67) 式を用いて，ハミルトニアン (7.68) 式の期待値を計算すれば，

$$\langle\Psi|\widehat{H}|\Psi\rangle = \sum_{i=1}^{N}\langle\phi_i|\widehat{H}_0|\phi_i\rangle + \sum_{i<j}\langle\phi_i\phi_j|v|\phi_i\phi_j\rangle \tag{7.70}$$

となる．ここで $\widehat{H}_0$ は1電子のハミルトニアン，

$$\widehat{H}_0 = -\frac{\hbar^2}{2m}\Delta + u(\boldsymbol{r}) \tag{7.71}$$

$v(\boldsymbol{r}_1 - \boldsymbol{r}_2)$ は電子間相互作用，

$$v(\boldsymbol{r}_1 - \boldsymbol{r}_2) = \frac{e^2}{4\pi\varepsilon_0|\boldsymbol{r}_1 - \boldsymbol{r}_2|} \tag{7.72}$$

であり，また，(7.70) 式の右辺第2項の $\langle\phi_i\phi_j|v|\phi_i\phi_j\rangle$ は，2電子間のクーロン積分とよばれ，

$$\langle\phi_i\phi_j|v|\phi_i\phi_j\rangle = \int |\phi_i(\boldsymbol{r}_1)|^2 |\phi_j(\boldsymbol{r}_2)|^2 v(\boldsymbol{r}_1 - \boldsymbol{r}_2)\, dv_1\, dv_2 \tag{7.73}$$

と表される．

　ここで変分問題に移るが，規格化条件 (7.69) 式があるので，その範囲内で各軌道関数 ϕ_i を任意に変化させ，その変化に対して，ハミルトニアンの期待値 (7.70) 式が極値をとるように ϕ_i を決めれば，最良の軌道関数が得られることになる．

　規格化条件 (7.69) 式を考慮するために**ラグランジュの未定乗数** (Lagrange multiplier) ε_i を導入して，

7.8 ハートリー近似の量子力学的基礎づけ

$$I \equiv \langle \Psi | \widehat{H} | \Psi \rangle - \sum_{i=1}^{N} \varepsilon_i \langle \phi_i | \phi_i \rangle \qquad (7.74)$$

で定義される量 I をつくり，ϕ_i が自由に変えられるものであるかのように取り扱って，I を極小にする計算を行なう．そのためには，$\phi_i(\boldsymbol{r}_1)$ またはその複素共役 $\phi_i^*(\boldsymbol{r}_1)$ に，任意の微小変化 $\delta\phi_i(\boldsymbol{r}_1)$ または $\delta\phi_i^*(\boldsymbol{r}_1)$ を与えたとき，I の増加分 δI がゼロであることが必要条件である．$\delta\phi_i(\boldsymbol{r}_1)$ は，その実数部分と虚数部分を任意に変えられるので，$\delta\phi(\boldsymbol{r}_1)$ と $\delta\phi_i^*(\boldsymbol{r}_1)$ を形式的に独立と見ることができる．ここでは，(7.74) 式で $\phi_i^*(\boldsymbol{r}_1)$ を任意に微小変化 $\delta\phi_i^*(\boldsymbol{r}_1)$ ($\equiv \langle \delta\phi_i|$) させた場合を考えると，

$$\delta I = \sum_{i=1}^{N} \langle \delta\phi_i | \widehat{H}_0 | \phi_i \rangle + \sum_{i \neq j} \langle \delta\phi_i \phi_j | v | \phi_i \phi_j \rangle - \sum_{i=1}^{N} \varepsilon_i \langle \delta\phi_i | \phi_i \rangle = 0 \quad (7.75)$$

となる．ここで，未定乗数 ε_i は，エネルギーの次元をもつ．

(7.75) 式は，任意の微小変化 $\delta\phi_i^*(\boldsymbol{r}_1)$ ($\equiv \langle \delta\phi_i|$) に対して常に成り立たなければならないから，(7.73) 式を用いて (7.75) 式を r 表示の積分の式に表し，$\int d\boldsymbol{r}_1 \, \delta\phi_i^*(\boldsymbol{r}_1) (\cdots\cdots)$ のようにカッコで括れば，カッコ内の式 $(\cdots\cdots)$ は常にゼロの条件から，$i = 1, 2, \cdots, N$ に対して，次の N 個の式を得る．

$$\widehat{H}_0 \phi_i(\boldsymbol{r}_1) + \sum_{j \neq i} \int d\boldsymbol{r}_2 \, \phi_j^*(\boldsymbol{r}_2) \, v(\boldsymbol{r}_1 - \boldsymbol{r}_2) \, \phi_j(\boldsymbol{r}_2) \, \phi_i(\boldsymbol{r}_1) = \varepsilon_i \phi_i(\boldsymbol{r}_1)$$
$$(7.76)$$

上式で，$\widehat{H}_0$ に (7.71) 式を，また $v(\boldsymbol{r}_1 - \boldsymbol{r}_2)$ に (7.72) 式を代入すれば，(7.76) 式は

$$\left\{ -\frac{\hbar^2}{2m} \Delta_1 + u(\boldsymbol{r}_1) + \sum_{j \neq i} \int d\boldsymbol{r}_2 \, \phi_j^*(\boldsymbol{r}_2) \frac{e^2}{4\pi\varepsilon_0 |\boldsymbol{r}_1 - \boldsymbol{r}_2|} \phi_j(\boldsymbol{r}_2) \right\} \phi_i(\boldsymbol{r}_1) = \varepsilon_i \, \phi_i(\boldsymbol{r}_1)$$
$$(7.77)$$

と書ける．(7.77) 式は，(7.62) 式を (7.63) 式に代入し，$u(\boldsymbol{r}_i) = -Ne^2/4\pi\varepsilon_0 r_i$ とおいた式に一致する．

このことから，電子間相互作用を (7.62) 式のようにハートリー近似 (平均

場近似)で取り扱うハートリーの考えは，エネルギー最小の変分原理から得られた基底状態を与える固有値方程式(シュレーディンガー方程式)と一致したことで基礎づけられたことになる．

例題 7.6 ハートリー方程式の変分法による導出

(1) (7.73)式で $\phi_i(\bm{r}_1)$ を任意に微小変化 $\delta\phi_i(\bm{r}_1)$ ($\equiv|\delta\phi_i\rangle$) させた場合の式を導け．

(2) 得られた式を r 表示の積分の式に表し，$\int d\bm{r}_1\,\delta\phi_i(\bm{r}_1)\,(\int d\bm{r}_2\cdots)$ のようにカッコで括れば，カッコ内の式 ($\int d\bm{r}_2\cdots$) は常にゼロの条件から得られる式を導け．この計算の際，ラプラシアン Δ がエルミート演算子であることから，$\int d\bm{r}_1\,\phi_i^*(\bm{r}_1)\Delta_1\delta\phi_i(\bm{r}_1)$ を $\int d\bm{r}_1\,\delta\phi_i(\bm{r}_1)\Delta_1\phi_i^*(\bm{r}_1)$ と書けることを用いよ．

[**解**] 固有関数が(7.76)式および(7.77)式の解の複素共役に対応する．(7.76)式および(7.77)式を導いたのと同じやり方で計算をすればよい．以下に，答えの式のみを示す．

(1) $\displaystyle \delta I = \sum_{i=1}^{N}\langle\phi_i|\widehat{H}_0|\delta\phi_i\rangle + \sum_{i\ne j}\langle\phi_i\phi_j|v|\delta\phi_i\phi_j\rangle - \sum_{i=1}^{N}\varepsilon_i\langle\phi_i|\delta\phi_i\rangle = 0$ (7.78 a)

(2) 途中の計算で，$\int d\bm{r}_1\,\phi_i^*(\bm{r}_1)\Delta_1\delta\phi_i(\bm{r}_1)$ が $\int d\bm{r}_1\,\delta\phi_i(\bm{r}_1)\Delta_1\phi_i^*(\bm{r}_1)$ として書けることに注意すること．そうすれば，固有関数 $\phi_i^*(\bm{r}_1)$ に対するシュレーディンガー方程式が得られる．

$$\left\{-\frac{\hbar^2}{2m}\Delta_1 + u(\bm{r}_1) + \sum_{j\ne i}\int d\bm{r}_2\,\phi_j^*(\bm{r}_2)\frac{e^2}{4\pi\varepsilon_0|\bm{r}_1-\bm{r}_2|}\phi_j(\bm{r}_2)\right\}\phi_i^*(\bm{r}_1) = \varepsilon_1\phi_i^*(\bm{r}_1)$$
(7.78 b)

7.9　N 電子系に対するハートリー‐フォック近似

7.7節のハートリー近似では，電子系の波動関数をスピン座標を含まない形にとり，パウリの原理は，1つの軌道に収容される電子数を制限するということで考慮した．しかし7.5節で，多電子系の波動関数をパウリの原理を

7.9 N電子系に対するハートリー-フォック近似

満たすように構築するためには，電子状態は，位置座標 r のみならずスピン座標 σ にも依存する (7.32) 式のスピン軌道 $\phi_\mu(\xi)$ (r と σ をひとまとめにして ξ と書く) で表すこと，そして，これらスピン軌道からなる波動関数が，スピンを含めた粒子座標 ξ の交換に対して符号を変える反対称の性質をもっていなければならないことを述べた．7.5.2項の2電子系の波動関数で述べたように，電子状態に対応する行，あるいは電子の座標に対応する列からなる行列式は，2つの行，あるいは2つの列を交換すると符号を変えるので，多電子系の波動関数の関数形として適している．

このことから，N 個 ($N > 2$) の電子をもつ原子の系においても，そのハミルトニアンの基底状態のエネルギーを変分法で求める際には，パウリの原理を満たすために，電子状態に対応する行と，電子の座標に対応する列からなる行列式を変分の試行関数に選ぶことが適当と考えられる．そして，そのような行列式は，

$$\Psi_{1,2,\cdots,N}(\xi_1, \cdots, \xi_N) = \frac{1}{\sqrt{N!}} \begin{vmatrix} \phi_1(\xi_1) & \phi_2(\xi_1) & \cdots & \phi_N(\xi_1) \\ \phi_1(\xi_2) & \phi_2(\xi_2) & \cdots & \phi_N(\xi_2) \\ \multicolumn{4}{c}{\dotfill} \\ \phi_1(\xi_N) & \phi_2(\xi_N) & \cdots & \phi_N(\xi_N) \end{vmatrix} \equiv |\phi_1, \phi_2, \cdots, \phi_N| \tag{7.79}$$

で定義されるスレーター行列式で与えられる．以後，スレーター行列式を (7.79) 式最後の式のように，$|\phi_1, \phi_2, \cdots, \phi_N|$ の記号で表す．$1/\sqrt{N!}$ は，規格化因子である．スレーターの名は，文献は不明だが，マサチューセッツ工科大学 (MIT) 物理学科の教授であった John Clark Slater によって提唱されたことに由来する．

(7.79) 式の試行関数を用いて ϕ_i をできるだけ正しい形に決めるには，ハートリー近似の場合と同じように (7.79) 式を用いてハミルトニアン (7.68) 式の期待値を計算し，これを極小にするように N 個のスピン軌道 $\phi_\mu(\xi)$ を決めればよい．

(7.68) 式の期待値は, 1 電子ハミルトニアンに対する (7.71) 式の $\hat{H}_0$, 電子間相互作用の (7.72) 式の v の記号を用いて,

$$\langle \Psi | \hat{H} | \Psi \rangle = \sum_{i=1}^{N} \langle \phi_i | \hat{H}_0 | \phi_i \rangle + \frac{1}{2} \sum_{i,j} \langle \phi_i \phi_j | v | \phi_i \phi_j \rangle - \frac{1}{2} \sum_{i,j} \langle \phi_i \phi_j | v | \phi_j \phi_i \rangle \tag{7.80}$$

と書くことができる (章末問題 [7.1]). 波動関数の規格化条件,

$$\langle \phi_i | \phi_i \rangle = \int \phi_i^*(\xi) \phi_i(\xi) d\xi = \sum_{\sigma = \pm 1} \int \phi_i^*(\boldsymbol{r}, \sigma) \phi_i(\boldsymbol{r}, \sigma) d\boldsymbol{r} \tag{7.81}$$

を考慮して変分計算を実行するために, 再びラグランジュの未定乗数 ε_i を導入する手法を用いて,

$$I \equiv \langle \Psi | \hat{H} | \Psi \rangle - \sum_{i} \varepsilon_i \langle \phi_i | \phi_i \rangle \tag{7.82}$$

で定義される量 I をつくり, スピン軌道 $\phi_\mu(\xi)$ が自由に変えられるものであるかのように取り扱って, I を極小にする計算を行なう.

7.8 節のハートリー近似の場合に (7.75) 式を導いたときと同じ手法を用いる. すなわち, I を極小にするためには, $\phi_i^*(\xi)$ の任意の微小変化 $\delta\phi_i^*(\xi)$ を与えたとき, I の増加分 δI がゼロであることの必要条件を表す式を導く. そのため, (7.82) 式で $\phi_i^*(\xi)$ を任意に微小変化 $\delta\phi_i^*(\xi) \equiv \langle \delta\phi_i(\xi) |$ させると,

$$\sum_{i=1}^{N} \langle \delta\phi_i | \hat{H}_0 | \phi_i \rangle + \sum_{i,j} \langle \delta\phi_i \phi_j | v | \phi_i \phi_j \rangle - \sum_{i,j} \langle \delta\phi_i \phi_j | v | \phi_j \phi_i \rangle - \sum_{i} \varepsilon_i \langle \delta\phi_i | \phi_i \rangle = 0 \tag{7.83}$$

となる. ここで, 未定乗数 $\varepsilon_i (i = 1, 2, \cdots, N)$ はエネルギーの次元をもつ.

任意の変分 $\langle \delta\phi_i |$ に対して (7.83) 式が成り立つためには, ϕ_i は,

7.9 N電子系に対するハートリー-フォック近似

$$\widehat{H}_0 \phi_i(\xi_1) + \sum_{j=1}^{N} \int d\xi_2 \phi_j^*(\xi_2) v(\boldsymbol{r}_1 - \boldsymbol{r}_2) \phi_j(\xi_2) \phi_i(\xi_1)$$
$$- \sum_{j=1}^{N} \int d\xi_2 \phi_j^*(\xi_2) v(\boldsymbol{r}_1 - \boldsymbol{r}_2) \phi_i(\xi_2) \phi_j(\xi_1) = \varepsilon_i \phi_i(\xi_1) \tag{7.84}$$

を満足しなければならない.この式を**ハートリー-フォック方程式**(Hartree-Fock equation)とよび,波動関数を (7.79) 式のように 1 つのスレーター行列式で表す近似を**ハートリー-フォック近似**(Hartree-Fock approximation)とよぶ.

(7.84) 式の左辺第 2 項はハートリー近似でも現れた電子間のクーロン積分の項 (7.76) 式の左辺第 2 項と同じであるが,第 3 項はハートリー-フォック近似ではじめて現れる項で**交換相互作用の項**(exchange interaction)とよばれ,パウリの原理を満たすために電子系の波動関数が 2 電子の座標 ξ_1, ξ_2 の交換に関して反対称になっていることに由来する,量子論的な効果である.

(7.84) 式で 2 電子間のクーロン相互作用 $v(\boldsymbol{r}_1 - \boldsymbol{r}_2)$ がスピンに依存しないことから,スピン軌道 $\phi_\mu(\xi)$ に対して (7.32) 式の形を用いて,第 2 項,第 3 項のスピン座標 σ に関する積分 (実際には $\sigma_1 = \pm 1$ についての和) を (7.17 a) ~ (7.17 c) 式に従って実行すれば,(7.84) 式は 1 電子軌道 $\phi_i(\boldsymbol{r}_1)$ に対するハートリー-フォック方程式

$$\widehat{H}_0 \phi_i(\boldsymbol{r}_1) + \sum_{j=1}^{N} \int d\boldsymbol{r}_2 \phi_j^*(\boldsymbol{r}_2) v(\boldsymbol{r}_1 - \boldsymbol{r}_2) \phi_j(\boldsymbol{r}_2) \phi_i(\boldsymbol{r}_1)$$
$$- \sum_{j=1}^{N} \int d\boldsymbol{r}_2 \phi_j^*(\boldsymbol{r}_2) v(\boldsymbol{r}_1 - \boldsymbol{r}_2) \phi_i(\boldsymbol{r}_2) \phi_j(\boldsymbol{r}_1) = \varepsilon_i \phi_i(\boldsymbol{r}_1)$$
(i と j のスピンは平行)
$$\tag{7.85}$$

の形に書くことができる.

この式の左辺第 3 項から明らかなように,交換相互作用は,同じ向きのスピンをもった 2 つの電子の間にはたらき,マイナスの符号から明らかなように,平行スピン (同じ向きのスピン) をもった 2 電子系のエネルギーを得さ

せるように作用する．この特徴を**フントの規則**（Hund's rule）という．

(7.84) 式，(7.85) 式では，j の和は i も含めてとるので，ϕ_i または ϕ_i に対するハートリー–フォック方程式は，すべての i に共通な演算子 H_F を用いて形式的に，

$$H_F \phi_i = \varepsilon_i \phi_i \quad \text{または} \quad H_F \phi_i = \varepsilon_i \phi_i \qquad (7.86)$$

の形に書くことができ，その結果，$\{\phi_1, \cdots, \phi_N\}$ および $\{\phi_1, \cdots, \phi_N\}$ は規格直交系を構成する．すなわち，

$$\langle \phi_i | \phi_j \rangle = \delta_{ij} \quad \text{または} \quad \langle \phi_i | \phi_j \rangle = \delta_{ij} \qquad (7.87)$$

を満たす（章末問題 [7.2]）．

(7.85) 式の左辺第3項は，平行なスピンをもった電子間にのみはたらく相互作用で，**交換ポテンシャル**（exchange potential）とよばれる．ハートリー–フォック方程式は，ハートリー方程式と同じように ϕ_i について非線形な微積分方程式で，つじつまが合うように解かなければならない．

例題 7.7 クープマンスの定理

$2n$ 個の電子系の基底状態が

$$\Psi_{2n} = |\phi_1\alpha, \phi_1\beta, \phi_2\alpha, \phi_2\beta, \cdots, \phi_n\alpha, \phi_n\beta| \qquad (7.88)$$

のスレーター行列式で与えられるとき，この電子系に対するハミルトニアン

$$\widehat{H}_{2n} = \sum_{i=1}^{2n} \left\{ \frac{\boldsymbol{p}_i^2}{2m} + u(\boldsymbol{r}_i) \right\} + \sum_{j<k} \frac{e^2}{4\pi\varepsilon_0 |\boldsymbol{r}_j - \boldsymbol{r}_k|} \qquad (7.89)$$

に対する Ψ_{2n} 状態での期待値 $E_{2n} = \langle \Psi_{2n} | \widehat{H}_{2n} | \Psi_{2n} \rangle$ を計算せよ．ϕ_i は基底状態 Ψ_{2n} での電子の占める1電子軌道関数でハートリー–フォック方程式 (7.85) の解，α，β は電子の上向き，下向きのスピン関数，$u(\boldsymbol{r}_i)$ は i 番目の電子の位置 $\boldsymbol{r}_i$ における外場のポテンシャルである．

次に，$2n - 1$ 個の電子系の基底状態が

$$\Psi_{2n-1} = |\phi_1\alpha, \phi_1\beta, \phi_2\alpha, \phi_2\beta, \cdots, \phi_{n-1}\beta, \phi_n\alpha| \qquad (7.90)$$

7.9 N電子系に対するハートリー-フォック近似

のスレーター行列式で表されるとして，$2n-1$ 個の電子系に対するハミルトニアン $\widehat{H}_{2n-1}$ の期待値 $E_{2n-1} = \langle \Psi_{2n-1} | \widehat{H}_{2n-1} | \Psi_{2n-1} \rangle$ を求め，

$$E_{2n-1} - E_{2n} = -\varepsilon_n \tag{7.91}$$

を証明せよ（**クープマンス (Koopmans) の定理**）．ここで ε_n は 1 電子状態 ϕ_n（$\phi_n\alpha$ および $\phi_n\beta$）のエネルギーである．

[解] $\widehat{H}_{2n}$ の期待値は (7.80) 式により計算できる．ここでは

$$\widehat{H}_0 = \frac{\boldsymbol{p}^2}{2m} + u(\boldsymbol{r}), \qquad v = \frac{e^2}{4\pi\varepsilon_0 |\boldsymbol{r}_1 - \boldsymbol{r}_2|} \tag{7.92}$$

である．(7.88) 式を用いて (7.80) 式の期待値を計算すると，

$$\begin{aligned} E_{2n} &= \langle \Psi_{2n} | \widehat{H} | \Psi_{2n} \rangle \\ &= 2\sum_{i=1}^{n} T(i) + 2\sum_{i,j=1}^{n} J(i,j) - \sum_{i,j=1}^{n} K(i,j) \end{aligned} \tag{7.93}$$

ここで

$$T(i) = \int \phi_i^*(\boldsymbol{r}) \left\{ \frac{\boldsymbol{p}^2}{2m} + u(\boldsymbol{r}) \right\} \phi_i(\boldsymbol{r}) \, d\boldsymbol{r} \tag{7.94}$$

$$J(i,j) = \frac{e^2}{4\pi\varepsilon_0} \iint \frac{|\phi_i(\boldsymbol{r})|^2 |\phi_j(\boldsymbol{r}')|^2}{|\boldsymbol{r} - \boldsymbol{r}'|} \, d\boldsymbol{r} \, d\boldsymbol{r}' \tag{7.95}$$

$$K(i,j) = \frac{e^2}{4\pi\varepsilon_0} \iint \frac{\phi_i^*(\boldsymbol{r}) \phi_j(\boldsymbol{r}) \phi_i(\boldsymbol{r}') \phi_j^*(\boldsymbol{r}')}{|\boldsymbol{r} - \boldsymbol{r}'|} \, d\boldsymbol{r} \, d\boldsymbol{r}' \tag{7.96}$$

である．$J(i,j)$ を**クーロン積分** (Coulomb integral)，$K(i,j)$ を**交換積分** (exchange integral) とよぶ．(7.80) 式の右辺第 2 項の因子 1/2 が (7.93) 式の右辺第 2 項の因子では 2 になっているのは，スピン状態 α, β についての和を ϕ_i, ϕ_j に対して独立にとったためで，同様に交換積分の項は因子が 1/2 から 1 に変わっているのは ϕ_i, ϕ_j のスピン状態が同一の条件の下にスピンについての和をとったためである．$J(i,j), K(i,j)$ は i, j に関して対称である．

次に，E_{2n-1} を求める．E_{2n} の場合と同様にして

$$\begin{aligned} E_{2n-1} = {} & 2\sum_{i=1}^{n-1} T(i) + T(n) + 2\sum_{i,j=1}^{n-1} J(i,j) - \sum_{i,j=1}^{n-1} K(i,j) \\ & + 2\sum_{i=1}^{n-1} J(i,n) - \sum_{i=1}^{n-1} K(i,n) \end{aligned} \tag{7.97}$$

となる．(7.93) 式, (7.97) 式より

$$E_{2n-1} - E_{2n} = -T(n) - 2\sum_{i=1}^{n} J(i, n) + \sum_{i=1}^{n} K(i, n) \qquad (7.98)$$

を得る.

他方, (7.85) 式に $\phi_i^*(\mathbf{r}_1)$ を掛けて $\mathbf{r}_1$ で積分し, (7.92) 式の $\hat{H}_0$, v を代入して

$$\varepsilon_i = T_i + 2\sum_{k=1}^{n} J(k, i) - \sum_{k=1}^{n} K(k, i) \qquad (7.99)$$

を得る．(7.98) 式, (7.99) 式より

$$E_{2n-1} - E_{2n} = -\varepsilon_n \qquad (7.100)$$

が得られる．(7.100) 式の左辺は, $2n$ 個の電子系から1個の電子をとり除いて $2n-1$ 個の系にする際のイオン化エネルギー I である.

$$I = -\varepsilon_n \qquad (7.101)$$

(厳密にいうと, $2n$ 電子系と $2n-1$ 電子系ではハートリー-フォックの式 (7.84) 式, (7.58) 式は異なる．ここでは同一の方程式であると近似して, (7.100) 式を導いた.)

本節のまとめ

ハートリー-フォック近似では, N 電子系の波動関数はパウリの原理を満たすように構築されたスレーター行列式で表され, 次の性質をもつ.

(1) この波動関数は, スピンを含めた粒子座標の交換に対して符号を変える反対称の性質をもつ.

(2) 同じ向きのスピンをもった2つの電子が空間的に同じ場所を占める確率はゼロである．その結果, 同じ向きのスピンをもった電子間の交換エネルギーは, 基底状態のエネルギーを下げるように作用する.

(3) この近似のもとで, N 電子系のエネルギーは,

(ⅰ) スレーター行列式に関与する, すべての軌道についての N 個の1電子エネルギーの和

(ⅱ) $N(N-1)/2$ 個の電子間のクーロン・エネルギーの和

(iii) 同じ向きのスピンの電子間の交換エネルギーの和

からなる．特に，(iii) は量子力学に特有の効果である．

7.10 原子構造と元素の周期表

7.7～7.9 節で述べたように，ハートリーまたはハートリー–フォックの 1 電子近似では，各電子は原子核と他の電子のつくる平均場のポテンシャル（ハートリーまたはハートリー–フォック・ポテンシャルとよぶ）の中を運動することになり，電子の各軌道の ϕ_i を決める方程式は，ハートリー近似の場合，(7.63) 式，(7.77) 式より，形式的に，

$$\left\{-\frac{\hbar^2}{2m}\Delta + V(\boldsymbol{r})\right\}\phi_i(\boldsymbol{r}) = \varepsilon\,\phi_i(\boldsymbol{r}) \qquad (7.102)$$

の形に書くことができる．ここでは，原子の場合であるから，ポテンシャル $V(\boldsymbol{r})$（つじつまの合った平均場ポテンシャルとよぶ）に対して，角度について平均をとって球対称とする中心力場の近似を採用すれば，電子の軌道は水素原子の場合と同様に，主量子数 n，軌道量子数 l，磁気量子数 m_l の 3 つの量子数で指定される．したがって中心力場での電子状態は，第 6 章並びにこの章で学んだように，スピン量子数 m_s も含めて 4 つの量子数 $n,\ l,\ m_l,\ m_s$ を指定することによって決められる．

パウリの原理によれば，4 つの量子数により指定された 1 つの状態は 1 個の電子しか占めることができないから，各原子のエネルギーの最も低い状態（基底状態）を得るには，エネルギーの低い軌道 $\phi_{n,l,m}$ から順々に，スピンの向きが互いに反対向きの電子を 2 個ずつ収容していけばよい．その際，(n,l) の軌道には最大 $2(2l+1)$ 個の電子が収容される．

$n,\ l$ が一定の状態を**殻**（shell）とよび，$2(2l+1)$ 個の電子が 1 つの殻に収容されたときに，その殻を**閉殻**（closed shell）とよぶ．このようにして得られた電子の各殻への配置を**電子配置**（electron configuration）とよぶ．例えば，

表 7.1 元素の周期表（中性原子の基底状態における外殻の電子配置を示す）

	1	2	3	4	5	6	7	8	9	10	11	12	13	14	15	16	17	18
1	1H $1s^1$																	2He $1s^2$
2	3Li $2s^1$	4Be $2s^2$											5B $2s^22p^1$	6C $2s^22p^2$	7N $2s^22p^3$	8O $2s^22p^4$	9F $2s^22p^5$	10Ne $2s^22p^6$
3	11Na $3s^1$	12Mg $3s^2$											13Al $3s^23p^1$	14Si $3s^23p^2$	15P $3s^23p^3$	16S $3s^23p^4$	17Cl $3s^23p^5$	18Ar $3s^23p^6$
4	19K $4s^1$	20Ca $4s^2$	21Sc $4s^23d^1$	22Ti $4s^23d^2$	23V $4s^23d^3$	24Cr $4s^13d^5$	25Mn $4s^23d^5$	26Fe $4s^23d^6$	27Co $4s^23d^7$	28Ni $4s^23d^8$	29Cu $4s^13d^{10}$	30Zn $4s^23d^{10}$	31Ga $4s^23d^{10}4p^1$	32Ge $4p^2$	33As $4s^23d^{10}4p^3$	34Se $4s^23d^{10}4p^4$	35Br $4s^23d^{10}4p^5$	36Kr $4s^23d^{10}4p^6$
5	37Rb $5s^1$	38Sr $5s^2$	39Y $5s^24d^1$	40Zr $5s^24d^2$	41Nb $5s^14d^4$	42Mo $5s^14d^5$	43Tc $5s^24d^5$	44Ru $5s^14d^7$	45Rh $5s^14d^8$	46Pd $4d^{10}$	47Ag $5s^14d^{10}$	48Cd $5s^24d^{10}$	49In $5s^24d^{10}5p^1$	50Sn $5p^2$	51Sb $5s^24d^{10}5p^3$	52Te $5s^24d^{10}5p^4$	53I $5s^24d^{10}5p^5$	54Xe $5s^24d^{10}5p^6$
6	55Cs $6s^1$	56Ba $6s^2$	57～71 ランタノイド元素	72Hf $6s^25d^2$ $4f^{14}$	73Ta $6s^25d^3$	74W $6s^25d^4$	75Re $6s^25d^5$ $4f^{14}$	76Os $6s^25d^6$ $4f^{14}$	77Ir $6s^25d^7$ $4f^{14}$	78Pt $6s^15d^9$ $4f^{14}$	79Au $6s^15d^{10}$ $4f^{14}$	80Hg $6s^25d^{10}$ $4f^{14}$	81Tl $6s^26p^1$ $5d^{10}4f^{14}$	82Pb $6s^26p^2$ $5d^{10}4f^{14}$	83Bi $6s^26p^3$ $5d^{10}4f^{14}$	84Po $6s^26p^4$ $5d^{10}4f^{14}$	85At $6s^26p^5$ $5d^{10}4f^{14}$	86Rn $6s^26p^6$ $5d^{10}4f^{14}$
7	87Fr $7s^1$	88Ra $7s^2$	89～103 アクチノイド元素	104Rf $7s^26d^2$ $5f^{14}$	105Db $7s^26d^3$ $5f^{14}$	106Sg	107Bh	108Hs	109Mt	110Ds	111Rg	112Cn	113Uut	114Fl	115Uup	116Lv		118Uuo

ランタノイド	57La $6s^25d^1$	58Ce $5d^14f^1$ $6s^2$	59Pr $4f^3$ $6s^2$	60Nd $4f^4$ $6s^2$	61Pm $4f^5$ $6s^2$	62Sm $4f^6$ $6s^2$	63Eu $4f^7$ $6s^2$	64Gd $5d^14f^7$ $6s^2$	65Tb $4f^9$ $6s^2$	66Dy $4f^{10}$ $6s^2$	67Ho $4f^{11}$ $6s^2$	68Er $4f^{12}$ $6s^2$	69Tm $4f^{13}$ $6s^2$	70Yb $4f^{14}$ $6s^2$	71Lu $5d^14f^{14}$ $6s^2$
アクチノイド	89Ac $7s^26d^1$	90Th $6d^2$ $7s^2$	91Pa $6d^15f^2$ $7s^2$	92U $6d^15f^3$ $7s^2$	93Np $6d^15f^4$ $7s^2$	94Pu $5f^6$ $7s^2$	95Am $5f^7$ $7s^2$	96Cm $6d^15f^7$ $7s^2$	97Bk $5f^9$ $7s^2$	98Cf $5f^{10}$ $7s^2$	99Es $5f^{11}$ $7s^2$	100Fm $5f^{12}$ $7s^2$	101Md $4f^{13}$ $7s^2$	102No $5f^{14}$ $7s^2$	103Lr $5d^14f^{14}$ $7s^2$

7.10 原子構造と元素の周期表

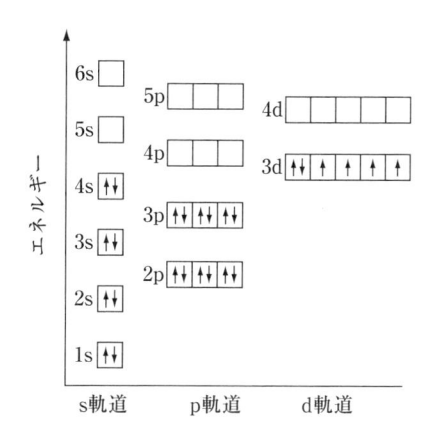

図 7.8 鉄 Fe($N = 26$) の電子配置．鉄元素は $(1\,\mathrm{s})^2 (2\,\mathrm{s})^2 (2\,\mathrm{p})^6 (3\,\mathrm{s})^2 (3\,\mathrm{p})^6 (3\,\mathrm{d})^6 (4\,\mathrm{s})^2$ の電子配置．

He 原子 ($N = 2$) の基底状態の電子配置は $(1\,\mathrm{s})^2$，Li 原子 ($N = 3$) は $(1\,\mathrm{s})^2 (2\,\mathrm{s})$ となる．Li 原子以下同様にして，$1\,\mathrm{s}, 2\,\mathrm{s}, 2\,\mathrm{p}, 3\,\mathrm{s}, 3\,\mathrm{p}, 3\,\mathrm{d}, 4\,\mathrm{s}, \cdots$，という順番に電子を配置していけば，表 7.1 に示される**元素の周期表** (Periodic table of the elements) が得られることになるが，もちろん周期表はここでなされた簡単な議論だけから完全に導かれるものではない．特に主量子数が高くなると，軌道のエネルギーがここに記述された順序に現れるとは限らない．

例えば，$3\,\mathrm{d}$ と $4\,\mathrm{s}$ のエネルギーがほとんど等しいために，K，Ca，Sc，Ti，V は $(1\,\mathrm{s})^2 (2\,\mathrm{s})^2 (2\,\mathrm{p})^6 (3\,\mathrm{s})^2 (3\,\mathrm{p})^6$ の閉殻構造の内殻電子の外側に，それぞれ $(4\,\mathrm{s})^1$，$(4\,\mathrm{s})^2$，$(3\,\mathrm{d})^1 (4\,\mathrm{s})^2$，$(3\,\mathrm{d})^2 (4\,\mathrm{s})^2$，$(3\,\mathrm{d})^3 (4\,\mathrm{s})^2$ の電子配置をもち，以後，Ni まで $3\,\mathrm{d}$ 電子の数が増して Cu で $(3\,\mathrm{d})^{10} (4\,\mathrm{s})^1$ となって $3\,\mathrm{d}$ 殻が閉じる．電子配置の一例として，遷移金属の鉄 (Fe) 元素の電子配置を図 7.8 に示す．

Sc から Ni までは $3\,\mathrm{d}$ 殻が閉じておらず (不完全殻とよぶ)，Sc から Cu までの元素を**第 1 ($3\,\mathrm{d}$) 遷移金属**とよぶ．同様に，Y から Ag，Hf から Au までの元素を，それぞれ**第 2 ($4\,\mathrm{d}$) 遷移元素**，**5 d 遷移元素**とよぶ．また，La から Lu に至る元素は $4\,\mathrm{f}$ 軌道が不完全殻で**希土類元素**，または**レア・アース**とよばれる (Sc と Y も含む)．これらの遷移元素および希土類元素は，d 殻または f 殻が不完全殻のためにスピンすなわち磁気モーメントをもち，磁気的

に興味ある性質を示す．

　不完全殻をもつ元素やイオンでは，経験的にスピン角運動量の最も大きい状態が基底状態となっている．これがフントの規則である．一般に原子の電子状態を，その状態のスピン角運動量の大きさ S と軌道角運動量の大きさ L を用いて ^{2S+1}L のように表し，**多重項** (multiplet) とよぶ．例えば，炭素原子 C の場合には電子配置が $(1\mathrm{s})^2(2\mathrm{s})^2(2\mathrm{p})^2$ で，その基底状態は $S=0$ ではなくて $S=1$ となり，多重項の記号で表せば ^3L 状態となる．$2S+1$ を**スピン多重度** (spin multiplicity) という．

　フントの規則は，原子またはイオンにおける電子間の交換相互作用に起因した経験則である．すなわち，(7.84)，(7.85) 式のハートリー–フォック方程式でみたように，電子のスピンは交換ポテンシャルのために，お互いに平行になったときにエネルギーを得する．したがって不完全殻の場合には，(n, l, m_l) の軌道に 2 つの電子がスピンを反平行にして配置するよりは，m_l の異なった縮退した軌道に 2 つの電子がスピンを平行にして配置した方がエネルギーが低くなる．このように不完全殻の場合には，同じ電子配置に対してスピンの最も大きい状態がエネルギーの低い基底状態となる．

　最近も 113 番目の新元素が発見されたように，寿命の短い新元素を含めて，周期表も更新されつつある．表 7.1 には，最新の 113 番目より 118 番目の元素を記載した周期表を示す．

● 章末問題 ●

[**7.1**]　(7.79) 式のスレーター行列式 $\Psi_{1,\cdots,N}(\xi_1, \xi_2, \cdots, \xi_N)$ は，2 行 2 列の小行列式 $\{\phi_j(\xi_1)\phi_k(\xi_2) - \phi_k(\xi_1)\phi_j(\xi_2)\}/\sqrt{2}$ によって**ラプラス展開** (Laplace expansion) を行なうと，次のように書き直すことができる．

$$\Psi_{1,\cdots,N}(\xi_1, \xi_2, \cdots, \xi_N) =$$

$$\sqrt{\frac{2}{N(N-1)}} \frac{\sum_{j<k}\{\phi_j(\xi_1)\phi_k(\xi_2) - \phi_k(\xi_1)\phi_j(\xi_2)\}}{\sqrt{2}} \Psi_{jk}(\xi_3, \xi_4, \cdots, \xi_N)$$

この式を用いて，ハミルトニアン (7.68) の期待値を計算するとき，(7.80) が導かれることを示せ．ここで，$\Psi_{jk}(\xi_3, \xi_4, \cdots, \xi_N)$ は，$(N-2)$ 電子のスレーター行列式である．

[**7.2**] ハートリー-フォック方程式の固有関数は，規格直交系を構成することを証明せよ．

また，ハートリー-フォック方程式を以下の (7.86) 式で表し，

$$H_F \phi_i = \varepsilon_i \phi_i \quad \text{または} \quad H_F \phi_i = \varepsilon_i \phi_i$$

スピン軌道 $\phi_i(\xi)$ の固有関数，あるいはスピン座標を含まない軌道関数 $\phi_i(r)$ の固有関数の系が (7.87) 式を満たすことを証明せよ．ただし，$\phi_i(\xi)$，$\phi_i(r)$ は規格化されているとする．

[**7.3**] 原子の中で電子は，(7.5) 式で与えられる磁気モーメント $\widehat{\boldsymbol{\mu}}(=-\mu_0(ge/2m)\hat{\boldsymbol{s}})$ をもって原子核の周りを運動している．電子は，半径 r の円周上を速度 $\boldsymbol{v}$ で等速円運動をしているとしよう．他方，電子の方から見れば，正電荷 Ne をもつ原子核が電子の周りを回っていることになる．原子核の運動による電流が電子の場所につくる磁束密度を $\boldsymbol{B}$ (磁場 $\boldsymbol{H}$) とすると，電磁気学のビオ-サバールの法則により，$\boldsymbol{B}$ は

$$\boldsymbol{B} = \mu_0 \frac{1}{4\pi} Ne(-\boldsymbol{v}) \times \frac{\boldsymbol{r}}{r^3} = \mu_0 \frac{1}{4\pi m} \frac{Ne}{r^3} \boldsymbol{l} \tag{i}$$

と表される．μ_0 は，**真空の透磁率** (magnetic permittivity of vacuum) とよばれる定数で，

$$\mu_0 = 4\pi \times 10^{-7} = 1.257 \times 10^{-6}\,\mathrm{N \cdot A^{-2}} \tag{ii}$$

である．$\boldsymbol{l}$ は軌道角運動量で，$\boldsymbol{l} = \boldsymbol{r} \times m\boldsymbol{v}$ である．

電子の磁気モーメント $\boldsymbol{\mu}$ と磁場 $\boldsymbol{H}(=\boldsymbol{B}/\mu_0)$ の間には，相互作用のエネルギー

$$H_{\mathrm{SO}} = -\boldsymbol{\mu}\cdot\boldsymbol{H} = \mu_0 \frac{gNe^2}{8\pi m^2}\frac{1}{r^3}\boldsymbol{l}\cdot\boldsymbol{s} \qquad (\mathrm{iii})$$

が生じる.より一般的に,電子が (7.71) 式の中心力ポテンシャル $u(\boldsymbol{r})$ の中を運動している場合には,(iii)式の $-Ne^2/4\pi\varepsilon_0 r$ の部分を $u(r)$ で置き換えて,(iii)式は,

$$H_{\mathrm{SO}} = -\boldsymbol{\mu}\cdot\boldsymbol{H} = \frac{g}{2m^2c^2}\frac{1}{r}\frac{du(r)}{dr}\boldsymbol{l}\cdot\boldsymbol{s} \qquad (\mathrm{iv})$$

の形に表される.(iii)から(iv)を導く際に,$\varepsilon_0\mu_0 c^2 = 1$ の関係を用いて,$\varepsilon_0\mu_0$ の項を消去した.

上で述べた古典物理学の取り扱いでは,(iv)式のランデの g 因子は 1 であるが,ディラックの相対論的電子論では(iv)式を導くことができ,同時に $g=2$ も導くことができる.ディラックの相対論的電子論で導いた

$$H_{\mathrm{SO}} = \frac{1}{m^2c^2}\frac{1}{r}\frac{du(r)}{dr}\boldsymbol{l}\cdot\boldsymbol{s} \qquad (\mathrm{v})$$

を,**スピン軌道相互作用** (spin-orbit interaction) という.

(1) (7.71) 式の 1 電子近似のハミルトニアン H_0 にスピン軌道相互作用 H_{SO} が摂動として加わったとき,ハミルトニアン $H = H_0 + H_{\mathrm{SO}}$ に対して,$[\boldsymbol{l}^2, H] = 0$,$[\boldsymbol{s}^2, H] = 0$ であることを示せ.

(2) 次に,ハミルトニアン $H = H_0 + H_{\mathrm{SO}}$ と軌道角運動量 $\boldsymbol{l}$ とスピン角運動量 $\boldsymbol{s}$ を合成した $\boldsymbol{j} = \boldsymbol{l} + \boldsymbol{s}$ が可換であることを示せ.$\boldsymbol{j}$ は**全角運動量**とよばれる.

(3) 角運動量の合成則 (8.2.2 項を参照) から,全角運動量の量子数 j としては,$l+1/2$ と $l-1/2$ が可能である.これら 2 つの量子状態に対して,H_{SO} のエネルギー固有値を求めよ.ただし,(v)式で,$\lambda \equiv (1/m^2c^2)(1/r)(du(r)/dr)$ とおいて,H_{SO} を

$$H_{\mathrm{SO}} = \lambda\boldsymbol{l}\cdot\boldsymbol{s} \qquad (\mathrm{vi})$$

と表せ.λ を**スピン軌道相互作用の定数**という.

Tea Time

(1) ブラケットの話題

この章の 7.8 節で，量子状態を表す記号として，ディラックが $|\phi\rangle$ と書き，ケット (ket) ベクトルとよんだこと，その複素共役な状態を $\langle\phi|$ と書き，ブラ (bra) ベクトルとよんだことを紹介した．この表記は $\langle\ |\ \rangle$ のセットになっていて，察しのよい読者はお気付きかもしれないが，括弧の英語 bracket が語源である．この *Tea Time* で，この語源について，ディラックの量子力学の教科書[*]に基づいて，多少詳しく述べてみたい．

ディラックの量子力学における最大の功績は，量子力学と特殊相対性理論を融合させたことである．1927 年末，25 歳のときに，電子の相対論的量子力学を記述する方程式を発表した．今日**ディラック方程式**とよばれ，科学史上もっとも美しい形をした方程式といわれている．この方程式で，本章で学んだ**スピン**や**スピン軌道相互作用**の概念が理論として導かれた．

さて，ブラケットの記号を導入した動機について，ディラックは教科書の中で次のように述べている．

> 「量子力学では，力学系にベクトルを結び付けて考えるのであるが，このベクトルについて，有限個の次元の空間内のものでも無限個の次元の空間内のものでも，これを言い表すのに何か特別のなまえが欲しいものである．そこでこういうベクトルをケット・ベクトル (ket vector) または単にケット (ket) とよび，一般のケットのことを特別な記号 $|\ \rangle$ で表わすことにする．」

(ディラック著，朝永振一郎，玉木英彦，木庭二郎，大塚益比古，伊藤大介 共訳：『量子力学』(岩波書店，1954 年 11 月 25 日第 1 版発行) より)

この考えに従えば，量子力学の波動関数は無限個の次元の空間 (**ヒルベルト空間**とよぶ) 内の**状態ベクトル** $|\phi\rangle$ であり，任意の状態ベクトルは，ヒルベルト空間の規格直交系をなす基本ベクトル $|u_k\rangle$ で次の形に展開してよいことが容易に理解できるであろう．

$$|\phi\rangle = \sum_k a_k |u_k\rangle \tag{7.103}$$

この記号を用いれば，シュレーディンガー方程式は

---

[*] P. A. M. Dirac：*The principles of Quantum Mechanics 3rd edition* (Oxford University Press)

$$\hat{H}|\phi\rangle = E|\phi\rangle \tag{7.104}$$

と書くことができる．また，測定できる物理量を**オブザーバブル**といい，それに対応する演算子を $\hat{A}$ と書くとき，状態 $|\phi\rangle$ において $\hat{A}$ を観測して測定値（固有値）a が得られる場合を

$$\hat{A}|\phi\rangle = a|\phi\rangle \tag{7.105}$$

と書く．この表現は，座標空間でも運動量空間でも，どの空間でもこのまま用いることができる．また，物理量を $\langle\phi_i|\hat{A}|\phi_j\rangle$ のように行列で表現することも容易である．

我々の住む世界は3次元空間である．日常生活と関連して，位置ベクトルとか速度ベクトルなどのベクトルという概念を日頃感覚的に理解しているのではなかろうか．ディラックの本を読んだときに，量子の世界は無限次元空間（ヒルベルト空間）であるが，波動関数を状態ベクトルと読み替えることで，量子力学の理解が格段に進んだ記憶がある．7.8, 7.9節でブラケットの手法を会得して，日常生活でも量子力学により親しみをもってほしいと願っている．

ディラックの量子力学の第1版は，オックスフォード大学出版局から，「*The International Series of Monograph on Physics*」のシリーズとして1930年に出版されているが，著者の一人（上村）も青木秀夫氏（現 東京大学大学院理学系研究科教授）と共著で，「*The Physics of Interacting Electrons in Disordered Systems*」と題する著書を同じモノグラフのシリーズ76巻として1989年に出版する栄に浴した．

（2） 光子はボース粒子

7.5.3項で，スピンを含めた粒子座標の交換に対して，波動関数が反対称な粒子系をフェルミ粒子，対称な粒子系をボース粒子とよぶことを述べたが，この分類に従えば，第2章の2.2節で述べた**光子**（**photon**）はボース粒子である．量子統計力学によれば，ボース粒子系が熱平衡（温度 T，化学ポテンシャル μ）にある場合，ボース粒子がエネルギー ε の1粒子状態を占める数 $n(\varepsilon)$ の統計的期待値（ボース分布関数）$\langle n(\varepsilon)\rangle$ は，

$$\langle n(\varepsilon)\rangle = \frac{1}{\exp\left(\dfrac{\varepsilon-\mu}{k_\text{B}T}\right)-1} \tag{7.106}$$

で与えられる．

この式と第2章のプランクの輻射公式 (2.14) 式を比較すると，化学ポテンシャルを $\mu=0$ に選び，エネルギー ε を $\varepsilon=h\nu$ とおけば，両者のエネルギーおよび温度依存性が全く一致していることがわかる．このことから，温度 T の空洞は，ボース粒子である光子で満たされていると結論でき，100年前の碩学の直観が今日確固とした基盤をもつ量子統計の世界を透視していたことに敬服するばかりである．

8 分子の形成
～水素分子～

前章で，原子の電子状態の特徴と元素の周期表が成り立つ起源について学んだ．この章では，いくつかの原子核と電子からなる分子が安定な形状をもつミクロな機構とその電子状態について，最も簡単な構造の分子である水素分子を例にとって述べる．その際，2つの相対するアプローチとしてハイトラー‒ロンドン（近似）法と分子軌道法について説明し，水素分子の構造と電子状態を正確に記述するには，電子間のクーロンポテンシャルによる電子相関が重要であることを述べる．

8.1 水素分子の電子状態

分子は，いくつかの原子核と電子からなる系である．したがって，分子の状態を表すには，電子の運動のみならず，原子核の振動や回転の状態も同時に記述しなければならない．しかし，原子核と電子は，同種粒子ではない．まず両者の質量を比較してみると，原子核の質量は電子の質量の$10^3 \sim 10^4$倍であるから，原子核の運動は電子の運動に比べて極めて遅い．そこで，第7章の多電子原子の場合にも述べたように，電子の運動を議論する際には，原子核は近似的に止まっていると考える．

この章では，最も簡単な分子の系である水素分子を例にとって，どのような相互作用が分子の形成に重要なはたらきをするのかを調べてみよう．水素分子は，図8.1にみるように，$+e$の電荷をもつ原子核（陽子（proton）とよぶ）aと原子核bの周りを電子1と電子2がそれぞれ動き回っている．原子

核の間の距離 R を一定として電子の固有状態を求めると，そのエネルギー固有値は，R をパラメータとして含むことになる．したがって，水素分子の電子系のエネルギーは R の関数となるので，$E(R)$ と書く．この $E(R)$ には，2つの原子核の間のクーロン斥力ポテンシャルも含める．

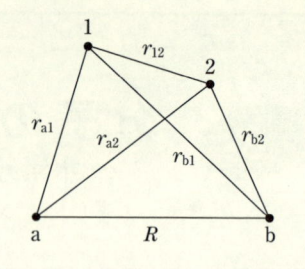

図 8.1 水素分子のミクロな配置

$E(R)$ は，電子が異なった状態に遷移を起こさないように（断熱的という）原子核をゆっくり引き離していくときのポテンシャルであるから，$E(R)$ を**断熱ポテンシャル**（adiabatic potential）とよぶ．図 8.2 に，水素分子の基底状態における断熱ポテンシャルを R の関数として示す．実験によれば，$E(R)$ は $R_0 = 0.74\,\text{Å}$（オングストローム）で最小値をとる．1Å は $0.1\,\text{nm}$ (ナノメートル) であるから，$R_0 = 0.074\,\text{nm}$ である．

a と b の原子核が十分に離れると $(R \to \infty)$，水素分子は2つの水素原子に分かれるので，$R \to \infty$ では水素原子の 1s 状態のエネルギー $\varepsilon_\text{H} (= E_{1s} =$

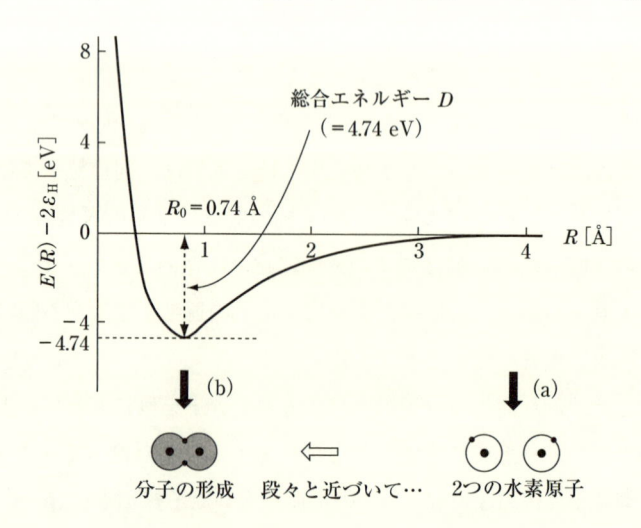

図 8.2 断熱ポテンシャルの模式図

$-13.60\,\mathrm{eV}$) の 2 倍が $E(R\to\infty)$ に等しい.よって,$E(R)-2\varepsilon_\mathrm{H}$ が結合によって変化したエネルギーとなり,図 8.2 の縦軸に $E(R)-2\varepsilon_\mathrm{H}$ の値をとる.$E(R\to\infty)$ と $E(R_0)$ との差が,水素分子の結合エネルギー (D) である.

図 8.2 には,上記の他,断熱ポテンシャル $E(R)$ が R とともに変化する際に,2 つの水素原子が分子に変化する様子も模式的に示す.この図で示されている結合エネルギー D に対応する実験値は,$-4.74\,\mathrm{eV}$ である.結合エネルギー D は,安定な分子に対しては正の量であるので,

$$D = 2\varepsilon_\mathrm{H} - E(R_0 = 0.74\,\text{Å}) = 4.74\,\mathrm{eV}$$

と定義する.eV は電子ボルトで,1 eV は,電子を 1 V の電圧をかけて加速したときに電子が得る運動エネルギーの単位である.このようにして定義された D が正のときは,水素原子が離れ離れになったときの 1s 基底状態のエネルギーの和よりも,原子間距離が 0.74 Å の水素分子の基底状態のエネルギーの方が低いことを意味するので,安定な分子が形成される.

それでは,水素分子が安定に形成されるメカニズムをミクロの世界から考えてみよう.水素分子に対するハミルトニアンは,図 8.1 から,

$$H = -\frac{\hbar^2}{2M}(\Delta_\mathrm{a} + \Delta_\mathrm{b}) - \frac{\hbar^2}{2m}(\Delta_1 + \Delta_2) - \frac{e^2}{4\pi\varepsilon_0 r_\mathrm{a1}} - \frac{e^2}{4\pi\varepsilon_0 r_\mathrm{b1}}$$
$$- \frac{e^2}{4\pi\varepsilon_0 r_\mathrm{a2}} - \frac{e^2}{4\pi\varepsilon_0 r_\mathrm{b2}} + \frac{e^2}{4\pi\varepsilon_0 r_{12}} + \frac{e^2}{4\pi\varepsilon_0 R} \quad (8.1)$$

で与えられる.第 1 項と第 2 項は,それぞれ質量 M の原子核(陽子)a,b と質量 m の電子 1,2 の運動エネルギーを表す.また第 3 項,第 4 項は,原子核 a ならびに b と電子 1 との間のクーロンポテンシャル(引力),第 5 項,第 6 項は,原子核 a ならびに b と電子 2 との間のクーロンポテンシャル(引力)を表す.さらに第 7 項は,電子 1 と 2 の間のクーロンポテンシャル(斥力),最後の第 8 項は,原子核同士のクーロンポテンシャル(斥力)を表す.

第 6 章と第 7 章で見てきたように,原子核の質量は電子の質量に比べて十分大きいので,電子の運動に比べれば原子核は止まっていると考えてよい.

この近似を**断熱近似**(adiabatic approximation),あるいは**ボルン-オッペンハイマー(Born-Oppenheimer)近似**とよぶ.断熱近似を採用すると,(8.1)式で原子核の運動エネルギーを無視できるので,水素分子に対するハミルトニアンは

$$H = -\frac{\hbar^2}{2m}\Delta_1 - \frac{\hbar^2}{2m}\Delta_2 - \frac{e^2}{4\pi\varepsilon_0 r_{a1}} - \frac{e^2}{4\pi\varepsilon_0 r_{b1}} - \frac{e^2}{4\pi\varepsilon_0 r_{a2}}$$
$$- \frac{e^2}{4\pi\varepsilon_0 r_{b2}} + \frac{e^2}{4\pi\varepsilon_0 r_{12}} + \frac{e^2}{4\pi\varepsilon_0 R} \qquad (8.2)$$

と表される.(8.2)式が水素分子の電子系に対するハミルトニアンである.

水素分子の電子状態を導くのに,全く相対する点から出発する2つの近似方法がある.1つは**ハイトラー-ロンドン(近似)法**,もう1つは1電子近似に基づく**分子軌道法**である.この2つの近似法における考え方の違いは,ハイトラー-ロンドン(近似)法では,2つの電子が出会うことによるクーロン斥力ポテンシャルの増加を減らしたいと考え,分子軌道法では,電子が原子に局在して,局在によって運動エネルギーが増加するのをできるだけ減らしたいと考えることにある.この点に注意して,これから2つの近似法について述べる.

まず,ハイトラー(W. Heitler)とロンドン(F. London)が,1927年に提唱したハイトラー-ロンドン(近似)法(以下,ハイトラー-ロンドン法とよぶ)について述べる.

● 8.2 ハイトラー-ロンドン法 ●

8.2.1 電子相関を考慮した考え方

この方法の基本的な考えは,以下の通りである.最初に,原子核(陽子)a, bが遠く離れた($R = \infty$)ときの2つの水素原子の基底状態(1 s 軌道状態)を

出発点として考える．$R = \infty$ でのハミルトニアン H_0 は，2つの水素原子のハミルトニアン H_a と H_b の和で，

$$H_0 = H_\mathrm{a} + H_\mathrm{b} = -\frac{\hbar^2}{2m}\Delta_1 - \frac{e^2}{4\pi\varepsilon_0 r_{\mathrm{a}1}} - \frac{\hbar^2}{2m}\Delta_2 - \frac{e^2}{4\pi\varepsilon_0 r_{\mathrm{b}2}} \quad (8.3)$$

と書くことができる．したがって，H_0 に対する固有関数 $\Phi_0(1,2)$ は，H_a と H_b の固有関数の積となる．H_a は陽子 a の近くに電子1がいる状態のハミルトニアンであり，H_b は陽子 b の近くに電子2がいる状態のハミルトニアンであるので，それぞれ電子1と電子2の位置座標に関する波動関数 $\phi_\mathrm{a}(\boldsymbol{r}_1)$ と $\phi_\mathrm{b}(\boldsymbol{r}_2)$ を用いて，両者の積の形

$$\Phi_0(1,2) = \phi_\mathrm{a}(\boldsymbol{r}_1)\,\phi_\mathrm{b}(\boldsymbol{r}_2) \quad (8.4)$$

に書くことができる．ϕ_a, ϕ_b は水素原子 a, b の 1s 軌道状態を表す波動関数である．ここで，r 方向の動径関数は第6章の (6.160) 式で，また角度 θ, ϕ に依存する球面調和関数は，s 状態なので，第6章の表 6.3 の $Y_{0,0}(\theta,\phi)$ ($= 1/\sqrt{4\pi}$) で与えられる．

2つの電子は同種の粒子であるので，区別をすることはできない．そこで，(8.4) 式で電子1, 2を交換した $\phi_\mathrm{a}(\boldsymbol{r}_2)\phi_\mathrm{b}(\boldsymbol{r}_1)$ も H_0 に対する固有関数となる．そこで，(8.4) 式の $\Phi_0(1,2)$ は，正しくは両者の1次結合の形に表されるべきであり，結局，両者の和と差をとった形で

$$\Phi_\pm(1,2) = A_\pm\{\phi_\mathrm{a}(\boldsymbol{r}_1)\,\phi_\mathrm{b}(\boldsymbol{r}_2) \pm \phi_\mathrm{a}(\boldsymbol{r}_2)\,\phi_\mathrm{b}(\boldsymbol{r}_1)\} \quad (8.5)$$

と書くことができる．ここで，$A_\pm$ は規格化因子である．

さて，この状態から，2つの水素原子が互いに近づいてくると，ハミルトニアン (8.2) 式において，(8.3) 式に含まれなかった4つの項が重要なはたらきをするようになる．それらは，電子1と陽子（原子核）b との間のクーロンポテンシャル（引力），電子2と陽子（原子核）a との間のクーロンポテンシャル（引力），電子1と電子2の間のクーロンポテンシャル（斥力）と陽子（原子核）同士のクーロンポテンシャル（斥力）である．これら，水素原子 a, b 間の4つの相互作用をまとめて V_int とすると，V_int は

$$V_{\text{int}} = \frac{1}{4\pi\varepsilon_0}\left(-\frac{e^2}{r_{a2}} - \frac{e^2}{r_{b1}} + \frac{e^2}{r_{12}} + \frac{e^2}{R}\right) \quad (8.6)$$

と表される．添字の int は，相互作用 (interaction) を意味する．

(8.6) 式に見るように，水素 a の電子 1 には，水素 b の陽子の電荷 $+e$ とのクーロン引力ポテンシャルが作用して，電子 1 は水素 b の 1s 軌道に跳び移ろうとする傾向が現れる．同様に，水素 b の電子 2 は，水素 a の陽子とのクーロン引力ポテンシャルの作用で，水素 a の軌道に跳び移ろうとする傾向が現れる．図 8.2 では，R が 4Å から 1Å の領域において，分子の形成に向けて変化していく様子が示されている．

電子 1 と 2 が，さらに水素原子 b と a の陽子の周りを回るようになると，図 8.2 の $R = R_0$ における「分子の形成」で示された状況になって，波動関数は 2 つの水素原子を覆うように空間的に広がる．

他方，このような状況になると，1 つの水素原子に 2 つの電子が遭遇する機会も増えて，$H_a^+ H_b^-$ あるいは $H_a^- H_b^+$ のような**イオン構造**の状態も混じってくる．電子を 2 個もつ H^- イオンでは，2 つの電子のスピンが反平行であれば，1s 軌道を電子が 2 個占有して電子間のクーロン斥力が強くなり，引力の寄与が減少して分子の形成に不利になる．

2 つの電子の軌道状態を表す波動関数 $\Phi_0(1,2)$ を (8.5) 式に選ぶハイトラー－ロンドン法は，第 7 章の 7.6 節の変分法に従えば，「水素分子の基底状態では，電子間のクーロン相互作用によるエネルギーの上昇をできるだけ抑えるため，変分の試行関数に，$H_a^+ H_b^-$ あるいは $H_a^- H_b^+$ のようなイオン構造 (図 8.3) を含まないようにすべき」ということである．実際，図 8.3 で電子の矢印を人間に置き換えれ

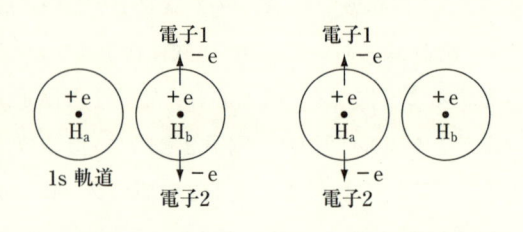

図 8.3 $H_a^+ H_b^-$，$H_a^- H_b^+$ のイオン構造

ば,当初1人で占めていたスペースにもう1人入ってくるので,ぶつかり合って(電子間クーロン相互作用で)弾き飛ばされそうになるに違いない.それを避けるために,それぞれの水素原子に1個ずつ電子がいるように試行関数を選ぶというのが,ハイトラー–ロンドン法のアイディアである.

このように,多電子の系で1個の電子の位置を定めると,電子間クーロンポテンシャルによって他の電子の存在確率が影響を受ける効果を**電子相関**(electron correlation)とよぶ.

次項では,(8.5)式の試行関数を用いて,2電子系のハミルトニアン(8.2)式の期待値を計算する.2電子系であるので,その固有関数は,パウリの原理により,スピン座標を含めて2つの電子の座標の交換に関して反対称でなければならない.(8.5)式の試行関数は空間座標しか含んでいないので,パウリの原理を満たすように,2電子系のスピン関数を含める必要がある.そこで,2電子系のスピン関数を求める方法を次の項で述べることにする.

8.2.2 スピン角運動量の合成

水素分子の中の電子1, 2はスピンをもっているので,水素分子の電子状態を考えるときには,軌道状態とともにスピン状態も考える必要がある.電子1, 2のもつスピン角運動量を$\hat{s}_1$, $\hat{s}_2$とする.水素分子では,2つの電子のスピンを足し合わせた合成スピン$\hat{S}(=\hat{s}_1+\hat{s}_2)$の大きさが固有状態を特徴づける量子数となる.合成されたスピン角運動量の固有関数を以下の例題で求めてみよう.

例題 8.1 2電子系の合成スピン角運動量

電子は大きさ$s=1/2$のスピン角運動量をもつ.2つの電子からなる系の合成されたスピン角運動量とその固有関数を求めよ.

[**解**] $s_1=s_2=1/2$であるから,合成された角運動量Sの大きさは,スピンが平行になるときは$S=1$,また,スピンが反平行になるときは$S=0$である.$S=1$

のスピン磁気量子数 M_S は, $M_S = 1, 0, -1$ である. 他方, $S = 0$ のスピン磁気量子数は, $M_S = 0$ である.

以下, (1)と(2)に分けて, 規格化された固有関数を求める.

(1) $S = 1$ で, $M_S = 1, 0, -1$ の場合の固有関数を $X_{11}(\sigma_1, \sigma_2)$, $X_{10}(\sigma_1, \sigma_2)$, $X_{1-1}(\sigma_1, \sigma_2)$ とする. 第7章 (7.14)式 〜 (7.18)式で定義した1個の電子スピンに対するスピン関数の記号を用いて, 電子1, 2の上向き, 下向きのスピン関数を $\alpha_1 \equiv \alpha(\sigma_1)$, $\alpha_2 \equiv \alpha(\sigma_2)$, $\beta_1 \equiv \beta(\sigma_1)$, $\beta_2 \equiv \beta(\sigma_2)$ と表すと,

$$X_{11}(\sigma_1, \sigma_2) = \alpha_1 \alpha_2 \tag{8.7}$$

となる. なぜなら,

$$S_z \alpha_1 \alpha_2 = (s_{1z} + s_{2z})\alpha_1 \alpha_2 = \left(\frac{1}{2}\hbar + \frac{1}{2}\hbar\right)\alpha_1 \alpha_2 = \hbar \alpha_1 \alpha_2 \tag{8.8}$$

で, $M_S = 1$ を与えるからである.

第6章の (6.55)式にならって, 昇降演算子

$$S_\pm \equiv S_x \pm iS_y \tag{8.9}$$

のうち, 降演算子 S_- を (8.7)式に作用すると, (6.70)式にならって

$$S_- X_{11}(\sigma_1, \sigma_2) = (s_{1-} + s_{2-})\alpha_1 \alpha_2 = \hbar(\beta_1 \alpha_2 + \alpha_1 \beta_2) \tag{8.10}$$

となる. また, 左辺は, 第6章の (6.70)式より

$$S_- X_{11}(\sigma_1, \sigma_2) = \sqrt{2}\hbar X_{10}(\sigma_1, \sigma_2)$$

となるから, 上式と (8.10)式から

$$X_{10}(\sigma_1, \sigma_2) = \frac{\alpha_1 \beta_2 + \beta_1 \alpha_2}{\sqrt{2}}, \qquad M_S = 0 \tag{8.11}$$

となる.

(2) (8.11)式の両辺に $S_- = s_{1-} + s_{2-}$ を作用すると, 第6章の (6.70)式, および $s_{i-}\beta_i = 0$ $(i = 1, 2)$ を用いて

$$X_{1-1}(\sigma_1, \sigma_2) = \beta_1 \beta_2, \qquad M_S = -1 \tag{8.12}$$

を得る. また, $S = 0$, $M_S = 0$ の固有関数は, $\alpha_1\beta_2$, $\beta_1\alpha_2$ の1次結合で, (8.11)式の右辺に直交する関数として,

$$X_{00}(\sigma_1, \sigma_2) = \frac{\alpha_1 \beta_2 - \beta_1 \alpha_2}{\sqrt{2}} \tag{8.13}$$

を得る.

以上の答えをまとめると, 次のようになる.

（1） $S=1$ 状態（**スピン3重項** (spin triplet) とよぶ）の固有関数

$$X_{S=1,M_S=1}(\sigma_1,\sigma_2) = \alpha_1\alpha_2 \tag{8.14}$$

$$X_{S=1,M_S=0}(\sigma_1,\sigma_2) = \frac{\alpha_1\beta_2 + \alpha_2\beta_1}{\sqrt{2}} \tag{8.15}$$

$$X_{S=1,M_S=-1}(\sigma_1,\sigma_2) = \beta_1\beta_2 \tag{8.16}$$

（2） $S=0$ 状態（**スピン1重項** (spin singlet) とよぶ）の固有関数

$$X_{S=0,M_S=0}(\sigma_1,\sigma_2) = \frac{\alpha_1\beta_2 - \alpha_2\beta_1}{\sqrt{2}} \tag{8.17}$$

8.2.3　ハイトラー‐ロンドン法による水素分子の電子状態の計算

8.2.1項と8.2.2項で，ハイトラー‐ロンドン法による水素分子の電子状態を計算する準備ができたので，本題に入ることにする．前項で述べたスピン角運動量の合成により，2電子系のスピン状態は，$S=0$ のスピン1重項状態（スピンが反平行）と $S=1$ のスピン3重項状態（スピンが平行）が存在する．

スピン1重項のスピン関数は，(8.13)式によりスピン座標 σ_1, σ_2 の交換に対して反対称である．第7章の7.4節で述べたパウリの原理によれば，2電子系の固有関数は，スピン座標を含めて2つの電子の座標の交換に関して反対称でなければならない．したがって，スピン1重項状態の2電子系の空間座標を含む波動関数は，空間座標の交換に対して対称でなければならない．このことから，(8.5)式の空間座標に関する試行関数で，プラスの符号をもつ波動関数 $\Phi_+(1,2)$ が $S=0$ 状態に対応する．

同じような議論で，スピン3重項（$S=1$）状態に対するスピン関数 $X_{S=1,M_S}(\sigma_1,\sigma_2)$ ($M_s=1, 0, -1$) は，(8.14)式，(8.15)式，(8.16)式で見たように，スピン座標の交換に対して対称であるので，空間座標の波動関数は反対称でなければならない．したがって，(8.5)式でマイナスの符号をもつ波動関数 $\Phi_-(1,2)$ がスピン3重項状態に対応する．

ここで (8.5) 式の規格化因子 $A_\pm$ を決めておこう.$\phi_\mathrm{a}(\boldsymbol{r})$, $\phi_\mathrm{b}(\boldsymbol{r})$ は規格化されているので,

$$\int \Phi_\pm(1,2)^* \Phi_\pm(1,2)\, d\boldsymbol{r}_1\, d\boldsymbol{r}_2 = |A_\pm|^2 (2 + 2\Delta^2) = 1 \tag{8.18}$$

となり,

$$A_\pm = \frac{1}{\sqrt{2(1 \pm \Delta^2)}} \tag{8.19}$$

が得られる.

Δ は,

$$\Delta = \int d\boldsymbol{r}\, \phi_\mathrm{a}(\boldsymbol{r})^* \phi_\mathrm{b}(\boldsymbol{r}) \tag{8.20}$$

で定義され,原子核 a を中心とした 1s 軌道 $\phi_\mathrm{a}(\boldsymbol{r})$ と原子核 b を中心とした 1s 軌道 $\phi_\mathrm{b}(\boldsymbol{r})$ の重なりに対応する量を表しており (図 8.4),**重なり積分**

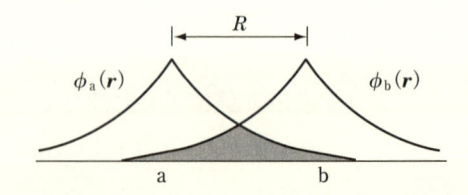

図 8.4 重なり積分 Δ の物理的意味付けを示す模式図 (灰色の領域が Δ に寄与する)

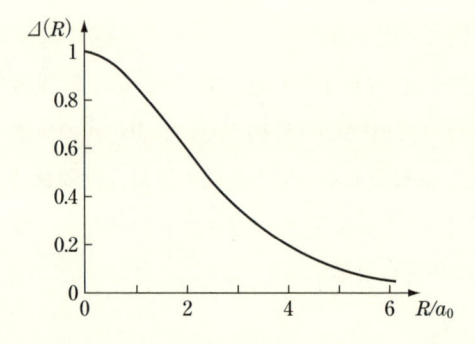

図 8.5 重なり積分 $\Delta(R)$ の原子間距離 R への依存性を示す模式図 (a_0 はボーア半径) (近藤 保・真船 文隆 共著:「化学新シリーズ 量子化学」(裳華房) による)

(overlap integral) とよばれる. 図 8.5 のように, 重なり積分 Δ は原子間距離 R の関数で, R が大きくなるとともに 1 より小さくなる. 特に, $R/a_0 = 1.0$ のとき Δ は 0.85 程度で, それより R が大きくなると, Δ は急激に小さくなる.

以上の記述に従って, パウリの原理を満たす $S = 0$ の状態に対する試行関数は,

$$\Psi_{\rm s}(\bm{r}_1\sigma_1, \bm{r}_2\sigma_2) = \frac{1}{\sqrt{2(1+\Delta^2)}}\{\phi_{\rm a}(\bm{r}_1)\phi_{\rm b}(\bm{r}_2) + \phi_{\rm a}(\bm{r}_2)\phi_{\rm b}(\bm{r}_1)\}$$
$$\times \frac{1}{\sqrt{2}}(\alpha_1\beta_2 - \alpha_2\beta_1) \tag{8.21}$$

と書くことができる. また, $S = 1$ 状態に対する試行関数は

$$\Psi_{\rm t}(\bm{r}_1\sigma_1, \bm{r}_2\sigma_2) = \frac{1}{\sqrt{2(1-\Delta^2)}}\{\phi_{\rm a}(\bm{r}_1)\phi_{\rm b}(\bm{r}_2) - \phi_{\rm a}(\bm{r}_2)\phi_{\rm b}(\bm{r}_1)\}$$
$$\times \begin{cases} \alpha_1\alpha_2 & (M_{\rm s} = 1) \\ \dfrac{1}{\sqrt{2}}(\alpha_1\beta_2 + \alpha_2\beta_1) & (M_{\rm s} = 0) \\ \beta_1\beta_2 & (M_{\rm s} = -1) \end{cases} \tag{8.22}$$

と書くことができる.

(8.21) 式と (8.22) 式の波動関数を用いて, $S = 0$ 状態 (スピン 1 重項) と $S = 1$ 状態 (スピン 3 重項) に対するハミルトニアン (8.2) 式の期待値を以下の定義式

$$E = \frac{\sum_{\sigma_1}\sum_{\sigma_2}\iint \Psi^* H\Psi\, d\bm{r}_1\, d\bm{r}_2}{\sum_{\sigma_1}\sum_{\sigma_2}\iint |\Psi|^2\, d\bm{r}_1\, d\bm{r}_2} \tag{8.23}$$

を用いて計算すると, スピン 1 重項状態 ($S = 0$) のエネルギー $E_{\rm s}(R)$ は,

$$E_{\rm s}(R) = 2\varepsilon_{\rm H} + \frac{J+K}{1+\Delta^2} \tag{8.24}$$

となり，スピン3重項状態 $(S=1)$ のエネルギー $E_\mathrm{t}(R)$ は，

$$E_\mathrm{t}(R) = 2\varepsilon_\mathrm{H} + \frac{J-K}{1-\Delta^2} \tag{8.25}$$

で与えられる．ここで J および K は，

$$\begin{aligned}
J &= \iint \phi_\mathrm{a}{}^*(\mathbf{r}_1)\, \phi_\mathrm{b}{}^*(\mathbf{r}_2)\, V_\mathrm{int}\, \phi_\mathrm{a}(\mathbf{r}_1)\, \phi_\mathrm{b}(\mathbf{r}_2)\, d\mathbf{r}_1\, d\mathbf{r}_2 \\
&= \frac{e^2}{4\pi\varepsilon_0 R} - 2\int \frac{e^2}{4\pi\varepsilon_0 r_{a2}} |\phi_\mathrm{b}(\mathbf{r}_2)|^2\, d\mathbf{r}_2 + \iint \frac{e^2}{4\pi\varepsilon_0 r_{12}} |\phi_\mathrm{a}(\mathbf{r}_1)|^2\, |\phi_\mathrm{b}(\mathbf{r}_2)|^2\, d\mathbf{r}_1\, d\mathbf{r}_2
\end{aligned} \tag{8.26}$$

$$\begin{aligned}
K &= \iint \phi_\mathrm{b}{}^*(\mathbf{r}_1)\, \phi_\mathrm{a}{}^*(\mathbf{r}_2)\, V_\mathrm{int}\, \phi_\mathrm{a}(\mathbf{r}_1)\, \phi_\mathrm{b}(\mathbf{r}_2)\, d\mathbf{r}_1\, d\mathbf{r}_2 \\
&= \frac{e^2}{4\pi\varepsilon_0 R}\Delta^2 - 2\Delta \int \frac{e^2}{4\pi\varepsilon_0 r_{a1}} \phi_\mathrm{a}{}^*(\mathbf{r}_1)\, \phi_\mathrm{b}(\mathbf{r}_1)\, d\mathbf{r}_1 \\
&\quad + \iint \frac{e^2}{4\pi\varepsilon_0 r_{12}} \phi_\mathrm{b}{}^*(\mathbf{r}_1)\, \phi_\mathrm{a}{}^*(\mathbf{r}_2)\, \phi_\mathrm{a}(\mathbf{r}_1)\, \phi_\mathrm{b}(\mathbf{r}_2)\, d\mathbf{r}_1\, d\mathbf{r}_2
\end{aligned} \tag{8.27}$$

で定義される積分で，J を**クーロン積分**，K を**交換積分**とよぶ．

クーロン積分は，陽子（原子核）a，b 間のクーロン斥力，陽子が他の陽子の周りの電子におよぼすクーロン引力，電子間のクーロン斥力の3項からなる．クーロン積分 J は，ハートリー近似の場合にも現れた電子の古典的な点電荷を量子力学的な電荷雲で置き換えた周知の物理量である．これに対し，交換積分 K に現れる物理量は，電子の区別ができないことで，パウリの原理を満たすように波動関数を (8.21) 式，(8.22) 式のように選んだことに起因して現れる物理量で，純粋に量子力学的な量である．

クーロン積分や交換積分は，原子間距離 R をいろいろな値に選んで計算することになるが，この計算は本書の範囲を超えているので，ここでは計算された $J(R)$, $K(R)$ の結果を用いて得られたスピン1重項状態のエネルギー $E_\mathrm{s}(R)$ とスピン3重項状態のエネルギー $E_\mathrm{t}(R)$ を R の関数として，図 8.6

8.2 ハイトラー–ロンドン法

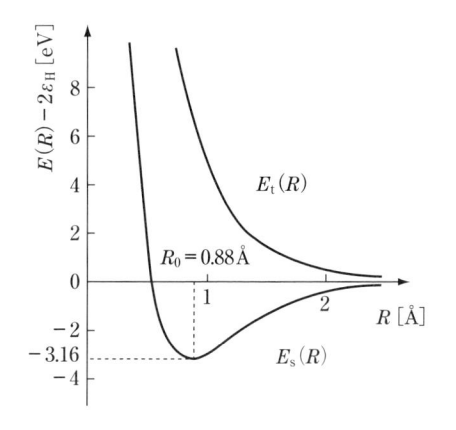

図 8.6 スピン1重項のエネルギー $E_s(R)$ およびスピン3重項のエネルギー $E_t(R)$ の計算結果（縦軸の $E(R)$ は $E_s(R)$ および $E_t(R)$）．

に示す．(8.24) 式と (8.25) 式から明らかなように，図 8.5 での Δ の値は $R = R_0$ で 0.6 〜 0.8 程度であるので，スピン3重項と1重項のエネルギー差を決めているのは，交換積分 K，すなわち，平行スピンの電子間に作用する交換相互作用の量子効果に起因することが明らかになった．

原子の場合には，フントの規則でスピンの大きな値の状態が基底状態になったが，分子の場合はどうであろうか．(8.24) 式，(8.25) 式から，交換積分 K が正であれば，スピン3重項状態 ($S = 1$) が基底状態になり，K が負であれば，スピン1重項状態 ($S = 0$) が基底状態になる．

そこで，(8.27) 式の交換積分の符号を調べてみると，水素分子の場合には，水素原子 a の 1s 軌道 ϕ_a と水素原子 b の 1s 軌道 ϕ_b が直交していないために重なり積分は有限の値をもち ($\Delta \neq 0$)，しかも図 8.5 に見るように，Δ は 0.6〜0.8 とかなり大きいので，(8.27) 式の右辺第 2 項（マイナスの符号に注意）の寄与が大きくなって，交換積分 K の符号はマイナスとなる．したがって，水素分子の場合には，スピン1重項が基底状態となる．

図 8.6 に示したハイトラー–ロンドン法によるスピン1重項のエネルギー $E_s(R)$ の計算結果は，$R_0 = 0.88\,\text{Å}\,(= 0.088\,\text{nm})$ で最小値を示す．ここで，エネルギー値は，水素分子が解離した $E = 2\varepsilon_\text{H}$ のときを原点に選んである．

$E_s(R)$ の最小値 $|E_s(R_0) - 2\varepsilon_H|$ は結合エネルギー D に対応するが，D の計算値は 3.16 eV で，実験値の 4.74 eV (8.1節の最初の式) よりはかなり小さい．

ハイトラー-ロンドン法においては，電子間のクーロン相互作用を減らすために，各電子をそれぞれの原子核の周辺に局在するように取り扱っているが，その結果，電子の運動エネルギーが大きくなっている．実験結果に近づけるには，電子をより非局在化させることが必要である．この章の目的は，原子から安定な分子が形成されるメカニズムを述べることにあったので，定量的な議論には，これ以上立ち入らない．また，励起状態「スピン3重項」の $E_t(R)$ は，R が大きくなるとともに，単調に減少する．

ハイトラー-ロンドン法により，水素分子のエネルギー状態は，(8.24) 式のスピン1重項 ($S = 0$) と (8.25) 式のスピン3重項 ($S = 1$) の2つであることが明らかになった．

8.2.4　ハイトラー-ロンドン法による水素分子形成のメカニズム

2個の電子が区別できないことに起因するパウリの原理により，交換相互作用という量子力学独特の相互作用で，2電子のスピン状態がスピン1重項 ($S = 0$) 状態とスピン3重項 ($S = 1$) 状態に分裂すること，基底状態は隣り合う電子のスピンの向きが反平行なスピン1重項 ($S = 0$) 状態になり，この状態が分子形成に寄与することを示した．この状態による分子形成は，2つの水素原子 a, b の 1s 軌道の電子がスピンを反平行にして電子対をつくることによって分子が形成されることから，**電子対結合** (electron pair bond) とよばれる．また，2つの原子 a, b が電子を共有することによって生じる結合ということで **共有結合** (covalent bond) ともよばれる．

8.3 分子軌道法とLCAO近似

8.3.1 1電子近似による水素分子の電子状態の考察

次に,ハイトラー-ロンドン法とは全く異なる方法で,水素分子の電子状態を考察してみよう.この方法は第7章の7.7節「ハートリー近似」で詳しく説明した1電子近似の立場に立つもので,水素分子の中の電子は,原子核a,bによる引力ポテンシャルと他の電子による平均場ポテンシャル$V(\boldsymbol{r})$の中を独立に運動すると考える.この場合,電子に対するハミルトニアンは,

$$H = -\frac{\hbar^2}{2m}\Delta + V(\boldsymbol{r}) \tag{8.28}$$

と表せる.$V(\boldsymbol{r})$は分子と同じ対称性をもち,分子全体に広がっているので,この$V(\boldsymbol{r})$に対するシュレーディンガー方程式を解いて得られた1電子軌道も分子全体に広がっていて,**分子軌道**(Molecular Orbital)とよばれる.

ハートリー近似の場合,量子数kに対する1電子軌道ϕ_kは(7.62)式と(7.63)式をつじつまが合うように解いて求めるので,分子の場合といえども,これらの式を"つじつまの合うように解く"のは簡単ではない.そこで"つじつまの合うように解く"のはやめ,与えられた平均場$V(\boldsymbol{r})$の下に(8.28)式を解くことにし,さらに(7.63)式の解ϕ_kを,分子を構成する各原子の原子軌道の線形結合で近似することで,(8.28)式のシュレーディンガー方程式を解くことがよく行なわれる.この近似を原子軌道の**線形結合近似**(Linear Combination of Atomic Orbitals),簡略して**LCAO近似**,また分子軌道をLCAO近似でつくる方法を**LCAO MO法**とよぶ.

一般の2原子分子に対しては,このLCAO MO法によって分子軌道ϕ_kは,

$$\phi_k(\boldsymbol{r}) = C_a\phi_a(\boldsymbol{r}) + C_b\phi_b(\boldsymbol{r}) \tag{8.29}$$

の形に書くことができる.水素分子の場合,水素の原子核a,bを結ぶ直線の中心を通り,直線abに垂直な面(**鏡映面**とよぶ)に関して,系全体があたかも鏡に映る物体と像のような対称の関係(**鏡映対称**,あるいは面対称とい

う)にあることから，$|C_\mathrm{a}| = |C_\mathrm{b}|$ となって，

$$\phi_\pm = \frac{1}{\sqrt{2(1 \pm \varDelta)}}(\phi_\mathrm{a} \pm \phi_\mathrm{b}) \tag{8.30}$$

の2つの解を得る．量子数 $\pm$ は，鏡映面に関する面対称性について，図8.7(a) の左側のように分子軌道が符号を変えないものを $+$，右側のように符号を変えるものを $-$ にとる．(8.30) 式で，分子軌道 $\phi_\pm$ は規格化されている．$\varDelta$ は，(8.20) 式で定義した重なり積分である．

(8.30) 式の分子軌道 $\phi_\pm$ 対を用いてハミルトニアン (8.28) 式の期待値を計算すると，$\phi_\pm$ に対する1電子エネルギー $E_\pm$ は簡単に計算できて，以下の結果が得られる．

$$E_\pm = \left\langle \phi_\pm \left| -\frac{\hbar^2}{2m}\Delta + V(\bm{r}) \right| \phi_\pm \right\rangle = \frac{\varepsilon_\mathrm{H} \pm t}{1 \pm \varDelta} \tag{8.31}$$

ここで ε_H は，水素原子の1s状態のエネルギー固有値

$$\varepsilon_\mathrm{H} = \left\langle \phi_\mathrm{a} \left| -\frac{\hbar^2}{2m}\Delta + V(\bm{r}) \right| \phi_\mathrm{a} \right\rangle = \left\langle \phi_\mathrm{b} \left| -\frac{\hbar^2}{2m}\Delta + V(\bm{r}) \right| \phi_\mathrm{b} \right\rangle \tag{8.32}$$

である．また t は，

$$t = \int \phi_\mathrm{a}{}^*(\bm{r}) \left\{ -\frac{\hbar^2}{2m}\Delta + V(\bm{r}) \right\} \phi_\mathrm{b}(\bm{r})\, d\bm{r} \tag{8.33}$$

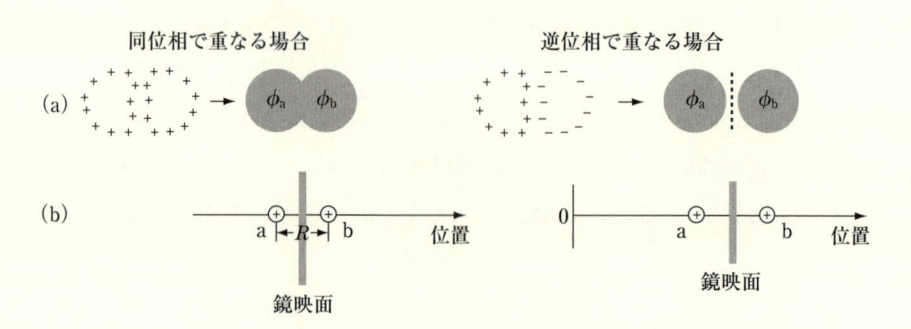

図 8.7 分子軌道 $\phi_\pm$ の鏡映面に関する対称性を示す模式図
(a) 鏡映面に対する波動関数の対称性を点線で示す．
(b) 水素分子における原子核 a，b と鏡映面の位置を示す．

8.3 分子軌道法とLCAO近似

で定義される積分で，この t により電子が2つの原子 a, b の間を跳び移ることができることから，**跳び移り積分** (transfer integral) とよばれる．

水素分子の場合 $t<0$ で，状態 $\phi_\pm$ のエネルギー $E_\pm$ のうち，図8.8に示すように，E_+ の方がエネルギーが低くなる．$\phi_\pm$ の波動関数を図示すると，図8.9のようになる．図8.10に示すように，左側の ϕ_+ では水素原子 a, b の波動関数が a, b 間に広がって大きく重なる．その結果，電子は原子核 a と b

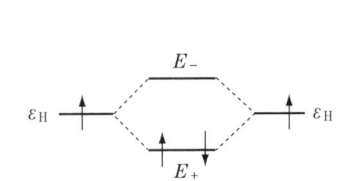

図 **8.8** 水素分子の1電子エネルギー準位

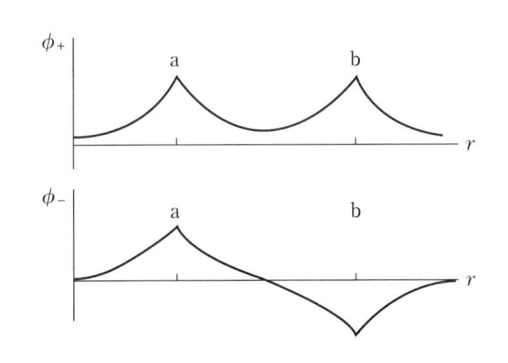

図 **8.9** 結合軌道 (ϕ_+) および反結合軌道 (ϕ_-)

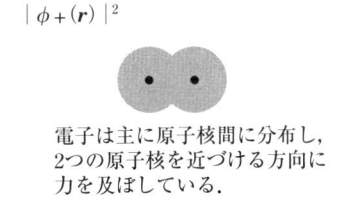

$|\phi_+(\boldsymbol{r})|^2$

電子は主に原子核間に分布し，2つの原子核を近づける方向に力を及ぼしている．

$|\phi_-(\boldsymbol{r})|^2$

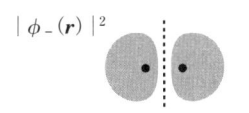

電子は主に結合領域の外側に分布し，2つの原子核を引きつける力は弱くなる．

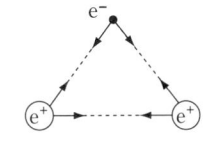

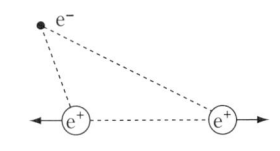

図 **8.10**

の間に広がり,原子核 a, b とのクーロン引力ポテンシャルによって,原子核 a, b がさらに近づくことで,系全体のエネルギーが下がる.それと同時に,電子は原子核 a, b 間の広い領域を踏び回ることによって,運動エネルギーも減少する.この結果,分子形成のためのエネルギーが大きくなる.これに対し,右側の ϕ_- では中点付近に節ができて,電子は原子核 a, b が外側に分布し,原子核 a, b からの距離が遠くなって引力ポテンシャルからの寄与が減り,分子形成に寄与できない.このことから,ϕ_+ を**結合軌道(bonding orbital)**,ϕ_- を**反結合軌道(antibonding orbital)**とよぶ.

1 電子近似による水素分子の基底状態は,結合軌道 ϕ_+ に電子を 2 個,スピンを反平行に収容した状態で,基底状態の波動関数は,スピン状態を含めて

$$\Phi_g(r_1\sigma_1, r_2\sigma_2) = \phi_+(r_1)\phi_+(r_2)\frac{1}{\sqrt{2}}(\alpha_1\beta_2 - \alpha_2\beta_1) \tag{8.34}$$

と表される.(8.30) 式を (8.34) 式に代入すると,水素分子の基底状態の波動関数は

$$\begin{aligned}\Phi_g = &\frac{1}{2(1+\varDelta)}\{\phi_a(r_1)\,\phi_b(r_2) + \phi_b(r_1)\,\phi_a(r_2)\}\frac{\alpha_1\beta_2 - \alpha_2\beta_1}{\sqrt{2}} \\ &+ \frac{1}{2(1+\varDelta)}\{\phi_a(r_1)\,\phi_a(r_2) + \phi_b(r_1)\,\phi_b(r_2)\}\frac{\alpha_1\beta_2 - \alpha_2\beta_1}{\sqrt{2}}\end{aligned}$$
$$\tag{8.35}$$

と表される.上式右辺の第 1 項は,ハイトラー–ロンドン法の波動関数 (8.21) 式に対応するので,**共有結合の項**とよぶ.これに対し,右辺の第 2 項は,スピン反平行の 2 電子がともに原子核(陽子)a または b の周りの 1s 軌道を占有して水素のイオン状態 $H_a^-H_b^+$ または $H_a^+H_b^-$ をつくることに対応するので,図 8.3 のイオン構造の項に対応する.

8.3.2 LCAO 近似による基底状態の断熱ポテンシャルの計算

基底状態に対する波動関数 (8.34) 式を用いてハミルトニアン (8.2) 式の

8.3 分子軌道法とLCAO近似

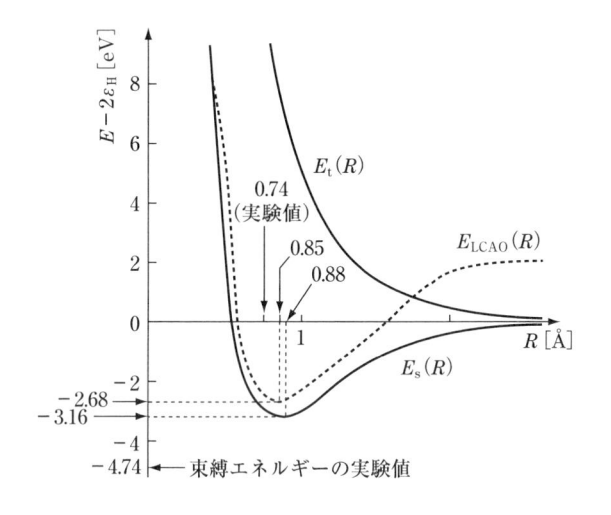

図 8.11 水素分子の電子エネルギー（核間距離 R の関数として）

期待値を計算した結果の $E_{\text{LCAO}}(R)$ を R の関数として図 8.11 に示す．図中の太い破線が $E_{\text{LCAO}}(R)$ である．$R_0 = 0.85\,\text{Å}$ で最小となり，結合エネルギー D は $2.68\,\text{eV}$ となる．また，R が無限大のときのイオン構造の効果でエネルギーは $2\varepsilon_{\text{H}}$ より大きくなり，2つの水素原子に分離した状態に対応しない．したがって，ハイトラー－ロンドン法の値（図中の $E_{\text{s}}(R)$）よりも実験との一致はさらに悪くなる．

8.3.3 LCAO 近似の問題点

分子軌道の取り扱いでは，ハイトラー－ロンドン法の場合に比べ，電子が原子核 a と b の間を跳び移って運動エネルギーの寄与が減少し，その分，束縛エネルギーが大きくなって分子の形成に有利にはたらくように考えられた．しかしながら，(8.35) 式右辺第 2 項のイオン構造の項を含んでいるために，イオン構造による電子間のクーロン斥力からの寄与も大きくなって束縛エネルギーが小さくなる．特に分子軌道の取り扱いでは，R を無限大にもっていった際に，(8.35) 式のイオン構造の項が残るために，水素分子が形成さ

れるのに必要なエネルギーは $2\varepsilon_H$ に収束せず，むしろそれよりも大きくなって，物理的に妥当ではない結果を与える．

このことは，電子間のクーロン斥力の相互作用を平均場近似で取り扱ったことによるもので，物質内で電子相関の効果も重要なはたらきをしていることを示唆している．

● 8.4 電子配置間の相互作用 ●

LCAO 近似における 8.3 節で述べた欠点を取り除くためには，後述の (8.36) 式の波動関数で，イオン構造の項 $\lambda\Psi_{\text{ion}}$ をできるだけ小さくすることが必要であることを示唆している．そのために，どのような新しい近似法がよいかについて，変分法の立場から本節で議論をする．変分法の立場というのは，この章で述べた水素分子の電子状態を計算する 2 つの立場，ハイトラー - ロンドン法と LCAO MO 近似で得られた基底状態のエネルギー値よりも，さらに低いエネルギーを与える状態を予言する試行関数を，未踏の分野を開拓する物理的好奇心を駆使して探すことであろう．

しかし，本章では，安定な分子をつくるには，遠く離れていた原子が近づくときに，他原子からの相互作用を受けて，その原子に跳び移ることで運動エネルギーを低くする効果と，同じ原子に 2 個の電子が来てクーロン斥力が大きくなるのを防ぐ電子相関の効果の 2 つが極めて重要であることを述べた．したがって，これらの 2 つの効果を取り入れた試行関数を選べばゴールは間近かと考えるのは，物理的に妥当である．前者の効果を取り入れたのが LCAO 近似であり，後者の効果を取り入れたのがハイトラー - ロンドン法である．

そこで，安定な分子が形成されるのに必要な共有結合（電子対）の性格をもつ波動関数 (8.21) 式（これを Ψ_{cov} と記す）と，LCAO 近似の波動関数

8.4 電子配置間の相互作用

(8.35) 式のうち，イオン構造の電子配置に対応する部分の波動関数（これを Ψ_ion と記す），

$$\Psi_\text{ion}(\boldsymbol{r}_1\sigma_1, \boldsymbol{r}_2\sigma_2) = \frac{1}{\sqrt{2}(1+\Delta^2)}\{\phi_\text{a}(\boldsymbol{r}_1)\,\phi_\text{a}(\boldsymbol{r}_2) + \phi_\text{b}(\boldsymbol{r}_1)\,\phi_\text{b}(\boldsymbol{r}_2)\}$$

$$\times \frac{1}{\sqrt{2}}(\alpha_1\beta_2 - \alpha_2\beta_1) \tag{8.36}$$

をある重みで加え合わせて，基底状態（ground state, G と記す）の試行関数 Ψ_G をつくるのが妥当であると考えられる．そこで

$$\Psi_\text{G} = \Psi_\text{cov} + \lambda\Psi_\text{ion} \tag{8.37}$$

の形に選び，この試行関数を用いてハミルトニアン (8.2) 式の期待値を計算し，この期待値（エネルギー値）が最小になるように λ を決めるのが1つの良い方法である．

2電子系を含む多電子系で，共有結合の電子配置（ハイトラー-ロンドン法）とイオン構造の電子配置（LCAO 近似）を混ぜ合わせ，ハイトラー-ロンドン法の電子相関効果と LCAO 近似における1電子近似の効果の相互作用で，両者の効果の最適化により基底状態を求めるこの方法を**電子配置間相互作用の方法**（method of configuration interaction）という．

このようにして (8.37) 式の λ を変分法で決めると $\lambda = 0.18$ となり，エネルギーの最小値に対応する結合エネルギー D は 3.78 eV となる．また，この基底状態におけるイオン結合の混成度 $|\lambda|^2$ は，おおよそ 3% となり，現実にはハイトラー-ロンドン法の結果にかなり近いことがわかる．

以上のことをまとめると，水素分子のように同種の原子が集合して分子を形成する際には，電子相関の効果を考慮した電子対形成による共有結合の出現が，分子の形成に重要な役割を演じていると結論される．

章末問題

[**8.1**] [例題 8.1] で取り上げた 2 個の電子のスピン系について考えよう．いま，電子 1 と 2 のスピン角運動量を，それぞれ $\hat{s}_1$ および $\hat{s}_2$ とする．このスピン間に

$$H_S = 2K_{\text{eff}}\, \hat{s}_1 \cdot \hat{s}_2$$

で与えられる相互作用がはたらくとき，合成スピン S が 1（スピン 3 重項）と 0（スピン 1 重項）における H_S のエネルギー固有値を求めよ．

[**8.2**] [8.1] の結果を用いて，$\Delta = 0$ とおいた後の (8.24) 式と (8.25) 式の結果をエネルギー固有値として与えるハイゼンベルク・ハミルトニアンの形が，

$$H_s = 2\varepsilon_H + J + \frac{K}{2} + 2K_{\text{eff}}\, \hat{s}_1 \cdot \hat{s}_2$$

で与えられることを示せ．

[**8.3**] 試行関数 (8.21) 式を用いて (8.26) 式を，また試行関数 (8.22) 式を用いて (8.23) 式が得られることを確かめよ．

[**8.4**] 復習として，原子の場合には，第 7 章の (7.87) 式で述べたように，電子の軌道はすべて直交しているために ($\Delta = 0$)，スピン角運動量の最も大きな状態が基底状態になり，フントの規則が成り立つことを確認せよ．

[**8.5**] 規格化因子を計算する積分

$$\int \phi_{\pm}(\boldsymbol{r})^* \phi_{\pm}(\boldsymbol{r})\, d\boldsymbol{r}$$

を行なって，$\sqrt{2(1 \pm \Delta)}$ になることを確かめよ．

Tea Time

　著者の一人（上村）は若い時代に，古典物理学の歴史をつくってきたケンブリッジ大学キャベンディッシュ研究所で，モット先生（Sir Nevill Mott）と一緒に，この章のテーマの1つである電子相関について共同研究を行なった．同時に，ケンブリッジ大学の大変ユニークな慣習である Tea time の素晴らしさも経験した．

　Tea time は，毎日午前11時頃と午後3時頃にあり，全員がグループごとに集まって，いろいろなテーマを話題に取り上げて駄弁ったり，議論をしたりした．学生たちは，講義のテーマが新しい内容で，理解したことを互いに確認したいときにも話題にしたりした．

　そこで第8章の Tea time は，ケンブリッジ方式で第8章で学んだテーマを話題にすることにした．Tea time のように気楽な気持ちで，物理学を楽しんでほしい．

（1）1電子近似の効果

　第7章で学んだ1電子近似の特徴も含めて，ここにまとめておく．

　1電子近似では，軌道関数が直交している系にあっては，交換相互作用は同じ向きのスピンをもつ電子間に作用して，エネルギーを低くする効果をもつ．これがフントの規則の主要な起源である．2つの電子のスピン量子数が最大のときは，(8.14)式，(8.15)式，(8.16)式でみたように，スピン関数はスピン座標の交換に関して対称（符号を変えない）であるので，それに対応する2つの電子の空間座標の波動関数は，座標の交換に関して反対称の性質をもつ．その結果，同じ向きのスピンをもった2つの電子の波動関数で確率密度を計算すると，2つの電子が同じ場所に来る確率はゼロとなる．人間でいえば，電車で吊革に掴まって立っていれば，そこには誰も来ることができないので，ぶつかることがない．したがって電子の場合も，電子間のクーロン斥力の効果が，反対向きのスピンをもった2つの電子の場合に比べて小さい．

　反対向きのスピンの電子間には，クーロン斥力のみしかはたらかないので，この効果が過大に含まれていることがわかる．つまり，1電子近似では，各電子が他の電子の存在をハートリー場として平均的にしか考慮していないために，反対向きのスピンをもつ電子は，過分に近づきすぎて，電子間のクーロン相互作用の効果が過大になっているということができる．満員電車の中で立っている人間が，いつも後ろを通る人とぶつかって，まっすぐ立っていられないようなものである．

　以上の結果，1電子近似では，同じ向きのスピンをもった電子群と反対向きのスピンの電子の間では，パウリの原理と交換相互作用の2つの影響で，得をするエネルギーに差が現れる．

（2） 電子相関の効果

ハイトラー-ロンドン法では，2つの電子のスピンが反対向きであっても，それぞれの電子をできるだけ原子核aおよびbの周辺に配置しようとする効果が取り入れられており，そのため，2つの電子が出会う確率が減少するように配慮されている．ハイトラー-ロンドン法のこのような取り扱いを，**電子相関を考慮した取り扱い**とよんでよい．

ハイトラー-ロンドン法では，原子核aとbの軌道関数が直交していないために，反対向きのスピンの電子間に作用する交換相互作用により，スピン1重項の電子状態が基底状態となった．この点で，軌道関数が直交している系での交換相互作用（フントの規則）と効果の役割が異なる．

（3） スピンハミルトニアンの水素分子基底状態への応用

交換相互作用を表すハミルトニアンをハイゼンベルク（Werner Karl Heisenberg，1932年，量子力学の研究でノーベル物理学賞受賞）の方法に従って，2つの電子のスピン角運動量演算子ベクトルのスカラー積で表すことができることを述べた．ハイゼンベルクは，強磁性体の起源を明らかにしたいと思い，1928年に，結晶格子の各格子点にスピンが存在するとして，格子点jのスピンとその最近接格子点kのスピンとの間に交換相互作用Kが存在し，さらに全系のエネルギーが以下のスピンハミルトニアン

$$H_S = -\sum_{\langle j,k \rangle} K \hat{\boldsymbol{S}}_j \cdot \hat{\boldsymbol{S}}_k$$

で与えられるとしたモデルを提唱した．これがハイゼンベルクモデルで，上記のハミルトニアンをハイゼンベルクのスピンハミルトニアンとよぶ．

9 周期ポテンシャルの中の電子状態
〜 ブロッホの定理 〜

　我々は普段，金属，半導体や磁性体などで，母体が結晶とよばれる物質の恩恵を受けているが，結晶の中では，原子が周期的に並んで周期ポテンシャルをつくり，そのポテンシャルの中を電子が運動することで，LED や固体レーザーのデバイスがつくられている．したがって，LED や固体レーザーの原理を理解しようとすれば，周期ポテンシャルの中の電子状態を量子力学によって理解することが重要である．そこで本章では，周期ポテンシャルの中の電子状態について述べることにしよう．

9.1　周期ポテンシャルとは

　最初に，結晶とはどのようなものか，原子や分子とどのように違うのかについて，1電子近似の立場から述べておこう．原子が周期的に並んだ系が結晶であるから，結晶の中で電子が受けるポテンシャルは，周期的に並んだ原子核からの静電引力と，結晶の中を動く他の電子からのクーロン斥力による平均場ポテンシャルの和となる．したがって，この静電引力と平均場ポテンシャルの和 $V(\boldsymbol{r})$ 中を動く電子に対するシュレーディンガー方程式は，第7章の (7.102) 式に従って，

$$\left\{-\frac{\hbar^2}{2m}\Delta + V(\boldsymbol{r})\right\}\phi_i(\boldsymbol{r}) = E\,\phi_i(\boldsymbol{r}) \tag{9.1}$$

の形に書くことができる．ここで $\phi(\boldsymbol{r})$ は電子の波動関数であり，E はそれに対応するエネルギー固有値である．

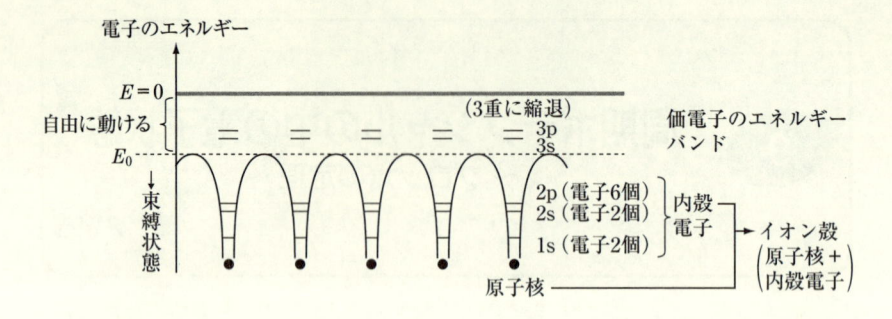

9. 周期ポテンシャルの中の電子状態

図 9.1 周期ポテンシャルの模式図．シリコンの例を示す．$(1s)^2(2s)^2(2p)^6$ 準位まではエネルギーが深いので，この準位を占める 10 個の内殻電子は，原子核の $+14e$ の電荷とともにイオン殻を構成し，他の電子のクーロン斥力ポテンシャルによる平均場ポテンシャルも加わって，価電子に対する周期ポテンシャルを構成する．$(3s)^2(3p)^2$ の 4 個の価電子は，結晶の中ではこの周期ポテンシャルの中を運動する．

代表的な半導体のシリコン (Si) を例にして，図 9.1 に周期ポテンシャル $V(\boldsymbol{r})$ の模式図を示す．Si 原子の電子配置は，第 7 章の表 7.1 の周期表より，$(1s)^2(2s)^2(2p)^6(3s)^2(3p)^2$ である．$(1s)^2(2s)^2(2p)^6$ までを**内殻電子** (inner shell-electrons) とよび，これらの内殻電子（$-10e$ の電荷）は，原子核（$+14e$ の電荷）の周辺に原子核の電荷とともに**イオン殻** (ion core) （$+4e$ の電荷）をつくり，最外殻にある $(3s)^2(3p)^2$ の 4 個の電子が**価電子** (valence electron) となる．

周期的に並んだ Si 原子核の位置を黒丸で図の下側に示す．Si 原子 1 個の場合には，電子に対するポテンシャルは無限遠で $E=0$ になるクーロン引力の形状をしているが，結晶の中では，他のイオン核からのクーロン引力ポテンシャルや他の電子のクーロン斥力ポテンシャルによる平均場ポテンシャルが図に示すように重なって，イオン殻ポテンシャルが影響を及ぼすエネルギー領域も $E=0$ より低い E_0 以下となり，空間的にもそれぞれのイオン殻周辺に限られるようになる．その結果，図 9.1 に示すように，$V(\boldsymbol{r})$ は各原子核を中心として同じ形状のポテンシャルが繰り返されることになり，結晶格

子と同じ周期をもつ関数形となる．これを**周期ポテンシャル**（periodic potential）とよぶ．一般に，周期性をもつ結晶の電子に対するポテンシャルは，図 9.1 のように，結晶と同じ周期をもつ．

9.2 結晶の中のポテンシャルの中の電子状態

この節ではまず，原子や分子の中の電子状態との関連を踏まえて，結晶の中の電子状態について定性的な考察を行ない，結晶のもつ周期性との関係はその後で調べることにする．第 5 章〜第 7 章で述べたように，単一の井戸型ポテンシャル（**量子井戸**（quantum well）とよぶ）や原子内の電子は，離散的なエネルギー固有値をとる．そして，原子から分子が形成されるときには，第 8 章の 2 原子分子のところで述べたように，電子が原子から原子へ跳び移る相互作用により，電子のエネルギー準位は結合・反結合の 2 つのエネルギーに分裂する．この分子のエネルギー値も離散的である．同様に考えていくと，3 原子分子では，電子のエネルギー値が 3 つに分裂し，さらに非常に多数の原子，例えば N 個の原子からなる結晶においては，電子のエネルギー値は N 個に分裂することが期待できる（図 9.2）．

3 次元結晶では，N は 1 cm^3 当たり 10 の 23 乗（10^{23}）のオーダーで非常に

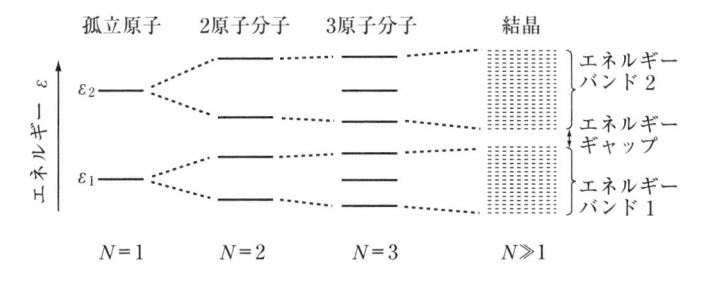

図 9.2 結晶の中の電子のエネルギー分布の模式図．ε_1，ε_2 は原子に束縛されているときの電子のエネルギー準位を表す．

大きいため,各エネルギー値の差は非常に小さくなり,結晶の中の電子のエネルギー固有値は,連続的分布と見なせる.また,N個に分裂したエネルギー値には上限,下限が存在し,連続的な分布と見なしたエネルギー値は,あるエネルギー幅の中に収まる.このエネルギー値の集まりを**エネルギー・バンド**(energy band)(**バンド**と略す)といい,エネルギー幅を**バンド幅**(band width)という.さらに,各バンドの間には,原子や分子の場合と同じく,電子がとり得ないエネルギーの範囲も存在する.このバンド間の間隙を**エネルギー・ギャップ**(energy gap)とよぶ.

> このように結晶では,電子のとり得るエネルギー値は離散的なバンドに分類される.離散性は原子や分子の場合と同様に量子論の特徴であり,他方,各バンド内に連続的にエネルギー値が分布すると見なせることが結晶の特徴である.バンド内のエネルギー値の分布やエネルギー・ギャップの大きさは,結晶によって異なる.

● 9.3 内殻電子と価電子 ●

図 9.1 の Si 結晶の例で見たように,結晶の中には多数の電子が存在している.これらの電子は,元々は結晶を構成している各原子に属していたものである.このうち原子の内殻電子であったものは閉殻をつくり (7.7 節を参照),原子が凝集した場合でもやはり元の原子に強く束縛されていて,周りの原子の影響をほとんど受けない.それに対して最外殻電子の価電子は,周りの原子からの影響を強く受け,結晶の中での状態は孤立原子の場合とは異なったものとなる.図 9.1 の Si の場合には,$(3s)^2 (3p)^2$ の 4 個の電子が価電子に相当するが,結晶の中の電子の波動関数を考察することによって,価電子の特徴を一般的に調べてみよう.

9.3 内殻電子と価電子

いま,原子間の間隔が a の同一の原子からなる単原子1次元結晶を考える.この1次元結晶は,長さ a だけずらすと元の結晶に重なるので,1次元方向に周期 a をもつ.この単原子1次元結晶について,原子の量子状態 n に対応したエネルギー固有値 ε_n に関係したエネルギー・バンドを考えてみよう.

内殻電子については,その軌道関数は原子の中心近くに局在しており,隣の原子の波動関数とは重ならない.このことは,図9.1でも見たように,結晶の中でも内殻電子の状態は孤立原子の場合と同じで,そのバンド幅は非常に小さいこ

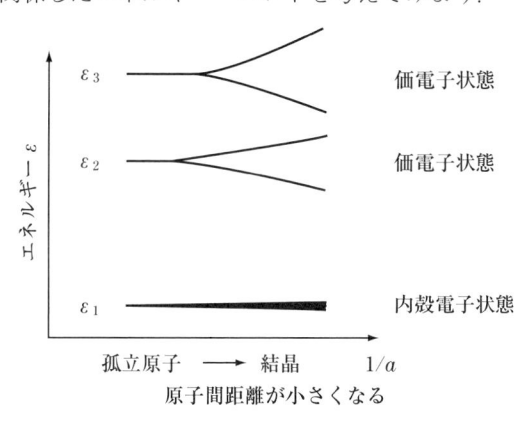

図 9.3 バンド構造における内殻電子と価電子に対応するエネルギー・バンドの特徴(模式図)

とを意味する(図9.3では,エネルギー ε_1 のバンドが内殻電子に対応).一方,価電子については,軌道関数 $\phi_n(x)$ は周りの原子の価電子の軌道関数と重なり合う.したがって,分子の場合と同様に,結晶の中の価電子の波動関数は,構成原子の量子状態 n に対応した軌道関数の重ね合わせの形に書き表される.

$$\phi_{nk}(x) = \sum_l C_l(k) \phi_n(x - la) \quad (l\text{は整数}) \qquad (9.2)$$

ここで $x = la$ は,l 番目の原子が存在する格子点であり,$C_l(k)$ は重ね合わせの係数である.また,k はバンド内の各エネルギー値を区別する量で,詳しくは次節で述べる.係数 $C_l(k)$ は,すべての l に対してゼロでない値をもつ.このことは,価電子が1つの原子から周りの原子に跳び移りながら結晶の中を動き回ることを意味し,そのために周りの原子の影響を強く受けて,

そのバンドは有限なバンド幅をもつようになる（図9.3のエネルギー ε_2 と ε_3 のバンドが価電子に対応）．

> 電気伝導性など，結晶のもつ種々の物性を決定しているのは価電子である．価電子は，結晶の中で周りの原子の影響を受けるので，バンドのエネルギー値，エネルギー幅，エネルギー・ギャップなどは結晶ごとに異なり，その結果，それぞれの結晶は独自の物性を示すことになる．また，このことは，今日の光・電子デバイスの動作原理を理解するためにも重要である．

9.4 結晶の並進対称性

3次元の結晶は，独立な3つの方向に，それぞれ一定の周期をもっている．この3方向の基本周期をそれぞれの単位の長さとして，3つの独立なベクトルを $\boldsymbol{a}_1, \boldsymbol{a}_2, \boldsymbol{a}_3$ とすると，結晶の周期性（**並進対称性**（translational symmetry））は，

$$\boldsymbol{T} = l_1 \boldsymbol{a}_1 + l_2 \boldsymbol{a}_2 + l_3 \boldsymbol{a}_3 \tag{9.3}$$

で表される**並進ベクトル**（translation vector）で定まる．ここで，l_1, l_2, l_3 は整数である．

結晶の中の電子密度の分布，あるいは電子が受けるポテンシャルなどの周期性をもつ物理量を $f(\boldsymbol{r})$ と表すと（$\boldsymbol{r}$ は結晶の中の電子の位置ベクトル），その周期性により

$$f(\boldsymbol{r} + \boldsymbol{T}) = f(\boldsymbol{r}) \tag{9.4}$$

という関係を満足する．周期的に配列しているイオン殻（原子核と内殻電子）からのポテンシャルと他の価電子による平均場ポテンシャルの和を $V(\boldsymbol{r})$ と表すと，電子密度の分布は結晶と同じ周期性をもっているので，(9.1)式における電子のもつポテンシャル $V(\boldsymbol{r})$ は，結晶と同じ周期をもつ周期関

数であり，次の関係を満足する．

$$V(\bm{r} + \bm{T}) = V(\bm{r}) \tag{9.5}$$

この周期ポテンシャルの中を運動する電子の状態は，(9.1)式のシュレーディンガー方程式で解くことで決定される．

9.5 ブロッホの定理

簡単のために，周期 a をもつ 1 次元結晶の場合を考える．このとき，電子の波動関数 $\phi(x)$ は，

$$-\frac{\hbar^2}{2m}\frac{d^2\phi(x)}{dx^2} + V(x)\,\phi(x) = E\,\phi(x) \tag{9.6}$$

を満足する．$V(x + la) = V(x)$（l は整数）より，$\phi(x + la)$ も $\phi(x)$ と同じエネルギー E に対する波動関数となるから，$\phi(x + la) = c(l)\phi(x)$ が成り立つ．ただし，$c(l)$ は x に無関係な複素定数である．

$|\phi(x)|^2$ が電子の位置 x における存在確率を表すことに注意すると，その周期性より，$|\phi(x)|^2$ は $|\phi(x + la)|^2$ と一致する．これより，

$$|c(l)|^2 = 1 \tag{9.7}$$

である．また，$\phi(x + l_1 a + l_2 a) = \phi(x + (l_1 + l_2)a)$ が成り立つから

$$c(l_1 + l_2) = c(l_1)\,c(l_2) \tag{9.8}$$

である．(9.7)式と(9.8)式を満足する $c(l)$ が，指数関数の形になることは容易にわかる．しかも周期 a を含むので，複素数の場合には $c(l) = e^{ikla}$，実数の場合には，$c(l) = e^{\mu la}$ の形になる（k, μ は実数）．実数の場合，周期 a が大きくなると指数関数的に増大するので，結晶の中を動き回る電子の定常状態には適さない．したがって，定常状態に適した複素数の解を選んで，

$$c(l) = e^{ikla} \tag{9.9}$$

で与えられる．

以上より，$\phi(x)$ は
$$\phi(x+la) = e^{ikla}\phi(x) \tag{9.10}$$
を満足することが示された．(9.10) 式の結果を**ブロッホの定理**（Bloch theorem）とよぶ．

9.6 ブロッホ関数

ブロッホの定理を満足する電子の波動関数 $\phi(x)$ は次の形に表される．
$$\phi(x) = e^{ikx}u(x), \qquad u(x+la) = u(x) \tag{9.11}$$
この $\phi(x)$ が (9.10) 式を満足することは，(9.11) 式の左側の式の x を $x+la$ とおき，(9.11) 式の右側の式を用いることによって，容易に示される．このように，周期ポテンシャルの中にある電子の波動関数は，平面波 e^{ikx} と周期関数 $u(x)$ との積として書ける（図 9.4）．また，これより，k が**波数**（単位長さに含まれる波の数に 2π を掛けたもの）に等しいことがわかる．この形の $\phi(x)$ を**ブロッホ関数**（Bloch function）という．

次に，(9.6) 式に (9.11) 式の左側の式を代入すると，$u(x)$ に対する方程式

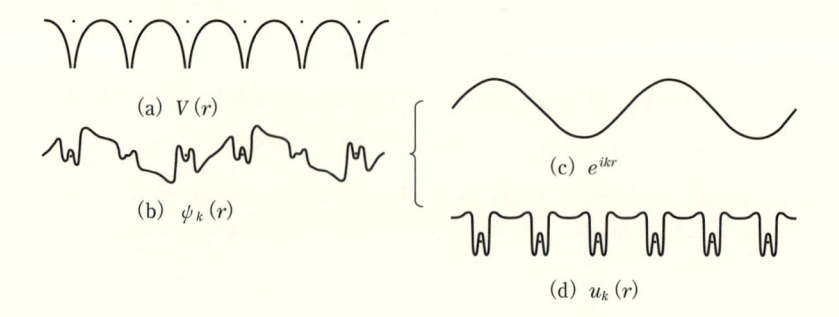

図 9.4 (a) 周期ポテンシャル $V(r)$．(b) ブロッホ関数 $\phi_k(r)$．ブロッホ関数は平面波 (c) と周期関数 (d) との積で表される．

$$-\frac{\hbar^2}{2m}\frac{d^2 u(x)}{dx^2} - \frac{i\hbar^2 k}{m}\frac{du(x)}{dx} + V(x)\,u(x) = \left(E - \frac{\hbar^2 k^2}{2m}\right)u(x)$$
(9.12)

が得られる．これからわかるように，エネルギー固有値 E は波数 k の値によって異なる．このことは，**波数 k が周期ポテンシャルの中の電子状態を区別する量子数**であることを意味する．そこで，波動関数やエネルギー固有値にこの量子数を付けて，$\phi_{nk}(x) = e^{ikx} u_{nk}(x)$，$E_n(k)$ と書くことができる．ここで，k の他にもう 1 つの量子数 n を付けたが，この n は，原子の 1s 状態に対応するなど，どのバンドに対応するかを区別する量子数で，**バンド指数** (band index) とよばれる．

　一般の 3 次元結晶の場合は，運動の 3 つの自由度に対応して 3 個の成分をもつ**波数ベクトル** (wave vector) $\boldsymbol{k} = (k_x, k_y, k_z)$ が存在し，ブロッホ関数とエネルギー固有値は $\phi_{nk}(\boldsymbol{r}) = e^{i\boldsymbol{k}\cdot\boldsymbol{r}} u_{nk}(\boldsymbol{r})$，$E_n(\boldsymbol{k})$ と表すことができる．

> 　このように結晶の中の電子はブロッホ関数で表されるが，ブロッホ関数は原子の周期ポテンシャルに対するシュレーディンガー方程式 (9.1) 式の固有関数である．このことは，規則正しく配列した原子が，その中を運動する電子に対して，何の妨げにもならないことを意味している．電子を古典的粒子と考えると，電子は各原子と衝突して運動の向きを変えると考えられるが，電子のもつ波動性のために，このようなことは生じないのである．

9.7　周期境界条件

　量子数 k のとる値は，波動関数 $\phi(\boldsymbol{r})$ に対する境界条件によって決定される．結晶の中の電子に対する境界条件は以下のものである．

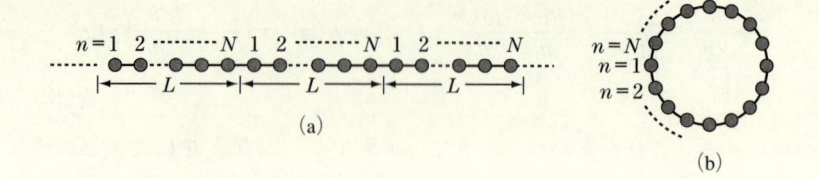

図 9.5 周期境界条件の概念図．(a) のように，N 個の原子からなる結晶の両側に同じ結晶が並んでいると考える．1次元結晶のときには，(b) のように結晶の両端がつながっていると考えてもよい．

簡単のために，周期 a の 1 次元結晶を考えよう．この結晶全体の長さ L を $L=Na$ とすれば (図9.5(a))，N は結晶内に配列している最小単位 (**単位胞** (unit cell) とよび，1次元結晶ではその大きさは周期 a) の数を表すので，9.2節で述べたように，3次元結晶の N の数に対応して，1次元結晶では，N は 1 cm 当たり 10 の 8 乗 (10^8) のオーダーで十分大きい．このとき，同じ長さ L の結晶を元の結晶の両端に無数につないだ無限に長い結晶をつくると，距離 L だけ離れた点での電子状態は同じであるから (図 9.5(b))，

$$\psi_{nk}(x+L) = \psi_{nk}(x) \tag{9.13}$$

という条件を課すことができる．これを**周期境界条件**といい，結晶の端の効果を無視してよい場合に適した近似である．本書では，端の効果を無視してよい場合の結晶を**バルク結晶**とよぶことにする．

(9.11) 式で表されるブロッホ関数に (9.13) 式を適用すると，$u_{nk}(x)$ は (9.13) と同様に周期境界条件を満たす周期関数であるから，

$$e^{ikL} = 1 \tag{9.14}$$

でなければならないことがわかる．これより

$$k = \frac{2\pi}{L}l = \frac{2\pi}{a}\frac{l}{N} \quad (l=0, \pm 1, \pm 2, \cdots) \tag{9.15}$$

となる．このように，量子数 k のとり得る値は $2\pi/L$ の整数倍の値だけであることがわかる．L は十分大きいので，k はほとんど連続的に変化する量となる．この結果，(9.12) 式より，1つのバンド内のエネルギー固有値はほと

んど連続的に分布することになる．このとき，バンド内の1つ1つのエネルギー固有値は異なる k の値で区別される．

3次元結晶の場合にも周期境界条件を考えることができ，波数ベクトル $\boldsymbol{k}$ の3つの成分は，それぞれ (9.15) 式で与えられる値をとる．

最後に，周期ポテンシャルの最も簡単なモデルとして，図9.6に示すような，井戸と障壁からなる井戸型ポテンシャルが1次元方向に周期的に並んだ系（これを**クローニッヒ-ペニーモデル** (Kronig-Penney model) とよぶ）の問題を考えてみよう．

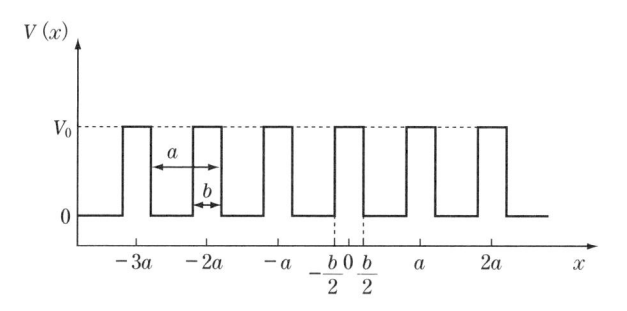

図 9.6 クローニッヒ-ペニーモデルの周期ポテンシャル

例題 9.1　クローニッヒ-ペニーモデル

1次元結晶の中で，電子がクローニッヒ-ペニーモデルの周期ポテンシャル $V(x)$ の中を運動するとき，電子のエネルギーに許される領域と禁止される領域が生じ，バンド構造が現れることを以下の (1)，(2) の設問に従って求めよ．ただし，$V(x)$ は次式で与えられるとする．

$$V(x) = V(x+a)$$

$$V(x) = \begin{cases} V_0 & \left(-\dfrac{b}{2}+na < x < \dfrac{b}{2}+na\right) \\ 0 & \left(\dfrac{b}{2}+na < x < -\dfrac{b}{2}+(n+1)a\right) \end{cases}$$

$$(n = 0, \pm 1, \pm 2, \cdots)$$

ただし, $V_0 \to +\infty$, $b \to 0$, $V_0 b \to$ 定数 (>0) の極限で求めよ.

(1) この周期ポテンシャル $V(x)$ に対するシュレーディンガー方程式を導け.

(2) (1)で導いたシュレーディンガー方程式を解き, エネルギー固有値を波数 k の関数として求めて図に示し, 許される領域 (塗りつぶしなし) と禁止される領域 (黒色) を図に示せ.

[解] (1) 電子に対するシュレーディンガー方程式は

$$\frac{d^2\phi}{dx^2} - \frac{2m}{\hbar^2}\{V(x) - E\}\phi = 0 \tag{9.16}$$

である.

(2) ブロッホの定理により, $\phi(x)$ は

$$\phi_k(x) = e^{ikx} u_k(x) \tag{9.17}$$

の形に書ける. ここで u_k は周期境界条件を満たす.

$$u_k(x) = u_k(x + a) \tag{9.18}$$

u_k に対する方程式を解いてもよいが, その代わりに (9.16) 式を直接解くことにする. 周期性の条件 (9.18) 式を $\phi(x)$ に対する条件として書くと次のようになる.

$$\phi(x + a) = e^{ika}\phi(x) \tag{9.19}$$

(9.16) 式の解を $-b/2 < x < a - b/2$ の範囲でまず求める. 解は 4 個の定数 A, B, C, D を用いて

$$\phi(x) = \begin{cases} Ae^{i\alpha x} + Be^{-i\alpha x} & \left(\dfrac{b}{2} \leq x \leq a - \dfrac{b}{2}\right) \\ Ce^{\beta x} + De^{-\beta x} & \left(-\dfrac{b}{2} \leq x \leq \dfrac{b}{2}\right) \end{cases} \tag{9.20}$$

と書ける. ここで $E < V_0 (\to +\infty)$ とすると, α, β は

$$\alpha = \sqrt{\frac{2mE}{\hbar^2}}, \quad \beta = \sqrt{\frac{2m(V_0 - E)}{\hbar^2}} \tag{9.21}$$

で与えられる (計算は第 5 章を参照).

$\phi(x)$, $d\phi/dx$ が $x = b/2$ で連続の条件は

$$\left.\begin{array}{c} Ae^{i\frac{\alpha b}{2}} + Be^{-i\frac{\alpha b}{2}} = Ce^{\frac{\beta b}{2}} + De^{-\frac{\beta b}{2}} \\ i\alpha(Ae^{i\frac{\alpha b}{2}} - Be^{-i\frac{\alpha b}{2}}) = \beta(Ce^{\frac{\beta b}{2}} - De^{-\frac{\beta b}{2}}) \end{array}\right\} \tag{9.22}$$

である. 次に, 条件 (9.19) 式を $x = b/2$ で適用すると

9.7 周期境界条件

$$\left.\begin{array}{l}Ae^{i\alpha\left(a+\frac{b}{2}\right)} + Be^{-i\alpha\left(a+\frac{b}{2}\right)} = e^{ika}(Ae^{i\frac{\alpha b}{2}} + Be^{-i\frac{\alpha b}{2}}) \\ Ce^{\beta\left(a+\frac{b}{2}\right)} + De^{-\beta\left(a+\frac{b}{2}\right)} = e^{ika}(Ce^{\frac{\beta b}{2}} + De^{-\frac{\beta b}{2}})\end{array}\right\} \quad (9.23)$$

となる。(9.22) 式と (9.23) 式の 4 つが, A, B, C, D を決める連立方程式である。A, B, C, D がともにゼロでない解に対しては, 線形代数学で学ぶクラメルの公式から, (9.22), (9.23) 式の合わせて 4 個の式の A, B, C, D の係数からつくられる 4 行 4 列の行列式がゼロでなければならない. 4 行 4 列の行列式 = 0 の式を計算すると, 次の式が得られる。

$$\frac{\beta^2 - \alpha^2}{2\alpha\beta} \sinh\beta b \sin\alpha(a-b) + \cosh\beta b \cos\alpha(a-b) = \cos ka \quad (9.24)$$

さらに簡単にするために, 例題の条件に従って, $b \to 0$, $V_0 \to \infty$, $bV_0 =$ 一定の極限, すなわち $\beta b \to 0$, $\alpha b \to 0$, $\alpha/\beta \to 0$, $\sinh\beta b/\beta b \to 1$ とすると, (9.24) 式は,

$$P\frac{\sin\alpha a}{\alpha a} + \cos\alpha a = \cos ka \quad (9.25)$$

となる。ここで P は正の定数で,

$$P \equiv \frac{m}{\hbar^2} abV_0 \quad (>0) \quad (9.26)$$

で与えられる。

(9.25) 式は k を与えると α が決まる式で, この α を使って (9.21) 式より E が k の関数として決まる。

(9.25) 式を解くために $P(\sin\alpha a/\alpha a) + \cos\alpha a$ を αa の関数として図 9.7 に示した. この量は $\cos ka$ に等しくなければならないので, 絶対値が 1 より大きくなる

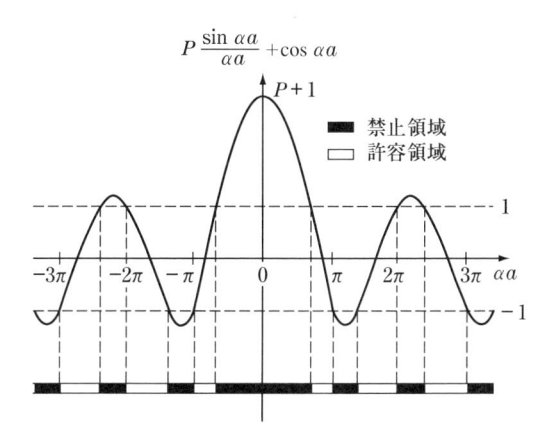

図 9.7 クローニッヒ-ペニーモデルにおけるエネルギーバンドの形成. 縦軸の値が 1 と −1 の間の領域に対応する αa の値 (白の領域) がバンドを形成する.

ときは解がない。このため，αa のとりうる領域は禁止領域により分断され，これに対応し，とり得るエネルギー $E(=\hbar^2\alpha^2/2m)$ もエネルギーバンドに分かれる．

次に $\alpha a = \pm n\pi (n=1, 2, \cdots)$ では (9.25) 式の左辺の第 2 項は $(-1)^n$ になり，これに対応する k の値は，(9.25) 式より

$$ka = \alpha a = \pm n\pi \tag{9.27}$$

になる．このとき

$$E = \frac{\hbar^2\alpha^2}{2m} = \frac{\hbar^2 k^2}{2m}, \qquad k = \pm\frac{n\pi}{a} \tag{9.28}$$

となり，運動量 $\hbar k$ の自由電子のエネルギーに等しい．

（注）一般の k の値に対し α，E を求めるには，与えられた P，a に対し (9.25) 式を解いて数値的に求めなければならないが，ここではその概略を図 9.8 に示した．E は k の偶関数であり，k を連続的に変えたとき，E のとり得る値は $k = \pm n\pi/a (n=1, 2, \cdots)$ で不連続になる．また，図の点線は運動量 $\hbar k$ の自由電子のエネルギーである．（図 9.7 のそれぞれの禁止領域の両端では (9.25) 式の左辺は同一の値をもつ（+1 または -1）．したがって，同一の k の値に対応し，k は連続的に変わり得る．）

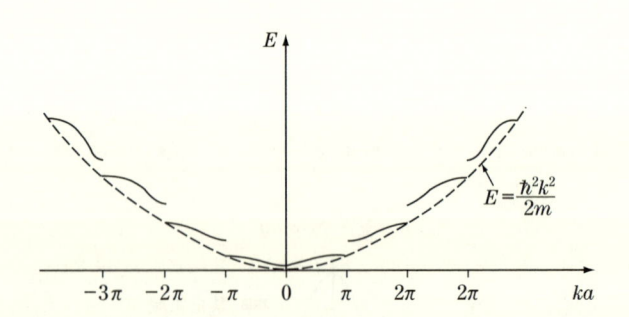

図 9.8　クローニッヒ-ペニーモデルにおけるエネルギーバンド（E~k 関係）の概略図

章末問題

[1] ブロッホの定理とブロッホ関数について，以下の設問に答えよ．

（1） 9.5節で，(9.7)式と(9.8)式を満足する $c(l)$ の関数形は $c(l) = e^{i\alpha_0 l}$（α_0 は実定数）であると述べたが，読者各自が計算により確かめよ．((9.9)式の証明)．

（2） ブロッホ関数について，(9.10)式と(9.11)式とは同等であることを示せ．

（3） (9.11)式のブロッホ関数に対して，運動量演算子 $\hat{p} = -i\hbar(d/dx)$ を施すと
$$\hat{p}\psi_k(x) = e^{ikx}(\hbar k + \hat{p})u_k(x)$$
であることを示せ．

（4） (9.12)式を導け．

（5） (9.12)式より，エネルギー E と関数 $u(x)$ は波数 k について連続関数であることを示せ．

Tea Time

フェリックス・ブロッホ博士（Felix Bloch）が，ドイツのライプチッヒ大学でハイゼンベルク博士の指導の下に1928年の博士論文で見出した「周期性をもつ固体の電子論の定理」は，今日，大学で固体物理を勉強するときには「ブロッホの定理」として必ず学ぶ，固体物理の最も基本的な定理である．

ブロッホ博士は，1934年にスタンフォード大学より招かれてアメリカに渡り，実験物理の教授としてアルヴァレズ博士と共に中性子の磁気モーメントを直接測定した．1946年には，ハーバード大学のパーセル博士と独立に磁気共鳴を利用して原子核の磁気モーメントを測定する方法を発見し，この業績により，1952年にパーセル博士とともにノーベル物理学賞を受賞した．

今日，我々が健康診断でお世話になる **MRI**（Magnetic Resonance Imaging, 核磁気共鳴画像法）は，ブロッホ，パーセル両博士の発明した**核磁気共鳴**（Nuclear Magnetic Resonance, NMR）現象を生体に利用したものである．

1978年に，ブロッホ博士が東京大学理学部と仁科記念財団の招きで東京大学を

訪問されたとき，著者の一人（上村）は初めてお会いした．理論・実験の両分野での偉大なる量子論物理学者で著名な先生にお会いするということで緊張したが，お会いして話を伺うと，大変優しく，物理を楽しんでおられるように話をされたのが印象的だった．

「Early days of quantum mechanics (**量子力学の初期の時代**)」と題して，1978年10月19日に東京大学理学部の化学講堂で学生・研究者向けに1時間講演をされた．上村は，東京大学新聞から講演の訳を出版してほしいとの依頼を受け，当時，理学部化学の助手であられた梅澤喜夫博士（現 東京大学名誉教授）ご夫妻のご尽力で，抄訳を1978年11月13日（月曜日）の東京大学新聞（週刊）に発表した．この講演の訳をいま読み直すと，量子力学の誕生の頃の雰囲気を率直に語っておられ，しかも本書に登場するその当時の碩学の人柄も語っておられるので，本書で量子力学を勉強しようとする読者に大変有益と思われ，この Tea time を利用して，以下にさわりの部分を上村のコメント付き（括弧の中）で紹介する．

「1924年（ブロッホ博士は1905年生まれで，当時19歳），私はチューリッヒのスイス連邦工科大学（ETH，アインシュタインの学んだ大学）に入学した．その頃物理学は役に立たない学問とみなされ，学生数もごくわずかだった．当時既にハイゼンベルクとド・ブロイにより新しい力学が創設されていたが，チューリッヒまではそのことはほとんど知られておらず，まして我々学生にとっては縁遠い話だった．私がそのことを始めて知ったのは1926年である．

1926年のある日，デバイ（P. J. W. Debye，1911年アイシュタインの後任としてETH理論物理学教授，1936年ノーベル化学賞受賞，格子振動のデバイモデルなど，多数の研究で有名．1926年当時42歳）がコロキウムの席で，チューリッヒ大学のシュレディンガー（当時39歳）に「君は最近たいして仕事をしてないじゃないか．ド・ブロイの論文が面白そうだから，それについて話をしてくれないか」と言っているのを耳にした．

次のコロキウムで，シュレディンガーは，ド・ブロイが粒子像と波動像を関連づけ，また波動像の立場にたってボーアの量子化条件を，電子が核のまわりに円運動を行うときの円周の長さが，波長の整数倍になるという条件によって導きえたことを，美しく明瞭に説明をした．

話がすむと，デバイは丁寧に次のようなコメントをした．「この様な考えは，子供っぽいもので，波動を正当に扱うには波動方程式を考えねばならない」と．2, 3週間後のコロキウムで，再びシュレディンガーがスピーカーになり，「私の同僚デバイが先日波動方程式を考えねばならないと提案したが，どうやらそれを求めることができた」と話しはじめた．これはすぐ「Quantization as Eigenvalue Problems」

という標題で，Annalen der Physik に投稿された．

こうして私もかの有名なシュレディンガー方程式の誕生に立ち合ったのだが，あまりにも若くて，その意味は本当には理解できなかった．ただ，コロキウム会場の雰囲気から，これは非常に重要な意味があるということを感じた．その後続々とシュレディンガーの論文が出され，私も新しい量子力学の魅力に引きずりこまれ，実験物理ではなく理論物理に進む決心をした．その頃，シュレディンガーの研究室には，学位を取ったばかりの年の若い二人の理論家ハイトラーとロンドンがいた．我々学生にとって，教授は雲の上の別世界の人であったため，若い彼ら二人との散歩や討論はとても楽しいものであった．

しかし，この偉大なチューリッヒ時代は，これら著名学者の移動により，1927 年秋幕を閉じた．そして，私は，デバイの指示により，ライプチッヒのハイゼンベルクの所に行くことになった．ライプチッヒはどんよりとした重苦しい街だったが，物理の研究所はスイスと異なり，暖かく率直でアカデミックな雰囲気にあふれていた．

殊にハイゼンベルクは私よりわずか 4 歳年上で 26 歳の教授〜学問的には私より確実に二世代上だった〜のためもあって，初対面の時からなごやかに，かつ活発に討論できた．そして彼の下で処女論文を書いた．学位論文のテーマについてハイゼンベルクもいろいろ相談にのり，形而上的な問題より具体的な問題に取り組むよう指示してくれた．当時彼自身も，金属の強磁性理論の仕事をしていた．

私は，当時金属中の電子が理想気体の自由電子と同じ取り扱いで議論されていることは不適当と考え，結晶の中では原子が規則正しく並んでいることにより，ポテンシャルの周期関数を仮定した．金属の伝導電子のモデルを導入して電子状態を計算し，学位論文を発表した．

その後，私はパウリの助手を 1 年間，さらにオランダで 1 年間を過ごした後，1930 年秋，再びハイゼンベルクのもとに，今度は助手として戻った．その時までに，量子力学はその黎明期を終わり，実りの時代を迎えつつあった.」

(東京大学新聞，1978 年 11 月 13 日発行より)

10 結晶の中の電子状態
～ 原子から結晶へ ～

　前章で，周期ポテンシャルの中の電子がとり得るエネルギー値は，価電子の関与するエネルギーバンドに集約され，異なるエネルギーバンド間には電子状態が存在しないエネルギーギャップが存在することを述べた．この章では，第9章の応用として，端の効果を考慮する必要のないバルク結晶の中の電子状態について述べる．また，現実の物質は，その電気的性質から，金属，半導体，絶縁体に分類されるが，前章で述べた「エネルギーバンド構造」から，どのように物質を上記の3種類に分類できるかを10.7節で述べる．

10.1 結晶の中の電子に対するシュレーディンガー方程式

　結晶の中の電子状態を求めるには，10^{23} 個/cm^3 という非常に多数の電子に関する多体問題を解かなければならないが，それは不可能に近いし，賢明なことでもない．幸い，第7章で1体近似の方法論について述べたので，この章では，1個の電子に注目して，この電子が他の電子および原子核から受ける力は平均されて，1つのポテンシャルの場として見なしてしまうハートリー近似を採用することにする．そのポテンシャルを $V(\boldsymbol{r})$ とすれば，結晶の中の電子状態を記述するシュレーディンガー方程式は

$$\left.\begin{array}{l} \dfrac{\boldsymbol{p}^2}{2m}\psi(\boldsymbol{r}) + V(\boldsymbol{r})\psi(\boldsymbol{r}) = E\psi(\boldsymbol{r}) \\[6pt] \boldsymbol{p} = -i\hbar\nabla = -i\hbar\left(\dfrac{\partial}{\partial x}, \dfrac{\partial}{\partial y}, \dfrac{\partial}{\partial z}\right) \end{array}\right\} \quad (10.1)$$

と書くことができる．ここで，左辺第1項は電子の運動エネルギー，第2項は周期ポテンシャル$V(\boldsymbol{r})$の下でのポテンシャルエネルギーである．(10.1)式を周期境界条件の下で解けば，電子のエネルギー固有値Eと対応する波動関数$\phi(\boldsymbol{r})$が求まる．

第9章で学んだブロッホの定理により，$\phi(\boldsymbol{r})$はブロッホ関数の形式(9.11)式で表され，3次元系での表式で波動関数を表せば，

$$\phi(\boldsymbol{r}) = e^{i\boldsymbol{k}\cdot\boldsymbol{r}} u(\boldsymbol{r}) \tag{10.2}$$

となる．波動関数がブロッホ関数で表されることから，結晶の中の電子のことを**ブロッホ電子**とよぶこともあり，本書でも，このよび方を使うことにする．

(10.2)式からわかるように，波数ベクトル$\boldsymbol{k}$がブロッホ電子の状態を区別する量子数を意味するので，$\phi_k(\boldsymbol{r})$と書くことにする．量子数である波数ベクトル$\boldsymbol{k}$のとり得る値は，波動関数$\phi_k(\boldsymbol{r})$に課せられる境界条件で決まる．9.6節で述べたように，結晶が十分大きく，表面付近の電子状態を考えなくてよいバルク結晶の場合には，次のような周期境界条件を用いることができる．その周期境界条件は，結晶の3つの基本並進ベクトル$\boldsymbol{a}_1$, $\boldsymbol{a}_2$, $\boldsymbol{a}_3$を用いて，

$$\phi_k(\boldsymbol{r} + N_j\boldsymbol{a}_j) = \phi_k(\boldsymbol{r}) \quad (j = 1, 2, 3) \tag{10.3}$$

と表される．ここで，N_jは$\boldsymbol{a}_j$方向の結晶の中の**単位胞**の数で，$N = N_1 N_2 N_3$が結晶の中の単位胞の総数となる．なお，9.6節で述べた周期境界条件が物理的意味をもつためには，N_jは十分に大きくなければならない．

10.2 逆格子とブリルアンゾーン

いま波動関数$\phi_k(\boldsymbol{r})$が規格化されているとし，ブロッホ関数(10.2)式に周期境界条件(10.3)式を課すと，$u_k(\boldsymbol{r})$は周期関数であるから，

$$e^{iN_j\boldsymbol{k}\cdot\boldsymbol{a}_j} = 1 \quad (j = 1, 2, 3) \tag{10.4}$$

が得られる．1次元系で，すでに第9章の(9.14)式と(9.15)式で波数 k に対する周期境界条件を導いたのと同じように，3次元系でも3次元バルク結晶を1辺の長さ L の立方体とし，単位胞も1辺の長さ a の立方体とすれば $\boldsymbol{k}\cdot\boldsymbol{a}_j = k_j a$ となるので，(10.4)式から

$$N_j k_j a = 2\pi m_j \quad (m_j \text{は整数,} \; j = 1, 2, 3) \quad (10.5)$$

を得る．したがって，

$$k_j = \frac{2\pi m_j}{N_j a} = \frac{2\pi m_j}{L} \quad (10.6)$$

と表される．

ここで，次式で定義される**クロネッカーのデルタ**の記号 δ_{ij} を用いて，

$$\left. \begin{array}{ll} \delta_{ij} = 0 & (i \neq j) \\ \delta_{ij} = 1 & (i = j) \end{array} \right\} \quad (10.7)$$

$$\boldsymbol{b}_i \cdot \boldsymbol{a}_j = 2\pi \delta_{ij} \quad (i, j = 1, 2, 3) \quad (10.8)$$

で定義されるベクトル $\boldsymbol{b}_j (j = 1, 2, 3)$ を導入すると，(10.6)式は，ベクトル表記で

$$\boldsymbol{k} = \frac{m_1}{N_1}\boldsymbol{b}_1 + \frac{m_2}{N_2}\boldsymbol{b}_2 + \frac{m_3}{N_3}\boldsymbol{b}_3 \quad (10.9)$$

と表される．

さて，$\boldsymbol{b}_1$, $\boldsymbol{b}_2$, $\boldsymbol{b}_3$ を用いて

$$\boldsymbol{G}(m_1, m_2, m_3) \equiv \boldsymbol{G}_m = m_1 \boldsymbol{b}_1 + m_2 \boldsymbol{b}_2 + m_3 \boldsymbol{b}_3 \quad (10.10)$$

をつくるとき，このベクトル $\boldsymbol{G}_m$ を結晶の格子に対する**逆格子ベクトル**という．また，$\boldsymbol{b}_1$, $\boldsymbol{b}_2$, $\boldsymbol{b}_3$ を逆格子空間の**基本ベクトル**とよぶ．

(10.6)式を見ると，量子数 k_j の値の個数は，$2\pi/L$ の整数 (m_j) 倍だけあって，一見，有限の値をとる N_j 個より多いように思えるが，実は N_j 個あれば十分であることを，1次元系を例にとって以下に示す（$j=1$ のみゆえ，以下の議論では添字の j を省略する）．

10.2 逆格子とブリルアンゾーン

> **(定理)** (10.6)式で与えられる k の値のうち,$(2\pi/a)(mN/N) = (2\pi/a)\, m$ (m は整数) だけ異なるブロッホ電子の状態 $\phi_{nk}(x)$ は,すべて同等である.

(証明) バンド指数 n に対するブロッホ関数 $\phi_{nk}(x) = e^{ikx} u_{nk}(x)$ において,k を

$$k' = k + \frac{2\pi}{a} m \tag{10.11}$$

におきかえてみると

$$\left. \begin{aligned} \phi_{nk'}(x) &= e^{ik'x} u_{nk'}(x) = e^{ikx} v_{nk}(x) \\ v_{nk}(x) &= e^{i\frac{2\pi}{a} mx} u_{nk'}(x) \end{aligned} \right\} \tag{10.12a}$$

と書ける.ここで $u_{nk}(x) = u_{nk}(x + la)$ を用いると,

$$v_{nk}(x + la) = v_{nk}(x) \tag{10.12b}$$

が成り立つので,$\phi_{nk'}(x)$ も $\phi_{nk}(x)$ と同様に波数 k をもつ平面波と周期関数との積の形に表される.したがって,k と k' は全く同じ役割をする. (証明終わり)

この議論から,k の値は,幅が $2\pi/a$ の区間だけを考えればよい,すなわち,簡単のため N を偶数として

$$-\frac{2\pi}{a} \frac{N/2}{N} \equiv -\frac{\pi}{a} < k \leq \frac{2\pi}{a} \frac{N/2}{N} \equiv \frac{\pi}{a} \tag{10.13}$$

の範囲にあるものだけをとればよいことになる.このときの k の値の総数は,(10.3)式,(10.6)式より N 個である (区間の左端は含んでいない).この方式を**還元ゾーン方式** (reduced zone scheme),k の範囲を制限しない方式を**拡張ゾーン方式** (extended zone scheme) とよぶ.

図 10.1 に,2 種類の 1 次元結晶を示す.(a) は単原子結晶,(b) は 2 種類の原子からなる結晶である.(a),(b) では,間隔 a だけ平行移動すれば元の結晶に重なるので,a は,結晶内に周期的に配列している最小の長さ (2 次元では面積,3 次元では体積) の領域を表す.この最小の領域が**単位胞** (unit

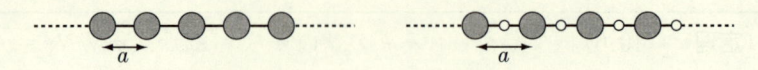

(a) 単原子1次元結晶　　(b) 2個の異なる原子からなる1次元結晶

図 10.1　1次元結晶の模式図．a を格子間隔といい，$0.2 \sim 1$ nm の大きさである．

① 第1ブリルアンゾーン
② 第2ブリルアンゾーン
③ 第3ブリルアンゾーン

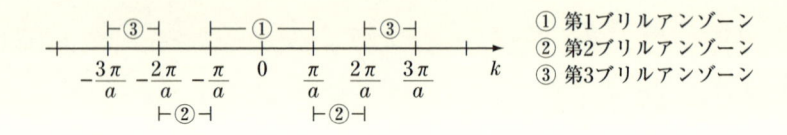

図 10.2　1次元結晶の逆格子とブリルアンゾーン

cell) で，単位胞の代表点を**格子点**，最小の周期 a を**格子間隔**とよぶ．

図 10.1 の 1 次元格子に対して，m を整数として $G = (2\pi/a)m$ で表される点の集合が元の実格子に対する**逆格子**である．このとき，逆格子点を表す G と，実格子点を表す $T = la$ との積については，常に

$$e^{iGT} = 1 \tag{10.14}$$

が成り立つ．また，図 10.2 のように，逆格子の中で 1 つの逆格子点を中心として，それと隣接する逆格子点との距離の半分までの領域を**ブリルアンゾーン**（Brillouin zone）とよぶ．ブリルアンゾーンは，図 10.2 に示すように，$k=0$ の原点を中心とした単位胞を第 1 ブリルアンゾーン，その外側を第 2，第 3，…とよぶ．

(10.13) 式で定まる k の範囲は，図 10.2 に示された逆格子の中の第 1 ブリルアンゾーンに等しい．このように，1 つのバンド内の状態を指定する波数 k（量子数）は，第 1 ブリルアンゾーン内にあるものに限ることができる．各 k の値に対して，それと同等な $k' = k + (2\pi/a)m$ も含めると，同等なすべての k に対応するバンドの状態 $E(k)$ は無数にあるので，これらの同等なすべての k の値を第 1 ブリルアンゾーンの 1 つの k の値で代表させると，同じ k の値にバンド指数 $n = 1, 2, 3, \cdots$ をもつ無数の状態（異なるバンド内

の状態) が存在することになる．これについての詳細な説明は10.6節で行なうが，上記のことを理解するために，次の例題を解いてみよう．

例題 10.1　還元ゾーン方式での自由電子のエネルギー状態

1次元系で周期ポテンシャル $V(x)$ が x によらない一定の値をとるとき，シュレーディンガー方程式から得られるエネルギー固有値は，

$$E(k) = \frac{\hbar^2 k^2}{2m}$$

で与えられる．この状態を**自由電子状態** (free electron state) という．図10.3に，$E(k)$ を k の関数として示す．横軸に，第1，第2，第4ブリルアンゾーンの両端の値が示されている．

第1ブリルアンゾーン以外にある k' に対して $k' = k + (2\pi/a)\, l$ (l は整数) の式を用い，適当な l の値を選んで，固有値 $E(k') = E(k + (2\pi/a)\, l) \equiv E_l(k)$ を以下の手順で第1ブリルアンゾーン内に移すことを考えよ．

（1）まず，$l = 0$, ± 1, ± 2 の5つの場合に対して，$E_l(k)$ を波数 k の関数としてグラフに描いて示せ．

（ヒント）具体的には，$E_l(k)$ を縦軸にとり，横軸に，それぞれ k の原点を 0, $\pm 2\pi/a$, $\pm 4\pi/a$ に選んで，$\hbar^2 k^2/2m$ のグラフを波数 k の関数として描け．

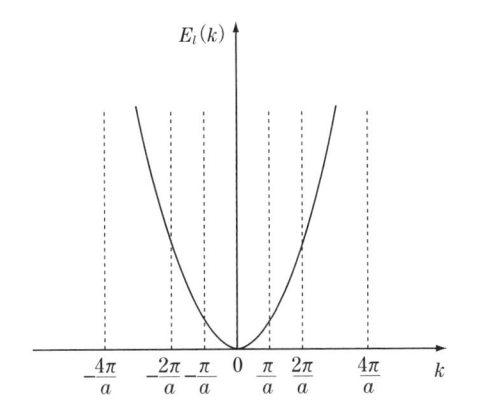

図 10.3　自由電子のエネルギー固有値 $E(k) = \hbar^2 k^2/2m$

(2) $l = 0$ に対するエネルギー固有値 $E_0(k)$ のグラフ ((1) の解の 1 つ) において, 点線で示された第 1 ブリルアンゾーン ($-\pi/a < k < \pi/a$) の外側にある部分を, 基本逆格子 ($2\pi/a$) の整数倍を波数 k に加えたり引いたりして平行移動し, $E(k) = \hbar^2 k^2 / 2m$ が第 1 ブリルアンゾーンの中に収まるようにしたときの $E_0(k)$, すなわち還元ゾーン方式で表された $E_0(k)$ のグラフを示せ.

[解]
(1) 問題の指示通りに行なえば, 図 10.4 (a) の結果が得られる.
(2) 問題の指示通りに行なえば, 図 10.4 (b) の結果が得られる.

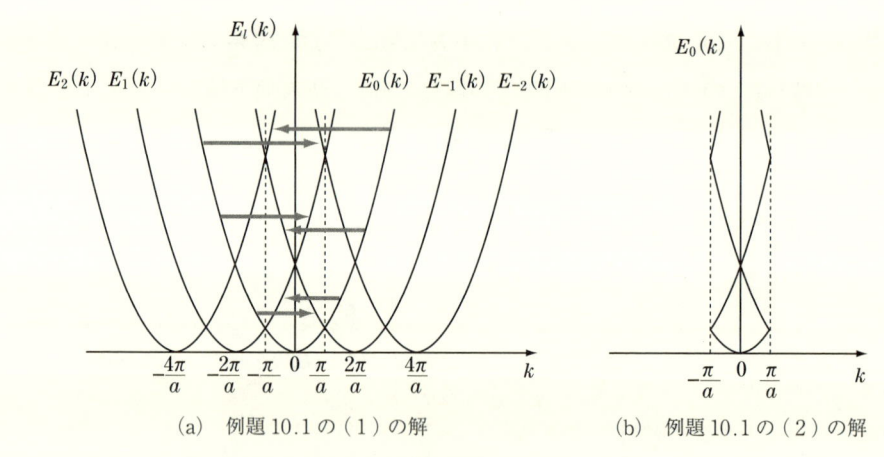

(a) 例題 10.1 の (1) の解

(b) 例題 10.1 の (2) の解

図 10.4

1 次元系に対する第 9 章の (9.3) 式でみたように, 3 次元結晶の周期性は, 3 つの独立な**基本格子ベクトル a_1, a_2, a_3** によって,

$$T_l = l_1 a_1 + l_2 a_2 + l_3 a_3 \tag{10.15}$$

の並進ベクトルを用いて定まる. これに対して, 逆格子空間における任意の逆格子点は (10.10) 式で与えられるから, T_l と G_m の間には, (10.8) 式を用

10.2 逆格子とブリルアンゾーン

いて，1次元系における関係式 (10.14) 式と同様に，

$$e^{iG_m \cdot T_l} = 1 \tag{10.16}$$

の関係が成り立つ．

1次元系の場合に証明した定理の関係式 (10.11) 式のように，3次元系の場合も，波数ベクトル k と $k + G$ は同等である．したがって波数ベクトル k は，逆格子中で任意の逆格子点を中心にして，それと隣接するすべての逆格子点を結ぶ線分の垂直二等分面で囲まれる領域内に必ずとることができる．この領域が，3次元の場合のブリルアンゾーンである．このブリルアンゾーンを基準にして，第1ブリルアンゾーン，その外側のブリルアンゾーンを第2，第3ブリルアンゾーンなどとよぶ．また，波数ベクトル k が第1ブリルアンゾーンの外にあるとき，(m_1, m_2, m_3) の適当な値の逆格子ベクトル G_m を選んで G_m だけずらせば，第1ブリルアンゾーン内の同等の点 k に移せることに注意しよう．（2次元正方格子の場合のブリルアンゾーンについて，次頁の例題10.2に従って作図をし，図10.5が得られることを確かめよ．）

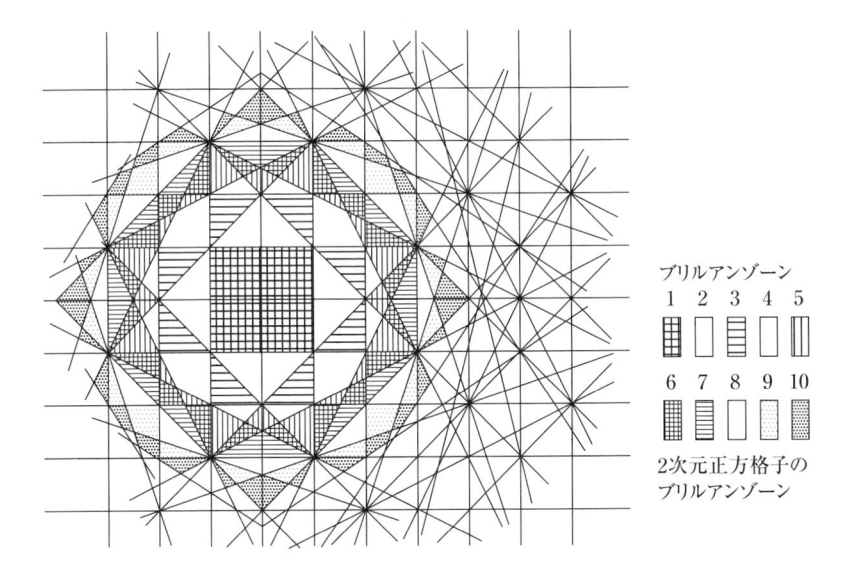

図 **10.5** 2次元正方格子のブリルアンゾーン（第1から第10ブリルアンゾーンまで）

> **例題 10.2** 2次元正方格子の第1〜第10ブリルアンゾーン
>
> 1辺aの正方形を基本単位胞とする2次元正方格子について，ブリルアンゾーンを第1から第10まで求めよ．その際，1から10までゾーンを異なった模様で表すようにして作図せよ．

［解］ 10.2節で学んだ通りに作図をすれば，図10.5で示した結果が得られる．

● 10.3 バンド構造 ●

第9章で，周期ポテンシャルの影響を受ける結晶の中の電子のエネルギー値はバンドに集約されること，および各エネルギー値は連続的だと見なせる値をもつ波数ベクトルkで指定されることを述べた．各バンド$E_n(k)$がkのどのような関数で表されるかを示したものを**バンド構造** (band structure) といい，このバンド構造が結晶の電子的物性を決めることになる．まず，第9章の (9.1) 式のシュレーディンガー方程式を解いて得られたバンド$E_n(k)$の関数形を調べよう．

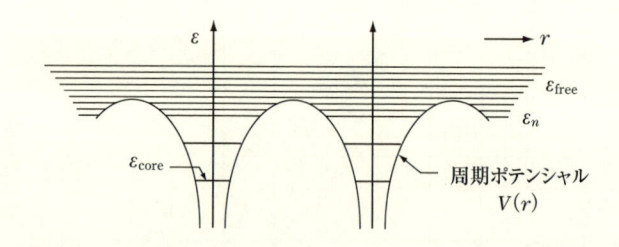

図 **10.6** 結晶の中のブロッホ状態．ポテンシャルの井戸の中の状態は，深いエネルギーの内殻電子の状態ε_{core}，少しエネルギーが高い横線領域のうち，エネルギーの低い領域（例えばエネルギーε_nの状態）は，原子に強く束縛された状態，エネルギーの高い領域（例えばエネルギーε_{free}の状態）は，準自由電子の状態に対応する．

$E_n(\boldsymbol{k})$ の関数形を求めるのに，次の 2 つの状況が考えられる．周期ポテンシャルの影響が大きく，電子が各原子に強く束縛されている場合 (1) と，周期ポテンシャルが弱く，電子が自由に結晶の中を動き回っている「準自由電子状態」の場合 (2) である．場合 (1) は，図 10.6 の横線領域の中で，低いエネルギー状態，例えばエネルギー ε_n の状態に適した近似で，場合 (2) は図 10.6 の横線領域中で，高いエネルギー ε_free の状態に適した近似である．

10.4 LCAO 近似

周期 a の単原子 1 次元結晶を考える．いま，原子のエネルギー固有値 ε_n に対応するバンド構造を調べることにしよう．このとき，図 10.6 の横線領域の中の深いエネルギー値 ε_n に対する原子の軌道関数を $\phi_n(x)$ とすると，結晶の中の電子の波動関数 $\psi_{nk}(x)$ は，原子に束縛された量子状態 n の軌道の重ね合わせの形に表すことができるので，第 9 章の (9.2) 式の形に表される．さらに，この $\psi_{nk}(x)$ はブロッホの定理を満足しなければならない．このことから，(9.2) 式の係数 $C_l(k)$ は，(9.9) 式から e^{ikla} で与えられ，$\psi_{nk}(x)$ は

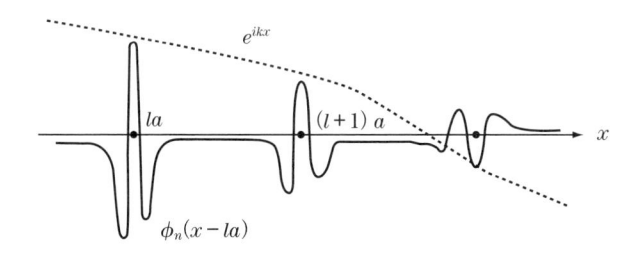

図 10.7 LCAO 近似による結晶内電子の波動関数 $\psi_{nk}(x)$ の模式図 (1 次元系)

$$\phi_{nk}(x) = \frac{1}{\sqrt{N}} \sum_l e^{ikla} \phi_n(x - la) \tag{10.17}$$

と書けることがわかる．この形の波動関数を，分子の場合 (第8章の8.3節) にならって，原子軌道の**線形結合 (LCAO) 近似**という．

図10.7に，LCAO近似による結晶の中の電子の波動関数の例として，(10.17)式の波動関数を示す．

エネルギーバンド $E_n(k)$ の関数形

結晶の中の電子に対するハミルトニアンは

$$H = -\frac{\hbar^2}{2m} \frac{d^2}{dx^2} + \sum_l v(x - la) \tag{10.18}$$

の形に表されるものとしよう．ここで，右辺第1項は電子の運動エネルギー，第2項は電子に作用する周期ポテンシャルである．ここで周期ポテンシャルは，図10.8のように，各原子のつくるポテンシャル $v(x)$ の和で書けるものと仮定する．

(10.18)式のハミルトニアンに対して，(10.17)式の $\phi_{nk}(x)$ に対するエネルギー固有値は

$$E_n(k) = \frac{\int \phi_{nk}^*(x) \, H \, \phi_{nk}(x) \, dx}{\int \phi_{nk}^*(x) \, \phi_{nk}(x) \, dx} \tag{10.19}$$

で与えられる．この式の具体的な計算は次のようになる．まず分母の計算は，

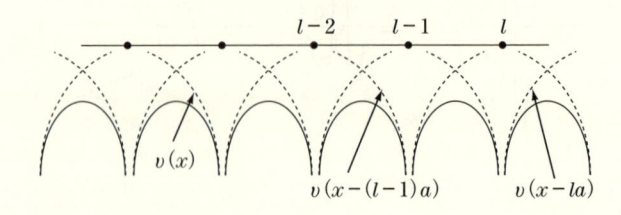

図 10.8 周期ポテンシャルが各原子のつくるポテンシャル $v(x)$ の和で表される様子

10.4 LCAO 近似

$$\text{分母} = \frac{1}{N}\sum_{l,l'} e^{ik(l-l')a} \int \phi_n^*(x - l'a)\phi_n(x - la)\,dx$$

$$= \sum_t e^{ikta} \int \phi_n^*(y + ta)\phi_n(y)\,dy \simeq 1 \qquad (10.20)$$

このとき,$t = l - l'$,$y = x - la$ とおき,t についての和のうち,$t = 0$ のみに限った.これは $l = l'$ と見なしたものであり,異なる原子の軌道関数の重なりは小さく無視できるという近似である.この近似の妥当性であるが,原子間の軌道関数の重なり積分については,第 8 章の (8.20) 式で定義し,定量的な大きさについては,計算値を図 8.5 に示したが,水素分子のように原子間距離の小さな分子でも重なり積分は 0.6〜0.8 程度であり,多くの結晶では原子間距離が 5〜10Å(0.5〜1 nm)程度なので,重なり積分は図 8.5 から 0.1 程度以下と見積もられ,重なり積分を無視する近似は妥当と考えられる.

次に,分子の計算に移る.分母同様 $t = l - l'$,$y = x - la$ とおいて

$$\text{分子} = \sum_t e^{ikta} \int \phi_n^*(y - ta)\left\{-\frac{\hbar^2}{2m}\frac{d^2}{dx^2} + \sum_l v(y - la)\right\}\phi_n(y)\,dy$$

$$\simeq \int \phi_n^*(y)\left\{-\frac{\hbar^2}{2m}\frac{d^2}{dx^2} + v(y)\right\}\phi_n(y)\,dy \quad (\text{A 項})$$

$$+ \sum_{l \neq 0} \int \phi_n^*(y)v(y - la)\phi_n(y)\,dy \quad (\text{B 項})$$

$$+ \sum_{t = \pm 1} e^{ikta} \int \phi_n^*(y - ta)\widehat{H}\phi_n(y)\,dy \quad (\text{C 項}) \qquad (10.21)$$

(10.21) 式では,右辺第 1 式の t についての和のうち,$t = 0$ と ± 1 のみに限った.これは離れた原子間の軌道関数の重なりは小さく,その積分はゼロと見なせることによる近似である.

その結果導かれた (10.21) 式の右辺第 2 式の計算について詳しく説明をする.右辺第 2 式の (A 項) と (B 項) は $t = 0$ の項である.その際,右辺第 1 式 { } の中の $\sum_l v(y - la)$ 項における $\sum_l$ の和を以下のように分ける.

まず,l の和のうち $l = 0$ のみについて考えたのが,右辺第 2 式の (A 項)

である．運動エネルギーの項 $-(\hbar^2/2m)(d^2/dx^2)$ とポテンシャル $v(y)$ の項に $\phi_n(y)$ を演算すれば，

$$\left\{-\frac{\hbar^2}{2m}\frac{d^2}{dx^2} + v(y)\right\}\phi_n(y) = \varepsilon_n \phi_n(y)$$

となって，$\phi_n(y)$ 状態に対する固有エネルギーが現れる．残りの $\sum_{l\neq 0} v(y-la)$ が (B項) である．(C項) において，$\int \phi_n^*(y+a)\hat{H}\phi_n(y)dy = \int \phi_n^*(y-a)\hat{H}\phi_n(y)dy$ であるから，(C項) は $(e^{ika} + e^{-ika})\int \phi_n^*(y\pm a)\hat{H}\phi_n(y)dy$ のように変形できる．このようにして，(10.19) 式のエネルギーは

$$E_n(k) = \varepsilon_n + \alpha_n + 2\beta_n \cos ka \tag{10.22}$$

$$\alpha_n = \sum_{l\neq 0}\int \phi_n^*(x)\, v(x-la)\, \phi_n(x)\, dx \tag{10.23}$$

$$\beta_n = \int \phi_n^*(x\pm a)\, \hat{H}\, \phi_n(x)\, dx \tag{10.24}$$

と表される．ここで α_n は**結晶場エネルギー** (crystalline field energy) とよばれ，電子の周りに存在する原子のポテンシャルからの寄与を表す．β_n は**跳び移り積分**とよばれる量で，第 8 章の跳び移り積分 t を与える (8.33) 式でもみたように，隣の原子の引力ポテンシャルの存在によって，電子が隣の原子へ跳び移る効果を表したものである．結局，原子のエネルギー固有値 ε_n に

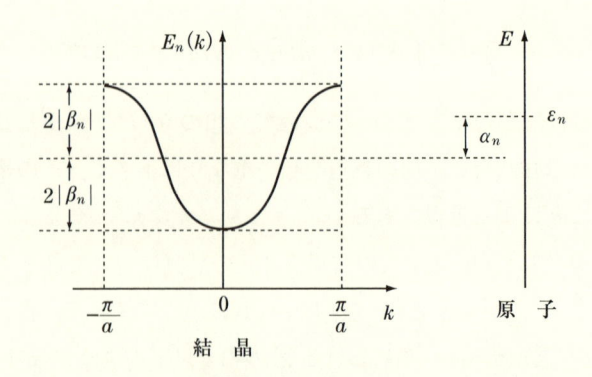

図 **10.9** 原子のエネルギー準位 ε_n に対応する結晶のバンド構造 (LCAO 近似)

対応するバンドは，$\varepsilon_n + \alpha_n$ を中心として，バンド幅 $4|\beta_n|$ をもつことがわかる．

図 10.9 に，k 依存性を示すエネルギーバンド $E_n(k)$ の関数形を示すが，k の範囲は 10.1 節の還元ゾーン方式の記述に従って，第 1 ブリルアンゾーン内に限ってある．また，第 9 章の (9.12) 式で複素共役をとると，左辺第 2 項が $(i\hbar^2 k/m)\,du(x)/dx$ となるが，これを $-\{i\hbar^2(-k)/m\}\,du(x)/dx$ と見なせば，(9.12) 式は $E(k)$ と $E(-k)$ の両方に対して成り立つので，

$$E_n(-k) = E_n(k) \tag{10.25}$$

という関係が成り立つ．

10.5　バンド構造の様相

ε_n とは別の原子のエネルギー固有値 $\varepsilon_{n'}$ に対応するバンド $E_{n'}(k)$ も，(10.22) 式と同様に k に依存する関数形をとる．また 3 次元結晶の場合については，$E_n(\boldsymbol{k})$ はブリルアンゾーン内にある波数ベクトル $\boldsymbol{k}$ の関数，つまり $\boldsymbol{k}$ の 3 つの成分 k_x, k_y, k_z の関数であり，各成分に対して (10.22) 式と類似の形に表される．この $E_n(\boldsymbol{k})$ は一般に k_x, k_y, k_z の連続かつ偏微分可能な関数で，(10.25) 式に示したように

$$E_n(-\boldsymbol{k}) = E_n(\boldsymbol{k}) \tag{10.26}$$

の関係をもっている．事実，(10.22) 式でも，$\cos ka$ のように k の偶関数で表されている．

2 つのバンド $E_n(k)$ と $E_{n'}(k)$ との相対的な関係はいろいろなものがあり，図 10.10 に格子間隔 a の 1 次元結晶における 2 つのバンドについて，いくつかの例を示す．ここでは，波数 k の範囲が，第 1 ブリルアンゾーン ($-\pi/a < k < \pi/a$) に限定される還元ゾーン方式をとっている．この図の (a) と (b) の場合には，2 つのバンド間にギャップ E_g が存在する．(c) や (d) のように，2 つのバンドが重なってギャップがないこともある．バンドは一般に

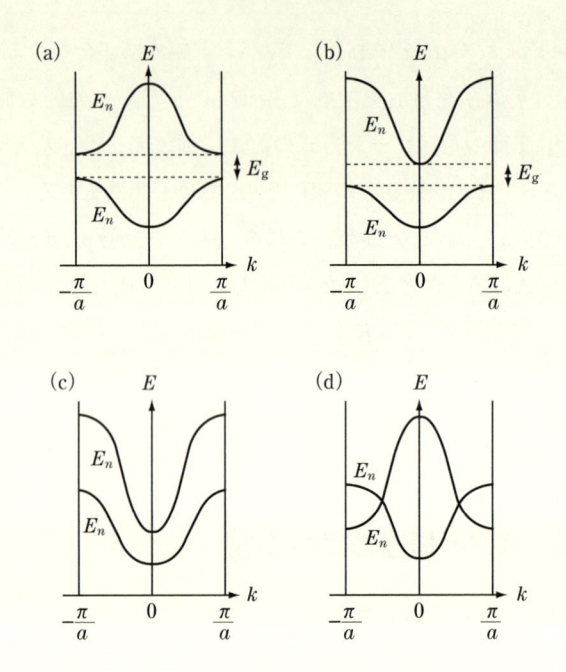

図 10.10 2つのバンドの相対的位置関係が異なる場合を示す.

無数にあるので,それらを図 10.10 のように配置することができれば,非常に多様なバンド構造が得られることになる.

10.6 自由電子からのアプローチ

前節では,LCAO 法によってバンド構造の様子を調べた.その際には,原子に付随した軌道関数 $\phi_n(x)$ をもとに電子の波動関数 $\psi_{nk}(x)$ を (10.17) のように構成したが,この近似は結晶の周期ポテンシャルをつくる原子のポテンシャルの性格を強く反映した電子状態に対して成り立つ近似であり,元々各原子に束縛されていて,他の原子の影響により結晶内を動き回るという電子の描像に対応している.

10.6 自由電子からのアプローチ

しかし，図10.8を見ると，原子が集まって結晶がつくられるとき，各原子のポテンシャルが重なることにより周期ポテンシャルが形成されるので，原子と原子の中間の領域ではポテンシャルが平坦になる．その結果，図10.6の $\varepsilon_{\text{free}}$ に対応する周期ポテンシャルを越えた浅いエネルギー領域では，ポテンシャルを感じない状態が存在すると考えられる．

そこでこの節では，周期ポテンシャルの影響は極めて弱く，電子が自由に結晶の中を運動するという立場からバンド構造を調べてみよう．まず，電子の感じる周期ポテンシャルが非常に弱く，無視してよい場合を考える．このとき電子は結晶の中を自由に運動できるので，**自由電子**とよぶ．

自由電子状態を決めるシュレーディンガー方程式は，(10.1) 式で $V(\boldsymbol{r}) = 0$ とおいて，

$$-\frac{\hbar^2}{2m}\left(\frac{\partial^2}{\partial x^2} + \frac{\partial^2}{\partial y^2} + \frac{\partial^2}{\partial z^2}\right)\phi^{(0)}(\boldsymbol{r}) = E^{(0)}\phi^{(0)}(\boldsymbol{r}) \qquad (10.27)$$

と書ける．したがって，固有エネルギー $E^{(0)}$ と対応する波動関数 $\phi^{(0)}(\boldsymbol{r})$ は波数ベクトル $\boldsymbol{k}$ で指定され，

$$E^{(0)}(\boldsymbol{k}) = \frac{\hbar^2|\boldsymbol{k}|^2}{2m} \qquad (10.28)$$

その波動関数は，

$$\phi_{\boldsymbol{k}}^{(0)}(\boldsymbol{r}) = \frac{1}{\sqrt{V}}e^{i\boldsymbol{k}\cdot\boldsymbol{r}} \qquad (10.29)$$

で与えられる平面波である．ここで V は結晶の体積で，電子が体積 V の中に1個存在するように $\phi_{\boldsymbol{k}}^{(0)}(\boldsymbol{r})$ を規格化したために現れたものである．

(10.28) 式の $\boldsymbol{k}$ は，結晶の中の電子の波数ベクトルであるから，10.2節で述べたように，実格子に対する逆格子空間のベクトルである．また，(10.28) 式の自由電子のエネルギーの波数ベクトル依存性を表すのに，いろいろな表し方がある．第1の方式は，波数ベクトル $\boldsymbol{k}$ を第1ブリルアンゾーンの外にまで拡げて表す拡張ゾーン方式であり，第2の方式は，波数ベクトル $\boldsymbol{k}$ を

第1ブリルアンゾーン内に限る還元ゾーン方式である．そして，第3の方式は，波数ベクトル k は適当な逆格子ベクトル G_m を選んで常に $k + G_m$ におきかえることができるので，この周期性を示すために，バンド $E_n(k)$ を繰り返して示す**繰り返しゾーン方式**である．例題 10.1 の解答でこれらの方式について簡単に述べたが，この節で詳しく説明する．

1次元の場合の自由電子のエネルギー $E^{(0)}(k) = \hbar^2 k^2/2m$ を例に，上記

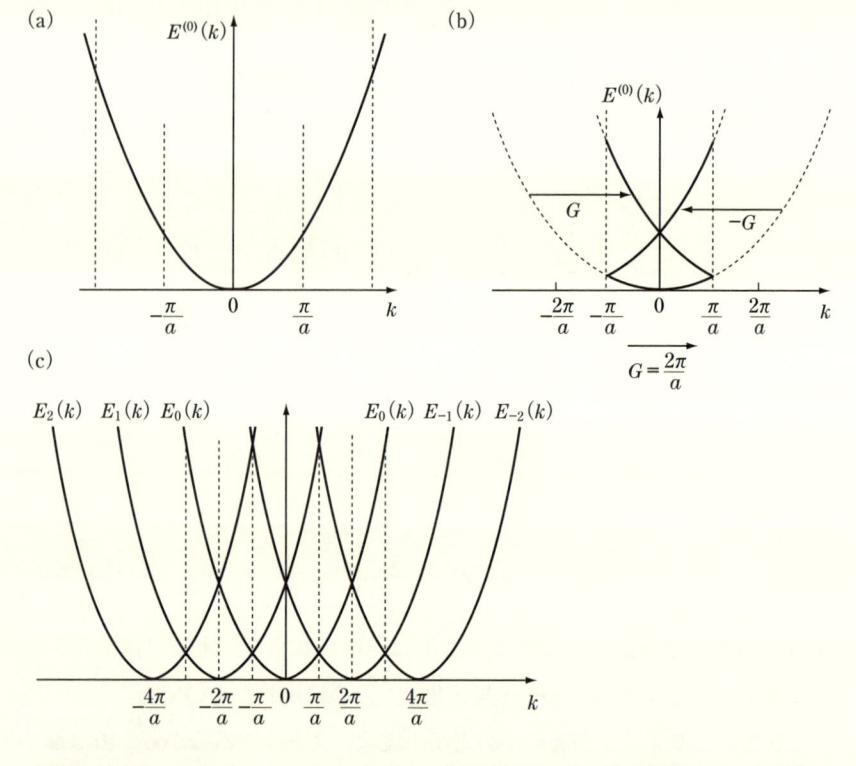

図 10.11 3つのブリルアンゾーン方式での空格子近似による自由電子のバンド構造（1次元の系）
(a) 拡張ゾーン方式のバンド構造
(b) 還元ゾーン方式のバンド構造．図中には，拡張ゾーン方式のバンド構造を還元ゾーン方式のバンド構造に移すやり方が示されている．
(c) 繰り返しゾーン方式のバンド構造

3つのゾーン方式での$E(k)$の波数(k)依存性の表現の差異を図10.11を用いて説明する.

まず,図10.11 (a) は,拡張ゾーン方式での$E^{(0)}(k)$のk依存性である.次に,還元ブリルアンゾーン方式での$E(k)$のつくり方を図10.11 (b) に示す.まず,第1ブリルアンゾーンの外側の$E(k)$の部分(図の点線)を逆格子ベクトルGの大きさ($=2\pi/a$)だけ矢印のように平行移動して,第1ブリルアンゾーンの中に移す(図の実線となる).このとき,第1ブリルアンゾーンよりはみ出た部分(点線)は,同じようにして反対側に平行移動し,この作業を続ければ,還元ゾーン方式での$E^{(0)}(k)$が得られる.次に第3の方式であるが,波数kは常に$k+lG$(lは整数)とおきかえることができるので,この周期性を利用して図10.11 (a) の結果を繰り返し描くと,図10.11 (c) が得られる.この方式が繰り返しゾーン方式である.

図10.11の計算結果は,周期ポテンシャルを$V(x)=0$と近似した**空格子**で計算したエネルギー構造$E^{(0)}(k)$であるので,エネルギーギャップは現れない.この観点から,図10.11で得られたバンド構造を**空格子のバンド構造**とよぶ.

10.7 "ほとんど自由な電子"の考え方とバンドギャップの導入

前節では,結晶格子は存在するのに電子に対する周期ポテンシャルは存在しないとした空格子近似のモデルで,自由電子のエネルギーバンドを計算した.しかし図10.6の$\varepsilon_{\text{free}}$のエネルギー値の状態でも,原子核からのクーロンポテンシャルは他の電子によって遮蔽されているとはいえ,自由電子が原子核付近に来たときには弱いながらも影響を及ぼすと考えられる.そこで,この節では,周期ポテンシャルの弱い効果によって,図10.11のバンドにエネルギーギャップが現れる原因を考えてみよう.

図 10.11 (b) のエネルギー構造を見ると，$k=0$ では 2 つのバンドが交差している．また $k=\pi/a$ と $-\pi/a$ では，2 つのバンドが等しいエネルギー値をもつ．すなわち，

$$E^{(0)}\left(k=\frac{\pi}{a}\right) = E^{(0)}\left(k=-\frac{\pi}{a}\right) \tag{10.30}$$

である．(10.30) 式は，角振動数 $(E^{(0)}(k=\pi/a)/\hbar)$ で波数 π/a をもつ波と角振動数 $(E^{(0)}(k=-\pi/a)/\hbar)$ で波数 $-\pi/a$ をもつ波の 2 つの波が，正と負の方向に進んで干渉し合っていることを物理的に示唆している．

したがって，左右に進む進行波 $\exp(\mp i\pi x/a)$ が同じ振幅で干渉するので，両者の 1 次結合から，次の波動関数で表される定在波をつくることができる．

$$\left.\begin{array}{l}\phi_k^+(x) \propto (e^{i\frac{\pi}{a}x} + e^{-i\frac{\pi}{a}x}) = 2\cos\left(\frac{\pi}{a}x\right) \\ \phi_k^-(x) \propto (e^{i\frac{\pi}{a}x} - e^{-i\frac{\pi}{a}x}) = 2i\sin\left(\frac{\pi}{a}x\right)\end{array}\right\} \tag{10.31}$$

これより電子密度は

$$\left.\begin{array}{l}\rho_k^+(x) = |\phi_k^+(x)|^2 \propto \cos^2\left(\frac{\pi}{a}x\right) \\ \rho_k^-(x) = |\phi_k^-(x)|^2 \propto \sin^2\left(\frac{\pi}{a}x\right)\end{array}\right\} \tag{10.32}$$

となる．

電子密度の空間依存性を図に示すと，図 10.12 のようになる．自由電子を表す平面波の場合の電子密度は空間的に一定となるが，この電子密度を比較のために点線で示す．この図から，もし $x=0, \pm a, \pm 2a, \cdots$ に正イオンが並んでいるものとすると，$\rho_k^+(x)$（実線）はイオンの位置に電子が集まっている状態であるから，静電引力エネルギーにより，自由電子の場合よりエネルギーが低くなる．一方，$\rho_k^-(x)$（点線）はイオンの位置の中間に電子が集まっている状態であるので，逆にエネルギーは高くなる．2 つの状態のエネル

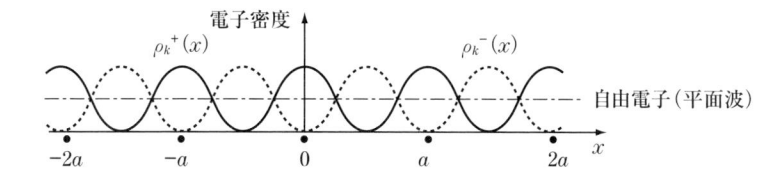

図10.12 準自由電子と自由電子の電子密度の空間依存性.自由電子の波動関数は平面波であるから,波動関数を2乗した電子密度は,空間的に一定となる.

ギー差がエネルギーギャップの起源に相当する.

このように,弱い周期ポテンシャルの影響を受けた電子を準自由電子とよぶ.図10.12から,準自由電子と自由電子の違いは明らかであり,この違いによって,図10.6中の$\varepsilon_{\text{free}}$に対応する電子状態では,結晶の中の周期ポテンシャルの影響を受けて,バンドギャップのあるバンド構造を示す.

10.8 バンド構造と物質の分類

第9章と本章において,1つのバンド内には結晶の中の単位胞の総数Nに等しい数のエネルギー状態が存在することを述べた.結晶の中に多数存在する電子は,これらのエネルギー状態を,系の全エネルギーがなるべく低くなるように占有する.第7章で述べたパウリの原理により,スピン状態を区別すると,各エネルギー状態を占有することのできる電子の数はたかだか1個である.スピン状態には上向き,下向きの2種類があり,波数ベクトル$\boldsymbol{k}$で指定される1つのエネルギー状態には最高2個の電子が入りうる.この規則によって結晶の中の電子をエネルギーの低い方の状態から順に詰めていけば,その結晶の安定な状態が得られる.

電子のうち,結晶の構成原子の内殻電子であったものは,結晶の中でもそ

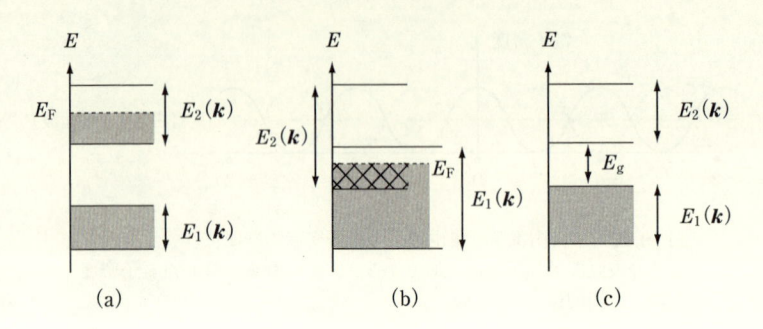

図 10.13 バンドの電子による占有の仕方．灰色の部分は電子が存在するエネルギー範囲を示す．電子が占有した状態の最高のエネルギー状態をフェルミ準位とよび，E_F と記す．また，E_g はエネルギーギャップである（横軸には意味がない）．

のエネルギーに対応したバンドを占有し，これらのバンドはすべて電子で充満されている．これに対し，価電子が対応するバンドをどのように占有するかが，物質の性質を決めるのに重要である．結晶の中の価電子の数は，単位胞の総数を N とすれば，1 つの単位胞の中にある原子がもつ価電子の総和の N 倍である．先の注意からわかるように，1 つのバンドには最高 $2N$ 個の電子が収容される．したがって，単位胞の中の価電子の総数が奇数個の場合には，電子はあるバンドの途中まで詰まるという状況が実現される（図 10.13 (a)）．一方，価電子の数が偶数個のときには，あるバンドまで完全に電子で占有され，それより高いエネルギーのバンドが完全に空である場合（図 10.13 (c)）と，$E_1(\bm{k})$，$E_2(\bm{k})$ のように 2 つ以上のバンドが重なっていて，それらのバンドがどれも部分的に電子に占有される場合（図 10.13 (b)）とが生じる．以下に示すように，(a) と (b) の状況になっている場合，その結晶は金属となり，(c) の場合には絶縁体または半導体となる．

金　属 (Metal)

金属の最も特徴的な性質は，外部から電場を加えると，その中に電流が流れるということである．図 10.13 (a) や (b) の場合には，あるバンドが部分

10.8 バンド構造と物質の分類

的に電子で占有されており,そのすぐ上に空のエネルギー状態がある.したがって,外部からの電場によって電子は容易にすぐ上の空の状態に遷移し,物質中を動くことができるようになる.この電子のエネルギー状態の遷移が電流になるのである.

このことを,準自由電子の場合について調べてみよう.バンド n 内の波数ベクトル $\boldsymbol{k}$ の状態のエネルギーは $E_n(\boldsymbol{k})$ であるから,その波動関数は時間変化も含めると,

$$\phi_{n,k}(\boldsymbol{r},\,t) = \frac{1}{\sqrt{V}} e^{i\left(\boldsymbol{k}\cdot\boldsymbol{r} - \frac{E_n(\boldsymbol{k})}{\hbar}t\right)} \tag{10.33}$$

と表される.これはベクトル $\boldsymbol{k}$ の方向に**群速度**(group velocity)

$$\boldsymbol{v}_n(\boldsymbol{k}) = \frac{1}{\hbar}\nabla_k E_n(\boldsymbol{k}) \qquad \left(\nabla_k = \left(\frac{\partial}{\partial k_x},\,\frac{\partial}{\partial k_y},\,\frac{\partial}{\partial k_z}\right)\right) \tag{10.34}$$

で進行する波である.したがって,バンド $E_n(\boldsymbol{k})$ 内の電子による電流密度は

$$\boldsymbol{J}_n = -e \sum_{k}^{(占有)} \boldsymbol{v}_n(\boldsymbol{k}) \tag{10.35}$$

で与えられる.ここで,右辺の $-e$ は電子のもつ電荷であり,和は電子によって占有されているすべての状態についてとられるものである.$E_n(\boldsymbol{k})$ は $\boldsymbol{k}$ について偶関数であったから,$\boldsymbol{v}_n(\boldsymbol{k})$ は $\boldsymbol{k}$ について奇関数である.

ところで外部からの摂動がないときは,$\boldsymbol{k}$ と $-\boldsymbol{k}$ との状態は対で占有されているか,占有されていないかのどちらかで,結局 (10.35) 式の $\boldsymbol{J}_n$ はゼロである(図 10.14 (a)).このとき外部から摂動が加わると,電子の分布が $\boldsymbol{k}$ について非対称になり,(10.35) 式の $\boldsymbol{J}_n$ はゼロではなくなるのである(図 10.14 (b)).電子が充満しているバンドについては,外部からの摂動が加わっても電子の占有状況は変わりようがないので,電流には何の寄与もしないことに注意しよう(図 10.14 (c)).

周期表(第 7 章を参照)の I 族(Na や Cu など)や III 族(Al など)のものは,図 10.13 (a) の場合に該当し,II 族の Mg や Zn などは図 10.13 (b) の場

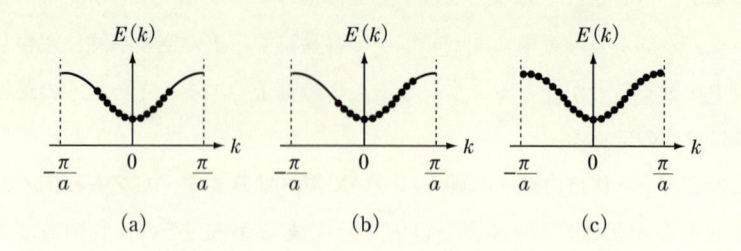

図 10.14 外部電場下におけるバンド状態の電子による占有の様子
(a) 外部からの電場が加えられていないときに,部分的に占有されているバンドの様子
(b) 電場が加えられたときに変化した,部分的に占有されたバンドの様子
(c) 完全に電子が充満しているバンド
(c)の場合は,電場のあるなしに関わらず,占有の様子は同じである.

合に該当する.これらの場合,電子によって占有されている最高のエネルギー値を**フェルミ・エネルギー**(Fermi energy)(E_F)といい,E_F がその中に存在するバンドのことを金属の**伝導バンド**(conduction band)という.

絶 縁 体(Insulator)

図 10.13 (c) の場合は,電子によって占有されている状態と空の状態との間にはギャップ E_g が存在する.このときには外部摂動が小さい限り,電子は空の状態に移ることができない.完全に電子が充満しているバンドについては常に $J_n = 0$ であるので,弱い電場が加わっても電流は流れない.これが**絶縁体**であり,ダイヤモンドや塩化ナトリウム(NaCl)などがこの場合に相当する.

半 導 体(Semiconductor)

ダイヤモンドの仲間であるシリコンや,シリコンに類似の結晶構造をもつゲルマニウムやIII - V族化合物(GaAs など),II - VI族化合物(CdS,ZnO など)は,バンド構造の見地からは絶縁体と同じである.その中で,フェルミ準位の存在するギャップ E_g の小さいもの(通常 2〜3 eV 以下)で,室温においても熱エネルギーによって電子がギャップを飛び越えて,伝導バンド

10.8 バンド構造と物質の分類

に飛び上がることができるような場合を**半導体**とよぶ．その結果，これらの物質では，室温程度の温度のとき，価電子が充満しているバンド（これを**価電子バンド**という）から E_g だけ上にある空のバンド（これを**伝導バンド**という）に少数個の電子が熱的に励起され，この励起された電子と価電子バンドに生じた電子の抜けた孔（これを**正孔**（positive hole）という）が電気伝導に関与することになる．この結果，半導体では金属と異なり，**キャリア密度** n_d が，$n_d = N_d \exp(-\Delta E/k_B T)$ の形で温度に依存する．

不純物半導体（Doped semiconductor）

半導体を種々のデバイスとして用いるときは，完全結晶のものよりも不純物を添加したものを用いる．この不純物を添加することを**ドーピング**（doping）といい，ドーピングを精密に制御して，種々の望ましい性質をもつ半導体をつくるのである．不純物を添加した半導体を**不純物半導体**という．

（**1**） ドナーとアクセプター

ここでは最も基本的な場合である，母体の半導体がシリコンなどのⅣ族元素の単体結晶で，Ⅴ族元素（P, As など）またはⅢ族元素（B, Ga など）がドープされる場合を考える．これらの不純物原子は，すべて母体の原子を置換する．例えば，シリコンの結晶では，Si 原子は周りの 4 個の Si 原子と sp^3 混成軌道により共有結合をつくる．ここで，Si 原子を置換してⅤ族元素のリン（P）を不純物元素としてドープした場合を考えよう．

この場合，P の電子配置は $(3s)^2(3p)^3$ であるから，共有結合に 4 個の電子を使用しても，図 10.15 (a) が示すように，1 個の電子が余ってしまう．P の原子核は Si の原子核に比べて $+e$ だけ余計に電荷をもっているので，余った 1 個の価電子は，クーロン引力によって P の近くに束縛される．この束縛エネルギーは熱エネルギー程度の大きさなので，熱エネルギーがクーロン引力に打ち勝つと，この余った電子は束縛状態から解放されて，シリコンの伝導バンドに励起され，結晶の中を自由に動くようになる（図 10.15 (b)）．このようにシリコンの母体結晶に電子を与える不純物のことを**ドナー**（do-

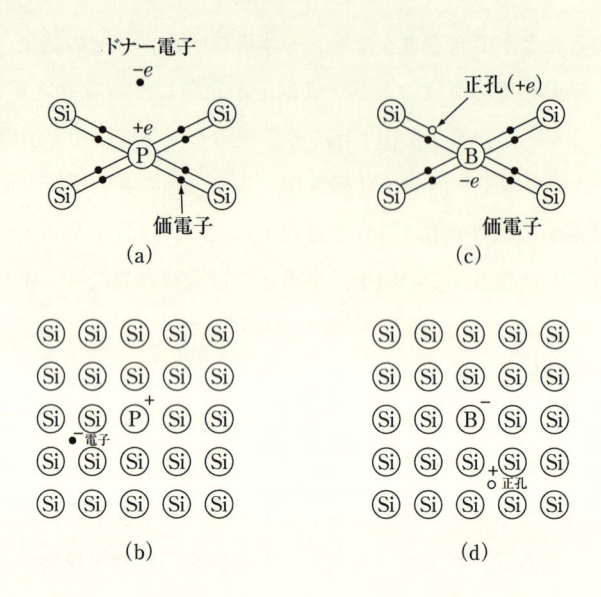

図 10.15 Si 中の P 不純物 (ドナー) ((a) と (b)) および B 不純物 (アクセプター) ((c) と (d))

nor), 余分な電子を**ドナー電子**とよぶ. また, ドナーの基底状態のエネルギー準位と伝導バンドの底のエネルギーとの差を**ドナーのイオン化エネルギー**とよぶ.

一方, 不純物がホウ素 (B) のようなIII族元素のときには, B は $(2s)^2 2p$ の 3 個の価電子しかもっていないので, 図 10.15 (c) が示すように, 共有結合に関与する電子が 1 個不足し, 結合に孔が開いた状態ができる. B の原子核は Si の原子核に比べて, 正電荷が 1 つ少なく, $-e$ の電荷をもっているように考えられるので, 電子の孔は正に帯電して, B の原子に弱く束縛されていると考えられる. この正に帯電した電子の孔を**正孔**とよぶ. 温度が室温程度になると, 熱エネルギーが B の原子核と正孔との間のクーロン引力に打ち勝って, Si の価電子バンドの電子が熱励起をされて正孔を埋めて B と Si 原子の間に共有結合ができ, その代わりに, 価電子バンドに正孔が生じて, 結晶の中を自由に動くようになる (図 10.15 (d)). このように B の不純物は電

子を受け入れることができるので，**アクセプター** (acceptor) とよばれる．

ドナーを含む不純物半導体ではキャリアは負 (negative) の電荷をもつ電子であり，アクセプターを含むものは正 (positive) の電荷をもつ正孔である．この意味で前者を **n 型半導体**，後者を **p 型半導体** とよぶ．

（2） 浅い不純物準位

母体の半導体にドナーが1つ入っている場合，余分な電子がドナーにどのように束縛されるかを調べよう．ドナーの原子核は，価電子を1個母体の Si 結晶に与えているので，その電荷は $+e$ である．したがって電子は，水素 (H) 原子の場合と同じく，$+1$ 価のイオンの周りをクーロン引力を受けて運動している．ただし，実際には電子は母体の半導体中を動くので，クーロン引力は母体結晶の**誘電率** ε だけ弱められる．また，電子は伝導バンドの**有効質量** (effective mass) m_e^* をもっていると考えなければならない．したがって，ドナー電子の基底状態のエネルギーを計算しようとすれば，第6章の水素原子における1s電子の基底状態のエネルギー ($n=1$) を与える (6.167) 式において，$m \to m_\mathrm{e}^*$, $e^2 \to e^2/\varepsilon$ と置き換えれば求められる (m は自由電子の質量)．このようにして，ドナー電子の基底状態のエネルギー E_D は，伝導バンドの底から測って

$$E_\mathrm{D} = -R \frac{m_\mathrm{e}^*}{m} \left(\frac{\varepsilon_0}{\varepsilon}\right)^2 \qquad (10.36)$$

である．ここで，$R = me^4/8\varepsilon_0^2 h^2 = 13.6\,\mathrm{eV}$ ($-R$ が水素原子の基底状態のエネルギー) である．

Si 中のドナー電子では，$m_\mathrm{e}^*/m \cong 0.1$, $\varepsilon/\varepsilon_0 = 12$ であるから，$E_\mathrm{D} = -9.4\,\mathrm{meV}$ である．シリコン半導体のバンド・ギャップは，1.17 eV であるから，ドナー準位はバンド・ギャップのエネルギーに比べて2ケタ小さく，図 10.16 に見るように，ほとんど伝導バンドの底付近にあるので，**浅いドナー準位** (shallow-impurity state) とよばれる．

一方，アクセプター準位については，実際の半導体の価電子バンドの頂上

図 10.16　半導体のドナー準位とアクセプター準位

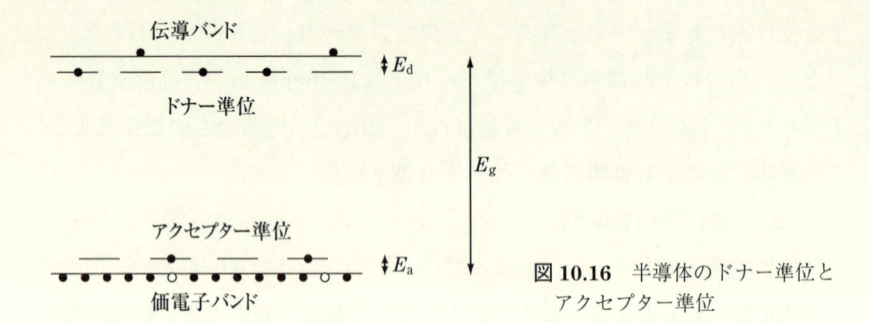

付近のバンド構造が複雑なので，ドナー準位の場合のように，水素原子との類似性から，基底状態のエネルギーを簡単に見積もることはできないが，計算されたエネルギー値はドナーの場合の値に近く，アクセプター準位は，図 10.16 のように，バンド・ギャップ内の価電子バンドの頂上付近にあり，**浅いアクセプター準位**とよばれる．

章末問題

[**10.1**]　(10.6) 式が (10.9) 式の形に表されることを確かめよ．

[**10.2**]　(10.10) 式と (10.15) 式を用いて，(10.16) 式が成り立つことを示せ．

[**10.3**]　(1) $\phi_k^{(0)}(r) = C\exp(i\boldsymbol{k}\cdot\boldsymbol{r})$ とおき，電子が結晶の体積 V の中で1個存在するように規格化因子 C を計算し，(10.29) 式になることを確かめよ．ただし，結晶を一辺 L の立方体 $(V = L^3)$ として計算せよ．

(2) 運動量演算子 (第3章の (3.30) 式)

$$\boldsymbol{p} \to -i\hbar\nabla \qquad (10.37)$$

を (10.29) 式の $\phi_k(r)$ に演算し，自由電子の運動量が

$$\boldsymbol{p} = \hbar\boldsymbol{k} \qquad (10.38)$$

であることを導け．

[**10.4**]　図 10.11 (b) に示した空格子のバンド構造は，極めて弱い周期ポテン

シャルが導入されたとき，どのようなバンド構造に変化するか，図に描いて示せ．

[**10.5**] 10.8節の「不純物半導体」の項で述べたn型半導体とp型半導体について復習をしてみよう．n型半導体では，負の電荷をもった伝導電子が伝導バンドにいるのに対し，p型半導体では，正の電荷をもった正孔が価電子バンドにいる．この2つの半導体を界面を挟んでくっ付けたとき，どのような変化が起こるかを以下の説明に従って考えてみよう．この接合を **pn接合** という．なお，ここでは，正孔を **ホール** (hole) とよぶことにする．

真空準位から見た **伝導バンドの底** (E_c) と **価電子バンドの頂上** (E_v) の位置は，p型でもn型でも同じである．図10.16には，ドナー準位とアクセプター準位の両方を示したが，n型半導体ではドナー準位のみ，またp型半導体ではアクセプター準位のみが存在する．この問題では，フェルミ準位は，n型半導体ではドナー準位の位置に，またp型半導体ではアクセプター準位の位置にあるとする．pn接合の状態では，電子はフェルミ準位の高いn型からフェルミ準位の低いp型へ移動する．また，ホールに対しては，図10.16で図の上の方がエネルギーが低いので，ホールはフェルミ準位の低いp型からフェルミ準位の高いn型へ移動する．

（1）界面付近のp型半導体に接する領域をp領域，n型半導体に接する領域をn領域とよぶことにする．そこでp領域では，もともと存在したホール（電子の抜けた孔）が入ってきた電子と合体（再結合という）して電荷の存在しない領域ができることを確認せよ．

（2）界面付近のn領域では，もともと存在した電子が入ってきたホールと再結合して電荷の存在しない領域ができることを確認せよ．

（3）結果として，界面付近には電子もホールも非常に少ない領域ができるが，この領域をキャリアが存在しないという意味で，**空乏層** という．p型，空乏層，n型の3者の位置関係を図に示せ．

（4）空乏層では，電荷が存在しないか，あるいは存在するかのいずれであるか．

（ヒント）空乏層のp領域では，もともとは，正の電荷をもつホールとイオン化したアクセプター（マイナスの電荷をもつ）があって中性であったので，ホールがいなくなると負の電荷だけが残る．このことをヒントに，空乏層のn領域で電荷が存

在するか否かの状況を説明せよ．

（5）（4）の結果から，空乏層では界面を挟んで p 領域にマイナスの電荷，n 領域にプラスの電荷が残って，電気 2 重層ができていることを確かめよ．

（6）電子とホールが反対側の領域に移動して再結合した結果，p 型側の伝導バンドと価電子バンドは，n 型側に対して持ち上げられる．持ち上げられて，両方のフェルミ準位が等しくなれば，界面を通っての電子とホールの移動はストップする．このときの電子に対するエネルギーを縦軸にとり，横軸に p 型から n 型までの距離 x をとって，電子のエネルギー E が p 型から空乏層を経て n 型への x の変化に対してどのように変化するかを図示せよ．

Tea Time

炭素物質における混成軌道形成とグラフェンの電子状態

グラファイト，ダイヤモンド，同じⅣ族のシリコンやゲルマニウムの結晶のように，同種の原子が結合するときには，電子のやり取りは生じない．その代わりに，隣り合う原子の間で互いに価電子の一部を共有して安定な結晶構造となることができる．

このように価電子を共有できる化学結合を第 8 章で水素分子のハイトラー – ロンドン法の場合について述べたが，電子間の交換相互作用によるエネルギーの利得が結合の原因となることを明らかにして，電子対結合，あるいは共有結合とよんだ．共有結合では，隣接する原子の価電子の波動関数が大きく重なるときに結合が最も強くなるので，結合に方向性が現れる．

このことを炭素原子が関与するグラファイトとダイヤモンド結晶について考えてみよう．炭素原子の基底状態における電子配置は $(1\,\mathrm{s})^2(2\,\mathrm{s})^2(2\,\mathrm{p})^2$ であるが，この配置からは，たかだか 2 個の自由スピンをもつ状態が得られるだけである．ところがダイヤモンドの結晶では，シリコンやゲルマニウムの結晶同様，図 10.17 のように，1 つの炭素原子の周りに 4 個の隣接炭素原子が四面体の頂点に存在している．したがって，電子対結合の考えによれば，炭素原子は 4 個の価電子をもつことが必要になる．

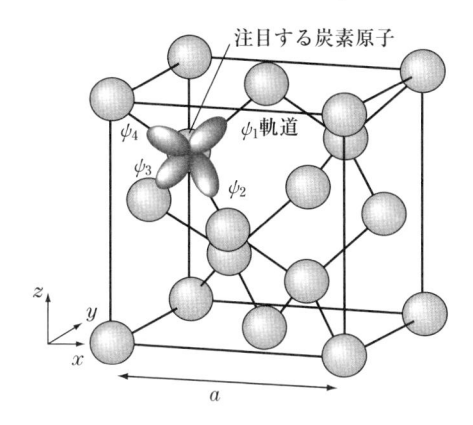

図 10.17 ダイヤモンド構造の結晶と sp³ 混成軌道

そこで，炭素原子で 4 個の価電子を得るためには，$(2\mathrm{s})$ の電子を 1 個 $(2\mathrm{p})$ 軌道に移して $(2\mathrm{s})(2\mathrm{p})^3$ という電子配置をつくり，独立な 3 個の 2p 軌道，例えば $|2\mathrm{p}_x\rangle$, $|2\mathrm{p}_y\rangle$, $|2\mathrm{p}_z\rangle$ 軌道に 1 個ずつ電子を収容すればよい．$|2\mathrm{p}_x\rangle$, $|2\mathrm{p}_y\rangle$, $|2\mathrm{p}_z\rangle$ 軌道は，ベクトルとして考えれば，それぞれ直交する x, y, z 軸方向を向いているので，等方的な $|2\mathrm{s}\rangle$ 軌道と合わせて 4 つの軌道から互いに直交する 1 次結合をつくれば，ある炭素原子から隣接する正四面体の頂点の炭素原子に向いた軌道をつくることができる．

角度部分について規格化したこれら 4 つの軌道は，

$$\psi_1 = \frac{1}{2}(|2\mathrm{s}\rangle + |2\mathrm{p}_x\rangle + |2\mathrm{p}_y\rangle + |2\mathrm{p}_z\rangle)$$

$$\psi_2 = \frac{1}{2}(|2\mathrm{s}\rangle + |2\mathrm{p}_x\rangle - |2\mathrm{p}_y\rangle - |2\mathrm{p}_z\rangle)$$

$$\psi_3 = \frac{1}{2}(|2\mathrm{s}\rangle - |2\mathrm{p}_x\rangle + |2\mathrm{p}_y\rangle - |2\mathrm{p}_z\rangle)$$

$$\psi_4 = \frac{1}{2}(|2\mathrm{s}\rangle - |2\mathrm{p}_x\rangle - |2\mathrm{p}_y\rangle + |2\mathrm{p}_z\rangle)$$

である．s 軌道と 3 つの p 軌道の混成で構成された上記 4 つの軌道の組を **sp³ 混成軌道**という．この 4 つの軌道の x, y, z 軸に対する方向余弦は，$(1/\sqrt{3}, 1/\sqrt{3}, 1/\sqrt{3})$, $(1/\sqrt{3}, -1/\sqrt{3}, -1/\sqrt{3})$, $(-1/\sqrt{3}, 1/\sqrt{3}, -1/\sqrt{3})$, $(-1/\sqrt{3}, -1/\sqrt{3}, 1/\sqrt{3})$ である（図 10.17 を参照）．

次に，$|2\mathrm{s}\rangle$ 軌道と xy 面内の 2 つの p 軌道 $|2\mathrm{p}_x\rangle$ と $|2\mathrm{p}_y\rangle$ から，xy 面内にある 1 つの炭素原子から互いに 120° ずつ異なる方向に向いた軌道をつくってみよう．

これらは **sp² 混成軌道** とよばれ，

$$\phi_1 = \frac{1}{\sqrt{3}}|2\mathrm{s}\rangle + \frac{\sqrt{2}}{\sqrt{3}}|2\mathrm{p}_x\rangle$$

$$\phi_2 = \frac{1}{\sqrt{3}}|2\mathrm{s}\rangle - \frac{1}{\sqrt{6}}|2\mathrm{p}_x\rangle + \frac{1}{\sqrt{2}}|2\mathrm{p}_y\rangle$$

$$\phi_3 = \frac{1}{\sqrt{3}}|2\mathrm{s}\rangle - \frac{1}{\sqrt{6}}|2\mathrm{p}_x\rangle - \frac{1}{\sqrt{2}}|2\mathrm{p}_y\rangle$$

である．

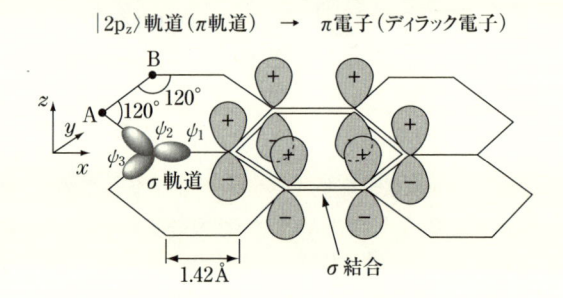

図 10.18 グラフェン層内の sp² 混成軌道と π 軌道

　これらの軌道は図 10.18 に示される **σ 軌道** で，この軌道を占める電子は隣の炭素原子の σ 軌道を占める電子とスピン 1 重項の **σ 結合** をつくり，今日 **グラフェン**（graphene）とよばれる **2 次元グラファイト** の六方蜂の巣格子の結晶をつくる．この場合，1 つの炭素原子当たり 3 個の価電子を σ 結合の作成に使ったが，なお 1 個の価電子が残っていて，$|2\mathrm{p}_z\rangle$ 軌道（**π 軌道**）を占める．この電子の軌道は，xy 面に垂直な方向を向いていて，グラフェンの伝導電子の役割を担っており，**π 電子** とよばれる．

　1947 年にウォーレス（P. R. Wallace）は，10.4 節で述べた LCAO 近似を用いて，グラフェンの **π バンド** を初めて計算した．単位胞が A，B 2 つの炭素原子（図 10.19）を含むことから，水素分子の LCAO 分子軌道の類推からわかるように，π バンドはエネルギーの低い **結合 π バンド**（bonding π band）とエネルギーの高い **反結合 π バンド**（antibonding π band）の 2 つに分かれるが，ただ対称性の要請により，図 10.20 の挿入図に示された正六角形の第 1 ブリルアンゾーンの頂点 K で接する．1 つの炭素原子は，1 個の π 電子をもっているので，π 電子を結合 π バンドの下から詰めていくと，ちょうど結合 π バンドが全部詰まったところがフェルミ・エネル

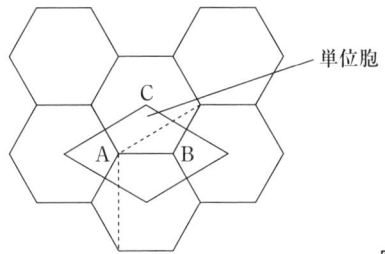

2次元グラファイトの結晶構造

図 10.19 2次元グラファイト（グラフェン）の格子構造と単位胞

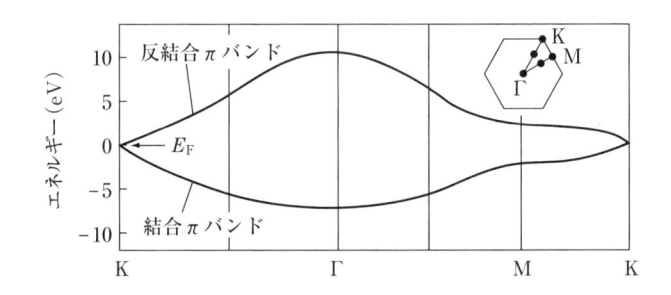

図 10.20 グラフェンの π バンド構造（LCAO 近似による）

ギーとなり，詰まった結合 π バンドと空の反結合 π バンドが K 点で接することになる．

図 10.20 に，ウォーレスによって計算された結合 π バンドと反結合 π バンドのエネルギー分散を示す．特徴的なことは，K 点付近での結合 π バンドと反結合 π バンドのエネルギー分散が波数に比例していることである．すなわち，

$$|E - E_F| \sim |\bm{k} - \bm{k}_0|$$

となる（$\bm{k}_0$ は K 点の波数ベクトル）．同時に，状態密度 $N(E)$ が $|E - E_F|$ に比例して，$E = E_F$ でゼロになる特徴をもつ．この特徴は，ディラックによる電子の相対論的方程式で，静止質量をゼロにした場合に相当するため，グラフェンの π 電子は**ディラック電子**とよばれている．

11 シュレーディンガー方程式の近似解法

> シュレーディンガー方程式を厳密に解くことができない場合には，与えられた状況で適切な近似を行なうことによって解析的な解を求め，系の本質的な振る舞いを知ることが有効である．この章では，固有エネルギーと固有状態がすべてわかっている系に対して外部から弱い力が加えられたような状況で有効な近似法である「摂動論」について述べる．

11.1 摂動論

第5章で述べた1次元井戸型ポテンシャルや1次元調和振動子ポテンシャルの束縛状態，第6章で述べた水素原子の束縛状態は，シュレーディンガー方程式を束縛条件のもとで厳密に解くことができた．

一方，第7章で述べたように，多粒子系の電子状態を厳密に求めることは困難であった．そこで，第7章では多粒子問題を1粒子問題に帰着させる近似法としてハートリー近似やハートリー－フォック近似について述べた．この章では，これらの近似法とは別のタイプの近似法として**摂動論**(perturbation theory)について述べる．この近似法は基本的には，固有エネルギーと固有状態がすべてわかっている系に対して，外部から弱い力が加えられたような状況で有効な近似法である．

無摂動ハミルトニアンと摂動ハミルトニアン

系のハミルトニアン $\hat{H}$ が，固有エネルギーと固有状態がすべてわかっているハミルトニアン $\hat{H}_0$ と，それ以外の部分 $\hat{H}'$ の和

11.1 摂動論

$$\widehat{H} = \widehat{H}_0 + \widehat{H}' \quad (11.1)$$

で与えられるとする．このとき，$\widehat{H}_0$ は**無摂動ハミルトニアン**（non-perturbed Hamiltonian），$\widehat{H}'$ は**摂動ハミルトニアン**（perturbed Hamiltonian）とよばれる．また，全ハミルトニアン $\widehat{H} = \widehat{H}_0 + \widehat{H}'$ が満たすシュレーディンガー方程式を

$$\widehat{H}\phi(\xi) = E\phi(\xi) \quad (11.2)$$

とし，E と $\phi(\xi)$ を，それぞれ全ハミルトニアンのエネルギー固有値と波動関数とする．ここで，ξ は $\phi(\xi)$ を指定するすべての力学的自由度（位置座標，スピン座標）を表す変数の組の略記号である．

いま，無摂動ハミルトニアン $\widehat{H}_0$ の固有値の組 $\{\varepsilon_m\}$ と固有状態の組 $\{u_m(\xi)\}$ はすべてわかっており，それらは

$$\widehat{H}_0 u_m(\xi) = \varepsilon_m u_m(\xi) \quad (m = 1, 2, \cdots) \quad (11.3)$$

を満たすものとする．ここで，ε_m と $u_m(\xi)$ はそれぞれ**無摂動エネルギー固有値**と**無摂動状態**とよばれる．また，無摂動状態の組 $\{u_m(\xi)\}$ は規格直交完全系を構成しており，

$$\int u_m^*(\xi) u_{m'}(\xi) d\xi = \delta_{m,m'} \quad \text{（規格直交性）} \quad (11.4)$$

および

$$\sum_m u_m(\xi) u_m^*(\xi') = \delta(\xi, \xi') \quad \text{（完備性）} \quad (11.5)$$

を満たすものとする．

さて，ここで問題設定を明確にしておこう．

問題設定

摂動 $\widehat{H}'$ がないとき，系が量子数 n の状態 $u_n(\xi)$ にあるとする．この系に摂動ハミルトニアン $\widehat{H}'$ が加わると，系のエネルギーと波動関数はそれぞれ無摂動エネルギー固有値 ε_n と無摂動状態 $u_n(\xi)$ からどのように変化するだろうか．

もし摂動ハミルトニアン $\hat{H}'$ が小さければ,摂動が加わった後の系のエネルギー E と波動関数 $\phi(\xi)$ は, ε_n や $u_n(\xi)$ とさほど変わらないであろう.一方,$\hat{H}'$ が大きければ,E と $\phi(\xi)$ は ε_n や $u_n(\xi)$ とはかけ離れるだろう.

そこでまず,摂動ハミルトニアン $\hat{H}'$ の強さを明確にするために,$\hat{H}'$ の強さを表す無次元の実数パラメータ λ を導入し,摂動ハミルトニアンを

$$\hat{H}' = \lambda \hat{V} \tag{11.6}$$

と書くことにする.摂動が加わった後の系のエネルギー E や波動関数 $\phi(\xi)$ は,摂動ハミルトニアンの強さ λ に依存するので

$$E = E(\lambda), \qquad \phi(\xi) = \phi(\xi; \lambda) \tag{11.7}$$

と書くことにし,(11.2) 式のシュレーディンガー方程式も

$$(\hat{H}_0 + \lambda \hat{V})\phi(\xi; \lambda) = E(\lambda)\,\phi(\xi; \lambda) \tag{11.8}$$

と書くことにする.$\lambda = 0$ は摂動がない場合に対応するので,$\lambda \to 0$ の極限で

$$E(\lambda) \xrightarrow{\lambda \to 0} \varepsilon_n \tag{11.9}$$

$$\phi(\xi; \lambda) \xrightarrow{\lambda \to 0} u_n(\xi) \tag{11.10}$$

でなければならない.こうして,$\lambda \to 0$ において (11.8) 式は (11.3) 式に帰着する.なお,この章で述べる摂動論は,λ が小さく,摂動ハミルトニアンによって無摂動状態がさほど乱されない場合に有効な近似法である.摂動論の有効性については,本章の 11.2.2 項の最後で述べる.

一般に,摂動ハミルトニアン $\hat{H}'$ は時間 t に依存する.11.2 節では $\hat{H}$ が t によらない場合(**時間に依存しない摂動論**:time-independent perturbation theory)を扱い,11.3 節では $\hat{H}'$ が t に依存する場合(**時間に依存する摂動論**:time-dependent perturbation theory)を扱う.

11.2 時間に依存しない摂動論

この節では,摂動ハミルトニアン $\hat{H}'$ が時間に依存しない場合の摂動論について述べる.

11.2.1 縮退のない場合

この項では,無摂動状態 $\{u_m(\xi)\}$ がいずれも縮退していない場合を考える.(11.4) 式で示したように,無摂動状態 $\{u_m(\xi)\}$ が規格直交完全系を構成しているので,これらを用いて任意の関数を展開することができる.そこで,全ハミルトニアン $\hat{H} = \hat{H}_0 + \lambda \hat{V}$ の固有関数 $\phi(\xi;\lambda)$ を

$$\phi(\xi;\lambda) = \sum_m C_m(\lambda)\, u_m(\xi) \tag{11.11}$$

と展開する.ただし,$\lambda \to 0$ の極限では,(11.10) 式のように $\phi(\xi;\lambda) \to u_n(\xi)$ でなければならないので,$\lambda \to 0$ で展開係数 $C_m(\lambda)$ は

$$C_m(\lambda) \xrightarrow{\lambda \to 0} \delta_{m,n} \tag{11.12}$$

である.

さてここで,(11.11) 式の物理的な意味を考えよう.展開係数 $C_m(\lambda)$ の絶対値の 2 乗 $|C_m(\lambda)|^2$ は,摂動が加わった後の状態 $\phi(\xi;\lambda)$ が無摂動状態 $u_m(\xi)$ にある確率振幅である.つまり (11.11) 式は,摂動が加わることで様々な量子数 m をもつ無摂動状態が $|C_m(\lambda)|^2$ の割合で混成し,新しい状態 $\phi(\xi;\lambda)$ をつくることを意味する.

もし λ が小さい場合には,状態 $\phi(\xi;\lambda)$ は無摂動状態 $u_n(\xi)$ とさほど変わらないことが予想される.またこの場合には,エネルギー固有値 $E(\lambda)$ も無摂動エネルギー ε_n と大差はないはずである.こうして,λ が小さい場合には,エネルギー固有値 $E(\lambda)$ と波動関数の展開係数 $C_m(\lambda)$ を

$$E(\lambda) = \varepsilon_n + \lambda E^{(1)} + \lambda^2 E^{(2)} + \cdots \quad (11.13)$$

$$C_m(\lambda) = \delta_{m,n} + \lambda C_m^{(1)} + \lambda^2 C_m^{(2)} + \cdots \quad (11.14)$$

のように λ でベキ級数展開(**摂動展開**)した際に,これら2つが最初の数項で良い近似となることが予想される.すなわち,摂動論が有効な近似理論であるための条件は,(11.13) 式と (11.14) 式の摂動展開が収束し,さらに最初の数項のみで良い近似値を与えることである.摂動論の有効性については後ほど詳しく述べる.

それでは,摂動論に基づいて $C_m(\lambda)$ を求めよう.(11.11) 式を (11.8) 式に代入し,(11.3) 式を用いると

$$\sum_m C_m(\lambda)(\varepsilon_m + \lambda \widehat{V})u_m(\xi) = E(\lambda)\sum_m C_m(\lambda)u_m(\xi) \quad (11.15)$$

を得る.この式の両辺に左から $u_k^*(\xi)$ を掛けた後に,両辺を ξ で積分すると

$$\sum_m C_m(\lambda)(\varepsilon_m \delta_{k,m} + \lambda V_{k,m}) = E(\lambda)C_k(\lambda) \quad (11.16)$$

となる.ここで,$V_{k,m}$ は

$$V_{k,m} \equiv \int u_k^*(\xi)\widehat{V}u_m(\xi)\,d\xi \quad (11.17)$$

である.

次に,(11.16) 式に (11.13) 式と (11.14) 式を代入すると

$$\sum_m (\delta_{m,n} + \lambda C_m^{(1)} + \lambda^2 C_m^{(2)} + \cdots)(\varepsilon_m \delta_{k,m} + \lambda V_{k,m})$$
$$= (\varepsilon_n + \lambda E^{(1)} + \lambda^2 E^{(2)} + \cdots)(\delta_{k,n} + \lambda C_k^{(1)} + \lambda^2 C_k^{(2)} + \cdots)$$
$$(11.18)$$

となる.ただし,(11.18) 式の右辺では,(11.14) 式を $m \to k$ と置き換えて代入した.これを λ の次数ごとに整理すると

11.2 時間に依存しない摂動論

$$[V_{k,n} + (\varepsilon_k - \varepsilon_n)C_k^{(1)} - E^{(1)}\delta_{n,k}]\lambda$$
$$+ \left[\sum_m V_{k,m}C_m^{(1)} + (\varepsilon_k - \varepsilon_n)C_k^{(2)} - E^{(1)}C_k^{(1)} - E^{(2)}\delta_{k,n}\right]\lambda^2 + \cdots = 0$$
(11.19)

となる．(11.19) 式が任意の λ に対して常に成立するためには，λ の各次数の係数がゼロでなければならない．こうして，

λ の 1 次 : $\quad V_{k,n} + (\varepsilon_k - \varepsilon_n)C_k^{(1)} - E^{(1)}\delta_{n,k} = 0 \quad$ (11.20)

λ の 2 次 : $\quad \sum_m V_{k,m}C_m^{(1)} + (\varepsilon_k - \varepsilon_n)C_k^{(2)} - E^{(1)}C_k^{(1)} - E^{(2)}\delta_{k,n} = 0$
(11.21)

を得る．

一方，(11.11) 式の波動関数を ξ で積分し (11.4) 式，(11.14) 式を用いると

$$\int |\psi(\xi;\lambda)|^2 d\xi = \sum_m |C_m(\lambda)|^2 = \sum_m |\delta_{m,n} + \lambda C_m^{(1)} + \lambda^2 C_m^{(2)} + \cdots|^2$$
$$= 1 + \lambda(C_n^{(1)} + C_n^{(1)*}) + \lambda^2(C_n^{(2)} + C_n^{(2)*} + \sum_m |C_m^{(1)}|^2) + \cdots$$
(11.22)

となる．この式と $\psi(\xi;\lambda)$ の規格化条件から，λ の 1 次と 2 次の展開係数の間には

λ の 1 次 : $\quad C_n^{(1)} + C_n^{(1)*} = 0 \quad$ (11.23)

λ の 2 次 : $\quad C_n^{(2)} + C_n^{(2)*} + \sum_m |C_m^{(1)}|^2 = 0 \quad$ (11.24)

が成り立つ．(11.23) 式から，$C_n^{(1)}$ は純虚数 (実部がゼロである複素数) であることがわかる．すなわち，任意の実数を α とすると

$$C_n^{(1)} = i\alpha \quad (11.25)$$

である．ここで，実数 α は不定であり，後ほど都合よく決定する．

11.2.2　1次摂動

1次摂動のエネルギー

(11.20) 式で $k = n$ とすれば，摂動が加わったことによるエネルギー固有値 E への λ の 1 次の補正が $E^{(1)} = V_{n,n}$ と定まるので，1 次摂動の範囲でのエネルギーは，

$$\boxed{E = \varepsilon_n + \lambda V_{n,n} = \varepsilon_n + H'_{n,n}} \qquad (11.26)$$

である．ここで，$H'_{n,n} = \lambda V_{n,n}$ である．

1次摂動の波動関数

(11.20) 式で $k \neq n$ とすれば，波動関数の 1 次の展開係数 $C_k^{(1)}$ は

$$C_k^{(1)} = \frac{V_{k,n}}{\varepsilon_n - \varepsilon_k} \qquad (k \neq n) \qquad (11.27)$$

となるから，波動関数 $\phi(\xi\,;\lambda)$ は 1 次摂動の範囲で

$$\phi(\xi\,;\lambda) = \sum_k (\delta_{k,n} + \lambda C_k^{(1)}) u_k(\xi)$$

$$= (1 + \lambda C_n^{(1)}) u_n(\xi) + \lambda \sum_{k(\neq n)} \frac{V_{k,n}}{\varepsilon_n - \varepsilon_k} u_k(\xi) \qquad (11.28)$$

となる．ここで，(11.28) 式の右辺第 1 項の $u_n(\xi)$ の係数は，λ の 1 次の範囲内で

$$1 + \lambda C_n^{(1)} = 1 + i\lambda\alpha \approx e^{i\lambda\alpha} \qquad (11.29)$$

と書き直すことができる．ただし，$C_n^{(1)}$ に対して (11.25) 式を用いた．また (11.28) 式の右辺第 2 項は，λ の 1 次の範囲で

$$\lambda \sum_{k(\neq n)} \frac{V_{k,n}}{\varepsilon_n - \varepsilon_k} u_k(\xi) \approx e^{i\lambda\alpha} \lambda \sum_{k(\neq n)} \frac{V_{k,n}}{\varepsilon_n - \varepsilon_k} u_k(\xi) \qquad (11.30)$$

と書き直すことができる．したがって，(11.28) 式より，λ の 1 次の範囲での波動関数は

$$\phi(\xi;\lambda) \approx e^{i\lambda\alpha}\left[u_n(\xi) + \lambda \sum_{k(\neq n)} \frac{V_{k,n}}{\varepsilon_n - \varepsilon_k} u_k(\xi)\right]$$

$$\xrightarrow[\alpha=0]{} \boxed{u_n(\xi) + \sum_{k(\neq n)} \frac{H'_{k,n}}{\varepsilon_n - \varepsilon_k} u_k(\xi)} \qquad (11.31)$$

となる（1次摂動の波動関数）．ここで，自由に選ぶことのできる不定位相 α は $\alpha = 0$ に選んだ．また，$H'_{k,n}$ は $H'_{k,n} = \lambda V_{k,n}$ であり，$\sum_{k(\neq n)}$ は k についての和をとる際に $k = n$ を除くことを意味する．

摂動論の有効性

前述のように，摂動論が有効な近似理論であるためには，(11.13) 式や (11.14) 式の摂動展開が収束する必要がある．この展開が収束するか否かは非常に難しい問題であり，詳しいことはわかっていない．しかし (11.27) 式の展開係数 $C_{n,k}^{(1)}$ が発散するようなことがあっては，摂動展開は収束せず，摂動論が破綻してしまう．

したがって，

$$|H'_{k,n}| \ll |\varepsilon_n - \varepsilon_k| \qquad (k \neq n) \qquad (11.32)$$

であれば，(11.31) 式の第2項が第1項よりも十分に小さくなるので，摂動展開が収束することが期待される．仮に収束しなくても，(11.32) 式を満たしていれば，波動関数やエネルギーは少ない次数の摂動展開によって十分に実用上有効であることが期待される．

11.2.3 2次摂動

1次摂動では近似が不十分であったり，$H'_{n,n}$ がゼロになり1次摂動ではエネルギーの変化が起こらないような場合には，λ の2次まで取り入れることが考えられる．

このようなとき，(11.21) 式に $E^{(1)} = V_{n,n}$ と (11.27) 式で k を m で置き換えたものを代入すると

$$V_{k,n}C_n^{(1)} + \sum_{m(\neq n)} \frac{V_{k,m}V_{m,n}}{\varepsilon_n - \varepsilon_m} + (\varepsilon_k - \varepsilon_n)C_k^{(2)} - V_{n,n}C_k^{(1)} - E^{(2)}\delta_{k,n} = 0 \tag{11.33}$$

が得られるので，$k = n$ と選ぶことでエネルギーに対する λ の 2 次の補正

$$E^{(2)} = \sum_{m(\neq n)} \frac{|V_{m,n}|^2}{\varepsilon_n - \varepsilon_m} \tag{11.34}$$

が得られる．ここで，$V_{n,m} = V_{m,n}^*$ を用いた．また $\sum_{m(\neq n)}$ は m についての和をとる際に $m = n$ を除くことを意味する．

こうして，2 次摂動のエネルギーは

$$\boxed{E = \varepsilon_n + H'_{n,n} + \sum_{m(\neq n)} \frac{|H'_{m,n}|^2}{\varepsilon_n - \varepsilon_m}} \tag{11.35}$$

となる．もし，無摂動状態 u_n が基底状態であるとすると，$\varepsilon_n < \varepsilon_k$ であるので上式の右辺第 3 項は必ず負になる．すなわち，2 次摂動によるエネルギーの補正は基底状態のエネルギーを必ず下げる．

11.2.4 縮退がある場合

この項では，縮退がある場合の最も簡単な例として，2 重縮退の場合を考える．2 つの無摂動状態 $u_n(\xi)$ と $u_m(\xi)$ のエネルギー固有値をそれぞれ ε_n と ε_m，すなわち，

$$\left.\begin{array}{l} \widehat{H}_0 u_n(\xi) = \varepsilon_n u_n(\xi) \\ \widehat{H}_0 u_m(\xi) = \varepsilon_m u_m(\xi) \end{array}\right\} \tag{11.36}$$

とする．いま，無摂動状態 $u_n(\xi)$ と $u_m(\xi)$ は規格直交性を満たし，それらの固有値 ε_n と ε_m は

$$\varepsilon_n = \varepsilon_m \tag{11.37}$$

のように 2 重縮退しているものとする．

このとき，$H'_{m,n} (= \lambda V_{m,n})$ がゼロでなければ，

11.2 時間に依存しない摂動論

$$\frac{H_{m,n}}{\varepsilon_n - \varepsilon_m} = \infty \tag{11.38}$$

となり，(11.27) 式以下で説明した取り扱いは，そのままでは使えない．また，縮退していなくても，2つのエネルギー準位が接近しているような場合にも摂動論を適用できない．以下ではまず，2つのエネルギー準位が接近している場合 ($\varepsilon_n \approx \varepsilon_m$) に，エネルギー固有値と固有関数を求める方法を説明し，その後に $\varepsilon_n \to \varepsilon_m$ の極限として縮退にある場合 ($\varepsilon_n = \varepsilon_m$) について述べる．

摂動ハミルトニアン $\hat{H}'$ が加わった全ハミルトニアン $\hat{H} = \hat{H}_0 + \hat{H}'$ が満足するシュレーディンガー方程式を

$$(\hat{H}_0 + \hat{H}')\,\phi(\xi) = E\,\phi(\xi) \tag{11.39}$$

とする．いま，2つの無摂動エネルギーが接近している場合 ($\varepsilon_n \approx \varepsilon_m$) には，この2つの無摂動状態の $\phi(\xi)$ への寄与が他の無摂動状態からの寄与と比べて極めて大きくなることが，(11.31) 式から予想される．そこで，波動関数 $\phi(\xi)$ を近似的に

$$\phi(\xi) = C_n\,u_n(\xi) + C_m\,u_m(\xi) \tag{11.40}$$

のように，2つの無摂動状態 $u_n(\xi)$ と $u_m(\xi)$ の線形結合で表す．また，この状態に規格化条件を課すことで，展開係数 C_n と C_m の間に

$$\int |\phi(\xi)|^2\,d\xi = |C_n|^2 + |C_m|^2 = 1 \tag{11.41}$$

の関係があることがわかる．ここで，無摂動状態 $u_n(\xi)$ と $u_m(\xi)$ の規格直交性を利用した．

(11.40) 式を (11.39) 式に代入することで，

$$(\hat{H}_0 + \hat{H}')\{C_n\,u_n(\xi) + C_m\,u_m(\xi)\} = E\{C_n\,u_n(\xi) + C_m\,u_m(\xi)\} \tag{11.42}$$

を得る．この式の両辺に左から $u_n^*(\xi)$ を掛けて，その両辺を ξ で積分すると

$$(E - \varepsilon_n - H'_{n,n})C_n - H'_{n,m}C_m = 0 \tag{11.43}$$

となる.また,(11.42)式の両辺に左から $u_m^*(\xi)$ を掛けて,その両辺を ξ で積分すると

$$-H'_{m,n}C_n + (E - \varepsilon_m - H'_{m,m})C_m = 0 \qquad (11.44)$$

を得る.(11.43)式と(11.44)式で,C_n と C_m を消去することにより,摂動が加わった後のエネルギー固有値が求められ,

$$E_\pm = \frac{1}{2}\Big\{(\varepsilon_n + H'_{n,n} + \varepsilon_m + H'_{m,m})$$
$$\pm \sqrt{(\varepsilon_n + H'_{n,n} - \varepsilon_m - H'_{m,m})^2 + 4|H'_{m,n}|^2}\Big\} \qquad (11.45)$$

となる.

2つのエネルギー固有値 $E_\pm$ に属する波動関数は,(11.45)式を(11.43)式と(11.44)式に代入することで

$$\phi_\pm(\xi) = A_\pm \Big\{ u_n(\xi) + \frac{H'_{m,n}}{E_\pm - \varepsilon_m - H'_{m,m}} u_m(\xi) \Big\} \qquad (11.46)$$

となる.ここで,$A_\pm$ は規格化定数であり,

$$A_\pm = \sqrt{1 + \frac{|H'_{m,n}|^2}{(E_\pm - \varepsilon_m - H'_{m,m})^2}} \qquad (11.47)$$

である.この取り扱いで,波動関数 $\phi_\pm(\xi)$ の位相は任意に選ぶことができるので,$A_\pm$ は実数にとった.

現実の物理系では,しばしば対角要素がゼロ ($H'_{n,n} = H'_{m,m} = 0$) になる.このような場合には,(11.45)式は

$$E_\pm = \frac{1}{2}\Big\{\varepsilon_n + \varepsilon_m \pm \sqrt{(\varepsilon_n - \varepsilon_m)^2 + 4|H'_{m,n}|^2}\Big\} \qquad (11.48)$$

となる.したがって,この場合には,接近した2つの準位は摂動によって互いに反発し,必ずエネルギー間隔が広がる(図11.1).また,2つのエネルギー準位が縮退している場合 ($\varepsilon_n = \varepsilon_m$) には,(11.48)式より

$$E_\pm = \varepsilon_n \pm |H'_{m,n}| \qquad (11.49)$$

無摂動状態のエネルギー固有値　摂動が加わった後のエネルギー固有値
　　（接近した2つの準位）

ε_m
ε_n

E_+

E_-

図 11.1 摂動によるエネルギー準位の反発

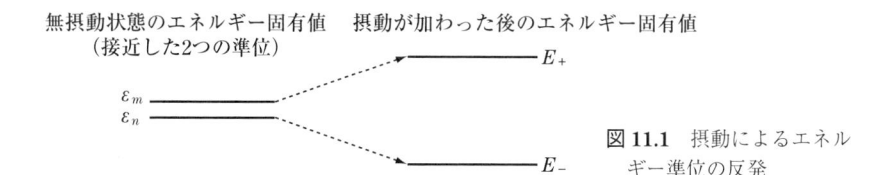

となる．このとき，エネルギー準位の間隔 $\Delta E\, (= E_+ - E_-)$ は $\Delta E = 2|H'_{m,n}|$ である．

この項では，2つの状態が接近あるいは縮退している場合の取り扱いについて述べた．n 重縮退がある場合の取り扱いについては，より高度な量子力学の本に譲ることにする．

11.3　時間に依存する摂動論

この節では，摂動ハミルトニアン $\widehat{H}'$ が時間 t に依存する場合，すなわち，

$$\widehat{H}(t) = \widehat{H}_0 + \widehat{H}'(t) \tag{11.50}$$

の摂動論について述べる．ここで，無摂動ハミルトニアン $\widehat{H}_0$ は時間に依存せず，その波動関数 $\Psi_m^{(0)}(t)$ は定常状態

$$\Psi_m^{(0)}(\xi, t) = e^{-i\frac{\varepsilon_m t}{\hbar}} u_m(\xi) \qquad (m = 1, 2, \cdots) \tag{11.51}$$

で与えられるものとする．ただし，$u_m(\xi)$ は時間に依存しないシュレーディンガー方程式

$$\widehat{H}_0 u_m(\xi) = \varepsilon_m u_m(\xi) \qquad (m = 1, 2, \cdots) \tag{11.52}$$

を満足し，規格直交完全系を構成するものとする．

一方，摂動ハミルトニアン $\widehat{H}'(t)$ は，$t \leq t_0$ ではゼロであり，$t > t_0$ で系に加えられているものとする．

11. シュレーディンガー方程式の近似解法

$$\widehat{H}'(t) = \begin{cases} 0 & (t \leq t_0) \\ \lambda \widehat{V}(t) & (t > t_0) \end{cases} \tag{11.53}$$

ここで，前節と同様，無次元の摂動パラメータ λ を導入した．

(11.53) 式より，$t \leq t_0$ において系の波動関数は量子数 k の定常状態

$$\Psi_k^{(0)}(\xi, t) = e^{-i\frac{\varepsilon_k t}{\hbar}} u_k(\xi) \qquad (t \leq t_0) \tag{11.54}$$

にあるとする．この系に，$t > t_0$ で摂動が加わった後の状態 $\Psi(\xi, t)$ は，時間に依存するシュレーディンガー方程式

$$i\hbar \frac{\partial \Psi(\xi, t)}{\partial t} = \{\widehat{H}_0 + \widehat{H}'(t)\} \Psi(\xi, t) \tag{11.55}$$

を満足する．いま，波動関数 $\Psi(\xi, t)$ を

$$\begin{aligned}\Psi(\xi, t) &= \sum_m C_m(t) \, \Psi_m^{(0)}(\xi, t) \\ &= \sum_m C_m(t) \, e^{-i\frac{\varepsilon_m t}{\hbar}} u_m(\xi) \end{aligned} \tag{11.56}$$

のように無摂動状態の組 $\{\Psi_m^{(0)}(\xi, t)\}$ で展開しよう．ここで，展開係数 $C_m(t)$ は時間の関数である．また，(11.56) 式の2番目の等号で (11.51) 式を用いた．

(11.56) 式を (11.55) 式に代入すると，(11.55) 式の左辺は

$$i\hbar \frac{\partial \Psi(\xi, t)}{\partial t} = \sum_m \left\{ i\hbar \frac{dC_m(t)}{dt} + \varepsilon_m C_m(t) \right\} \Psi_m^{(0)}(\xi, t) \tag{11.57}$$

となる．一方，(11.55) 式の右辺は

$$\{\widehat{H}_0 + \widehat{H}'(t)\} \Psi(\xi, t) = \sum_m C_m(t) \{\varepsilon_m + \widehat{H}'(t)\} \Psi_m^{(0)}(\xi, t) \tag{11.58}$$

となる．(11.57) 式と (11.58) 式のいずれにおいても，$\widehat{H}_0 \Psi_m^{(0)}(\xi, t) = \varepsilon_m \Psi_m^{(0)}(\xi, t)$ を用いた．これは，無摂動ハミルトニアンが時間に依存しないことと，(11.52) 式から導かれる．また，(11.57) 式と (11.58) 式が等しいことから，

11.3 時間に依存する摂動論

$$i\hbar \sum_m \frac{dC_m(t)}{dt} \Psi_m^{(0)}(\xi, t) = \sum_m C_m(t) \widehat{H}'(t) \Psi_m^{(0)}(\xi, t) \quad (11.59)$$

が得られる．

(11.59) 式の両辺に左から $\Psi_n^{(0)*}(\xi, t)$ を掛けて，それを ξ で積分すると

$$i\hbar \frac{dC_n(t)}{dt} = \sum_m H'_{n,m}(t) \, e^{i\omega_{nm}t} C_m(t) \quad (11.60)$$

となる．ここで，$H'_{n,m}$ は $\widehat{H}'(t)$ の n 行 m 列目の行列要素として

$$H'_{n,m} \equiv \int u_n^{(0)*}(\xi) \, \widehat{H}'(t) \, u_m^{(0)}(\xi) \, d\xi \quad (11.61)$$

$$= \lambda \int u_n^{(0)*}(\xi) \, \widehat{V}(t) \, u_m^{(0)}(\xi) \, d\xi \quad (11.62)$$

$$\equiv \lambda V_{n,m}$$

と定義し，ω_{nm} は

$$\omega_{nm} \equiv \frac{\varepsilon_n - \varepsilon_m}{\hbar} \quad (11.63)$$

のように定義した．

(11.60) 式の微分方程式を解くことができれば，時間に依存する摂動ハミルトニアン $\widehat{H}'$ が加わった後の波動関数の展開係数 $C_n(t)$ を決定することができる．

それでは (11.60) 式を摂動論で取り扱おう．まず，展開係数 $C_n(t)$ を摂動パラメータ λ でベキ級数展開し，

$$C_n(t) = C_n^{(0)}(t) + C_n^{(1)}(t)\lambda + \cdots \quad (11.64)$$

とする．この展開式を (11.60) 式に代入することで

$$i\hbar \frac{d}{dt} \{C_n^{(0)}(t) + C_n^{(1)}(t)\lambda + \cdots\}$$
$$= \lambda \sum_m V_{n,m}(t) \, e^{i\omega_{nm}t} \{C_m^{(0)}(t) + C_m^{(1)}(t)\lambda + \cdots\} \quad (11.65)$$

となる．この式の両辺を比較し，λ の次数で整理すると

$$i\hbar \frac{dC_n^{(0)}(t)}{dt} + \left\{ i\hbar \frac{dC_n^{(1)}(t)}{dt} - \sum_m V_{n,m}(t) \, e^{i\omega_{nm}t} \, C_m^{(0)}(t) \right\} \lambda + \cdots = 0 \tag{11.66}$$

となる．

この方程式が任意の λ に対して成立するためには，λ の各次数での係数がゼロでなければならない．こうして，λ の 0 次と 1 次の係数に対して

$$\lambda \text{ の 0 次}: \quad i\hbar \frac{dC_n^{(0)}(t)}{dt} = 0 \tag{11.67}$$

$$\lambda \text{ の 1 次}: \quad i\hbar \frac{dC_n^{(1)}(t)}{dt} = \sum_m V_{n,m}(t) \, e^{i\omega_{nm}t} \, C_m^{(0)}(t) \tag{11.68}$$

を得る．これら一連の方程式は $C_n^{(0)}$, $C_n^{(1)}$, $\cdots$ について逐次的に求めていく必要がある．

まず，(11.67) 式はすぐに解けて，$C_n^{(0)}(t)$ は時間 t に依存しない定数である．この定数は，(11.54) 式の初期条件から定まり，

$$C_n^{(0)}(t) = \delta_{n,k} \tag{11.69}$$

である．次に，(11.68) 式を解く．(11.68) 式に (11.69) 式を代入すると

$$i\hbar \frac{dC_n^{(1)}(t)}{dt} = V_{n,k}(t) \, e^{i\omega_{nk}t} \tag{11.70}$$

となる．この式の両辺を $t = t_0$ から t まで積分すると

$$C_n^{(1)}(t) = -\frac{i}{\hbar} \int_{t_0}^{t} V_{n,k}(\tau) \, e^{i\omega_{nk}\tau} \, d\tau \tag{11.71}$$

を得る．ここで，$t = t_0$ では摂動が加わっていないことから，$C_n^{(1)}(t_0) = 0$ を用いた．

結局，(11.69) 式と (11.71) 式を (11.64) 式に代入して，1 次摂動の範囲内での展開係数は

$$\boxed{C_{n,k}(t) \approx \delta_{n,k} - \frac{i}{\hbar} \int_{t_0}^{t} H'_{n,k}(\tau) \, e^{i\omega_{nk}\tau} \, d\tau} \tag{11.72}$$

となる．ここで，初期状態が k であったことを明示するために，$C_n(t)$ を $C_{n,k}(t)$ と書き換えた．したがって，1次摂動の範囲内での波動関数は

$$\boxed{\Psi_k(\xi,t) \approx \Psi_k^{(0)}(\xi,t) - \sum_n \left\{\frac{i}{\hbar}\int_{t_0}^t H'_{n,k}(\tau)\, e^{i\omega_{nk}\tau}\, d\tau\right\} \Psi_n^{(0)}(\xi,t)}$$

(11.73)

となる．ここでも，上と同様の理由から，$\Psi(\xi,t)$ を $\Psi_k(\xi,t)$ と書き換えた．

● 11.4 摂動による遷移 ●

11.4.1 遷移確率

前節で述べたように，時刻 $t \leq t_0$ において定常状態 $u_k(\xi)$ にある系に，$t > t_0$ において摂動 $\widehat{H}'(t)$ を加えたとき，系は別の状態 $\Psi_k(\xi,t)$ に移り変わる．系の状態がある定常状態から別の定常状態に移り変わることを**遷移**（transition）とよぶ．

$t > t_0$ における状態 $\Psi_k(\xi,t)$ において状態 $u_f(\xi)$ を見出す確率は

$$W_{f,k}(t) \equiv \left|\int u_f^*(\xi)\, \Psi_k(\xi,t)\, d\xi\right|^2 = |C_{f,k}(t)|^2 \quad (11.74)$$

で与えられる．2番目の等号に移る際に，(11.56)式と $\{u_m(\xi)\}$ の規格直交完全系を用いた．(11.74)式の $W_{f,k}(t)$ は，<u>系に摂動を加えた際に始状態 k が終状態 f に遷移する確率</u>（**遷移確率**：transition probability）を表す．

したがって，$f \neq k$ の場合に，1次摂動の範囲内で $W_{f,k}(t)$ は，(11.72)式を (11.74)式に代入することで

$$W_{f,k}(t) = \left|-\frac{i}{\hbar}\int_{t_0}^t H'_{f,k}(\tau)\, e^{i\omega_{fk}\tau}\, d\tau\right|^2 \quad (11.75)$$

であることがわかる．

11.4.2 フェルミの黄金律

この項では,摂動ハミルトニアン $\hat{H}'(t)$ の具体例として,「時間に対して一定の摂動」と「時間に対して周期的に変動する摂動」の2つの場合について遷移確率を計算する.

時間に対して一定の摂動

ここでは,$t \leq 0$ には摂動は加わっていないが,$t > 0$ で時間に依存しない一定の摂動 $\hat{H}'(t) = \hat{H}'$ が加えられた場合,すなわち

$$\hat{H}'(t) = \begin{cases} 0 & (t \leq 0) \\ \hat{H}' & (t > 0) \end{cases} \tag{11.76}$$

の場合について,始状態 k から終状態 f への遷移確率 $W_{f,k}(t)$ を計算する.

このとき,(11.75) 式の絶対値の中の積分は

$$\int_0^t H'_{f,k}(\tau) \, e^{i\omega_{fk}\tau} d\tau = H'_{f,k} \frac{e^{i\omega_{fk}t} - 1}{i\omega_{fk}} \tag{11.77}$$

と計算されるので,遷移確率 $W_f(t)$ は

$$W_{f,k}(t) = \frac{4|H'_{f,k}|^2}{\hbar^2 \omega_{fk}^2} \left(\sin \frac{\omega_{fk}t}{2} \right)^2 \tag{11.78}$$

となる.ここで,ω_{fk} の定義である (11.63) 式を用いた.また,t は摂動を加えられてからの時間である.

いま,$x_{fk} \equiv \omega_{fk}/2$ として,(11.78) 式の $W_{f,k}$ を

$$W_{f,k} = \frac{\pi t}{\hbar^2} |H'_{f,k}|^2 f(x_{fk}) \tag{11.79}$$

とおく.ここで,$f(x_{fk})$ は

$$f(x_{fk}) = \frac{\sin^2(tx_{fk})}{\pi t x_{fk}^2} \tag{11.80}$$

と定義した.図 11.2 に示すように,$f(x_{fk})$ は $x_{fk} = 0$ にピークをもち,ピーク値は $f(0) = t/\pi$ のように時間 t に比例して大きくなる.一方,$|x_{fk}| > \pi/t$ の領域では,t が大きくなるにつれて $f(x_{fk})$ はゼロに近づく.したがって,

11.4 摂動による遷移

図 11.2 $f(x_{fk}) = \dfrac{\sin^2(tx_{fk})}{\pi t x_{fk}^2}$

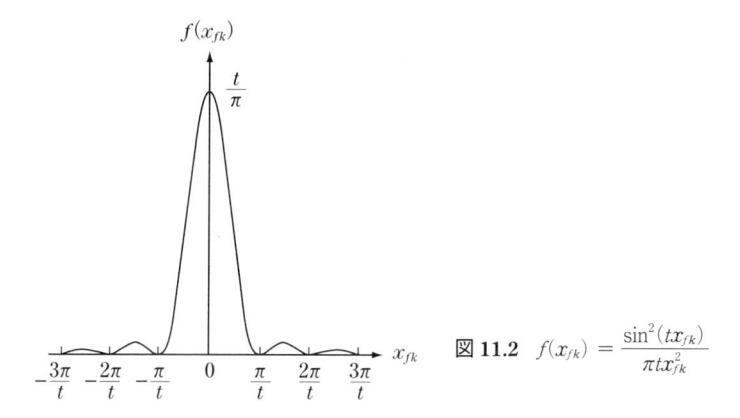

t が $tx_{fk} \gg 1$ を満たす程度に,すなわち,

$$t \gg \frac{2\hbar}{\varepsilon_f - \varepsilon_k} \tag{11.81}$$

を満たす程度に十分に大きいとき,図 11.2 の曲線の下の面積は,高さが t/π で底辺が $2\pi/t$ の二等辺三角形の面積で近似することができ,その面積は 1 である.

すなわち,$t \to \infty$ において,$f(x_{fk})$ はデルタ関数 $f(x_{fk}) = \delta(x_{fk})$ になる.このとき,(11.79) 式の遷移確率 $W_{f,k}$ は

$$W_{f,k} = \frac{\pi t}{\hbar^2} |H'_{f,k}|^2 \delta(x_{fk})$$

$$= \frac{2\pi t}{\hbar} |H'_{f,k}|^2 \delta(\varepsilon_f - \varepsilon_k) \tag{11.82}$$

となる.ここで 2 番目の等号において,$x_{fk} \equiv \omega_{fk}/2 = (\varepsilon_f - \varepsilon_k)/2\hbar$ とデルタ関数の公式 $\delta(ax) = \delta(x)/|a|$ を用いた.

(11.82) 式からわかるように,摂動が加えられて十分に時間が経過した後 ($t \gg 2\hbar/(\varepsilon_f - \varepsilon_k)$) には,$W_{f,k}(t)$ は時間 t に比例して増加する.したがって,摂動が加わった後 ($t > 0$) の単位時間当たりの遷移確率 (transition rate) は

$$w_{f,k} \equiv \lim_{t \to \infty} \frac{W_{f,k}(t)}{t} = \frac{2\pi}{\hbar} |H'_{f,k}|^2 \delta(\varepsilon_f - \varepsilon_k) \tag{11.83}$$

となる.(11.83)式は遷移の基本法則であり,**フェルミの黄金律**(Fermi's golden rule)とよばれる.

(11.83)式のフェルミの黄金律から,系に摂動が加わってから十分に時間が経過した後($t \gg 2\hbar/(\varepsilon_f - \varepsilon_k)$)に,系が状態$k$から状態$f$へ遷移を引き起こすための条件を知ることができる.まず,摂動を加えた前後でエネルギーが保存していなければならない.全系のハミルトニアン$\hat{H} = \hat{H}_0 + \hat{H}'$のエネルギーが保存するのは当然であるが,ここでは無摂動ハミルトニアン$\hat{H}_0$のエネルギーが保存していることに注意しよう.また,始状態kと終状態fの間の行列要素$H_{f,k}$が有限($H_{f,k} \neq 0$)でなければ,励起は起こらない.すなわち,$H_{f,k}$が有限か否かは,遷移を許すかどうかを決める.これを**選択則**(selection rule)とよび,始状態と終状態の関数形と摂動ハミルトニアンによって決まる.

時間に対して周期的に変動する摂動

ここでは,$t \leq t_0$には摂動は加わっていないが,$t > 0$で周期的に時間変動する摂動

$$\hat{H}'(t) = \begin{cases} 0 & (t \leq 0) \\ \hat{V} e^{i\omega t} + \hat{V}^\dagger e^{-i\omega t} & (t > 0) \end{cases} \tag{11.84}$$

が加えられた場合について,始状態kから終状態fへの遷移確率$W_{f,k}(t)$を計算する.

このとき,(11.75)式の絶対値の中の積分は

$$\int_0^t H'_{f,k}(\tau) e^{i\omega_{fk}\tau} d\tau = V_{f,k} \frac{e^{i(\omega_{fk}+\omega)t} - 1}{i(\omega_{fk}+\omega)} + V^*_{k,f} \frac{e^{i(\omega_{fk}-\omega)t} - 1}{i(\omega_{fk}-\omega)} \tag{11.85}$$

と計算されるので,摂動が加わってから十分に時間が経過した後の単位時間当たりの遷移確率$w_{f,k}(t)$は,

11.4 摂動による遷移

$$w_{f,k}(t) \equiv \lim_{\Delta t \to \infty} \frac{W_{f,k}(t)}{t}$$
$$= \frac{2\pi}{\hbar} \{|V_{f,k}|^2 \delta(\varepsilon_f - \varepsilon_k + \hbar\omega) + |V_{k,f}|^2 \delta(\varepsilon_f - \varepsilon_k - \hbar\omega)\}$$
(11.86)

となる．ここで，t は摂動を加えてからの時間である．この式も**フェルミの黄金律**とよばれる．

(11.86) 式のフェルミの黄金律からわかるように，遷移が起こるのは，終状態のエネルギーが

$$\varepsilon_f = \varepsilon_k - \hbar\omega \quad \text{(エネルギー } \hbar\omega \text{ の放出)} \quad (11.87)$$

$$\varepsilon_f = \varepsilon_k + \hbar\omega \quad \text{(エネルギー } \hbar\omega \text{ の吸収)} \quad (11.88)$$

の場合である．したがって，(11.86) 式の右辺第 1 項は始状態 k がエネルギー $\hbar\omega$ を外部へ放出し，エネルギー $\varepsilon_f = \varepsilon_k - \hbar\omega$ をもつ終状態への遷移確率，(11.86) 式の右辺第 2 項は始状態 k がエネルギー $\hbar\omega$ を外部から吸収し，エネルギー $\varepsilon_f = \varepsilon_k + \hbar\omega$ をもつ終状態への遷移確率を表す (図 11.3)．

いま，(11.84) 式の摂動をもたらす外部の系まで含めた全系のエネルギーについて考えよう．摂動を加える前，系のエネルギーが ε_k，外系のエネルギーが E_{ext} であるとすると，このとき，全系の始状態のエネルギー $E_{\text{始状態}}$ は，$E_{\text{始状態}} = \varepsilon_k + E_{\text{ext}}$ である．系に摂動が加わり，エネルギー $\hbar\omega$ を外系に放出したとすると，系のエネルギーは ε_f，外系のエネルギーは $E_{\text{ext}} + \hbar\omega$ となる (図 11.3(a))．このとき，全系の終状態のエネルギー $E_{\text{終状態}}$ は，$E_{\text{終状態}} = \varepsilon_f + E_{\text{ext}} + \hbar\omega$ である．したがって，終状態と始状態のエネルギー差は

$$E_{\text{終状態}} - E_{\text{始状態}} = \varepsilon_f - \varepsilon_k + \hbar\omega \quad \text{(エネルギー } \hbar\omega \text{ の放出)}$$
(11.89)

である．(11.87) 式より $E_{\text{終状態}} - E_{\text{始状態}} = 0$ であり，全系のエネルギーは保存される．

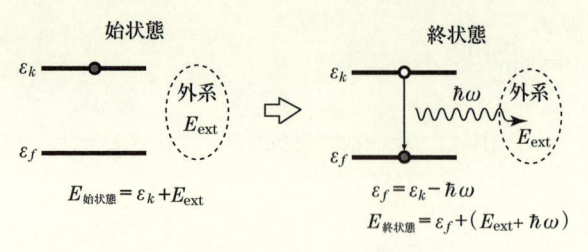

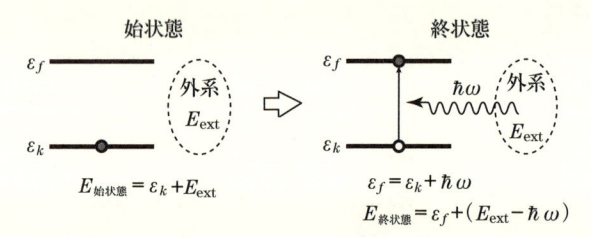

図 11.3 エネルギー $\hbar\omega$ の放出 (a) と吸収 (b)

一方,系がエネルギー $\hbar\omega$ を外系から吸収する場合には,系のエネルギーは ε_f,外系のエネルギーは $E_\mathrm{ext} - \hbar\omega$ となるから,全系の終状態のエネルギーは,$E_\text{終状態} = \varepsilon_f + E_\mathrm{ext} - \hbar\omega$ である(図 11.3(b)).したがって,

$$E_\text{終状態} - E_\text{始状態} = \varepsilon_f - \varepsilon_k - \hbar\omega \quad (\text{エネルギー } \hbar\omega \text{ の吸収}) \tag{11.90}$$

である.(11.88)式より $E_\text{終状態} - E_\text{始状態} = 0$ であり,この場合も全系のエネルギーは保存される.

こうして,エネルギーの放出と吸収のいずれの場合も,遷移確率は

$$\boxed{w_{f,k}(t) = \frac{2\pi}{\hbar} |V_{f,k}|^2 \delta(E_\text{終状態} - E_\text{始状態})} \tag{11.91}$$

と表される.

章末問題

[**11.1**] 1次元調和振動子に摂動として非調和ポテンシャル

$$\widehat{H}' = cx^4 \quad (c \text{ は正の整数})$$

が加わったとき，1次元調和振動子の基底状態のエネルギーのずれを求めよ．

[**11.2**] 静止した原子核の周りで2個の電子が束縛された系（ヘリウム原子）のハミルトニアンは

$$\widehat{H} = \left(\frac{\hbar^2}{2m}\nabla_1^2 + \frac{Ze^2}{4\pi\varepsilon_0 r_1}\right) + \left(\frac{\hbar^2}{2m}\nabla_2^2 + \frac{Ze^2}{4\pi\varepsilon_0 r_2}\right) + \frac{e^2}{4\pi\varepsilon_0 |\bm{r}_1 - \bm{r}_2|}$$

によって与えられる．いま，電子間のクーロン相互作用

$$\widehat{H}' = \frac{e^2}{4\pi\varepsilon_0 |\bm{r}_1 - \bm{r}_2|}$$

を摂動ハミルトニアンとして，この系のエネルギーを摂動の1次の範囲で求めよ．

[**11.3**] z 軸に平行で空間的に一様な電場を水素原子に加えた．このとき，水素原子の主量子数 $n=1$ と $n=2$（4重縮退）の状態のエネルギー固有値のずれを，電場の大きさの1次の範囲で求めよ．なお，原子に一様な電場を加えた際に，エネルギー固有値の分裂が起きる現象を**シュタルク効果**（Stark effect）という．

Tea Time

摂動論によって発見された冥王星

冥王星は，1916年にアメリカの天文学者パーシヴァル・ローウェルによって，その存在が理論的に予想された．ローウェルは，海王星の軌道の観測値と理論値のずれの原因は，太陽系に未知の惑星Xが存在するためであると考え，惑星Xが海王星に及ぼす万有引力を加味して海王星の軌道を補正することで，惑星Xの位置を正確に予測した．海王星の運動量は惑星Xの影響により変化するが，この運動量の変化を「摂動」とよび，上述の軌道補正の理論を摂動論とよぶ．なお，この章で

述べた「量子力学的な摂動論」も, 弱い外力を入れたことによる電子の軌道 (波動関数) の補正を行なうという意味で, その精神は同じである.

　ローウェルの予想した惑星 X は, 彼が亡くなって 14 年後 (1930 年) に, 彼の理論予測を信じて天体観測を続けていたクライド・トンボー (アメリカ) によって発見され, 冥王星 (英語名はプルート (ローマ神話での黄泉の国の神)) と名付けられた. 冥王星の発見は, その当時世界中で大きな話題となったが, 発見者がアメリカ人 (冥王星がアメリカ人によって発見された唯一の惑星) ということもあって, 特にアメリカでの注目度は大きかったようである. この年のディズニー映画に登場するミッキーの愛犬に「プルート」と名付けられたことからも, 当時のアメリカでの反響の大きさが伺える.

　ローウェルの予想から 90 年後の 2006 年, チェコのプラハで開催された国際天文学連合総会は, かつてないほど世界中から注目されていた. それもそのはず, この総会ではそれまで明確でなかった惑星の定義を規定することが主題であり, その定義次第では, それまで太陽系第 9 惑星として名を連ねていた「冥王星」が惑星に残留するか, それとも除外されるかが決まるからである. 慎重な審議の結果,「冥王星」は惑星から外され, 準惑星に区分された.

　著者の一人 (山本) が小学生だった頃, 太陽系の惑星を太陽に近い方から順に「水金地火木土天【冥】海」と語呂合わせで覚えていたが, 大学院生になった頃には「水金地火木土天海【冥】」と, 冥王星と海王星の順番が入れ替わっていた. 冥王星と海王星の順序が入れ替わるのは, 冥王星の楕円軌道が他の惑星と比べて随分と歪んでいるためであり, 冥王星が海王星の軌道の内側にある時期は 250 年間のうちで 20 年程度である (直近では, 1979 年から約 20 年間). また, 水金地火木土天海の 8 つの惑星はほぼ同一平面内を周回運動しているのに対して, 冥王星の軌道面だけはそれらの平面から 17° ほど傾いている. 冥王星のそのような事情が, 惑星の新定義に収まらず準惑星となった主な理由である. こうなると, 語呂合わせも「水金地火木土天海」となるが, どうも尻切れトンボな感じを受けてしまうのは著者だけであろうか.

12 電子と光子の相互作用

この章では,第5章で学んだ調和振動子の生成・消滅演算子を用いて「光子」の生成と消滅を記述することで,電子と光子の相互作用を量子力学的に取り扱う.さらにその結果をもとに,第11章で述べた時間に依存する摂動論の応用として,原子の光放出について述べる.

12.1 電磁場の量子化

原子や分子などの物質は,電磁波(光)を放出したり吸収したりするが,第3章で述べたように,物質による電磁波の放出・吸収はエネルギー $\hbar\omega$(エネルギー量子)を単位として起こる.この電磁波のエネルギー量子は**光子**(photon)とよばれる.電磁場は,これから示すように量子力学的な調和振動子の集まりと見なすことができるので,光子の放出・吸収を簡潔に記述するためには,第5章の5.4節で述べた調和振動子の生成・消滅演算子を用いるのが便利である.この節では電磁場の量子化を行ない,光子の生成・消滅を調和振動子の生成・消滅演算子によって記述することで,電子と光子の相互作用を量子力学的に取り扱う準備を行なう.電子のような荷電粒子と光子の相互作用を扱う量子力学を**量子電磁力学**(QED:Quantum Electromagnetic dynamics)といい,この章で述べるのはその入門的な内容である.

12.1.1 ベクトルポテンシャルとゲージ変換

電磁気学で学ぶように,電場 $E(r, t)$ と磁場 $B(r, t)$(正確には B は磁束

密度)はスカラーポテンシャル $\phi(\mathbf{r}, t)$ とベクトルポテンシャル $\mathbf{A}(\mathbf{r}, t)$ を用いて,それぞれ

$$\mathbf{E} = -\mathrm{grad}\,\phi - \frac{\partial \mathbf{A}}{\partial t}, \qquad \mathbf{B} = \mathrm{rot}\,\mathbf{A} \qquad (12.1)$$

と表される.この式からわかるように,スカラーポテンシャル $\phi(\mathbf{r}, t)$ とベクトルポテンシャル $\mathbf{A}(\mathbf{r}, t)$ を

$$\mathbf{A} \;\to\; \mathbf{A}' = \mathbf{A} + \mathrm{grad}\,\theta, \qquad \phi \;\to\; \phi' = \phi - \frac{\partial \theta}{\partial t} \qquad (12.2)$$

のように変換しても,電場 $\mathbf{E}(\mathbf{r}, t)$ と磁場 $\mathbf{B}(\mathbf{r}, t)$ は変更されない.ここで,$\theta(\mathbf{r}, t)$ は位置ベクトル $\mathbf{r}$ と時間 t の任意の微分可能な関数である.また,(12.2) 式の変換を**ゲージ変換** (gauge transformation) という*.すなわち,電場 $\mathbf{E}(\mathbf{r}, t)$ と磁場 $\mathbf{B}(\mathbf{r}, t)$ はゲージ変換に対して不変である.

いま,電荷密度と電流密度がともにゼロの場合を考え,$\mathbf{A}(\mathbf{r}, t)$ と $\phi(\mathbf{r}, t)$ の選び方として,$\nabla \cdot \mathbf{A}(\mathbf{r}, t) = 0$ と $\phi(\mathbf{r}, t) = 0$ の両方を同時に満たすゲージを採用しよう.このとき,ベクトルポテンシャルは

$$\nabla^2 \mathbf{A}(\mathbf{r}, t) - \frac{1}{c^2}\frac{\partial^2 \mathbf{A}(\mathbf{r}, t)}{\partial t^2} = 0 \qquad (c\text{ は光速度}) \qquad (12.3)$$

の波動方程式を満足する(章末問題[12.1]).したがって,体積 $V = L^3$ の立方体の中の電磁場を考えると,そのベクトルポテンシャル $\mathbf{A}(\mathbf{r}, t)$ は

$$\mathbf{A}(\mathbf{r}, t) = \sum_{\mathbf{k}} \sum_{s=1,2} \mathbf{e}_{\mathbf{k}}^{(s)} \frac{1}{\sqrt{V}} \{ a_{\mathbf{k},s}(t)\, e^{i\mathbf{k}\cdot\mathbf{r}} + a_{\mathbf{k},s}^{*}(t)\, e^{-i\mathbf{k}\cdot\mathbf{r}} \} \qquad (12.4)$$

の平面波(すなわち,電磁波)で与えられる.ここで,平面波の展開係数 $a_{\mathbf{k},s}(t)$ は

---

* 「ゲージ」とは「ものさし」のことであるが,(12.1) 式を「ゲージ(ものさし)変換」と命名した理由は,電磁場と重力場の統一を目指す物理学の歴史において,(12.1) 式の変換が時空のスケールを変化(時空の「ものさし」の目盛りが変化)させることだと考えたことに由来する.

12.1 電磁場の量子化

$$a_{k,s}(t) = |a_{k,s}| e^{-i(\omega_k t + \delta)} \tag{12.5}$$

である．なお，$|a_{k,s}|$ と δ は初期条件によって決定される定数である．また，ω_k は電磁波の角振動数であり，分散関係

$$\omega_k = c|\boldsymbol{k}| = ck \tag{12.6}$$

を満足する．ここで，$\boldsymbol{k}$ は電磁波の波数ベクトルである．

いま，ベクトルポテンシャルに対する境界条件として周期境界条件

$$\left. \begin{array}{l} \boldsymbol{A}(x+L, y, z, t) \\ \boldsymbol{A}(x, y+L, z, t) \\ \boldsymbol{A}(x, y, z+L, t) \end{array} \right\} = \boldsymbol{A}(x, y, z, t) \tag{12.7}$$

を課すと，$\boldsymbol{k}$ のとり得る値は

$$\boldsymbol{k} = \frac{2\pi}{L}(n_x, n_y, n_z) \quad (n_x, n_y, n_z = 0, \pm 1, \pm 2, \cdots) \tag{12.8}$$

となる．

また，(12.4) 式の中の $\boldsymbol{e}_k^{(s)}$ ($s = 1, 2$) は，電磁波の偏光方向を与える単位ベクトルであり，$\boldsymbol{e}_k^{(1)}$ と $\boldsymbol{e}_k^{(2)}$ は互いに直交する．すなわち，

$$\boldsymbol{e}_k^{(1)} \cdot \boldsymbol{e}_k^{(1)} = \boldsymbol{e}_k^{(2)} \cdot \boldsymbol{e}_k^{(2)} = 1, \quad \boldsymbol{e}_k^{(1)} \cdot \boldsymbol{e}_k^{(2)} = 0 \tag{12.9}$$

を満たす．また，$\nabla \cdot \boldsymbol{A} = 0$ の条件より，

$$\boldsymbol{e}_k^{(1)} \cdot \boldsymbol{k} = \boldsymbol{e}_k^{(2)} \cdot \boldsymbol{k} = 0 \tag{12.10}$$

であるから，ベクトルポテンシャルはその振幅が波の進行方向（$\boldsymbol{k}$ の方向）と直交する横波であることがわかる．さらに，$\phi(\boldsymbol{r}, t) = 0$ の条件を (12.1) 式に課すことで，電場 $\boldsymbol{E}$ と磁場 $\boldsymbol{B}$ は

$$\boldsymbol{E} = -\frac{\partial \boldsymbol{A}}{\partial t} = i \sum_k \sum_{s=1,2} \boldsymbol{e}_k^{(s)} \frac{\omega_k}{\sqrt{V}} (a_{k,s}(t) e^{i\boldsymbol{k}\cdot\boldsymbol{r}} - a_{k,s}^*(t) e^{-i\boldsymbol{k}\cdot\boldsymbol{r}}) \tag{12.11}$$

$$\boldsymbol{B} = \operatorname{rot} \boldsymbol{A} = i \sum_k \sum_{s=1,2} (\boldsymbol{k} \times \boldsymbol{e}_k^{(s)}) \frac{1}{\sqrt{V}} (a_{k,s}(t) e^{i\boldsymbol{k}\cdot\boldsymbol{r}} - a_{k,s}^*(t) e^{-i\boldsymbol{k}\cdot\boldsymbol{r}}) \tag{12.12}$$

となる．ここで，(12.4) 式を用いた．

(12.11) 式と (12.12) 式からわかるように，$\boldsymbol{E}$ と $\boldsymbol{B}$ は互いに直交して，

波数ベクトル $\boldsymbol{k}$ の方向に（光速度 c で）進行する横波（電磁波）である．

12.1.2 調和振動子の集まりとしての電磁場

古典電磁気学において，電磁場のエネルギー H_{EM}（＝ハミルトニアン）は

$$H_{\mathrm{EM}} = \frac{\varepsilon_0}{2} \int_v \{\boldsymbol{E}^2(\boldsymbol{r},t) + c^2 \boldsymbol{B}^2(\boldsymbol{r},t)\} dv \tag{12.13}$$

である．(12.11) 式と (12.12) 式の電磁場の平面波解を (12.13) 式に代入し，新しい変数として

$$Q_{k,s}(t) = a_{k,s}(t) + a_{k,s}^*(t) \tag{12.14}$$

を導入すると，電磁波のハミルトニアン

$$H_{\mathrm{EM}} = \sum_k \sum_{s=1,2} \left\{ \frac{1}{2} \varepsilon_0 \left(\frac{dQ_{k,s}}{dt} \right)^2 + \frac{1}{2} \varepsilon_0 \omega_k^2 Q_{k,s}^2 \right\} \tag{12.15}$$

が得られる．(12.15) 式は，真空の誘電率 ε_0 を質量 m に読み替えると，質量が $m(=\varepsilon_0)$ で角振動数が ω_k の調和振動子のエネルギーの和になっている．すなわち，新しく導入した $Q_{k,s}$ は電磁波の**基準座標**であり，電磁波は基準座標 $Q_{k,s}$ が表す**基準振動**（normal mode）の集まりと同等であることがわかる．

次に，基準座標 $Q_{k,s}$ に共役な一般化運動量

$$P_{k,s} = \varepsilon_0 \frac{dQ_{k,s}}{dt} \tag{12.16}$$

を導入する．これを用いて (12.15) 式のハミルトニアンを書き直すと

$$H_{\mathrm{EM}} = \sum_k \sum_{s=1,2} \left(\frac{P_{k,s}^2}{2\varepsilon_0} + \frac{1}{2} \varepsilon_0 \omega_k^2 Q_{k,s}^2 \right) \tag{12.17}$$

となる．なお，(12.14) 式を (12.16) 式に代入すると，一般化運動量は平面波の展開係数 $a_{k,s}(t)$ を用いて

$$P_{k,s} = i\varepsilon_0 \omega_k \{a_{k,s}^*(t) - a_{k,s}(t)\} \tag{12.18}$$

と表せる．ここで，(12.5) 式を用いた．

電磁波を量子力学的に取り扱うために，電磁波の基準振動に対して，次の

12.1 電磁場の量子化

ような量子化の操作を施す.

$$Q_{k,s} \to \widehat{Q}_{k,s}, \quad P_{k,s} \to \widehat{P}_{k,s} = -i\hbar\frac{\partial}{\partial Q_{k,s}} \quad (12.19)$$

そうすると，(12.17) 式の電磁波のハミルトニアンは

$$\widehat{H}_{\mathrm{EM}} = \sum_k \sum_{s=1,2} \left(\frac{\widehat{P}_{k,s}^2}{2\varepsilon_0} + \frac{1}{2}\varepsilon_0 \omega_k^2 \widehat{Q}_{k,s}^2 \right) \quad (12.20)$$

のように演算子となり，電磁場は量子力学的な調和振動子の集まりと見なすことができる.

12.1.3 光子の生成・消滅演算子

5.4 節で述べたように，量子力学的な調和振動子は生成・消滅演算子の方法を用いて，その固有関数とエネルギー固有値を求めることができる. そこで，5.4 節の (5.50) 式と (5.51) 式にならって，電磁波の基準座標演算子 $\widehat{Q}_{k,s}$ とそれと共役な運動量演算子 $\widehat{P}_{k,s}$ を用いて，生成演算子 $\widehat{a}_{k,s}^\dagger$ と消滅演算子 $\widehat{a}_{k,s}$ を以下のように導入する.

$$\widehat{a}_{k,s}^\dagger = \sqrt{\frac{\varepsilon_0 \omega_k}{2\hbar}}\, \widehat{Q}_{k,s} - i\frac{1}{\sqrt{2\varepsilon_0 \hbar \omega_k}} \widehat{P}_{k,s} \quad (12.21)$$

$$\widehat{a}_{k,s} = \sqrt{\frac{\varepsilon_0 \omega_k}{2\hbar}}\, \widehat{Q}_{k,s} + i\frac{1}{\sqrt{2\varepsilon_0 \hbar \omega_k}} \widehat{P}_{k,s} \quad (12.22)$$

これら 2 つの演算子が，**エネルギー $\hbar\omega_k$ をもつ光子の生成・消滅演算子**である. またこれらの演算子は，5.4 節と同様に

$$[\widehat{a}_{k,s}, \widehat{a}_{k',s'}] = [\widehat{a}_{k,s}^\dagger, \widehat{a}_{k',s'}^\dagger] = 0, \quad [\widehat{a}_{k,s}, \widehat{a}_{k',s'}^\dagger] = \delta_{k,k'}\delta_{s,s'}$$
$$(12.23)$$

の交換関係を満足する.

(12.21) 式と (12.22) 式を逆変換すると，$\widehat{Q}_{k,s}$ と $\widehat{P}_{k,s}$ は $\widehat{a}_{k,s}^\dagger$ と $\widehat{a}_{k,s}$ を用いて

$$\hat{Q}_{k,s} = \sqrt{\frac{\hbar}{2\varepsilon_0 \omega_k}} (\hat{a}_{k,s} + \hat{a}^{\dagger}_{k,s}) \tag{12.24}$$

$$\hat{P}_{k,s} = i\sqrt{\frac{\varepsilon_0 \hbar \omega_k}{2}} (\hat{a}^{\dagger}_{k,s} - \hat{a}_{k,s}) \tag{12.25}$$

と表される．これら2つの式を (12.20) 式に代入することで，光子のハミルトニアン $\hat{H}_{\mathrm{EM}}$ は

$$\begin{aligned}\hat{H}_{\mathrm{EM}} &= \sum_{k}\sum_{s=1,2} \hbar\omega_k \left(\hat{a}^{\dagger}_{k,s}\hat{a}_{k,s} + \frac{1}{2}\right) \\ &= \sum_{k}\sum_{s=1,2} \hbar\omega_k \left(\hat{n}_{k,s} + \frac{1}{2}\right)\end{aligned} \tag{12.26}$$

で与えられる．ここで，$\hat{n}_{k,s} = \hat{a}^{\dagger}_{k,s}\hat{a}_{k,s}$ は波数 k と偏光 s をもつ**光子の数演算子**とよばれるものである．

また，(5.65) 式の真空状態の定義より，光子が全く存在しない光子の真空状態 $|0\rangle$ は

$$\hat{a}_{k,s}|0\rangle = 0 \tag{12.27}$$

と定義される．さらに，(5.73) 式にならって，ある決まった波数 k と偏光 s をもつ光子が $n_{k,s}$ 個存在する状態 $|n_{k,s}\rangle$ は

$$|n_{k,s}\rangle = \frac{1}{\sqrt{n_{k,s}!}} (\hat{a}^{\dagger}_{k,s})^{n_{k,s}}|0\rangle \tag{12.28}$$

と表される．

以上，電磁場の系を量子化すると，光子の集まりの系になることを示した．

12.1.4 電磁場の量子化

(12.24) 式と (12.25) 式で $\hat{Q}_{k,s}$ と $\hat{P}_{k,s}$ を光子の生成・消滅演算子 $\hat{a}^{\dagger}_{k,s}$ と $\hat{a}_{k,s}$ によって表した．このことは，古典的な電磁場を平面波で展開した際の展開係数 $a^{*}_{k,s}$ と $a_{k,s}$ をそれぞれ

$$a_{k,s}^* \to \sqrt{\frac{\hbar}{2\varepsilon_0\omega_k}}\,\hat{a}_{k,s}^\dagger, \qquad a_{k,s} \to \sqrt{\frac{\hbar}{2\varepsilon_0\omega_k}}\,\hat{a}_{k,s} \qquad (12.29)$$

のように，光子の生成・消滅演算子 $\hat{a}_{k,s}^\dagger$ と $\hat{a}_{k,s}$ に置き換えることに等しい．実際，(12.29) 式の変換を (12.14) 式と (12.18) 式にそれぞれ施すことで，(12.24) 式と (12.25) 式が得られる．

(12.29) 式を (12.4) 式のベクトルポテンシャルに適用すると

$$\hat{\boldsymbol{A}}(\boldsymbol{r}) = \sum_k \sum_{s=1,2} \boldsymbol{e}_k^{(s)} \sqrt{\frac{\hbar}{2\varepsilon_0\omega_k V}}\left(\hat{a}_{k,s} e^{i\boldsymbol{k}\cdot\boldsymbol{r}} + \hat{a}_{k,s}^\dagger e^{-i\boldsymbol{k}\cdot\boldsymbol{r}}\right) \qquad (12.30)$$

となり，ベクトルポテンシャルが光子の生成・消滅演算子を用いて表される．電場 $\boldsymbol{E}$ と磁場 $\boldsymbol{B}$ の量子化についても同様に，(12.11) 式と (12.12) 式に現れる展開係数に対して (12.29) 式の置き換えを行なうことで

$$\hat{\boldsymbol{E}}(\boldsymbol{r}) = i\sum_k \sum_{s=1,2} \boldsymbol{e}_k^{(s)} \sqrt{\frac{\hbar\omega_k}{2\varepsilon_0 V}}\left(\hat{a}_{k,s} e^{i\boldsymbol{k}\cdot\boldsymbol{r}} - \hat{a}_{k,s}^\dagger e^{-i\boldsymbol{k}\cdot\boldsymbol{r}}\right) \qquad (12.31)$$

$$\hat{\boldsymbol{B}}(\boldsymbol{r}) = i\sum_k \sum_{s=1,2} (\boldsymbol{k}\times\boldsymbol{e}_k^{(s)}) \sqrt{\frac{\hbar}{2\varepsilon_0\omega_k V}}\left(\hat{a}_{k,s} e^{i\boldsymbol{k}\cdot\boldsymbol{r}} - \hat{a}_{k,s}^\dagger e^{-i\boldsymbol{k}\cdot\boldsymbol{r}}\right)$$
$$(12.32)$$

のように，光子の生成・消滅演算子で表される（**電磁場の量子化**）．

12.2 電子と光子の相互作用

　この節では前節で行なった電磁場の量子化に基づいて，電子と光子の相互作用を量子力学的に取り扱う．電磁波を光子として取り扱う理論体系は**量子電磁力学**とよばれ，本節はその入門的な内容である．

　電磁場の中の荷電粒子のハミルトニアン
　電磁場の中（ベクトルポテンシャル $\boldsymbol{A}$，スカラーポテンシャル ϕ）での荷電粒子（質量 m，電荷 q）のハミルトニアン $H(\boldsymbol{r},\boldsymbol{p})$ は，

で与えられる(章末問題[12.2]).

$$H = \frac{1}{2m}(\boldsymbol{p} - q\boldsymbol{A})^2 - q\phi \tag{12.33}$$

次に,上述の古典力学の結論に量子化の手続き $(H(\boldsymbol{r}, \boldsymbol{p}) \to \widehat{H}(\widehat{\boldsymbol{r}}, \widehat{\boldsymbol{p}}))$ を施すことによって,電磁場の中での量子力学的な荷電粒子のハミルトニアンを導入しよう.量子化の手続きの結果,すぐに

$$\widehat{H} = \frac{1}{2m}(\widehat{\boldsymbol{p}} - q\boldsymbol{A})^2 - q\phi \tag{12.34}$$

を得る.なお,このハミルトニアンに従うシュレーディンガー方程式

$$i\hbar\frac{\partial \Psi(\boldsymbol{r}, t)}{\partial t} = \left\{\frac{1}{2m}(\widehat{\boldsymbol{p}} - q\boldsymbol{A})^2 - q\phi\right\}\Psi(\boldsymbol{r}, t) \tag{12.35}$$

はゲージ不変でなければならない(ゲージ不変性).(12.35)式のシュレーディンガー方程式にゲージ不変性を要請すると,ベクトルポテンシャル $\boldsymbol{A}$ の中を運動する荷電粒子の波動関数 $\Psi(\boldsymbol{r}, t)$ は

$$\Psi(\boldsymbol{r}, t) = \Psi_0(\boldsymbol{r}, t)\exp\left\{-\frac{q}{\hbar}\theta(\boldsymbol{r}, t)\right\} \tag{12.36}$$

であることがわかる(章末問題[12.3]).ここで,Ψ_0 はベクトルポテンシャル $\boldsymbol{A}$ がない場合の波動関数である.

12.1節と同様,真空中の電磁波を念頭において,$\nabla \cdot \boldsymbol{A}(\boldsymbol{r}, t) = 0$ と $\phi(\boldsymbol{r}, t) = 0$ を同時に満たすゲージを採用すると,(12.34)式は

$$\widehat{H} = \frac{1}{2m}(\widehat{\boldsymbol{p}} - q\boldsymbol{A})^2 \tag{12.37}$$

となる.また前節にならって,ベクトルポテンシャル $\boldsymbol{A}$ を量子化すると $(\boldsymbol{A} \to \widehat{\boldsymbol{A}})$,(12.37)式のハミルトニアンは,電子 $(q = -e)$ に対して

$$\widehat{H} = \frac{1}{2m}(\widehat{\boldsymbol{p}} + e\widehat{\boldsymbol{A}})^2 \tag{12.38}$$

となる.電磁波の強度が弱く $\boldsymbol{A}^2$ を無視できる場合,(12.37)式のハミルトニ

アンは

$$\widehat{H} \approx \frac{\widehat{\bm{p}}^2}{2m} + \frac{e}{m}\widehat{\bm{p}}\cdot\widehat{\bm{A}}$$

$$\equiv \widehat{H}_0 + \widehat{H}_{\text{int}} \tag{12.39}$$

と近似できる．ここで，$\nabla\cdot\widehat{\bm{A}}(\bm{r},t)=0$ であることを利用し，$\widehat{\bm{p}}\cdot\widehat{\bm{A}}=\widehat{\bm{A}}\cdot\widehat{\bm{p}}$ を用いた．(12.39) 式の $\widehat{H}_0=\widehat{\bm{p}}^2/2m$ は自由電子のハミルトニアンであり，$\widehat{H}_{\text{int}}=(e/m)\,\widehat{\bm{p}}\cdot\widehat{\bm{A}}$ は電子と光子の相互作用である．

12.3 原子からの光子の放出と吸収

この節では，第 11 章で述べた「フェルミの黄金則」と前節で述べた「電磁場の量子化」の応用例として，原子からの光子の放出について述べる．

12.3.1 光子の放出確率

いま，ある原子に束縛された電子が励起状態 A にあり，光子を放出してエネルギーの低い別の状態 B へ遷移する状況を考えよう．原子に束縛された電子と光子が相互作用する系のハミルトニアンは

$$\widehat{H}_{\text{tot}} = \left\{\frac{\widehat{\bm{p}}^2}{2m}+V(\bm{r})\right\} + \sum_{\bm{k},s}\hbar\omega_k\left(n_{\bm{k},s}+\frac{1}{2}\right) + \frac{e}{m}\widehat{\bm{p}}\cdot\widehat{\bm{A}}$$

$$= \widehat{H}_{\text{el}} + \widehat{H}_{\text{ph}} + \widehat{H}_{\text{int}} \tag{12.40}$$

で与えられる．ここで，第 1 項の $\widehat{H}_{\text{el}}$ は原子の中の電子のハミルトニアン，第 2 項の $\widehat{H}_{\text{ph}}$ は光子のハミルトニアン，第 3 項の $\widehat{H}_{\text{int}}$ は電子 - 光子相互作用である．

いま，原子中の電子のハミルトニアンと光子のハミルトニアンの和 $\widehat{H}_0\equiv\widehat{H}_{\text{el}}+\widehat{H}_{\text{ph}}$ を無摂動ハミルトニアンとし，電子 - 光子相互作用のハミルトニアン $\widehat{H}'\equiv\widehat{H}_{\text{int}}$ を摂動ハミルトニアンとしよう．

電子のハミルトニアン $\widehat{H}_{\text{el}}$ の固有状態を

$$\Psi_\alpha(\boldsymbol{r}, t) = \exp\left(-\frac{iE_\alpha t}{\hbar}\right)\phi_\alpha(\boldsymbol{r}) \tag{12.41}$$

と書き，光子のハミルトニアン $\widehat{H}_{\text{ph}}$ の定常状態を

$$|\Phi(t)\rangle = \prod_{k,s}^{\infty} |n_{k,s}, t\rangle$$

$$= \prod_{k,s}^{\infty} \exp\left(in_{k,s}\omega_k t\right)|n_{k,s}\rangle \tag{12.42}$$

と書くと，無摂動ハミルトニアン $\widehat{H}_0 = \widehat{H}_{\text{el}} + \widehat{H}_{\text{ph}}$ の定常状態は，(12.41) 式と (12.42) 式の積で与えられ，

$$|\alpha(\boldsymbol{r}, t)\rangle = \Psi_\alpha(\boldsymbol{r}, t)|\Phi(t)\rangle \tag{12.43}$$

と書ける．

いま，無摂動の始状態として

$$|\text{A}(\boldsymbol{r}, t)\rangle = \Psi_{\text{A}}(\boldsymbol{r}, t)\prod_{k',s'}^{\infty} |n_{k',s'}, t\rangle \tag{12.44}$$

の定常状態 A を考える．この始状態のエネルギー $E_{\text{始状態}}$ は

$$E_{\text{始状態}} = E_{\text{A}} + \sum_{k',s'}\hbar\omega_k\left(n_{k',s'} + \frac{1}{2}\right) \tag{12.45}$$

である．この状態 A が，エネルギーが $\hbar\omega_k$ で偏光が s の光子を 1 つ放出して，エネルギーが $\hbar\omega_k$ だけ小さい状態 B へ遷移する状況を考えよう（光子吸収に関しても，以下の手続きと同様の取り扱いができる）．このとき，電子が状態 B にある終状態の波動関数は

$$|\text{B}(\boldsymbol{r}, t)\rangle = \Psi_{\text{B}}(\boldsymbol{r}, t)|n_{k,s} + 1, t\rangle \prod_{\substack{k'(\neq k) \\ s'(\neq s)}} |n_{k',s'}, t\rangle \tag{12.46}$$

と書ける．ここで，$\prod_{\substack{k'(\neq k) \\ s'(\neq s)}}$ は $k' = k$ と $s' = s$ を含めずに積をとることを意味する．また，この終状態のエネルギー $E_{\text{終状態}}$ は

$$E_{終状態} = E_{\mathrm{B}} + \hbar\omega_k + \sum_{k',s'} \hbar\omega_k \left(n_{k',s'} + \frac{1}{2}\right) \tag{12.47}$$

であるから，始状態と終状態のエネルギー差 $\Delta_k \equiv E_{終状態} - E_{始状態}$ は

$$\Delta_k = \hbar\omega_k + E_{\mathrm{B}} - E_{\mathrm{A}} \tag{12.48}$$

となる．

始状態 $|\mathrm{A}(t)\rangle$ から終状態 $|\mathrm{B}(t)\rangle$ への遷移確率は，(11.91) 式のフェルミの黄金則を用いて

$$w_{\mathrm{B,A}} = \frac{2\pi}{\hbar} |H'_{\mathrm{BA}}|^2 \delta(\Delta_k) \tag{12.49}$$

で与えられる．第11章で述べたように，$\Delta_k = 0$，すなわち $E_{終状態} = E_{始状態}$ を満たす（エネルギーが保存する）ときのみ遷移が起こる．(12.49) 式の中の H'_{BA} は，電子－光子相互作用の行列要素であり，

$$H'_{\mathrm{BA}} = e^{i\frac{\Delta_k t}{\hbar}} \frac{e}{m} \sqrt{\frac{\hbar}{2\varepsilon_0 \omega_k V}} \sum_{s=1,2} \sqrt{n_{k,s}+1} \int_v \phi_{\mathrm{B}}^*(\boldsymbol{r})\, e^{i\boldsymbol{k}\cdot\boldsymbol{r}} (\boldsymbol{e}_k^{(s)} \cdot \hat{\boldsymbol{p}}) \phi_{\mathrm{A}}(\boldsymbol{r})\, dv \tag{12.50}$$

である．ただし，H'_{BA} の計算において

$$\langle n_{k,s}|\hat{a}_{k,s}^\dagger|n_{k,s}\rangle = \langle n_{k,s}|\hat{a}_{k,s}|n_{k,s}\rangle = 0 \tag{12.51}$$

$$\langle n_{k,s}+1|\hat{a}_{k,s}^\dagger|n_{k,s}\rangle = \sqrt{n_{k,s}+1} \tag{12.52}$$

を用いた（章末問題[12.4]）．(12.50) 式を (12.49) 式に代入すると

$$w_{\mathrm{B,A}} = \frac{\pi e^2 \delta(\Delta_k)}{m^2 \varepsilon_0 \omega_k V} \sum_{s=1,2} (n_{k,s}+1) \left|\int_v \phi_{\mathrm{B}}^*(\boldsymbol{r})\, e^{-i\boldsymbol{k}\cdot\boldsymbol{r}} (\boldsymbol{e}_k^{(s)} \cdot \hat{\boldsymbol{p}}) \phi_{\mathrm{A}}(\boldsymbol{r})\, dv\right|^2 \tag{12.53}$$

となり，この式から，原子からの光子放出に関する重要な性質を知ることができる．

(12.53) 式からわかるように，光子放出の遷移確率 $w_{\mathrm{B,A}}$ は $n_{k,s}+1$ に比例する．このうち $n_{k,s}$ の項は，初期状態の光子数 $n_{k,s}$ が大きいほど，状態Aから光子を放出して状態Bに遷移する確率が大きい．もし，ある特定の波数 $\boldsymbol{k}$

と偏光 s をもつ光子の数 $n_{k,s}$ が大きくなると，それに誘導されて，それと同じ波数と偏光 (k, s) の光子の放出確率が $n_{k,s}$ に比例して増加する．この性質を利用して，進行方向と位相と偏光方向の揃った強い光線を発生させることができるが，そのような装置が**レーザー** (laser：light amplification by stimulated emission of radiation) である．このように，$n_{k,s} \neq 0$ の光子放出を**誘導放出** (stimulated emission) という．一方，(12.53)式の $n_{k,s}+1$ のうち，1の項の光子放出を**自然放出** (spontaneous emission) という．自然放出は，電磁場を量子化しない半古典的な取り扱いでは説明できない量子力学特有の現象である．自然放出光は偏光方向や位相が揃っていないのでレーザーにおいては雑音となるが，自然放出光がレーザー光（誘導放出光）を発生させる種となるので重要である．次項では，自然放出について述べる．

12.3.2 自然放出と選択則

自然放出 $(n_{k,s} = 0)$ の場合の遷移確率 $w_{\text{B,A}}$ は，(12.53)式から

$$w_{\text{B,A}} = \frac{\pi e^2 \delta(\Delta_k)}{m^2 \varepsilon_0 \omega_k V} \sum_{s=1,2} \left| \int_v \phi_{\text{B}}^*(r) \, e^{-ik\cdot r} (e_k^{(s)} \cdot \hat{p}) \phi_{\text{A}}(r) \, dv \right|^2 \quad (12.54)$$

となる．光の波長 $\lambda = 2\pi/k$ が非常に長いときには，$e^{-ik\cdot r} \approx 1$ と近似して，

$$w_{\text{B,A}} = \frac{\pi e^2 \delta(\Delta_k)}{m^2 \varepsilon_0 \omega_k V} \sum_{s=1,2} \left| e_k^{(s)} \cdot \int_v \phi_{\text{B}}^*(r) \, \hat{p} \, \phi_{\text{A}}(r) \, dv \right|^2 \quad (12.55)$$

となる．この近似は，可視光のように波長 λ が原子の大きさよりも十分に長い場合に有効である．

ここで，(12.55)式の中の積分を

$$\int_v \phi_{\text{B}}^*(r) \, \hat{p} \, \phi_{\text{A}}(r) \, dv = -\frac{m}{i\hbar} \int_v \phi_{\text{B}}^*(r) [\hat{H}_0, r] \, \phi_{\text{A}}(r) \, dv$$

$$= (E_{\text{B}} - E_{\text{A}}) \frac{m}{ie\hbar} \left\{ -e \int_v \phi_{\text{B}}^*(r) \, r \, \phi_{\text{A}}(r) \, dv \right\}$$

$$= i\frac{m\omega_k}{e} \boldsymbol{\mu}_{\text{BA}} \quad (12.56)$$

12.3 原子からの光子の放出と吸収

と式変形する．(12.56) 式の導出において，最初の等号では交換関係

$$[\hat{H}_0, \boldsymbol{r}] = -\frac{i\hbar}{m}\hat{\boldsymbol{p}} \tag{12.57}$$

を用いた．また，(12.55) 式のデルタ関数からわかるように，遷移が起こるのはエネルギーが保存する $\Delta_k = 0$, すなわち $E_A - E_B = \hbar\omega_k$ のときであるから，3 番目の等号に移る際にこれを用いた．また，$\boldsymbol{\mu}_{BA}$ は電気双極子 $\boldsymbol{\mu} = -e\boldsymbol{r}$ の行列要素

$$\boldsymbol{\mu}_{BA} = -e \int_v \phi_B^*(\boldsymbol{r})\,\boldsymbol{r}\,\phi_A(\boldsymbol{r})\,dv \tag{12.58}$$

であり，**遷移双極子モーメント**とよばれる．

(12.56) 式を (12.55) 式に代入することで，

$$w_{B,A} = \frac{\pi}{\hbar}\frac{\hbar\omega_k\delta(\Delta_k)}{\varepsilon_0 V}\sum_{s=1,2}|\boldsymbol{\mu}_{BA}\cdot\boldsymbol{e}_k^{(s)}|^2 \tag{12.59}$$

となる．この表式からわかるように，$\boldsymbol{\mu}_{BA} \neq 0$ の場合には，光子の自然放出が原子の電気双極子モーメントにともなって起こるので，この場合の自然放出を**電気双極子放出**あるいは **E1 放出**とよぶ．また，遷移双極子モーメントがゼロ ($\boldsymbol{\mu}_{BA} = 0$) の場合には光子の電気双極子放出は起こらない (**禁制遷移**)．逆に，$\boldsymbol{\mu}_{BA} \neq 0$ の場合には光子の電気双極子放出が起こる (**許容遷移**)．許容遷移となる遷移の条件を**選択則** (selection rule) という．

12.3.3 水素原子の双極子放出

ここでは，水素原子を例に，遷移双極子モーメントがゼロにならない条件 ($\boldsymbol{\mu}_{BA} \neq 0$)，すなわち，水素原子の自然放出 (電気双極子放出) の選択則について述べる．

まず，先に結論をまとめる．

> **水素原子の自然放出の選択則**
>
> 状態 A にある水素原子が光子を放出あるいは吸収して状態 B へ遷移するためには，状態 A と状態 B の軌道量子数と磁気量子数がそれぞれ
>
> $$\text{軌道量子数:}\quad l_B = l_A \pm 1 \tag{12.60}$$
>
> $$\text{磁気量子数:}\quad m_B = 0 \quad \text{あるいは}\quad \pm 1 \tag{12.61}$$
>
> の関係を満足していなければならない．

以下では，上述の選択則を証明する．いま，水素原子を考えているので，始状態 A と終状態 B の波動関数の空間部分は

$$\psi_\alpha(\mathbf{r}) = R_{n_\alpha, l_\alpha}(r)\, Y_{l_\alpha, m_\alpha}(\theta, \phi), \qquad \alpha = A, B \tag{12.62}$$

である．ここで，$R_{n,l}(r)$ は水素原子の動径波動関数（実関数）であり，$Y_{l,m}(\theta, \phi)$ は球面調和関数である（第 6 章を参照）．また，$Y_{l,m}(\theta, \phi)$ は (6.114) 式で与えられるように，ルジャンドルの陪多項式 $P_l^{|m|}(\theta)$ を用いて

$$Y_{l,m} = N_{l,m} P_l^{|m|}(\theta)\, e^{im\phi} \tag{12.63}$$

で表される（$N_{l,m}$ は規格化によって決定される実数の定数である）．

z 方向の偏光に対する遷移

z 方向に偏光した光子について考える．このとき，遷移双極子モーメントの z 成分

$$\begin{aligned}
\mu_{BA}^z &= -e \int_v \psi_B^*(\mathbf{r})\, z\, \psi_A(\mathbf{r})\, dv \\
&= -e N_{l_B, m_B} N_{l_A, m_B} \int_0^\infty R_{n_B, l_B}(r)\, r^3\, R_{n_B, l_B}(r)\, dr \\
&\quad \times \int_0^\pi P_{l_B}^{|m_B|}(\theta) \cos\theta\, P_{l_A}^{|m_A|}(\theta) \sin\theta\, d\theta \int_0^{2\pi} e^{i(m_B - m_A)\phi}\, d\phi
\end{aligned} \tag{12.64}$$

を調べればよい．r に関する積分は，

$$\int_0^\infty R_{n_B, l_B}(r)\, r^3\, R_{n_B, l_B}(r)\, dr \neq 0 \tag{12.65}$$

であることがすぐにわかる．

一方，(12.64) 式の θ に関する積分は

$$\cos\theta\, P_l^{|m|}(\theta) = \frac{l-|m|+1}{2l+1} P_{l+1}^{|m|+1}(\theta) + \frac{l+|m|}{2l+1} P_{l-1}^{|m|+1}(\theta)$$
(12.66)

の関係式を用いることで

$$\int_0^\pi P_{l_B}^{|m_B|}(\theta)\,\cos\theta\, P_{l_A}^{|m_A|}(\theta)\,\sin\theta\, d\theta$$
$$= \frac{l_A-|m_A|+1}{2l_A+1} \int_{-1}^1 P_{l_B}^{|m_B|}(\xi)\, P_{l_A+1}^{|m_A|}(\xi)\, d\xi$$
$$+ \frac{l_A+|m_A|}{2l_A+1} \int_{-1}^1 P_{l_B}^{|m_B|}(\xi)\, P_{l_A-1}^{|m_A|}(\xi)\, d\xi$$
(12.67)

となる．ここで，$\xi = \cos\theta$ とおいた．この積分がゼロにならないためには，(6.100) 式のルジャンドルの陪多項式の直交性より，$l_B = l_A \pm 1$ かつ $|m_B| = |m_A|$ でなければならない．

また，(12.64) 式の ϕ に関する積分は

$$\int_0^{2\pi} e^{i(m_B - m_A)\phi}\, d\phi = 2\pi \delta_{m_B, m_A}$$
(12.68)

であるから，この積分は $m_B = m_A$ の場合を除いてゼロである．こうして，$\underline{l_B = l_A \pm 1 \text{ かつ } m_B = m_A \text{ のとき } \mu_{BA}^z \neq 0}$ となる．

x 方向と y 方向の遷移双極子モーメントについても z 方向のときと同様の計算を行なうことで，以下の結論を得る（章末問題 [12.5]）．

x 方向の偏光に対する遷移

$\underline{l_B = l_A \pm 1 \text{ かつ } m_B = m_A \pm 1 \text{ のとき } \mu_{BA}^x \neq 0}$

y 方向の偏光に対する遷移

$\underline{l_B = l_A \pm 1 \text{ かつ } m_B = m_A \pm 1 \text{ のとき } \mu_{BA}^y \neq 0}$

以上,x, y, z 方向の遷移双極子モーメントに関する結果をまとめると,(12.60) 式と (12.61) 式の選択則が得られる.

● 章末問題 ●

[**12.1**] マクスウェル方程式に (12.1) 式を代入し,ベクトルポテンシャル $A(r, t)$ とスカラーポテンシャル $\phi(r, t)$ の満たす方程式を導け.また,電荷密度と電流密度がいずれもゼロであり,$\nabla \cdot A(r, t) = 0$ と $\phi(r, t) = 0$ を同時に満たすゲージを選んだ場合に,$A(r, t)$ が (12.3) 式の波動方程式に従うことを示せ.

[**12.2**] ハミルトンの正準方程式

$$\frac{dx_i}{dt} = \frac{\partial H}{\partial p_i}, \quad \frac{dp_i}{dt} = -\frac{\partial H}{\partial x_i} \quad (i = 1, 2, 3)$$

に (12.33) 式を代入し,ニュートンの運動方程式を導け.ただし,x_i と p_i は粒子の位置と運動量の成分であり,$i = 1, 2, 3$ はそれぞれ x, y, z 成分に対応する.

[**12.3**] (12.35) 式のシュレーディンガー方程式がゲージ不変であるためには,ベクトルポテンシャルの中を運動する粒子の波動関数が (12.36) 式で与えられることを示せ.

[**12.4**] (12.50) 式を導け.

[**12.5**] x 方向と y 方向のそれぞれの偏光に対する水素原子の遷移双極子モーメントを計算し,電気双極子放射の選択則を導け.

13 配位子場の量子論
～量子力学の宝庫探索～

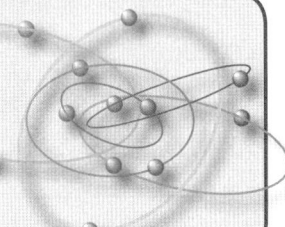

　本書の第7章～10章において，原子，分子，結晶という物質のミクロな階層構造のメカニズムが量子力学によって初めて明らかにされたこと，ナノメートル・サイズの新しい物質を量子力学を用いて予言・設計できることを述べた．

　この章では，原子，分子，結晶の宝庫から，遷移金属錯体や遷移金属化合物を対象に選び，その電子状態を計算する量子力学の方法論「配位子場の量子論」について述べることにする．

● 13.1　量子力学の宝庫 ●

　今日，量子力学が対象とする世界は実に広い．第1章の図1.2でその一部を眺めたが，量子力学の世界を長さというスケールで概観してみよう．小さい方から眺めると，質量の謎を解くといわれているヒッグス粒子，そしてクォーク，電子，原子核などの素粒子の世界は，陽子を例にとれば 10^{-15} m のサイズである．本書の第7章で述べた原子は 10^{-10} m，我々の体を構成する細胞分子は 10^{-5} m，そして，毎日眺める空のスケールは巨大で，暗黒物質が満ちているといわれる宇宙の大きさは 10^{26} m ともいわれ，とてつもなく大きくなる．

　この膨大なスケールの世界に，量子力学が対象とする分野は数えきれないほど多数ある．その中で，今日我々の住む人間社会では，ナノメートル・サイズの物質を人工的につくることができるようになって，量子力学を応用し

たトランジスタ，携帯電話，LED（発光ダイオード），レーザー，MRI（磁気共鳴画像装置）などの電子・光・医療デバイスが発明されて日常生活に浸透し，我々は量子力学の多大な恩恵を受けている．しかし，我々にとって未知の領域は，あまりにも広大である．この膨大なスケールの世界を**量子力学の宝庫**とよぶことにする．

　本書の最後のこの章では，金属絶縁体転移，銅酸化物および鉄系高温超伝導，光磁気記録，巨大磁気抵抗，ルビーレーザーに始まる固体レーザー，ルビー，サファイアなどの宝石，フェライト磁石，赤血球などで注目を集めている遷移金属化合物や遷移金属錯体を対象に選び，その電子状態を計算する量子力学の方法論である「配位子場の量子論」について，その基礎を述べる．

● 13.2　宝石の色：結晶の中の遷移金属元素 ●
― なぜ美しい色に見えるのか ―

　第7章で原子の電子状態について述べたが，周期表で110種を超える元素のうち，3d殻が電子によって不完全に占められたチタン（Ti）から銅（Cu）元素までの第1次（鉄族）遷移金属元素に注目しよう．これらの遷移金属イオンは，10個の電子を収容する3d殻が完全に満ちていないために，鉄やコバルトの磁石のように，古くから磁性を示す原子として知られている．他方，遷移金属を結晶やガラスの中に入れると，宝石のルビーや教会のステンドガラスのように美しい色を示す．宝石のルビーは，Cr^{3+}イオンを1％程度，酸化アルミニウム（通称アルミナ Al_2O_3）に不純物として導入したもので，美しい赤色を示す．そして，アルミナにチタンを不純物として入れると，美しい青色を示す．これが宝石のサファイアである．元素自体は美しい色を示さないのに，宝石やステンドグラスなどでは，なぜ美しい色に見えるのか，また血液中のヘモグロビンがどうして赤色なのか．こうした色の起源を明らかにするのが，この章の目的である．

13.2 宝石の色：結晶の中の遷移金属元素

これらの系に共通する特徴は，結晶の中で遷移金属イオン M を中心に，その周りに閉殻構造をもつ 6 個の X イオンが配位していることである．ここでは，量子力学の応用問題として，考える系を簡単化して，図 13.1 のように，1 個の d 電子をもつ遷移金属イオン M が正八面体の中心に，また，閉殻構造をもつ 6 個の X イオンが正八面体の頂点に配位した [MX_6] 型の系を考える．X イオンを**配位子** (ligand)，配位子が d 電子に及ぼすポテンシャル場を**配位子場** (ligand field) とよぶ．化学の分野では，X イオンが水 (H_2O) 分子のようなクラスターの系も存在し，そのような [MX_6] 型の系全体を**錯体** (complex) とよぶ．

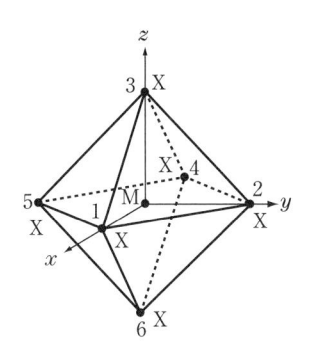

図 13.1 [MX_6] 型正八面体 (錯体) の系

13.2.1 問題の設定

最初の問題の設定は，図 13.1 の [MX_6] 型の系で，中心の遷移金属元素 M が 1 つの d 電子をもつ場合に，X イオンによる配位子場の中での 3d 電子の状態を求めることである．第 6 章の (6.159) 式と (6.165) 式で見たように，3d 電子は，主量子数 $n = 3$，軌道量子数 $l = 2$ であるので，磁気量子数 m の値 2, 1, 0, −1, −2 に対応して，軌道状態が 5 重に縮退している．

通常，この問題を解くには，X イオンによる配位子場ポテンシャルを中心イオン M の d 電子状態に対する摂動と考え，第 11 章 11.2.4 節で述べた「縮退のある場合の摂動」の方法を用いて，5 重に縮退した d 電子の軌道状態が配位子場で分裂する際の固有エネルギーと固有 (波動) 関数を求める．しかし，この章では，対称性の考え方によって，d 電子の軌道状態が配位子場で分裂する際の固有エネルギーと固有 (波動) 関数を求める方法を述べる．この方法を学ぶことで，対称性を備えている系の場合には，群論の表現論が量

子力学を鳥瞰的に定式化することに適していることがわかるであろう.

[MX_6] 型正八面体の系は, 中心 M の周りの回転の操作に対して, 正八面体の形状を変えないという特徴をもっている. そこで, この章では, このような対称性の特徴をもった系に適した考え方で問題の定式化を行なう.

13.2.2 d 電子に対する正八面体対称性をもつ配位子場ポテンシャルの関数形

[MX_6] 型正八面体の系において, X イオンとして, $-Ze(e>0)$ の点電荷を考え, x, y, z 軸上の $\pm a$ の点に $-Ze$ の電荷が置かれた図 13.1 の正八面体の系を考える. d 電子 1 個をもった遷移金属イオン M を原点に置き, j 番目の点電荷の位置を $\boldsymbol{R}_j (j=1, 2, 3, 4, 5, 6)$ で表すと, 6 個の配位子 ($-Ze$ の点電荷) による配位子場ポテンシャル $\widehat{V}_{\text{lig}}(\boldsymbol{r})$ は,

$$\widehat{V}_{\text{lig}}(\boldsymbol{r}) = \sum_{j=1\sim6} \frac{Ze^2}{|\boldsymbol{R}_j - \boldsymbol{r}|} = V_0 + D\left(x^4 + y^4 + z^4 - \frac{3}{5}r^4\right) \quad (13.1)$$

で表される (V_{lig} の添字 lig は, ligand field (配位子場) を意味する) (章末問題 [13.1]). ここで, V_0 は電子を M の中心 (原子核) の位置に置いたときの配位子場ポテンシャル, D は立方対称場の強さを表す.

13.3 正八面体群と対称操作

正八面体と立方体を不変に保つ回転操作は同じなので, 読者が考えやすいように, 図 13.2 には, 正八面体と立方体の両方が示されている. この図を見ながら, M を原点とした [MX_6] 型の系の対称操作を調べてみよう.

正八面体であるから, 図の x, y, z 軸は, 幾何学的にすべて同等である. 正八面体は, 同等な x, y, z 軸の周りの $\pi/2, \pi, 3\pi/2$ の回転 (合計 9 個), x 軸と y 軸, y 軸と z 軸, z 軸と x 軸の二等分線 (2 回対称軸とよぶ) の周りの π の回転 (合計 6 個), 向かい合った正三角形の中心を通る体対角線 (3 回

13.3 正八面体群と対称操作

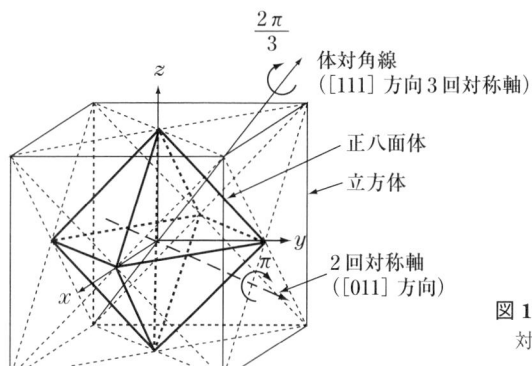

図 13.2 正八面体および立方体の対称操作

対称軸とよぶ) の周りの $2\pi/3$ および $4\pi/3$ の回転 (合計 8 個), これらの回転操作を行なうことによって元の正八面体に戻るので, これら 23 個の回転と, 正八面体を正八面体にそのまま重ねる恒等操作 $\hat{E}$ を含めて, 24 個を正八面体の**対称操作**とよぶ (立方体の対称操作も同じ). ここで, 角度 $2\pi/n$ の回転を記号で C_n と記す. ただし, 2 回対称軸の周りの π の回転は, x, y, z 軸の周りの π の回転と区別するために, C_2' と記す.

24 個の対称操作のうち, x, y, z 軸のような同等な回転軸の周りの同じ大きさの時計回りと反時計回りの回転操作の集まりを**類** (**class**) とよぶ. 表 13.1 に, 正八面体の対称操作と類をまとめて示す.

表 13.1 正八面体 $[MX_6]$ の対称操作

類	対称操作	対称操作の内容	同種の操作の数
E	$\hat{E}$	恒等操作	1
C_4	$\begin{cases}\hat{C}_4\\ \hat{C}_4^{\,3}\end{cases}$	x, y, z 軸の周りの $\pi/2$ の回転 x, y, z 軸の周りの $3\pi/2$ の回転	3 3
C_2	$\hat{C}_2$	x, y, z 軸の周りの π の回転	3
C_3	$\begin{cases}\hat{C}_3\\ \hat{C}_3^{\,2}\end{cases}$	体対角線 (3 回対称軸とよぶ) の周りの $2\pi/3$ の回転 体対角線の周りの $4\pi/3$ の回転	4 4
C_2'	$\hat{C}_2'$	2 回対称軸の周りの π の回転	6
		合計	24

また,任意の位置 r の座標 (x, y, z) を $(-x, -y, -z)$ に移す操作を**反転** $\hat{I}$ とよぶが,反転および反転と回転の合同操作 $\hat{I}\hat{C}_n$ も,正八面体の対称操作である.

対称操作の定義

正八面体のある対称操作 T を位置 r の電子に作用すると,電子は位置 r から

$$r' = \hat{T}r \tag{13.2}$$

で定義される位置 r' に変換される.図 13.3 に,$\hat{T}$ として z 軸の周りの $\pi/2$ の回転,$\hat{T} = \hat{C}_4(z)$ の場合を示す.電子の座標が変換されるのであって,座標軸は変換されないことを注意しておく.

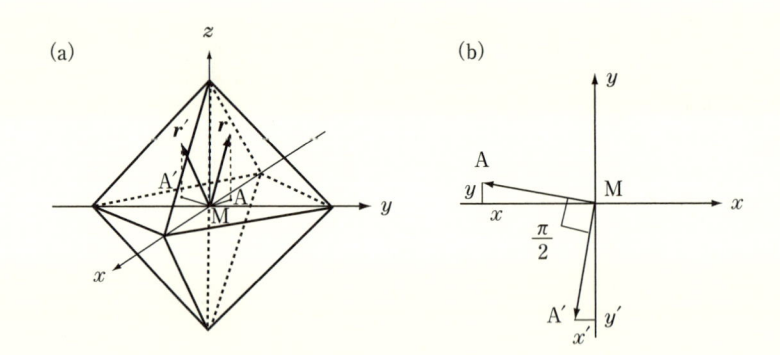

図 13.3 $\hat{T} = \hat{C}_4(z)$ の対称操作で,r の位置を $r' = \hat{T}r$ の位置に回転する様子
(a) 正八面体内での r と r' の位置関係.両者の周りの環境が全く同じことがわかる.
(b) r と r' の位置を xy 平面に投影したもの.$\hat{T} = \hat{C}_4(z)$ ゆえ,$\angle \mathrm{AMA}' = \pi/2$.

群生成の条件

正八面体を元の形に重ねる恒等操作と回転の 24 個の対称操作,さらに反転と回転との合同操作も含めた 48 個の対称操作の集まりは,次の 4 つの条件を満たしている.

(1) 2 つの対称操作 $\hat{A}$ と $\hat{B}$ を続けたとき(積の操作という),積の操作 $\hat{B}\hat{A}$ は必ずこの集まりの中のある操作に一致する.

(2) 3つの対称操作 $\hat{A}$, $\hat{B}$, $\hat{C}$ を行なうとき，その操作の順序について，$(\hat{A}\hat{B})\hat{C} = \hat{A}(\hat{B}\hat{C})$ が成り立つ．

(3) 恒等操作 $\hat{E}$ が存在する．

(4) 対称操作 $\hat{A}$ に対して逆操作 $\hat{A}^{-1}$ が存在し，$\hat{A}\hat{A}^{-1} = \hat{A}^{-1}\hat{A} = \hat{E}$ である．

一般に，この4つの条件を満たす要素（ここでは対称操作）の集まりを**群** (group) とよぶ．群の中で要素の数が有限な群を**有限群**とよぶ．また，上記の例のように，1点を固定した対称操作の群を**点群** (point group) とよび，正八面体（立方体も同じ）の対称操作の集合の点群を**正八面体（立方体）群** (octahedral (cubic) group) とよぶ．

13.4 d電子の波動関数の実関数による表示

配位子場ポテンシャル $V_{\mathrm{lig}}(\boldsymbol{r})$ の中のd電子の固有状態を求めるとき，(13.1)式の配位子場ポテンシャルが実関数で表されているので，摂動計算の基となる非摂動の波動関数も実関数で表しておいた方が便利である．特に，[MX_6]型正八面体の系では，正八面体群の対称操作で基底となる波動関数がどのように変換されるかの知見を得るのにも，実関数の波動関数の方が便利である．

中心力ポテンシャルの中の電子の波動関数 $\phi_{n,l,m}(\boldsymbol{r})$ は，第6章の (6.159) 式で見たように，動径関数 $R_{n,l}(r)$ と球面調和関数 $Y_{l,m}(\theta, \phi)$ の積で，

$$\phi_{n,l,m}(\boldsymbol{r}) = R_{n,l}(r) Y_{l,m}(\theta, \phi) \tag{13.3}$$

と書くことができる．ここでは，3d電子の場合には，$n = 3$, $l = 2$, $m = 2$, 1, 0, -1, -2 であるので，これらの軌道関数は複素関数である．

3d電子の状態は，5重に縮退している．5つの縮退した波動関数は線形独立であるから，その線形結合をつくって，複素関数を実関数に変換する．

この変換については，次の例題 13.1 と 13.2 を解くことによって，読者自身で取り組んでみてほしい．

例題 13.1　3d 状態の波動関数を実関数で表す

（1）　3d 状態の縮退した 5 つの波動関数 ($\psi_{3,2,2}(r,\theta,\phi), \psi_{3,2,1}(r,\theta,\phi)$, $\psi_{3,2,0}(r,\theta,\phi), \psi_{3,2,-1}(r,\theta,\phi), \psi_{3,2,-2}(r,\theta,\phi)$) について，第 6 章の 6.3.2 項の表 6.3 にある $l=2$ に対する球面調和関数 $Y_{l,m}(\theta,\phi)$ の θ, ϕ に関する具体的な表式を用いて，$m = \pm 2, \pm 1$ の球面調和関数の線形結合をつくり，複素関数を実関数に直せ．また，すでに実関数である $m = 0$ の波動関数 $\psi_{3,2,0}(r,\theta,\phi)$ も，θ, ϕ の関数として表せ．

（2）　極座標と直交座標の関係
$$\left.\begin{array}{l} x = r\sin\theta\cos\phi \\ y = r\sin\theta\sin\phi \\ z = r\cos\theta \end{array}\right\} \quad (13.4)$$

と（1）で得られた結果を用いて，3d 状態の縮退した 5 つの波動関数を直交座標の実関数で表せ．

［解］（1）

$$\frac{i(\psi_{3,2,1}+\psi_{3,2,-1})}{\sqrt{2}} = R_{3,2}(r)\frac{1}{2}\sqrt{\frac{15}{4\pi}}\sin 2\theta \sin\phi \equiv \psi_\xi \quad (13.5\,\text{a})$$

$$\frac{-(\psi_{3,2,1}-\psi_{3,2,-1})}{\sqrt{2}} = R_{3,2}(r)\frac{1}{2}\sqrt{\frac{15}{4\pi}}\sin 2\theta \cos\phi \equiv \psi_\eta \quad (13.5\,\text{b})$$

$$\frac{-i(\psi_{3,2,2}-\psi_{3,2,-2})}{\sqrt{2}} = R_{3,2}(r)\frac{1}{2}\sqrt{\frac{15}{4\pi}}\sin^2\theta \sin 2\phi \equiv \psi_\zeta \quad (13.5\,\text{c})$$

$$\psi_{3,2,0} = \sqrt{\frac{5}{16\pi}}(3\cos^2\theta - 1) \equiv \psi_u \quad (13.5\,\text{d})$$

$$\frac{\psi_{3,2,2}+\psi_{3,2,-2}}{\sqrt{2}} = R_{3,2}(r)\frac{\sqrt{15}}{4\sqrt{\pi}}\sin^2\theta \cos 2\phi \equiv \psi_v \quad (13.5\,\text{e})$$

上記 5 つの実関数をそれぞれの式の右辺に記したように，上から順に，ψ_ξ, ψ_η, $\psi_\zeta, \psi_u, \psi_v$ と記す．

（2） (13.5a)～(13.5e) 式における極座標を直交座標に変換すると，以下の 5 つの軌道関数が得られる．

$$\phi_\xi = R_{3,2}(r)\sqrt{\frac{15}{4\pi}}\frac{yz}{r^2} \quad (13.6\mathrm{a})$$

$$\phi_\eta = R_{3,2}(r)\sqrt{\frac{15}{4\pi}}\frac{zx}{r^2} \quad (13.6\mathrm{b})$$

$$\phi_\zeta = R_{3,2}(r)\sqrt{\frac{15}{4\pi}}\frac{xy}{r^2} \quad (13.6\mathrm{c})$$

$$\phi_u = R_{3,2}(r)\sqrt{\frac{15}{16\pi}}\frac{3z^2 - r^2}{r^2} \quad (13.6\mathrm{d})$$

$$\phi_v = R_{3,2}(r)\sqrt{\frac{15}{16\pi}}\frac{x^2 - y^2}{r^2} \quad (13.6\mathrm{e})$$

例題 13.2　3 d 状態の軌道関数の空間的広がり

(13.5a)～(13.5e) 式で与えられる 5 つの軌道関数 $\phi_\xi, \phi_\eta, \phi_\zeta, \phi_u, \phi_v$ の θ, ϕ 依存性から，各軌道関数の空間的広がりを求めることができる．

いま，各軌道関数の広がりを原点から (θ, ϕ) 方向に引いた直線上に，その θ, ϕ での波動関数の値に等しい長さで表すことにする．すなわち，(ψ, θ, ϕ) を極座標にもつ点で軌道の角度分布を図に示すことにする．

（1） (13.5a) 式の $\phi_\xi \propto \sin 2\theta \sin \phi$, (13.5b) 式の $\phi_\eta \propto \sin 2\theta \cos \phi$, (13.5c) 式の $\phi_\zeta \propto \sin^2 \theta \sin 2\phi$ の 3 つの軌道関数について，それぞれの (θ, ϕ) 依存性を用いて，$\phi_\xi, \phi_\eta, \phi_\zeta$ 軌道関数の yz, xz, xy 平面上における広がりの様子を図に示せ．

（2） (13.5d) 式の $\phi_u \propto \sqrt{5/16\pi}\,(3\cos^2\theta - 1)$，および (13.5e) 式の $\phi_v \propto (\sqrt{15}/4\sqrt{\pi})\sin^2\theta\cos 2\phi$ の (θ, ϕ) 依存性を用いて，ϕ_u の z 軸を含む平面内の広がりの様子，および ϕ_v の xy 平面内での広がりの様子を図に示せ．

[解] (a)

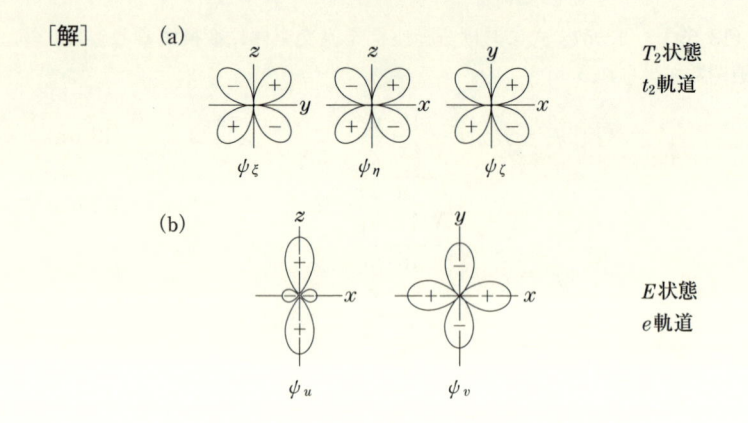

図の ψ_ξ, ψ_η, ψ_ζ は T_2 状態 t_2 軌道

(b) ψ_u, ψ_v は E 状態 e 軌道

図13.4 正八面体対称場の中の d 軌道の空間的広がり
(a) ψ_ξ, ψ_η, ψ_ζ 軌道関数の空間的広がりの様子
(b) ψ_u, ψ_v 軌道関数の空間的広がりの様子

● 13.5 正八面体群の表現と[MX$_6$]型系における d 電子の固有状態 ●

まず,図13.2の正八面体の図を見ながら,(13.1)式の配位子場ポテンシャルが正八面体群の48個の対称操作 T に対して関数形を変えないことを確かめておこう.

(13.1)式の配位子場ポテンシャル $V_{\text{lig}}(\boldsymbol{r})$ の中を運動する電子の系に対するハミルトニアンは,

$$\widehat{H}(\boldsymbol{r}) = \frac{\widehat{p}^2}{2m} + u(\boldsymbol{r}) + V_{\text{lig}}(\boldsymbol{r})$$
$$= -\frac{\hbar^2}{2m}\Delta + u(\boldsymbol{r}) + V_0 + D\left(x^4 + y^4 + z^4 - \frac{3}{5}r^4\right)$$

(13.7)

と書ける.ここで,$u(\boldsymbol{r})$ は,中心にある M 原子によるポテンシャルを表す.したがって,シュレーディンガー方程式は

13.5 正八面体群の表現と [MX₆] 型系における d 電子の固有状態

$$\left\{-\frac{\hbar^2}{2m}\Delta + u(\boldsymbol{r}) + V_{\text{lig}}(\boldsymbol{r})\right\}\phi_i(\boldsymbol{r}) = E\,\phi_i(\boldsymbol{r}) \tag{13.8}$$

となる．

$V_{\text{lig}}(\boldsymbol{r})$ の関数形が正八面体群の 48 個の対称操作 $\widehat{T}$ に対して不変であるから，ハミルトニアン (13.7) 式も，正八面体群の 48 個の対称操作 $\widehat{T}$ に対して不変である．このことを式で表してみよう．

正八面体群で，ある対称操作 $\widehat{T}$ を電子の位置 $\boldsymbol{r}$ に作用すると，電子は (13.2) 式によって $\boldsymbol{r}'$ に移る．このとき，波動関数やハミルトニアンも $\widehat{T}$ によって関数形が変わる．まず，対称操作 $\widehat{T}$ を波動関数 $\phi(\boldsymbol{r})$ に演算すると $\phi(\boldsymbol{r})$ の関数形が変わるので，これを

$$\phi'(\boldsymbol{r}) = \widehat{T}\,\phi(\boldsymbol{r}) \tag{13.9}$$

と書く．次に，対称操作 $\widehat{T}$ を物理量（オブザーバブル）を表す演算子 $\widehat{P}(\boldsymbol{r})$ に演算すれば，一般に，別の関数 $\widehat{P}'$ に変化する．これを式で

$$\widehat{T}\widehat{P}\widehat{T}^{-1} = \widehat{P}' \tag{13.10}$$

と表す．$\widehat{P}$ がハミルトニアン $\widehat{H}$ の場合には，

$$\widehat{T}\widehat{H}\widehat{T}^{-1} = \widehat{H}' \tag{13.11}$$

と書くことができる．

(13.10) 式と (13.11) 式において，$\widehat{P}$ や $\widehat{P}'$ を $\widehat{T}$ と $\widehat{T}^{-1}$ で挟む理由であるが，もし (13.10) 式と (13.11) 式の左辺で，(13.9) 式のように $\widehat{T}^{-1}$ がなく $\widehat{T}\widehat{P}$ だけがあったとすると，$\phi_k(\boldsymbol{r})$ を演算した場合には $\widehat{T}\widehat{P}\phi_k(\boldsymbol{r})$ となって，対称操作 $\widehat{T}$ の影響は，演算子 $\widehat{P}$ や $\widehat{H}$ だけではなく $\phi_k(\boldsymbol{r})$ にも及ぶことになる．したがって，$\widehat{T}$ の影響を演算子 $\widehat{P}$ だけの変化だけに留めるためには，(13.10) 式と (13.11) 式の左辺において，$\widehat{T}\widehat{P}$ あるいは $\widehat{T}\widehat{H}$ の右側に $\widehat{T}^{-1}$ の存在が必要となる．

さて，正八面体の中の位置 $\boldsymbol{r}$ の電子を，正八面体を元の位置に重ねる対称操作 $\widehat{T}$ によって $\boldsymbol{r}'$ に移したとすると，$\boldsymbol{r}$ の電子と移された $\boldsymbol{r}'$ の電子にとって，正八面体の中の状況は，図 13.3 (a) のように全く変わらない．したがっ

て,位置 r での電子に対するハミルトニアンと波動関数は,移された r' の位置での電子のハミルトニアンと波動関数と同じ関数形をしているはずである. このことを (13.9) 式と (13.11) 式を用いて

$$\phi'(r') = \phi(r) \tag{13.12}$$

$$H'(r') = H(r) \tag{13.13}$$

と書く.

他方,(13.7) 式から,ハミルトニアンの関数形は正八面体を元の位置に重ねる対称操作 T によって変わらないから

$$\hat{H}'(r') = \hat{H}(r') \tag{13.14}$$

である. (13.11) 式と (13.14) 式より

$$\hat{T}\hat{H}(r')\hat{T}^{-1} = \hat{H}(r') \tag{13.15}$$

となる. これを,

「ハミルトニアンは対称操作によって不変である」

といい,

$$\hat{T}^{-1}\hat{T} = \hat{E} \tag{13.16}$$

を用いて ($\hat{E}$ は恒等操作), (13.15) 式の両辺に右側から対称操作の演算子 $\hat{T}$ を演算し,ダッシュをとれば, (13.15) 式は,

$$\hat{T}\hat{H}(r) = \hat{H}(r)\hat{T} \tag{13.17}$$

となる. あるいは,交換子 $[\hat{A}, \hat{B}]$ を用いて, (13.17) 式は

$$[\hat{T}, \hat{H}(r)] = 0 \tag{13.18}$$

と書くこともできる. すなわち,「ハミルトニアンが対称操作で不変ということは,ハミルトニアン演算子と対称操作の演算子とが可換である」ことを意味する.

13.6 波動関数の変換と正八面体群の表現

(13.9)式を(13.12)式の左辺に用いて,

$$\widehat{T}\phi(\boldsymbol{r}') = \phi(\boldsymbol{r}) \qquad (13.19)$$

を得る. (13.2)式の $\boldsymbol{r}' = \widehat{T}\boldsymbol{r}$ の逆変換,

$$\boldsymbol{r} = \widehat{T}^{-1}\boldsymbol{r}' \qquad (13.20)$$

を(13.19)式の右辺に挿入し, $\boldsymbol{r}'$ を $\boldsymbol{r}$ に書き換えて,

$$T\phi(\boldsymbol{r}) = \phi(T^{-1}\boldsymbol{r}) \qquad (13.21)$$

を得る. この式から, 正八面体群の回転操作 $\widehat{T}$ を波動関数 $\phi(\boldsymbol{r})$ に演算するためには, $\phi(\boldsymbol{r})$ の $\boldsymbol{r}$ に $\widehat{T}^{-1}\boldsymbol{r}$ を代入すればよいことがわかる.

例題 13.3　軌道関数の回転操作による変換

(13.6a)〜(13.6e)式に, 5つの実関数の軌道 $\phi_\xi, \phi_\eta, \phi_\zeta, \phi_u, \phi_v$ の関数形が示されているが, これらの軌道関数が正八面体群の以下の3つの回転操作によって変換されるときの関数形を示せ.

（1）　z軸の周りの$\pi/2$の回転：$\widehat{C}_4(z)$

（2）　x, y, z軸と等しい角度をなす回転軸 [111] の周りの $2\pi/3$ の回転：$\widehat{C}_3([111])$

（3）　y, z軸の2等分線の周りの π の回転：$\widehat{C}_2(011)$

［解］（ヒント）5つの軌道関数の角度部分 $(yz/r^2, zx/r^2, xy/r^2, (3z^2-r^2)/r^2, (x^2-y^2)/r^2)$ に対応する座標に対して, 与えられた変換の逆変換により得られる座標を代入し, それらを $\phi_\xi, \phi_\eta, \phi_\zeta, \phi_u, \phi_v$ またはこれらの1次結合で示せばよい.

（1）　$\phi_\xi = R_{32}(\boldsymbol{r})\sqrt{15/4\pi}\,(yz/r^2)$ に $\widehat{C}_4(z)$ を演算する場合を考える.

$$\boldsymbol{r}' = \widehat{C}_4(z)\boldsymbol{r} = \widehat{C}_4(z)(x, y, z) = (x' = -y, y' = x, z' = z) \qquad (13.22)$$

であるから, 逆変換は

$$\widehat{C}_4(z)^{-1}\boldsymbol{r} = \widehat{C}_4(z)^{-1}(x, y, z) = (x' = y, y' = -x, z' = z) \qquad (13.23)$$

である. したがって, (13.23)式を用いて,

$$\widehat{C}_4(z)\psi_\xi(r) = \psi_\xi(\widehat{C}_4(z)^{-1}r) = R_{32}(r)\sqrt{\frac{15}{4\pi}}\left\{C_4(z)^{-1}\frac{yz}{r^2}\right\}$$

$$= R_{32}(r)\sqrt{\frac{15}{4\pi}}\left(-\frac{xz}{r^2}\right)$$

$$= -R_{32}(r)\sqrt{\frac{15}{4\pi}}\left(\frac{xz}{r^2}\right) = -\psi_\eta \quad (13.24)$$

となる.

同じように $\widehat{C}_4(z)\psi_\eta$, $\widehat{C}_4(z)\psi_\zeta$, $\widehat{C}_4(z)\psi_u$, $\widehat{C}_4(z)\psi_v$ の計算を行なうと, $\widehat{C}_4(z)\psi_\eta = \psi_\xi$, $\widehat{C}_4(z)\psi_\eta = \psi_\xi$, $\widehat{C}_4(z)\psi_\zeta = -\psi_\zeta$, $\widehat{C}_4(z)\psi_u = \psi_u$, $\widehat{C}_4(z)\psi_v = -\psi_v$ を得る.

軌道関数 $(\psi_\xi, \psi_\eta, \psi_\zeta, \psi_u, \psi_v)$ の組を5次元空間のベクトル $\boldsymbol{\psi}$ と考えて, 上記の5つの結果をひとまとめにし, 下記のように表すことにする.

$$\widehat{C}_4(z)\boldsymbol{\psi} = (\psi_\xi, \psi_\eta, \psi_\zeta, \psi_u, \psi_v)\begin{pmatrix} 0 & 1 & 0 & 0 & 0 \\ -1 & 0 & 0 & 0 & 0 \\ 0 & 0 & -1 & 0 & 0 \\ \hdashline 0 & 0 & 0 & 1 & 0 \\ 0 & 0 & 0 & 0 & -1 \end{pmatrix} \quad (13.25)$$

(2) (2)以下も, (1)と同じように計算をすればよい. ここでは結果のみを記す.

$$\widehat{C}_3([111])\boldsymbol{\psi} = (\psi_\xi, \psi_\eta, \psi_\zeta, \psi_u, \psi_v)\begin{pmatrix} 0 & 0 & 1 & 0 & 0 \\ 1 & 0 & 0 & 0 & 0 \\ 0 & 1 & 0 & 0 & 0 \\ \hdashline 0 & 0 & 0 & -\frac{1}{2} & -\sqrt{\frac{3}{2}} \\ 0 & 0 & 0 & \sqrt{\frac{3}{2}} & -\frac{1}{2} \end{pmatrix} \quad (13.26)$$

(3)

$$\widehat{C}_2([011])\boldsymbol{\psi} = (\psi_\xi, \psi_\eta, \psi_\zeta, \psi_u, \psi_v)\begin{pmatrix} 1 & 0 & 0 & 0 & 0 \\ 0 & 0 & -1 & 0 & 0 \\ 0 & -1 & 0 & 0 & 0 \\ \hdashline 0 & 0 & 0 & -\frac{1}{2} & -\sqrt{\frac{3}{2}} \\ 0 & 0 & 0 & -\sqrt{\frac{3}{2}} & \frac{1}{2} \end{pmatrix} \quad (13.27)$$

(13.25) 式, (13.26) 式, (13.27) 式を眺めると, 正八面体群の回転操作 $\widehat{T}$ に対応して, 軌道関数 ($\phi_\xi, \phi_\eta, \phi_\zeta, \phi_u, \phi_v$) の組を基底とした 5 次元空間の行列が対応していることがわかる. この行列を $D(T)$ と記す.

13.7 群の表現行列の定義

正八面体群の対称操作の間に,
$$\widehat{C}_4(z) \times \widehat{C}_3([111]) = \widehat{C}_2([011]) \tag{13.28}$$
が成り立つとき, (13.25) 式, (13.26) 式, (13.27) 式から対応する行列についても
$$D(C_4(z)) \times D(C_3([111])) = D(C_2([011])) \tag{13.29}$$
の関係式が成り立っていることがわかる (章末問題 [13.3] を解いて確かめてみよ).

> 一般に, 群の任意の要素 $\widehat{A}, \widehat{B}, \widehat{C}$ に数, あるいは行列 $D(A), D(B), D(C)$ を対応させ, $\widehat{A}\widehat{B} = \widehat{C}$ に対応して, $D(A) \times D(B) = D(C)$ であるとき, このような行列を**表現行列** (representation matrix), 表現行列の集まりを**群の表現** (representation of a group), 行列の基底を**表現の基底**とよぶ. 群のすべての要素に数を対応させた表現を**恒等表現** (identity representation) とよび, 通常 A_1 **表現**と書く.

また, (13.25) 式, (13.26) 式, (13.27) 式のように, すべての表現行列が 3 次元と 2 次元の空間に分かれているとき, このような表現を**可約表現** (reducible representation), 絶対に部分空間に分かれない表現を**既約表現** (irreducible representation) とよぶ. ($\phi_\xi \phi_\eta \phi_\zeta$) を基底とした 3 次元空間と ($\phi_u \phi_v$) を基底とした 2 次元空間は, これ以上分かれることができないので, 既約表現である. 軌道関数 ($\phi_\xi, \phi_\eta, \phi_\zeta$) を基底とした 3 次元空間の既約表現を T_2 **表現**, 軌道関数 (ϕ_u, ϕ_v) を基底とした 2 次元空間の既約表現を E **表現**

とよぶ．また，軌道関数 $(\phi_\xi, \phi_\eta, \phi_\zeta)$ の3重に縮退した準位を T_2 **状態**，縮退した3つの軌道関数を t_2 **軌道**，軌道関数 (ϕ_u, ϕ_v) の2重に縮退した準位を E **状態**，縮退した2つの軌道関数を e **軌道**とよぶ．

13.3節で，正八面体には，位置 r の座標 (x, y, z) を $(-x, -y, -z)$ に移す**反転操作** (inversion operation) $\hat{I}$ が存在することを述べたが，明らかに

$$\hat{I}^2 = \hat{E} \tag{13.30}$$

である．したがって，$\hat{I}$ と $\hat{E}$ は群をつくる．これを C_i **群**とよぶ．

反転と回転の合同操作に対応する既約表現の行列で，符号を変える表現と変えない表現がある．軌道 $(\phi_\xi, \phi_\eta, \phi_\zeta, \phi_u, \phi_v)$ は，座標 (x, y, z) の積で表されているので，反転と回転の合同操作に対して符号を変えない．符号を変えない表現を**偶表現** (even representation)（ドイツ語の gerade の頭文字を取って g と記す），符号を変える表現を**奇表現** (odd representation)（ドイツ語の ungerade の頭文字を取って u と記す）とよぶ．

反転および反転と回転の合同操作を含む 48 個の対称操作からなる正八面体対称群を O_h **群**とよぶ．これに対し，単に恒等操作と回転の 24 個の操作からなる群を O **群**とよぶ．O_h 群においては，$(\phi_\xi \phi_\eta \phi_\zeta)$ を基底とした3次元空間の既約表現を T_{2g} **表現**，基底 $(\phi_\xi \phi_\eta \phi_\zeta)$ を t_{2g} **軌道**，$(\phi_u \phi_v)$ を基底とした2次元空間の既約表現を E_g **表現**，基底 $(\phi_u \phi_v)$ を e_g **軌道**とよぶ．反転操作に関して，波動関数が符号を変えるか否かの偶奇性を**パリティ** (parity) という．

● 13.8　群の既約表現とシュレーディンガー方程式の固有状態 ●

この節で，群論的考察により，[MX$_6$] 型の系における d 電子の状態を導く (13.8) 式のシュレーディンガー方程式から，エネルギー固有値 E_k と波動関数 $\phi_k(r)$ を求めてみよう．

ハミルトニアンに対する対称性の性質を用いるので，(13.8) 式のシュレー

13.8 群の既約表現とシュレーディンガー方程式の固有状態

ディンガー方程式を (13.7) 式のハミルトニアンを用いて，

$$\widehat{H}(\boldsymbol{r})\,\phi_k(\boldsymbol{r}) = E_k\,\phi_k(\boldsymbol{r}) \tag{13.31}$$

と書いておく．(13.31) 式に正八面体群の対称操作 $\widehat{T}$ を作用すると，(13.11) 式を用いて，

$$\widehat{T}\widehat{H}\widehat{T}^{-1}T\phi_k(\boldsymbol{r}) = H'(\boldsymbol{r})\,T\phi_k(\boldsymbol{r}) = E_k\widehat{T}\phi_k(\boldsymbol{r}) \tag{13.32}$$

と書ける．ハミルトニアンは正八面体群の対称操作に対して不変であるので，(13.14) 式を用いて

$$\widehat{H}(\boldsymbol{r})\,\widehat{T}\phi_k(\boldsymbol{r}) = E_k\widehat{T}\phi_k(\boldsymbol{r}) \tag{13.33}$$

となる．$\widehat{T}\phi_k(\boldsymbol{r})$ も $\phi_k(\boldsymbol{r})$ と同じエネルギー固有値 E_k に属するから，

(1) 状態 E_k が縮退のない状態であれば，

$$\widehat{T}\phi_k(\boldsymbol{r}) = c\,\phi_k(\boldsymbol{r}), \qquad |c|^2 = 1 \tag{13.34}$$

(2) 状態 E_k が f 重に縮退している場合には，

$$\widehat{T}\phi_{k_j}(\boldsymbol{r}) = \sum_{i=1 \sim f} \phi_{k_i} D_{ij}(\widehat{T}) \tag{13.35}$$

と表される．ここで，基底の1次結合の係数は，上記に述べた E 既約表現の表現行列の行列要素か，T_2 既約表現の表現行列の行列要素である．

一般に，シュレーディンガー方程式のエネルギー準位には，その準位が縮退していないときには，数 c (1×1 行列) が，また l 重に縮退しているときには，対称操作の群の l 次元既約表現行列が対応する．このようにして，対称性のある系における電子状態は，その対称性の群の既約表現で名前を付けることができる．

ある群の規約表現の数は，その群の類の数に等しい．したがって，正八面体群 (O 群) の類の数は，表 13.1 から 5 であるので，規約表現の数は 5 である．

表現の指標

ここまで，対称性のある点群の系の固有状態は，その群の規約表現で特徴づけることができることを示した．その際，規約表現を特徴づける量として表現行列の可能性に触れたが，表現行列は，ある行列を用いて同等な行列をいくつもつくることができるので（これを**同値変換**（similarity transformation）とよぶ），ユニーク性という観点から問題がある．

そこで，同値変換で変わらないような量で規約表現を特徴づけることができれば，便利である．そのような量の1つに**行列の対角和**：

$$\chi(\widehat{T}) = \sum_m D_{mm}(\widehat{T}) \tag{13.36}$$

がある．これを**表現の指標**（character）とよぶ．同じ類に属する，ある対称群の対称操作 $\widehat{A}$ と $\widehat{B}$ が，同じ群の中の適当な対称操作 $\widehat{Y}$ によって，

$$\widehat{Y}\widehat{B}\widehat{Y}^{-1} = \widehat{A} \tag{13.37}$$

の関係にあるとき，$\widehat{A}$ と $\widehat{B}$ は同じ類に属するので，

$$\chi(\widehat{A}) = \chi(\widehat{B}) \tag{13.38}$$

である．

正八面体群（O 群）の規約表現の数は5であるから，表13.2に示す**指標の表**（a table of character）が得られる．この表で，恒等操作 $\widehat{E}$ に対する指標は，規約表現の次元数を示す．また，各類の前の数字は，類に含まれる対称操作の数を示す．

表 13.2 正八面体群（O 群）の指標の表

規約表現の名前/類の名前	$\widehat{E}$	$6\widehat{C}_4$	$3\widehat{C}_2$	$8\widehat{C}_3$	$6\widehat{C}_2'$
A_1	1	1	1	1	1
A_2	1	−1	1	1	−1
E	2	0	2	−1	0
T_1	3	1	−1	0	−1
T_2	3	−1	−1	0	1

13.9 対称性の低下によるエネルギー準位の分裂

第6章で述べた中心力ポテンシャルの系では,ポテンシャルは力の中心からの距離にのみ依存し,方向にはよらない.対称性の立場からは,このような系を**球対称の系**(spherical symmetry)とよぶ.この章で対象とする正八面体の系では,x, y, z 軸が存在し,球対称の系より対称性が低くなる.球対称から正八面体対称への**対称性の低下**により,球対称の系における軌道角運動量の保存則と関連していた軌道状態の縮退が正八面体対称の系では解けて,エネルギー準位の分裂が起こる.

> 球対称の系における d 電子の状態は5重に縮退していたが,正八面体対称の配位子場ポテンシャルの下では,3重に縮退した T_2 状態と2重に縮退した E 状態に分裂する.

[例題 13.1] の (2) では,d 電子の5重に縮退した波動関数を (x, y, z) の直交座標を用いた実関数で表し,[例題 13.2] の (1) と (2) では,これら5つの軌道の空間的な広がりを図 13.4 に示した.図 13.4 から明らかなように,(1) T_2 状態の $\phi_\xi, \phi_\eta, \phi_\zeta$ の3つの軌道 (t_2 軌道とよぶ) と,(2) E 状態の ϕ_u, ϕ_v の軌道 (e 軌道とよぶ) とでは,空間的な広がりが異なっている.

13.2.1 項で述べたように,[MX$_6$] 型の系で x, y, z 軸上の原点から $\pm a$ の位置に,$-Ze$ の負の電荷を負イオンの代わりに置いた.図 13.2 で,T_2 状態の $\phi_\xi, \phi_\eta, \phi_\zeta$ の3つの t_2 軌道は,x 軸と y 軸,あるいは y 軸と z 軸,あるいは z 軸と x 軸をそれぞれ2等分する方向に負の電荷 ($-e|\phi_\xi|^2, -e|\phi_\eta|^2, -e|\phi_\zeta|^2$) が伸びているのに対し,(2) の E 状態の ϕ_u, ϕ_v の2つの e 軌道は,z 軸の方向,あるいは x 軸と y 軸の方向に負の電荷 ($-e|\phi_u|^2, -e|\phi_v|^2$) が伸びている.したがって,同じ符号の静電相互作用 (斥力) により,ϕ_u, ϕ_v の e 軌道はエネルギーが上がり,$\phi_\xi, \phi_\eta, \phi_\zeta$ の t_2 軌道はエネルギーが下がる.

対称性を下げるような摂動の場合には,縮退した状態が分裂するだけで,

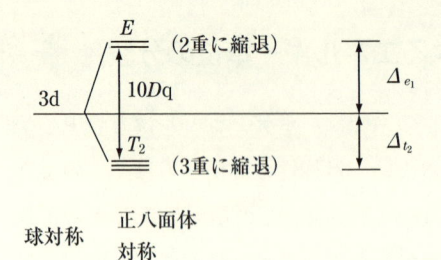

図 13.5 球対称の d 準位が,正八面体対称の系で,3 重に縮退した T_2 状態と 2 重に縮退した E 状態に分裂する様子

摂動の前後でエネルギー準位の重心が動かない場合が多い.そのような場合,球対称の 5 重に縮退した d 準位は,正八面体の [MX_6] 型の系で中心 M に置かれた場合,図 13.5 のように分裂する.重心から測った T_2 状態の固有エネルギーを Δ_{t_2}, E 状態のエネルギーを Δ_e (共に正の符号) とすると,

$$\Delta_{t_2} + \Delta_e = 10Dq \tag{13.39}$$

$$\Delta_{t_2} = 4Dq, \qquad \Delta_e = 6Dq \tag{13.40}$$

である.分裂した T_2 状態と E 状態のエネルギー差を $10Dq$ と記すのが慣例である.ここで,D は配位子場に関するパラメータ,q は d 電子に関するパラメータである.

13.10 [MX_6] 型の系の基底状態と光学遷移 (d 電子 1 個)

結晶中の遷移金属イオンに配位するイオンとしては,酸素 (O),フッ素 (F),塩素 (Cl),臭素 (Br),ヨウ素 (I) など,陰イオンが多く,また遷移金属錯体の場合も,水分子イオン (H_2O^-) が配位していて,1 個の d 電子の場合の基底状態は図 13.5 に一致して,T_2 状態である.

光との相互作用で電子が遷移を起こす場合,第 12 章の 12.3.2 項の**電気双極子遷移の選択則** (selection rule for the electric dipole transition) によれば,軌道量子数が 1 異なる状態に遷移が可能である.T_2 状態と E 状態間の遷移

は，同じd軌道 ($l=2$) の間の遷移であり，しかもパリティも同じ偶 (g) であるので，**禁止遷移** (forbidden transition) である．現実には，配位子の配置で偶奇の対称性が破れていたり，電子と格子振動との相互作用のために，電気双極子の許容遷移の強度よりは数桁弱いが，遷移が可能となる．問題は，この遷移エネルギーが可視光領域に現れるかどうかであるが，その結果を次に記す．

分裂した T_2 状態と E 状態のエネルギー差を表す $10Dq$ の値

光学スペクトルの実験値との比較から決めた $10Dq$ の値は，遷移金属3価イオンの系で，Ti (3d電子配置) から Fe ($3d^5$電子配置) について，波数 (あるいは波長) に換算して $13500\,\mathrm{cm}^{-1}$ ($740\,\mathrm{nm}$) から $20300\,\mathrm{cm}^{-1}$ ($492\,\mathrm{nm}$) 程度，Cr から Cu の2価イオンで，$8200\,\mathrm{cm}^{-1}$ ($1220\,\mathrm{nm}$) から $13900\,\mathrm{cm}^{-1}$ 程度 ($719\,\mathrm{nm}$) である．ここで cm^{-1} の単位は，単位長さ当たりの波の数 (波数とよぶ) を表す．可視光の領域は，$380\,\mathrm{nm}$ (紫) から $780\,\mathrm{nm}$ (赤) であるから，t_2 軌道と e 軌道のエネルギー差は，まさに可視光の領域である．

このようにして，配位子場の量子論で，宝石，赤血球，遷移金属化合物，ステンドグラスの色の原因が明らかにされた．

13.11　2つ以上のd電子をもつ遷移金属イオンの電子状態

第7章で述べたように，2つ以上のd電子をもつ遷移金属イオンにおいては，電子間のクーロン相互作用が重要な役割を果たす．この相互作用の取り扱いについては第7章で詳しく述べたが，幸い，そこでの近似法が遷移金属イオンの系でも役に立つ．第7章では原子の電子状態を決めるのに，電子間のクーロン相互作用を考慮しながら，多数の電子を主量子数 n と軌道量子数 l が一定の殻へ配置する「電子配置」の考え方が重要であった．正八面体対称性をもつ遷移金属イオンの系でも同じ考え方が成り立ち，d電子を t_2 軌道

と e 軌道に収容する電子配置 $(t_2^m)(e^n)$ ($0 \leq m \leq 6, 0 \leq n \leq 4$) の存在が重要になる.

また，一般に [MX$_6$] 系の t_2 軌道と e 軌道は，中心の遷移金属イオンのd 軌道の t_2 と e 軌道に対応するだけではなく，6 つの配位子 X の軌道関数にも対応する.

いま，配位子 X の軌道関数の 1 次結合でつくられた t_2 軌道と e 軌道を t_2 軌道 (X) と e 軌道 (X) とよぶことにすると，対応する d 軌道の t_2 軌道 (d) と e 軌道 (d) との間に分子軌道 (MO) をつくることができる．したがって，これからは，[MX$_6$] 系の t_2 軌道と e 軌道とよぶときには，図 13.1 の [MX$_6$] 系全体に広がった遷移金属イオンの d 軌道と配位子 X の軌道からなる LCAO の t_2 分子軌道と e 分子軌道を意味すると考えることにしよう.

例として図 13.6 に，銅酸化物高温超伝導体物質の構成要素である [CuO$_6$] 八面体の系を考え，Cu^{2+} イオンの e 軌道のうち，ψ_u 軌道関数（角度部分の依存性が $(3z^2 - r^2)/r^2$；図の Cu dz^2 軌道）と配位子 O^{2-} イオン $((2s)^2(2p)^6$ 閉殻の電子配置）の p 軌道関数（図の O-p 軌道），および Cu^{2+} イオンの他の

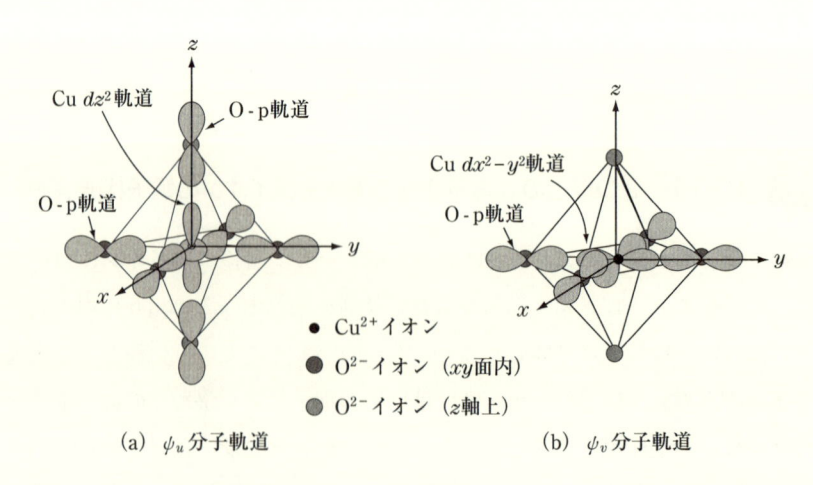

図 13.6 [CuO$_6$] 八面体の系における E 表現の基底 ψ_u, ψ_v に属する分子軌道の概念図

1つの e 軌道である ψ_b 軌道関数 (角度部分の依存性が $(x^2-y^2)/r^2$; 図の Cu dx^2-y^2 軌道) と配位子 O^{2-} イオンの p 軌道関数から構成された E 表現の 2 つの分子軌道の概念図を, それぞれ (a) と (b) に示す.

このようにして, 遷移金属イオンを取り巻く $[MX_6]$ 系の対称性を正八面体対称群の表現の行列 (数も含む) で定量的に取り扱うことにより, 物質を取り扱う構成単位を原子からクラスターに広げると同時に, 対称性という抽象的な概念を数あるいは行列の数量で表すことができるようになった. 次の節で, 結晶の中における d 電子が 2 個以上の遷移金属イオンの電子状態が, 対称性の議論を用いてどこまで明らかにできるかについて述べる.

13.11.1　$[MX_6]$ 系 d 電子 2 つの場合

$[MX_6]$ 系における 2 つの d 電子系のハミルトニアン $\hat{H}(1,2)$ は, 1 電子に対する (13.7) 式のハミルトニアン $\hat{H}(\boldsymbol{r})$ を $\hat{f}_i \equiv \hat{H}(\boldsymbol{r}_i)$ ($i=1,2$) と書けば,

$$\hat{H}(1,2) = \hat{f}_1 + \hat{f}_2 + \hat{g}_{12} \tag{13.41}$$

と表せる. ここで $\hat{g}_{12}$ は, 距離 r_{12} だけ離れた 2 電子間のクーロン相互作用で,

$$\hat{g}_{12} = \frac{e^2}{4\pi\varepsilon_0 r_{12}} \tag{13.42}$$

と書ける.

ハミルトニアン (13.41) 式は, 対称操作 $\hat{T}$ を電子 1 と 2 に同時に行なうとき, 2 電子間の距離 r_{12} は変わらないので, 対称操作 $\hat{T}$ に対して不変である. すなわち,

$$\hat{T}\hat{H}(1,2) = \hat{H}(1,2)\hat{T} \tag{13.43}$$

である. したがって, 2 電子系のハミルトニアン $\hat{H}(1,2)$ の固有状態は, O 群あるいは O_h 群の規約表現のどれかの基底になっており, 1 電子系の場合と同じように, 正八面体群の既約表現で名前を付けることができる.

13.11.2 (t_2^2) 電子配置における電子状態

ここでは，いきなり2電子のハミルトニアン (13.41) 式に対するシュレーディンガー方程式を解く代わりに，まず，2電子間のクーロン相互作用 $\bar{g}_{12}$ を無視した非摂動の系について，2電子系の状態の考察を行なうことにする．その場合，図 13.7 (a) に示すように，2つの電子はエネルギーの低い t_2 状態を占める（図で電子は黒丸で示した）． t_2 状態は ϕ_ξ, ϕ_η, ϕ_ζ の3つの軌道関数の状態が縮退し，スピン状態を含めると，$\phi_\xi\alpha$, $\phi_\eta\alpha$, $\phi_\zeta\alpha$, $\phi_\xi\beta$, $\phi_\eta\beta$, $\phi_\zeta\beta$ の6つのスピン軌道の状態が縮退している．この6つの状態に2つの電子を詰める場合，最初の電子は6つのいずれかの状態をとることができるが，2つ目の電子はパウリの原理によって，最初の電子と異なるスピン軌道の状態を占める．したがって (t_2^2) 電子配置では，6つのスピン軌道から順序を無視して2つを選ぶやり方の数の $_6C_2 = 15$ だけ状態が存在し，これらの状態は電子間のクーロン相互作用 $\bar{g}_{12}$ を考えない限り，縮退している．

(t_2^2) 電子配置の電子は，光子との相互作用で e 軌道に遷移をして，その結果，図 13.7 (b) と (c) に見るように，(t_2^2) 以外に (t_2e) と (e^2) の電子配置も現れ，多数の励起状態が現れることになる．

さて，2電子間のクーロン相互作用 $\bar{g}_{12}$ を考慮すると，同じ向きのスピンをもった2つの電子の状態は，交換相互作用によりエネルギーが低くなるから

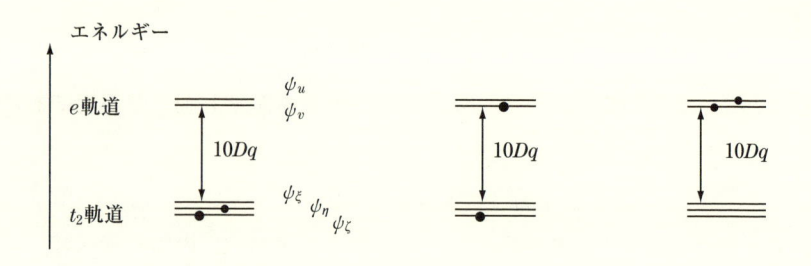

(a) (t_2^2) 電子配置 (b) (t_2e) 電子配置 (c) (e^2) 電子配置

図 13.7 [MX$_6$] 系における2個のd電子がつくる3つの電子配置

13.11 2つ以上のd電子をもつ遷移金属イオンの電子状態

(フントの規則).第8章の[例題 8.1]で述べたように,合成スピン S ($S = s_1 + s_2$) $= 1$ の状態が 15 の縮退した状態のうちで最もエネルギーが低くなり,基底状態となる.$S = 1$ (**スピン3重項**とよぶ)のスピン状態において,スピ

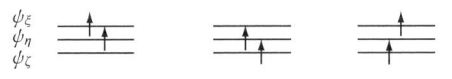

(a) t_2^2 電子配置で,$S = 1$, $M_S = 1$ での3つの軌道状態

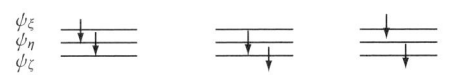

(b) $S = 1$, $M_S = -1$ での3つの軌道状態

図 13.8 t_2^2 電子配置で,$S = 1$, $M_S = 1$ および $M_S = -1$ での3つの軌道状態

ン磁気量子数 $M_S = 1$ の状態と $M_S = -1$ に注目し,t_2 軌道の3つの軌道関数の状態に2つの電子を配置する場合に可能な状態を図 13.8 (a) と (b) に示す.この図からわかるように,2つの電子のスピンが平行な場合には,2つの電子が ϕ_ξ と ϕ_η の軌道状態を占めるか,または ϕ_η と ϕ_ζ の軌道状態を占めるか,あるいは ϕ_ζ と ϕ_ξ の軌道状態を占めるかの3つの場合が存在し,エネルギー固有値が等しい.なお,スピン磁気量子数の状態としては,$M_S = 0$ の状態もあることを注意しておこう.

この3重に縮退した軌道状態は,正八面体対称群の既約表現の記号で書けば,T_1 状態とよばれる.本書では,群の表現についての詳しい議論には立ち入らないので,O 群では,軌道が3重に縮退した状態を表す記号が T_1 と T_2 の2つがあることだけを理解しておいてほしい.また,T_1 表現の3つの成分を α, β, γ で表す.なお,スピン状態は $S = 1$ であるから,スピン多重度は $2S + 1 = 3$ である.したがって,軌道状態を含めた多重項は,第7章の 7.10 節で学んだ記号にならって,$^3T_1$ である.この状態は,スピン多重度(スピン状態の縮退度)と合わせて,9重に縮退していることになる.

(t_2^2) 電子配置には 15 の状態が存在するから,$^3T_1$ の多重項以外に,$\phi_\xi \alpha$, $\phi_\eta \alpha$, $\phi_\zeta \alpha$, $\phi_\xi \beta$, $\phi_\eta \beta$, $\phi_\zeta \beta$ の6つのスピン軌道から構成される状態が,まだ6個ある.これらの状態は,いずれもスピン1重項の多重項で,$^1A_1$, ^1E, $^1T_2$

である. 表 13.2 に見るように，表現 A_1 は軌道縮退がない状態，E 表現は軌道が 2 重に縮退した状態，T_2 は軌道が 3 重に縮退した状態で，この 3 つの既約表現の状態をすべて足し合わせると，スピン多重度はそれぞれ 1 なので，状態の数が 6 となる．基底状態の $^3T_1$ 多重項の状態の数 9 も含めれば，総数が 15 となって，パウリの原理で許される (t_2^2) 電子配置の総数と一致する．

$^1A_1, ^1E, ^1T_2$ の多重項は，もちろんフントの規則を満たす $^3T_1$ よりエネルギーが高い．これらの多重項は，基底状態の $^3T_1$ とはスピン状態が $S = 0$ (**スピン 1 重項**) で異なるので，基底状態からの光学遷移は禁止遷移となり，スピン軌道相互作用でスピン 3 重項と 1 重項の状態が混合するときに初めて遷移が可能となる．

13.11.3 $(t_2 e)$, (e^2) 電子配置における電子状態

$(t_2 e)$ と (e^2) の電子配置から生ずる多重項は，光励起によって生ずる励起状態であるが，$(t_2 e)$ 電子配置の t_2 電子と e 電子は同種の電子ではないので，同じ軌道状態にスピン 1 重項と 3 重項の両方が $^3T_1, ^1T_1, ^3T_2, ^1T_2$ のように現れ，交換相互作用のために，スピン 3 重項の多重項の方がエネルギーが低くなる．ϕ_u, ϕ_v の 2 つの軌道関数から構成される (e^2) 電子配置も励起状態であるが，同種粒子の系のためパウリの原理により，$\phi_u \alpha, \phi_u \beta, \phi_v \alpha, \phi_v \beta$ スピン軌道状態から構成される状態の総数は，$_4C_3$ の 6 である．現れる多重項は，$^3A_2, ^1E, ^1A_1$ となる．

● 13.12　[MX$_6$] 遷移金属 d^n 電子系の基底状態と諸物性 ●

[MX$_6$] 系における 2 つの d 電子系では，図 13.7 に示したように，(t_2^2), $(t_2 e)$, (e^2) の 3 つの電子配置が存在し，これらの電子配置に 2 つの電子を収容することにより，(t_2^2) 電子配置からは $^3T_1, ^1A_1, ^1E, ^1T_2$ の多重項，$(t_2 e)$ 電

13.12 [MX$_6$] 遷移金属 d^n 電子系の基底状態と諸物性

子配置からは $^3T_1$, $^1T_1$, $^3T_2$, $^1T_2$ の多重項, (e^2) 電子配置からは, $^3A_2$, ^1E, $^1A_1$ の多重項が現れることを述べた.

これらの多重項のエネルギー値を定量的に調べるには, (13.42) 式の 2 電子間のクーロン相互作用 $\tilde{g}_{12}$ を各多重項の波動関数を用いて計算する必要があり, この多体問題の課題は本書の程度を超えているので, ここでは触れない.

ただ, 多重項のエネルギー状態を決定するのに重要な因子として, t_2 軌道と e 軌道とのエネルギー差の $10Dq$ と, 電子間クーロン相互作用が挙げられる. その中でも, $10Dq$ と 2 つの電子の平行スピン間にのみ作用する交換相互作用のエネルギー K の 2 つの因子が, 結晶の中の遷移金属イオンの電子状態や, 遷移金属化合物や錯体の物性を決めているということができよう.

なお, 多少専門的になるが, t_2 軌道と e 軌道のエネルギー差 $10Dq$ の大小関係を議論するときは, 平行スピン間にのみ作用する交換相互作用のエネルギー K だけではなく, スピンの向きに関係なく, 平均的な 2 つの電子間のクーロン相互作用の大きさも重要で, $10Dq$ との大小関係が重要になる. 平均的なクーロン相互作用を表すパラメータを B で表し, B をクーロンパラメータとよぶ.

13.12.1 項の [MX$_6$] 系における d 電子 2 個の場合の計算結果を参考にしながら, 最後に [MX$_6$] 系における n が 1〜9 個までの d^n 電子系の基底状態と諸物性について, 最も特筆すべき点を箇条書き形式で指摘しながら本書を締めくくることにする.

(1) d 電子の個数 n が 1〜3 までの系

図 13.9 に示すように, 電子は t_2 軌道を占め, 交換相互作用 K の効果でスピン多重度の最も大きい状態が基底状態となる. これがフントの規則である.

t_2 軌道から e 軌道への光学遷移は, 同じスピン多重度の多重項間の遷移 (**スピン許容遷移** (spin-allowed transition) とよぶ) で強度が強く, バンド形状のスペクトルが可視光の領域に現れる. スピン多重度の異なる多重項の間の遷移は**スピン禁止遷移** (spin-forbidden transition) で, 強度は弱いが,

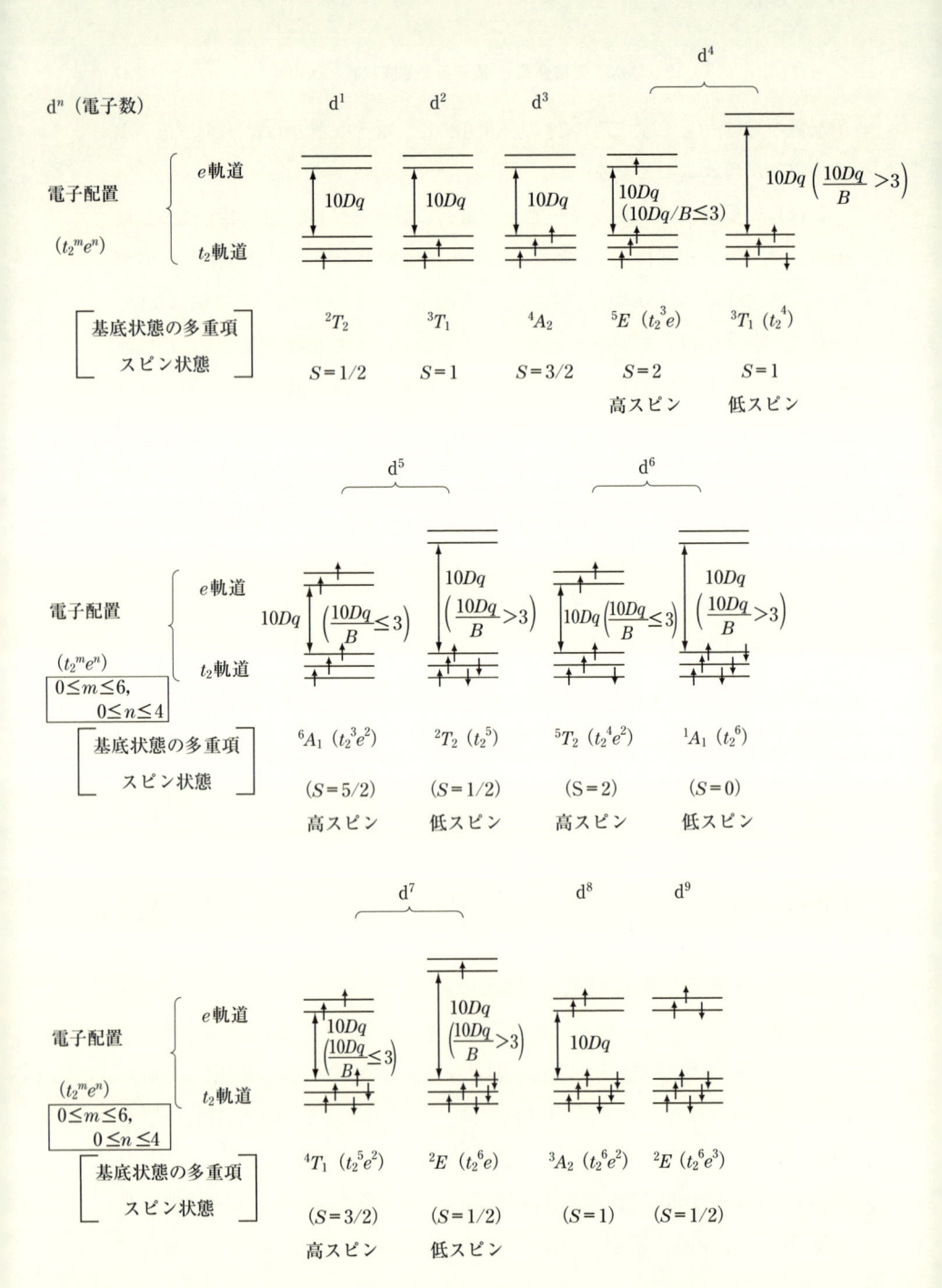

d^n (電子数)	d^1	d^2	d^3	d^4	
電子配置 $\{e$軌道, t_2軌道$\}$ $(t_2^m e^n)$	$10Dq$	$10Dq$	$10Dq$	$10Dq$ $(10Dq/B \leq 3)$	$10Dq\left(\dfrac{10Dq}{B}>3\right)$
基底状態の多重項 スピン状態	$^2T_2$ $S=1/2$	$^3T_1$ $S=1$	$^4A_2$ $S=3/2$	$^5E\ (t_2^3 e)$ $S=2$ 高スピン	$^3T_1\ (t_2^4)$ $S=1$ 低スピン

	d^5		d^6	
電子配置 $\{e$軌道, t_2軌道$\}$ $(t_2^m e^n)$ $0\leq m\leq 6,$ $0\leq n\leq 4$	$10Dq\left(\dfrac{10Dq}{B}\leq 3\right)$	$10Dq\left(\dfrac{10Dq}{B}>3\right)$	$10Dq\left(\dfrac{10Dq}{B}\leq 3\right)$	$10Dq\left(\dfrac{10Dq}{B}>3\right)$
基底状態の多重項 スピン状態	$^6A_1\ (t_2^3 e^2)$ $(S=5/2)$ 高スピン	$^2T_2\ (t_2^5)$ $(S=1/2)$ 低スピン	$^5T_2\ (t_2^4 e^2)$ $(S=2)$ 高スピン	$^1A_1\ (t_2^6)$ $(S=0)$ 低スピン

	d^7		d^8	d^9
電子配置 $\{e$軌道, t_2軌道$\}$ $(t_2^m e^n)$ $0\leq m\leq 6,$ $0\leq n\leq 4$	$10Dq\left(\dfrac{10Dq}{B}\leq 3\right)$	$10Dq\left(\dfrac{10Dq}{B}>3\right)$	$10Dq$	
基底状態の多重項 スピン状態	$^4T_1\ (t_2^5 e^2)$ $(S=3/2)$ 高スピン	$^2E\ (t_2^6 e)$ $(S=1/2)$ 低スピン	$^3A_2\ (t_2^6 e^2)$ $(S=1)$	$^2E\ (t_2^6 e^3)$ $(S=1/2)$

図 13.9 [MX$_6$]系における d^n 電子系の電子配置と基底状態

13.12 [MX_6] 遷移金属 d^n 電子系の基底状態と諸物性

線スペクトルとして観測されている.

ここで,宝石ルビーの Cr^{3+} イオンに注目しよう. Cr^{3+} イオンは d^3 電子系であるから,基底状態は,図13.9 から (t_2^3) 電子配置の $^3A_2$ 多重項 ($S=$

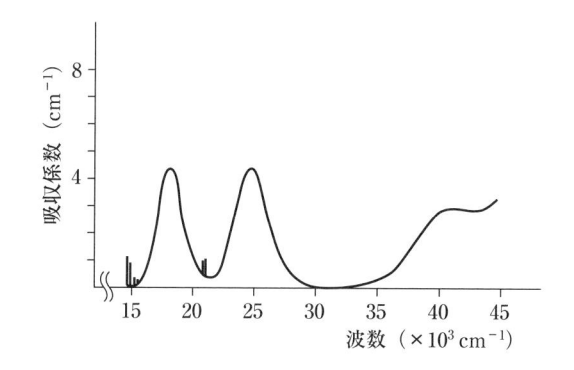

図 13.10 ルビーの光吸収スペクトルの特徴

3/2) である. 図 13.10 に,観測されたルビーの光吸収スペクトルの特徴を示す. 可視領域の 14400 cm^{-1} 付近に吸収線,18000 cm^{-1} 付近に吸収帯,21000 cm^{-1} 付近に吸収線,25000 cm^{-1} 付近に吸収帯が現れる. 配位子場理論によれば,吸収係数の大きい 18000 cm^{-1} 付近と 25000 cm^{-1} 付近の吸収帯は,基底状態の $^4A_2$ から,それぞれ $(t_2^2 e)$ 電子配置の多重項 $^4T_2$ と $^4T_1$ へのスピン許容遷移に対応し,14400 cm^{-1} 付近と 21000 cm^{-1} 付近の吸収線は,(t_2^3) 電子配置内の $^4A_2$ 基底状態から,それぞれ $S=1/2$ の多重項 ($^2E, {}^2T_1$) と $^2T_2$ の多重項へのスピン禁止遷移として説明されている. ルビーは青色の領域での吸収係数が大きいので,我々の目には余色の赤色が見えることになる. これが宝石ルビーの色の起源である.

(2) d 電子の個数 n が 4〜7 までの系

d 電子の個数が 4 以上になると,高スピン状態と低スピン状態の 2 つの場合が現れる.

(a) **高スピン状態**:3 個目までは軌道エネルギーの低い t_2 軌道を占めるが,4 つ目の電子が t_2 軌道と e 軌道のエネルギー差 ($10Dq$) で損をしても,全スピンを平行にした交換相互作用エネルギーの得で打ち勝って,高スピン状態が基底状態となってフントの規則が実現する. クーロンパラメータ B の値が $10Dq$ の値よりはるかに大きい場合に実現する. d 電子が 5,6,7 個

の場合にも，同じメカニズムで高スピン状態が実現する．

(b) **低スピン状態**：クーロンパラメータ B の値より $10Dq$ の値がはるかに大きい場合に実現する．この場合，t_2 軌道を占める反対向きスピン間のクーロン相互作用の効果も現れるが，t_2 軌道と e 軌道のエネルギー差の効果の方が大きくて，軌道エネルギーを得して 6 個までの電子がまず t_2 軌道を占めて低スピン状態になる．配位子場理論の詳細な計算結果によれば，$10Dq$ の値がクーロンパラメータ B の 3 倍より小さい場合には，交換相互作用の効果が勝って高スピン状態が実現してフントの規則が成り立ち，$10Dq$ の値がクーロンパラメータ B の 3 倍より大きい場合には，低スピン状態が実現する．

ここで，d 電子が 6 個の Fe^{2+} イオンが存在する赤血球について，なぜ赤色を示すかの原因について述べる．赤血球の中には，ヘモグロビンとよばれるタンパク質 (ヘムたんぱく) がたくさんあり，このヘムたんぱくでは，図 13.11 のように，ポルフィン環の中央に鉄が配位しているために，赤色を示す．この鉄は，Fe^{2+} イオンで，肺で第 6 配位子 (図 13.11 の X) の位置で酸素を受け取るときに，基底状態が図 13.9 の $n=6$ の低スピン状態である (t_2^6) 電子配置の $^1A_1$ になると考えられている．

配位子場理論によれば，t_2 軌道から e 軌道への遷移に対応して，$(t_2^5 e)$ 電子配置に $^1T_2$ の多重項がある．この多重項へは，(t_2^6) 電子配置の $^1A_1$ 基底状態からスピン許容遷移が可能で，青色の可視光領域である 25000 cm^{-1} 付近に吸収体の存在が予言できる．この予言が正しければ，ヘムたんぱく，したがって赤血球は，余色である赤色を示すはずで，これが赤血球の赤色の原因と考えられる．

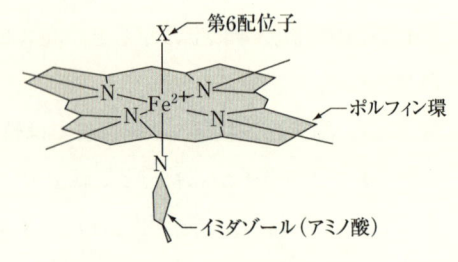

図 13.11 ヘムたんぱく内での鉄原子の周りの配位の様子

13.12 [MX$_6$] 遷移金属 d^n 電子系の基底状態と諸物性

このように，配位子場理論という量子力学によって，遷移金属化合物や錯体の電子状態，物性を予言することができる．

（3） d 電子の個数 n が 8, 9 の系

最後に，ベドノルツ（Johannes Georg Bednorz）とミューラー（Karl Alexander Müller）によって高温超伝導が発見された銅酸化物について触れておきたい．特定の金属や化合物などの物質を非常に低い温度へ冷却したときに，電気抵抗が急激にゼロになる現象を**超伝導**という．1911 年にカメリング・オネス（Heike Kamerlingh Onnes）が水銀をヘリウムが液化する温度（4.2 K）まで冷却していったときに，温度 4.20 K で突然電気抵抗が下がり，4.19 K ではほぼゼロになることを観測して，超伝導現象を初めて発見した．それ以後，金属系の超伝導物質で超伝導現象が観測されていたが，1986 年までは，金属間化合物の Nb$_3$Ge の 23 K（−250℃）が超伝導になる転移温度としては最高であった．

これに対して，1986 年にベドノルツとミューラーは，陶磁器の材料にもなる銅酸化物セラミックスの LaBaCuO が 35 K（−238℃）の転移温度をもつことを発見した．彼らの発見した銅酸化物では，図 13.6 に示したように，銅酸化物の構成単位が，中央に Cu^{2+} イオン，配位子が O^{2-} イオンからなる [MX$_6$] 型八面体で，反強磁性絶縁体の状態にキャリアをドープすると，絶縁体から金属に転移し，温度を 35 K 以下に下げると超伝導に転移するという，これまでの超伝導現象とは全く異なる振る舞いに，世界中の物理学者たちが強い刺激を受けた．彼らの発見は，各国の物理学者たちの高温超伝導物質の探査のきっかけとなり，数年の間に，超伝導になる転移温度が 135 K の水銀系銅酸化物の材料が発見され，この温度が 2013 年 9 月現在で大気圧中での最高の転移温度である．

なお最近，鉄系超伝導物質も発見され，遷移金属化合物は，高温で超伝導に転移する超伝導物質としても注目されている．

章末問題

[**13.1**] [MX$_6$]型正八面体の系において，Xイオンとして，$-Ze$ ($e > 0$) の点電荷を考え，x, y, z 軸上の $\pm a$ の点に $-Ze$ の電荷が置かれた図 13.1 の正八面体の系を考える．d電子1個をもった遷移金属イオン M を原点に置き，j 番目の点電荷の位置を $\boldsymbol{R}_j$ ($j = 1, 2, 3, 4, 5, 6$) で表すと，6個の配位子（$-Ze$ の点電荷）による配位子場ポテンシャル $V_{\text{lig}}(\boldsymbol{r})$ は，

$$V_{\text{lig}}(\boldsymbol{r}) = \sum_{j=1\sim 6} \frac{Ze^2}{|\boldsymbol{R}_j - \boldsymbol{r}|} = V_0 + D\left(x^4 + y^4 + z^4 - \frac{3}{5}r^4\right)$$

で表されることを示せ．

[**13.2**] 13.4 節で述べた正八面体を元の正八面体に戻す恒等操作，回転の対称操作，ならびに反転および反転と回転の合同操作を含めた対称操作の総数は何個あるか．

[**13.3**] 13.3 節に述べた正八面体の 24 個の対称操作の集まりが，13.3 節の群生成の4つの条件を満たしていることを，以下の設問に答えることで確かめよ．

（条件1） $\hat{A}$ として，x 軸の周りの $\pi/2$ の回転を選び，$\hat{B}$ として，x 軸の周りの π の回転を行なう対称操作を選ぶことによって，積 $\hat{B}\hat{A}$ が表 13.1 に含まれていることを，表 13.1 の記号を用いて示せ．

（条件2） $(\hat{A}\hat{B})\hat{C} = \hat{A}(\hat{B}\hat{C})$ を示すのに，

（1）（i）最初に，$(\hat{A}\hat{B})\hat{C}$ の対称操作を行なう．そのため，対称操作 $\hat{B}$ として，z 軸の周りの $\pi/2$ の回転 $\hat{C}_4(z)$ を選び，次に対称操作 $\hat{A}$ として y 軸の周りの $\pi/2$ の回転 $\hat{C}_4(y)$ を選んで，積の回転操作 $\hat{A}\hat{B}$ を行ない，この積の対称操作が正八面体回転群（表 13.1）の中のどのような回転操作に対応するかを示せ．

（ii）次に，この積の操作 $\hat{A}\hat{B}$ に続けて，第3の回転操作 $\hat{C}$ として，図 13.2 の立方体の体対角線の1つ，正八面体の原点から x, y, z 軸と等しい角度をなす3回対称軸 [111] の周りの $2\pi/3$ の回転 $\hat{C}_3([111])$ を行なえ．

（2）（i）次に，$\hat{A}(\hat{B}\hat{C})$ の対称操作を行なう．まず，積の操作 $\hat{B}\hat{C}$ を行なうために，$\hat{B} = \hat{C}_4(z), \hat{C} = \hat{C}_3([111])$ を用いて，$\hat{B}\hat{C}$ に対応する回転操作を見出せ．

(ii) 次に，$\hat{A} = \hat{C}_4(y)$ の回転操作を行なって，$\hat{A}(\hat{B}\hat{C})$ が（1）で行なった3つの連続操作 $(\hat{A}\hat{B})\hat{C}$ に一致することを確かめよ．

（条件3）は，表13.1から自明．

（条件4） $\hat{A}$ として $\hat{C}_4(x)$ を選ぶとき，$\hat{A}^{-1}$ に対応する対称操作が正八面体回転群の要素の1つであることを示せ．

[**13.4**] （13.25）〜（13.27）式の行列を，それぞれ $D(C_4(z))$, $D(C_3([111])$, $D(C_2([011])$ と記すとき，行列 $D(C_4(z))$ と $D(C_3([111])$ の積が $D(C_2([011])$ に等しいことを示せ．

[**13.5**] $[MX_6]$ d^n 電子系において，図13.12 (a) は，M が Ti^{3+} イオン（$n=1$）の場合の可視領域の吸収スペクトル，図13.12 (b) は，M が V^{3+} イオン（$n=2$）の場合の可視領域の吸収スペクトルの実験結果である．この吸収スペクトルが Ti^{3+} イオンと V^{3+} イオンにおけるどのような多重項状態間の光学遷移に対応しているか，13.10節および13.11節で学んだことと図13.9を用いて答えよ．

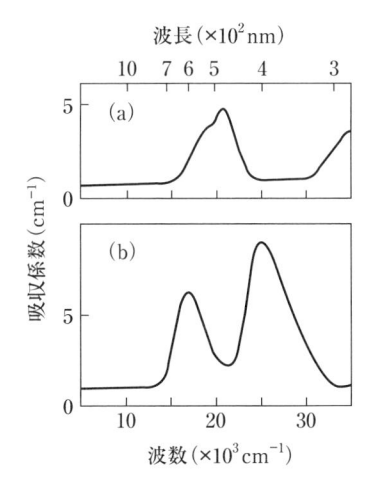

図 **13.12** $[MX_6]$ d^1 および d^2 電子系の吸収スペクトル

章末問題略解

章末問題略解の補足説明（pdf 版）を裳華房のホームページ（www.shokabo.co.jp）に用意したので，必要に応じて参照してほしい（ダウンロード可）．

第 2 章

[2.1] (2.14) 式を用いて $(\partial u(\nu, T)/\partial \nu)_T = 0$ を計算すると，$(3-x)e^x = 3$ が得られる．ここで，$x = h\nu_{max}/k_B T$ であり，ν_{max} は $u(\nu, T)$ が最大値となる振動数である．数値解 $x = 2.8214$ を用いると $\nu_{max}/T = C = 5.8831 \mathrm{s}^{-1} \cdot \mathrm{K}^{-1}$ となる．

[2.2] (2.14) 式を (2.31) 式に代入し，$x = h\nu/k_B T$ とおくと

$$u(t) = \left(\frac{8\pi k_B^4}{c^3 h^3}\int_0^\infty \frac{x^3}{e^x - 1}dx\right)T^4 = \alpha T^4$$

が得られる．また，積分公式 $\int_0^\infty \frac{x^3}{e^x - 1}dx = \frac{\pi^4}{15}$ を用いると，シュテファン-ボルツマン定数 α は

$$\alpha = \frac{8\pi^5 k_B^4}{15 c^3 h^3} = 7.56573 \, \mathrm{J \cdot m^{-3} \cdot K^{-4}}$$

となる．

[2.3] (2.32) ～ (2.34) 式を連立して解くことで，$\nu' = \nu / \left\{1 + \frac{h\nu}{m_e c^2}(1 - \cos\theta)\right\}$ を得る．散乱後の光子の振動数 ν' は散乱前の振動数 ν より小さいことがわかる．

[2.4] 基底状態 ($n = 1$) の電子がつくる円電流の大きさ I は $I = -\frac{ev}{2\pi a_B} = -\frac{eh}{4\pi^2 m_e a_B^2}$ であるので，この電流がつくる磁気モーメント μ_B は $\mu_B = \pi a_B^2 I = -\frac{eh}{4\pi m_e} = 9.274 \times 10^{-24} \, \mathrm{J \cdot T^{-1}}$ となる．

第 3 章

[3.1] $i\hbar \frac{\partial \Psi}{\partial t} = \left(-\frac{\hbar^2}{2m}\nabla^2 + V + iW\right)\Psi$ に Ψ^* を掛けたものから，$-i\hbar \frac{\partial \Psi^*}{\partial t} = \left(-\frac{\hbar^2}{2m}\nabla^2 + V - iW\right)\Psi^*$ に Ψ を掛けたものを引くことで，(3.57) 式を得る．

[**3.2**]　（1）$\rho(x,t) = |A|^2 \exp\left(-\dfrac{\Gamma}{\hbar}t\right)$, 　$\dfrac{\partial \rho(x,t)}{\partial t} = -\dfrac{\Gamma}{\hbar}\rho(x,t)$

（2）$j(x,t) = \dfrac{\hbar k}{m}|A|^2 \exp\left(-\dfrac{\Gamma}{\hbar}t\right)$, 　$\dfrac{\partial j(x,t)}{\partial x} = 0$

（3）（1）と（2）より，確率の連続方程式は $\dfrac{\partial \rho(x,t)}{\partial t} + \dfrac{\partial j(x,t)}{\partial x} = -\dfrac{\Gamma}{\hbar}\rho(x,t)$
となる．

（4）Γ が正（負）の場合，$\Gamma/\hbar$ は単位時間当たりに粒子数密度が消滅（生成）する割合である．

第 4 章

[**4.1**]　規格化された波動関数 $\Psi(r,t)$ での物理量 $\widehat{A}$ の期待値 $\langle \widehat{A} \rangle_t$ の時間発展は
$$\frac{\partial \langle \widehat{A} \rangle_t}{\partial t} = \int_V \left(\frac{\partial \Psi^*}{\partial t}\widehat{A}\Psi + \Psi^*\frac{\partial \widehat{A}}{\partial t}\Psi + \Psi^*\widehat{A}\frac{\partial \Psi}{\partial t} \right) dV$$
と書ける．右辺の被積分関数の第1項と第3項に時間に依存するシュレーディンガー方程式を代入すると，
$$\frac{\partial \langle \widehat{A} \rangle_t}{\partial t} = \int_V \Psi^* \frac{\partial \widehat{A}}{\partial t}\Psi\, dV + \frac{i}{\hbar}\int_V (\Psi^*\widehat{H}\widehat{A}\Psi - \Psi^*\widehat{A}\widehat{H}\Psi)\, dV$$
$$= \left\langle \frac{\partial \widehat{A}}{\partial t} \right\rangle_t + \frac{i}{\hbar}\langle [\widehat{H},\widehat{A}] \rangle_t$$
となる．また，この式で $\widehat{A} = \boldsymbol{r}$ として，（4.100）式を用いることで，（4.17）式が導かれる．一方，$\widehat{A} = \widehat{\boldsymbol{p}}$ として，（4.100）式を用いると，（4.18）式が導かれる．

[**4.2**]　いずれの問題も，（4.93）式で与えられる交換子の定義式を用いて容易に証明できる．ここでは，ライプニッツ則の証明のみを示すことにする．
$$[\widehat{A},\widehat{B}\widehat{C}] = \widehat{A}\widehat{B}\widehat{C} - \widehat{B}\widehat{C}\widehat{A} = \widehat{A}\widehat{B}\widehat{C} - (\widehat{B}\widehat{A}\widehat{C} - \widehat{B}\widehat{A}\widehat{C}) - \widehat{B}\widehat{C}\widehat{A}$$
$$= (\widehat{A}\widehat{B} - \widehat{B}\widehat{A})\widehat{C} + \widehat{B}(\widehat{A}\widehat{C} - \widehat{C}\widehat{A}) = [\widehat{A},\widehat{B}]\widehat{C} + \widehat{B}[\widehat{A},\widehat{C}]$$

[**4.3**]　運動量表示では，座標と運動量の x 成分に対する交換関係は
$$[\widehat{x},\widehat{p}_x] = i\hbar\left[\frac{\partial}{\partial p_x}, p_x\right]$$
と表せる．これを運動量空間の波動関数 $\phi(p_x,t)$ に演算すると
$$[\widehat{x},\widehat{p}_x]\phi = i\hbar\left[\frac{\partial}{\partial p_x}, p_x\right]\phi = i\hbar\frac{\partial}{\partial p_x}(p_x\phi) + i\hbar p_x\frac{\partial \phi}{\partial p_x} = i\hbar\phi$$
となる．こうして，$[\widehat{x},\widehat{p}_x] = i\hbar$ が得られる．y, z 成分に関しても同様である．

第 5 章

[5.1] 自由粒子のシュレーディンガー方程式に $\phi(x, y, z) = \phi_x(x)\,\phi_y(y)\,\phi_z(z)$ を代入し，得られた式の両辺を $\phi_x(x)\,\phi_y(y)\,\phi_z(z)$ で割ると

$$-\frac{\hbar^2}{2m}\left\{\frac{1}{\phi_x}\frac{d^2\phi_x}{dx^2} + \frac{1}{\phi_y}\frac{d^2\phi_y}{dy^2} + \frac{1}{\phi_z}\frac{d^2\phi_z}{dz^2}\right\} = E$$

となる．この式の右辺は定数であるから，この式の両辺が等しいためには，左辺の3項はいずれも定数でなければならない．こうして，E_x, E_y, E_z を定数として

$$-\frac{\hbar^2}{2m}\frac{d^2\phi_x}{dx^2} = E_x\phi_x, \quad -\frac{\hbar^2}{2m}\frac{d^2\phi_y}{dy^2} = E_y\phi_y, \quad -\frac{\hbar^2}{2m}\frac{d^2\phi_z}{dz^2} = E_z\phi_z$$

を得る．これらは，1次元自由粒子のシュレーディンガー方程式と同じ形をしている．なお，$E = E_x + E_y + E_z$ である．

[5.2] 基底状態の規格化された波動関数 $\phi_{n=1}(x) = (2/\sqrt{L})\sin(\pi/L)x$ を用いて，$\langle x\rangle_{n=1} = L/2, \langle x^2\rangle_{n=1} = L^2/3 - L^2/2\pi^2, \langle p\rangle_{n=1} = 0, \langle p^2\rangle_{n=1} = \pi^2\hbar^2/L^2$ となるから，

$$(\varDelta x)_{n=1} = \sqrt{\langle x^2\rangle_{n=1} - \langle x\rangle_{n=1}^2} = \frac{L}{2\pi}\sqrt{\frac{\pi^2}{3} - 2},\ (\varDelta p)_{n=1} = \sqrt{\langle p^2\rangle_{n=1}} = \frac{\pi\hbar}{L}\ \text{である．}$$

したがって，$(\varDelta x)_{n=1}(\varDelta p)_{n=1} = \dfrac{\hbar}{2}\sqrt{\dfrac{\pi^2}{3} - 2} \simeq 1.13 \times \dfrac{\hbar}{2}$ である．

[5.3] 1次元ポテンシャル $V(x)$ のもとで運動する質量 m の粒子の状態 $\phi_1(x)$ と $\phi_2(x)$ が，同一のエネルギー E の固有関数であるとする．つまり，$\phi_1(x)$ と $\phi_2(x)$ がそれぞれ

$$-\frac{\hbar^2}{2m}\frac{d^2\phi_1(x)}{dx^2} + V(x)\phi_1(x) = E\,\phi_1(x),\quad -\frac{\hbar^2}{2m}\frac{d^2\phi_2(x)}{dx^2} + V(x)\phi_2(x) = E\,\phi_2(x)$$

を満たすとする．この第1式に $\phi_2(x)$ を掛けたものから，第2式に $\phi_1(x)$ を掛けたものを引き，その両辺を x で積分すると

$$\frac{d\phi_1(x)}{dx}\phi_2(x) - \phi_1(x)\frac{d\phi_2(x)}{dx} = \text{一定}$$

を得る．この関係式は任意の x で成立する．$\phi_1(x)$ と $\phi_2(x)$ が束縛状態であれば，それらは無限遠方（$x \to \pm\infty$）において速やかにゼロになるので，上式の右辺の一定値はゼロである．このとき，上式の両辺を $\phi_1(x)\,\phi_2(x)$ で割ると

$$\frac{d}{dx}\left\{\log\frac{\phi_1(x)}{\phi_2(x)}\right\} = 0$$

を得る．したがって，$\phi_1(x) \propto \phi_2(x)$ であり，これら2つの束縛状態は同じ状態である．すなわち，1次元系の束縛状態ではエネルギー固有値に縮退はない．

[5.4] 規格化された波動関数 $\phi(x)$ でのハミルトニアン $\widehat{H}$ の期待値 $E = \langle\widehat{H}\rangle$ は，

$$E = -\frac{\hbar^2}{2m}\int_{-\infty}^{\infty}\psi^*(x)\frac{d^2\psi(x)}{dx^2}dx + \int_{-\infty}^{\infty}V(x)|\psi(x)|^2 dx$$

である．この式の右辺第1項を部分積分すると

$$E = -\frac{\hbar^2}{2m}\left[\psi^*(x)\frac{d\psi(x)}{dx}\right] + \frac{\hbar^2}{2m}\int_{-\infty}^{\infty}\left|\frac{d\psi(x)}{dx}\right|^2 dx + \int_{-\infty}^{\infty}V(x)|\psi(x)|^2 dx$$

となる．ここで，右辺第1項がゼロの場合（具体的には，束縛状態や自由粒子など）を考えよう．このとき第2項は，束縛状態に対しては必ず正であり，自由粒子（$\psi(x) \propto e^{ikx}$）の場合にはゼロである．また，第3項は，

$$\int_{-\infty}^{\infty}V(x)|\psi(x)|^2 dx \geq V_{\min}$$

である．ただし，等号は自由粒子（$V(x) = V_{\min}$）の場合を表す．こうして，$E \geq V_{\min}$（等号は自由粒子）を得る．

[**5.5**]　波動関数に規格化条件を課すことによって

$$N = M = \left\{a + \frac{1}{\lambda(E)}\right\}^{-\frac{1}{2}}$$

を得る．ただし，波動関数の位相は，N と M が実数になるように選んだ．

[**5.6**]　パリティー演算子 $\hat{I}$ の固有値方程式は，$\hat{I}\psi(x) = c\,\psi(x)$ となる．この式の両辺に左から $\hat{I}$ を演算すると，$\psi(x) = c^2\psi(x)$ となる．したがって，$c = \pm 1$ である．

[**5.7**]　$[\hat{a}^n, (\hat{a}^\dagger)^n]$ に対して，公式 $[\hat{A}\hat{B}, \hat{C}] = \hat{A}\,[\hat{B}, \hat{C}] + [\hat{A}, \hat{C}]\,\hat{B}$ を繰り返し用いると

$$[\hat{a}^n, (\hat{a}^\dagger)^n] = \hat{a}^{n-1}[\hat{a}, (\hat{a}^\dagger)^n] + \hat{a}^{n-2}[\hat{a}, (\hat{a}^\dagger)^n]\hat{a} + \cdots + [\hat{a}, (\hat{a}^\dagger)^n]\hat{a}^{n-1}$$

となる．次に，$[\hat{a}, (\hat{a}^\dagger)^n]$ に対して，公式 $[\hat{A}, \hat{B}\hat{C}] = \hat{B}\,[\hat{A}, \hat{C}] + [\hat{A}, \hat{B}]\,\hat{C}$ を繰り返し用いると，$[\hat{a}, (\hat{a}^\dagger)^n] = n(\hat{a}^\dagger)^{n-1}$ となるので，以下の式を得る．

$$[\hat{a}^n, (\hat{a}^\dagger)^n] = n\{\hat{a}^{n-1}(\hat{a}^\dagger)^{n-1} + \hat{a}^{n-2}(\hat{a}^\dagger)^{n-1}\hat{a} + \cdots + (\hat{a}^\dagger)^{n-1}\hat{a}^{n-1}\}$$

[**5.8**]　ξ の任意の関数 $f(\xi)$ に $\hat{a}^\dagger$ を演算すると，(5.75) 式を用いて

$$\hat{a}^\dagger f(\xi) = -\frac{1}{\sqrt{2}}\left\{\frac{df(\xi)}{d\xi} - \xi f(\xi)\right\} = -\frac{1}{\sqrt{2}}e^{\frac{\xi^2}{2}}\frac{d}{d\xi}\{e^{-\frac{\xi^2}{2}}f(\xi)\}$$

と変形できるので，(5.80) 式を得る．また，(5.80) 式を用いて，$(\hat{a}^\dagger)^2$ を計算すると

$$(\hat{a}^\dagger)^2 = \left(-\frac{1}{\sqrt{2}}e^{\frac{\xi^2}{2}}\frac{d}{d\xi}e^{-\frac{\xi^2}{2}}\right)\left(-\frac{1}{\sqrt{2}}e^{\frac{\xi^2}{2}}\frac{d}{d\xi}e^{-\frac{\xi^2}{2}}\right) = \left(-\frac{1}{\sqrt{2}}\right)^2 e^{\frac{\xi^2}{2}}\frac{d^2}{d\xi^2}e^{-\frac{\xi^2}{2}}$$

となる．同様の計算を繰り返すことで (5.81) 式を得る．

[**5.9**]　(1) 母関数 $G(\rho, \xi) \equiv \exp(-\rho^2 + 2\rho\xi)$ を (5.88) 式に代入すると，

$$H_n(\xi) = \left\{\frac{\partial^n}{\partial \rho^n}e^{-\rho^2 + 2\rho\xi}\right\}_{\rho=0} = e^{\xi^2}\left\{\frac{\partial^n}{\partial \rho^n}e^{-(\rho-\xi)^2}\right\}_{\rho=0} = e^{\xi^2}\left\{\frac{d^n}{dx^n}e^{-x^2}\right\}_{x=-\xi} = (-1)^n e^{\xi^2}\frac{d^n}{d\xi^n}e^{-\xi^2}$$

を得る．3番目の等号で $x = \rho - \xi$ とおいた

（2） (5.87) 式の両辺を ξ で微分し, ρ の次数の等しい項を比較することで, $H_0(\xi) = $ 一定 $(\equiv 1)$ と (5.89) 式の漸化式を得る.

次に, (5.87) 式の両辺を ρ で微分し, ρ の次数の等しい項を比較することで, $H_1(\xi) = 2\xi H_0(\xi)$ と (5.90) 式の漸化式を得る.

（3） (5.89) 式を ξ で微分した式に, (5.90) 式を ξ で微分した式を代入して, $dH_{n-1}/d\xi$ を消去すると,

$$\frac{d^2 H_n(\xi)}{d\xi^2} - 2\xi \frac{dH_n(\xi)}{d\xi} - 2H_n(\xi) + \frac{dH_{n+1}(\xi)}{d\xi} = 0$$

を得る. ここで, この式が $n = 0$ においても成立していることに注意せよ. また, (5.89) 式は $n \to n+1$ とすると, $dH_{n+1}(\xi)/d\xi = 2(n+1)H_{n+1}(\xi)\,(n \geq 0)$ となるから, これを上式の左辺第4項に代入することで, (5.91) 式を得る.

（4） $m = n$ の場合, ロドリゲスの公式を用いて

$$\int_0^\infty H_m(\xi) H_n(\xi) e^{-\xi^2} d\xi = (-1)^{2n} 2^n n! \int_{-\infty}^\infty e^{-\xi^2} d\xi = 2^n n! \sqrt{\pi}$$

となる. 2番目の等号で, ガウスの積分公式 $\int_{-\infty}^\infty e^{-\xi^2} d\xi = \sqrt{\pi}$ を用いた.

一方, $m \neq n$ の場合, ロドリゲスの公式を用いて

$$\int_0^\infty H_m(\xi) H_n(\xi) e^{-\xi^2} d\xi = (-1)^n \int_{-\infty}^\infty H_m(\xi) \frac{d^n e^{-\xi^2}}{d\xi^n} d\xi$$

となる. この式の右辺は, 部分積分を繰り返すことでゼロとなる. こうして, (5.92) 式が示された.

[**5.10**] 規格化された波動関数 (5.78) 式を用いて, $\langle x \rangle_{n=0} = 0$, $\langle x^2 \rangle_{n=0} = \hbar/2m\omega$, $\langle p \rangle_{n=0} = 0$, $\langle p^2 \rangle_{n=0} = m\hbar\omega/2$ となるから, $(\Delta x)_{n=0} = \sqrt{\langle x^2 \rangle_{n=0} - \langle x \rangle_{n=0}^2} = \sqrt{\hbar/2m\omega}$, $(\Delta p)_{n=0} = \sqrt{\langle p^2 \rangle_{n=0} - \langle p \rangle_{n=0}^2} = \sqrt{m\hbar\omega/2}$ である. したがって, $(\Delta x)_{n=0}(\Delta p)_{n=0} = \hbar/2$ である. また, 基底エネルギーは, 以下のようになる.

$$\langle \widehat{H} \rangle_0 = \frac{\langle p^2 \rangle_{n=0}}{2m} + \frac{1}{2}m\omega^2 \langle x^2 \rangle_{n=0} = \frac{(\Delta p)_{n=0}^2}{2m} + \frac{1}{2}m\omega^2 (\Delta x)_{n=0}^2 = \frac{\hbar\omega}{2}$$

第 6 章

[**6.1**] $\widehat{\boldsymbol{p}}^2$ の各成分と $\widehat{L}_x$ の交換関係を計算すると, $[\widehat{p}_x^2, \widehat{L}_x] = [\widehat{p}_x^2, y\widehat{p}_z - z\widehat{p}_y] = 0$, $[\widehat{p}_y^2, \widehat{L}_x] = [\widehat{p}_y^2, y\widehat{p}_z - z\widehat{p}_y] = -2i\hbar \widehat{p}_y \widehat{p}_z$, $[\widehat{p}_z^2, \widehat{L}_x] = [\widehat{p}_z^2, y\widehat{p}_z - z\widehat{p}_y] = 2i\hbar \widehat{p}_z \widehat{p}_y$ となる. これら3つの交換関係の和を計算することで, $[\widehat{\boldsymbol{p}}^2, \widehat{L}_x] = 0$ を得る. 同様に, $[\widehat{\boldsymbol{p}}^2, \widehat{L}_y] = [\widehat{\boldsymbol{p}}^2, \widehat{L}_z] = 0$ と計算されるので, $[\widehat{\boldsymbol{p}}^2, \widehat{\boldsymbol{L}}] = 0$ を得る.

次に, $V(r)$ と $\widehat{L}_x$ の各成分の交換関係を計算すると,

第 6 章　　　　　　　　　　　　　　　　　　　　　　　　　　　353

$$[V(r), \widehat{L}_x] = y[V(r), \widehat{p}_z] - z[V(r), \widehat{p}_y] = i\hbar y \frac{\partial V(r)}{\partial z} - i\hbar z \frac{\partial V(r)}{\partial y}$$

$$= i\hbar y \frac{z}{r} \frac{\partial V(r)}{\partial r} - i\hbar z \frac{y}{r} \frac{\partial V(r)}{\partial r} = 0$$

となる. 同様に, $[V(r), \widehat{L}_y] = [V(r), \widehat{L}_z] = 0$ となるので, $[V(r), \widehat{\boldsymbol{L}}] = 0$ を得る.

[**6.2**] (6.17) 式の $\widehat{L}_\pm = \widehat{L}_x \pm i\widehat{L}_y$ を交換子 $[\widehat{L}_+, \widehat{L}_-]$ に代入し, (6.12) 式の交換関係 $[\widehat{L}_x, \widehat{L}_y] = i\hbar \widehat{L}_z$ を代入することで, (6.18) 式を得る. また, $\widehat{L}_\pm = \widehat{L}_x \pm i\widehat{L}_y$ を交換子 $[\widehat{L}_z, \widehat{L}_\pm]$ に代入し, (6.13) 式と (6.14) 式の交換関係 $[\widehat{L}_y, \widehat{L}_z] = [\widehat{L}_z, \widehat{L}_x] = i\hbar \widehat{L}_z$ を代入することで, (6.19) 式を得る. また, $\widehat{\boldsymbol{L}}^2 = \widehat{L}_x^2 + \widehat{L}_y^2 + \widehat{L}_z^2$ に $\widehat{L}_x = (\widehat{L}_+ + \widehat{L}_-)/2$ と $\widehat{L}_y = (\widehat{L}_+ - \widehat{L}_-)/2i$ を代入すると, $\widehat{\boldsymbol{L}}^2 = (\widehat{L}_+\widehat{L}_- + \widehat{L}_-\widehat{L}_+)/2 + \widehat{L}_z^2$ となる. これに (6.18) 式を用いると, (6.20) 式の $\widehat{\boldsymbol{L}}^2 = \widehat{L}_\mp \widehat{L}_\pm \pm \hbar \widehat{L}_z + \widehat{L}_z^2$ が得られる.

[**6.3**] ナブラ $\nabla = (\partial/\partial x, \partial/\partial y, \partial/\partial z)$ の各成分に, 偏微分の連鎖則を適用し,

$$\frac{\partial}{\partial \xi} = \frac{\partial r}{\partial \xi} \frac{\partial}{\partial r} + \frac{\partial \theta}{\partial \xi} \frac{\partial}{\partial \theta} + \frac{\partial \phi}{\partial \xi} \frac{\partial}{\partial \phi} \quad (\xi = x, y, z)$$

と書く. これらに (6.24) ～ (6.26) 式を代入することで, (6.27) ～ (6.29) 式を得る.

[**6.4**] 演算子 $\boldsymbol{e}_r \cdot \widehat{\boldsymbol{p}}$ のエルミート共役 $(\boldsymbol{e}_r \cdot \widehat{\boldsymbol{p}})^\dagger$ は, $(\boldsymbol{e}_r \cdot \widehat{\boldsymbol{p}})^\dagger = \widehat{\boldsymbol{p}} \cdot \boldsymbol{e}_r$ であり, $\widehat{\boldsymbol{p}}$ と $\boldsymbol{e}_r = \boldsymbol{r}/r$ は交換しないので, $\boldsymbol{e}_r \cdot \widehat{\boldsymbol{p}}$ はエルミート演算子ではない. 一方, $\widehat{p}_r = (\boldsymbol{e}_r \cdot \widehat{\boldsymbol{p}} + \widehat{\boldsymbol{p}} \cdot \boldsymbol{e}_r)/2 = \boldsymbol{e}_r \cdot \widehat{\boldsymbol{p}} + (1/2)[\widehat{\boldsymbol{p}}, \boldsymbol{e}_r]$ と書き換え, $\boldsymbol{e}_r \cdot \widehat{\boldsymbol{p}} = -i\hbar(\partial/\partial r)$ と $[\widehat{\boldsymbol{p}}, \boldsymbol{e}_r] = -i\hbar/r$ を用いると, (6.36) 式を得る.

[**6.5**] $\varPhi_{j,j}$ に $\tilde{J}_\pm$ を $j - m$ 回演算すると, (6.70) 式より,

$$(\tilde{J}_\pm)^{j-m} \varPhi_{j,j} = \sqrt{\frac{(2j)!\,(j-m)!}{(j+m)!}} \hbar^{j-m} \varPhi_{j,m}$$

となる. したがって, (6.71) 式を得る.

[**6.6**] (6.70) 式より,

$$\tilde{J}_+ \varPhi_{\frac{1}{2},\frac{1}{2}} = \tilde{J}_- \varPhi_{\frac{1}{2},-\frac{1}{2}} = 0, \quad \tilde{J}_+ \varPhi_{\frac{1}{2},-\frac{1}{2}} = \hbar \varPhi_{\frac{1}{2},\frac{1}{2}}, \quad \tilde{J}_- \varPhi_{\frac{1}{2},\frac{1}{2}} = \hbar \varPhi_{\frac{1}{2},-\frac{1}{2}}$$

である. したがって,

$$\tilde{J}_x \varPhi_{\frac{1}{2},\frac{1}{2}} = \frac{\tilde{J}_+ + \tilde{J}_-}{2} \varPhi_{\frac{1}{2},\frac{1}{2}} = \frac{\hbar}{2} \varPhi_{\frac{1}{2},-\frac{1}{2}}, \quad \tilde{J}_x \varPhi_{\frac{1}{2},-\frac{1}{2}} = \frac{\tilde{J}_+ + \tilde{J}_-}{2} \varPhi_{\frac{1}{2},-\frac{1}{2}} = \frac{\hbar}{2} \varPhi_{\frac{1}{2},\frac{1}{2}}$$

である. これらを, (6.72) 式において $\widehat{Q} = \tilde{J}_x$ と置き換えた式に代入することで, $\tilde{J}_x$ の行列要素が得られる. それらの行列要素を (6.73) 式に代入することで, (6.74) 式の第 1 式が得られる. 同様に, $\tilde{J}_y, \tilde{J}_z$ を計算することで, (6.74) 式を得る.

[**6.7**] (1) (6.169) 式の両辺を t で微分し, t の次数の等しい項を比較することで, $P_1(\xi) = \xi P_0(\xi)$ と (6.170) 式の漸化式を得る. 同様に, (6.169) 式の両辺を ξ で微分し, t の次数の等しい項を比較することで, $dP_0(\xi)/d\xi = 0, \ dP_1(\xi)/d\xi -$

$2\xi\, dP_0(\xi)/d\xi = P_0(\xi)$,ならびに (6.171) 式の漸化式を得る.

(2) (6.170)式と(6.171)式の漸化式より,$\xi\, dP_l(\xi)/d\xi - dP_{l-1}(\xi)/d\xi - lP_l(\xi) = 0$ と $(\xi^2-1)dP_l(\xi)/d\xi - l\xi P_l(\xi) + lP_{l-1}(\xi) = 0$ の2つの漸化式を得る.これら2つの漸化式のうち,後者を ξ で微分した式に,前者の漸化式を用いることで,(6.172) 式を得る.

(3) (6.172) 式を ξ で $|m|$ 回微分することで,(6.173) 式が得られる.さらに,(6.174) 式を (6.96) 式に代入して得られた式に (6.173) 式を代入すると,(6.96) 式が成立していることが示される.

[**6.8**] (1) $u_{n,l}(r) = r^\lambda$ と仮定し,(6.175) 式に代入すると,$\lambda(\lambda-1) - l(l+1) = 0$ を得る.これを λ について解くと,$\lambda = l+1$ と $\lambda = -l$ を得る.こうして,(6.175) 式の2つの独立な解は,$u_{n,l}(r) = r^{l+1}$ と $u_{n,l}(r) = r^{-l}$ である.なお,物理的に適切な解は,$u_{n,l}(r) = r^{l+1}$ であり,$u_{n,l}(0) = 0$ となる.

(2) $l = 0$ のとき,$V(r) = c/r^\alpha (\alpha < 2,\ c = 定数)$ とすると,(6.126) 式は原点近傍 $(r \sim 0)$ で,$d^2 u_{n,0}(r)/dr^2 - (k/r^\alpha)\, u_{n,0}(r) = 0\ (k \equiv 2mc/\hbar^2)$ となる.この方程式の解を $u_{n,0}(r) = r^\lambda$ と仮定して,これを方程式に代入すると,両辺の r の次数は一致せず,$u_{n,0}(r) = r^\lambda$ のような解は存在しないことがわかる.そこで次に,$u_{n,0}(r)$ をゼロでない定数 g と仮定する $(u_{n,0}(r) = g(\neq 0))$.そうすると,波動関数 $\Psi(\mathbf{r})$ は,$\Psi(\mathbf{r}) = \dfrac{u_{n,0}(r)}{r} Y_{0,0}(\theta,\phi) = \dfrac{g}{r}$ となり,これをシュレーディンガー方程式に代入すると,

$$\nabla^2 \left(\frac{1}{r}\right) = \frac{2m}{\hbar^2} \frac{V(r) - E}{r}$$

を得るが,この式は数学的に不適切である.証明はしないが,数学的に正しい $\nabla^2(1/r)$ の表式は,$\nabla^2(1/r) = -4\pi\delta(\mathbf{r})$ である.このことから,$u_{n,0}(r)$ はゼロでない定数ではなく,$u_{n,l}(0) = 0$ である.

[**6.9**] (1) (6.176) 式の左辺をマクローリン展開すると,

$$\frac{\exp\left(-\dfrac{zt}{1-t}\right)}{1-t} = \sum_{m=0}^{\infty} \frac{(-1)^m}{m!} \frac{z^m t^m}{(1-t)^{m+1}}$$

となる.ここで,$1/(1-t)^{m+1} = \sum_{r=0}^{\infty} \{(m+r)!/r!m!\}\, t^r$ のように展開すると,

$$\frac{\exp\left(-\dfrac{zt}{1-t}\right)}{1-t} = \sum_{m=0}^{\infty} \sum_{r=0}^{\infty} \frac{(-1)^m (m+r)!}{r!(m!)^2} z^m t^{m+r} = \sum_{n=0}^{\infty} \sum_{m=0}^{n} \frac{(-1)^m n!}{(n-m)!(m!)^2} z^m t^n$$

となる.ただし,2番目の等号で,$m+r \to n$ と置き換えた.こうして,(6.176)

第 7 章

式の両辺を t の次数の等しい項を比較して，(6.177) 式が得られる．また，(6.178) 式のロドリゲスの公式に，高次微分に対するライプニッツの公式

$$\frac{d^n}{dz^n}(fg) = \sum_{k=0}^{n} \frac{n!}{(n-k)!k!} f^{(n-k)} g^{(k)}$$

を用いると，(6.177) 式が得られる．

（2） (6.176) 式の両辺を z で微分し，t の次数の等しい項を比較することで，$dL_0(z)/dz = 0$ と (6.179) 式を得る．同様に，(6.176) 式の両辺を t で微分し，t の次数の等しい項を比較することで，$L_1(z) - (1-z)L_0(z) = 0$, $L_2(z) - (3-z)L_1(z) + L_0(z) = 0$ と (6.180) 式を得る．

（3） (6.180) 式を z で微分した式に，(6.179) 式に n を掛けた式と (6.179) 式で $n \to n+1$ を掛けた式を代入することで，$z\{dL_n(z)/dz\} - nL_n(z) + n^2 L_{n-1}(z) = 0$ を得る．この漸化式を z で微分した式に，再びこの漸化式と (6.180) 式を用いることで，(6.181) 式を得る．

（4） (6.181) 式を z で m 回微分することで，(6.182) 式が得られる．この式に $L_n^m(z) = d^m L_n(z)/dz^m$ を代入すると (6.154) 式になる．

[**6.10**] 動径波動関数 $u_{n,l}(r)$ に (6.135) 式の規格化条件を課すと，

$$\int_0^\infty |u_{n,l}(r)|^2 dr = a|N_{n,l}|^2 \int_0^\infty e^{-\frac{2\rho}{n}} \rho^{2l+2} \left[L_{n+l}^{2l+1}\left(\frac{2\rho}{n}\right)\right]^2 d\rho = 1$$

となる．これに，ラゲールの陪多項式に対する直交関係式を用いることで，(6.158) 式を得る．

[**6.11**] 水素原子に束縛された電子の位置の不確定さ Δx は軌道半径 r 程度であり，運動量の不確定さ Δp は電子のもつ運動量 p 程度である．したがって，不確定性関係は $rp \sim \hbar$ と表されるので，水素原子のエネルギーは，

$$E \sim \frac{\hbar^2}{2mr^2} - \frac{e^2}{4\pi\varepsilon_0} \frac{1}{r}$$

となる．$dE/dr = 0$ より，エネルギー E を最小にする軌道半径 r を計算すると，$r = 4\pi\varepsilon_0 \hbar^2/me^2 \equiv a_B$（ボーア半径）となり，エネルギーは，以下のようになる．

$$E = -\frac{me^4}{16\pi^2 \varepsilon_0^2 \hbar^2}$$

第 7 章

[**7.1**] $|\Psi_{1,\cdots,N}(\xi_1, \xi_2, \cdots, \xi_N)|^2$ を題意に従ってラプラス展開を行ない，3番目から N 番目の電子の位置座標およびスピン座標を合わせた座標 ξ について積分をすると（$\int d\xi$ の意味は (7.54) 式の下の説明をみよ），

$$\iint \cdots \int |\Psi_{1,\cdots,N}(\xi_1, \xi_2, \cdots, \xi_N)|^2 d\xi_3 d\xi_4 \cdots d\xi_N$$
$$= \frac{2}{N(N-1)} \frac{\sum_{j<k}\{\phi_j(\xi_1)\phi_k(\xi_2) - \phi_k(\xi_1)\phi_j(\xi_2)\}^2}{2} \quad (1)$$

が得られる. これは電子 1 が ξ_1 に, 電子 2 が ξ_2 にいる確率を表す. この式をさらに ξ_2 について積分をすれば,

$$\iint \cdots \int |\Psi_{1,\cdots,N}(\xi_1, \xi_2, \cdots, \xi_N)|^2 d\xi_2 d\xi_3 d\xi_4 \cdots d\xi_N = \frac{1}{N}\sum_j |\phi_j(\xi_1)|^2 \quad (2)$$

となるが, これは電子 1 が ξ_1 にいる確率を表す.

(7.68) 式のハミルトニアン $H(1, 2, \cdots, N)$ は, 1 個ずつの電子に関する項と, 2 個の電子の座標の関数である項の和であり, 電子はすべて同等であるから,

$$\int \Psi_{1,\cdots,N}{}^*(\xi_1, \xi_2, \cdots, \xi_N) H(1, 2, \cdots, N) \Psi_{1,\cdots,N}(\xi_1, \xi_2, \cdots, \xi_N) d\xi_1 d\xi_2 d\xi_3 \cdots d\xi_N$$
$$= \sum_k \int \phi_k^*(\xi_1) H_0(\xi_1) \phi_k(\xi_1) d\xi_1$$
$$+ \sum_{j<k} \frac{1}{2} \iint \{\phi_j(\xi_1)\phi_k(\xi_2) - \phi_k(\xi_1)\phi_j(\xi_2)\} v(r_1 - r_2) dv_1 dv_2 \quad (3)$$

と書くことができる. $H_0(\xi_1)$ と $v(r_1 - r_2)$ の関数形は, それぞれ (7.71) 式と (7.72) 式に与えられる.

(3) の式をブラケットの記号で書けば, (7.80) 式となる.

[**7.2**] H_F がエルミート演算子であることに留意すれば, 第 4 章 4.2.3 項の (4.47) 式から (4.51) 式までの Q を H_F とおくことによって, (4.51) 式の結論で証明されたことになる.

[**7.3**] (1) $\boldsymbol{l}\cdot\boldsymbol{s} = l_x s_x + l_y s_y + l_z s_z$, (7.8) 式の $[\boldsymbol{s}^2, s_x] = [\boldsymbol{s}^2, s_y] = [\boldsymbol{s}^2, s_z] = 0$, および (6.15) 式の $[\boldsymbol{l}^2, l_x] = [\boldsymbol{l}^2, l_y] = [\boldsymbol{l}^2, l_z] = 0$ より, $[\boldsymbol{l}^2, H] = 0$, $[\boldsymbol{s}^2, H] = 0$ である.

(2) $[\boldsymbol{l}\cdot\boldsymbol{s}, l_z] = [\boldsymbol{l}, l_z]\cdot\boldsymbol{s} = [l_x, l_z]\cdot s_x + [l_y, l_z]\cdot s_y = -i\hbar l_y s_x + i\hbar l_x s_y \quad (1)$
$\qquad [\boldsymbol{l}\cdot\boldsymbol{s}, s_z] = [\boldsymbol{s}, s_z]\cdot\boldsymbol{l} = -i\hbar s_y l_x + i\hbar s_x l_y \quad (2)$

(1) と (2) より

$$[\boldsymbol{l}\cdot\boldsymbol{s}, l_z + s_z] = -i\hbar l_y s_x + i\hbar l_x s_y - i\hbar s_y l_x + i\hbar s_x l_y = 0 \quad (3)$$

である. j_x, j_y 成分についても同様に交換関係が成り立つから, 結局,

$$[\boldsymbol{l}\cdot\boldsymbol{s}, \boldsymbol{l} + \boldsymbol{s}] = 0 \quad (4)$$

である.

(3) $\boldsymbol{j}^2 = (\boldsymbol{l} + \boldsymbol{s})^2$ より, これを変形して, 以下の式を得る.

$$\boldsymbol{l}\cdot\boldsymbol{s} = \frac{1}{2}(\boldsymbol{j}^2 - \boldsymbol{l}^2 - \boldsymbol{s}^2) = \frac{1}{2}\left\{j(j+1) - l(l+1) - \frac{3}{4}\right\} \quad (5)$$

第 8 章

全角運動量の量子数 j としては, $l+1/2$ と $l-1/2$ が可能である. $j = l+1/2$ を (5) 式に代入すると,

$$\boldsymbol{l}\cdot\boldsymbol{s} = \frac{1}{2}\left\{\left(l+\frac{1}{2}\right)\left(l+\frac{3}{2}\right) - l(l+1) - \frac{3}{4}\right\}\hbar^2 = l\hbar^2 \tag{6}$$

他方, $j = l-1/2$ を (5) 式に代入すると,

$$\boldsymbol{l}\cdot\boldsymbol{s} = \frac{1}{2}\left\{\left(l-\frac{1}{2}\right)\left(l+\frac{1}{2}\right) - l(l+1) - \frac{3}{4}\right\} = -(l+1)\hbar^2 \tag{7}$$

以上の結果をまとめて, H_{SO} のエネルギー固有値は,
  (a) 全角運動量の値 $j = l+1/2$ に対して, $l\lambda\hbar^2$
  (b) 全角運動量の値 $j = l-1/2$ に対して, $-(l+1)\lambda\hbar^2$
となる.

第 8 章

[**8.1**]
$$\hat{\boldsymbol{S}}^2 = (\hat{\boldsymbol{s}}_1 + \hat{\boldsymbol{s}}_2)^2 = \hat{\boldsymbol{s}}_1^2 + \hat{\boldsymbol{s}}_2^2 + 2\hat{\boldsymbol{s}}_1\cdot\hat{\boldsymbol{s}}_2 \tag{1}$$

である. まず, $S=1$ (スピン 3 重項) の固有関数 $|X_{\mathrm{S}=1,M\mathrm{s}=1}\rangle$ によって (1) 式の期待値を計算する.

(1) 式右辺は

$$\langle X_{\mathrm{S}=1,M\mathrm{s}=1}|\hat{\boldsymbol{s}}_1^2 + \hat{\boldsymbol{s}}_2^2 + 2\hat{\boldsymbol{s}}_1\cdot\hat{\boldsymbol{s}}_2|X_{\mathrm{S}=1,M\mathrm{s}=1}\rangle$$
$$= 2\times\frac{1}{2}\left(\frac{1}{2}+1\right)\hbar^2 + \langle X_{\mathrm{S}=1,M\mathrm{s}=1}|2\hat{\boldsymbol{s}}_1\cdot\hat{\boldsymbol{s}}_2|X_{\mathrm{S}=1,M\mathrm{s}=1}\rangle$$
$$= \frac{3}{2}\hbar^2 + \langle X_{\mathrm{S}=1,M\mathrm{s}=1}|2\hat{\boldsymbol{s}}_1\cdot\hat{\boldsymbol{s}}_2|X_{\mathrm{S}=1,M\mathrm{s}=1}\rangle \tag{2}$$

他方, (1) 式の左辺は,
$$\langle X_{\mathrm{S}=1,M\mathrm{s}=1}|\hat{\boldsymbol{S}}^2|X_{\mathrm{S}=1,M\mathrm{s}=1}\rangle = 1\times(1+1) = 2\hbar^2 \tag{3}$$

となり, (2) 式と (3) 式は等しいので, 以下の式を得る.

$$\langle X_{\mathrm{S}=1,M\mathrm{s}=1}|2\hat{\boldsymbol{s}}_1\cdot\hat{\boldsymbol{s}}_2|X_{\mathrm{S}=1,M\mathrm{s}=1}\rangle = +\frac{1}{2}\hbar^2 \tag{4}$$

次に, $S=0$ 状態 (スピン 1 重項) の固有関数 $X_{\mathrm{S}=0,M\mathrm{s}=0}$ を用いると, $H_{\mathrm{S}} = 2K_{\mathrm{eff}}\hat{\boldsymbol{s}}_1\cdot\hat{\boldsymbol{s}}_2$ の期待値は, スピン 3 重項の場合と同じように計算を行なって, 以下の式となる.

$$\langle X_{\mathrm{S}=0,M\mathrm{s}=0}|2\hat{\boldsymbol{s}}_1\cdot\hat{\boldsymbol{s}}_2|X_{\mathrm{S}=0,M\mathrm{s}=0}\rangle = -\frac{3}{2}\hbar^2 \tag{5}$$

以上の結果をまとめて,
  (a) スピン 3 重項状態 ($S=1$) での $H_{\mathrm{S}} = 2K_{\mathrm{eff}}\hat{\boldsymbol{s}}_1\cdot\hat{\boldsymbol{s}}_2$ のエネルギー固有値は,

$\hbar^2 K_{\text{eff}}/2$ である.

 (b) スピン1重項状態 ($S=0$) における $H_\text{S} = 2K_{\text{eff}} \hat{\boldsymbol{s}}_1 \cdot \hat{\boldsymbol{s}}_2$ のエネルギー固有値は, $-3\hbar^2 K_{\text{eff}}/2$ である.

[**8.2**] ハイトラー–ロンドン法による水素分子の電子状態の計算結果で, 重なり積分 $\varDelta = 0$ とおくと, 次の (A), (B) のようになる.

 (A) スピン1重項状態 ($S=0$) のエネルギー $E_\text{S}(R)$ は,
$$E_\text{S}(R)_{\varDelta=0} = 2\varepsilon_\text{H} + J + K \tag{1}$$

 (B) スピン3重項状態 ($S=1$) のエネルギー $E_\text{t}(R)$ は,
$$E_\text{t}(R)_{\varDelta=0} = 2\varepsilon_\text{H} + J - K \tag{2}$$

他方, 章末問題 [8.1] において, $H_\text{S} = 2K_{\text{eff}} \hat{\boldsymbol{s}}_1 \cdot \hat{\boldsymbol{s}}_2$ のエネルギー固有値は, $K_{\text{eff}} = K/\hbar^2$ に選ぶと, 次の (A′), (B′) のようになる.

 (A′) $S=0$ に対して $\dfrac{\hbar^2}{2} K_{\text{eff}} = \dfrac{K}{2}$ (3)

 (B′) $S=1$ に対して $-\dfrac{3}{2}\hbar^2 K_{\text{eff}} = -\dfrac{3}{2} K$ (4)

ハイゼンベルク・ハミルトニアンを $K_{\text{eff}} = K/\hbar^2$ として,
$$H_\text{S} = 2\varepsilon_\text{H} + J + \frac{1}{2} K + 2K_{\text{eff}} \boldsymbol{s}_1 \cdot \boldsymbol{s}_2 \tag{5}$$

とすれば, (A′), (B′) の結果から

 (A″) $S=0$ に対して H_S のエネルギー固有値は,
$$E_\text{S}(S=0)_{\varDelta=0} = 2\varepsilon_\text{H} + J + K \tag{6}$$

 (B″) $S=1$ に対しては,
$$E_\text{S}(S=1)_{\varDelta=0} = 2\varepsilon_\text{H} + J - K \tag{7}$$

となり, それぞれ (1) 式, (2) 式と一致する.

[**8.3**] 単純な計算なので, ここでは計算をする際のヒントを与える. ハミルトニアン (8.2) 式がハミルトニアン (8.3) 式と (8.6) 式の和であること,
$$H((8.2)\text{式}) = H_0((8.3)\text{式}) + V_{\text{int}}((8.6)\text{式})$$

および
$$H_a \phi_a(\boldsymbol{r}_1) = \varepsilon_\text{H} \phi_a(\boldsymbol{r}_1), \qquad H_b \phi_b(\boldsymbol{r}_2) = \varepsilon_\text{H} \phi_b(\boldsymbol{r}_2)$$

を用いれば, 期待値の計算は, 相互作用の演算子 V_{int} をそれぞれの試行関数で計算することに帰せられ, (8.23) 式が容易に得られる.

[**8.4**] 原子では, 軌道関数が直交しているために, 同じ向きのスピンをもつ電子間に交換相互作用がはたらいて, エネルギーが低くなる (フントの規則). 2電子の場合には, スピン3重項 ($S=1$) が基底状態になる. 他方, 分子では, 軌道関数が直交していないために ($\varDelta \neq 0$), フントの規則が成り立たない. したがって,

基底状態は $S=0$ となる．

[**8.5**] 積分の $\phi_\pm(\boldsymbol{r})$ に (8.5) 式を代入し，$\phi_\mathrm{a}(\boldsymbol{r})$，$\phi_\mathrm{b}(\boldsymbol{r})$ が規格化されていることを用いれば，容易に $\sqrt{2(1\pm\varDelta)}$ が得られる．

第 9 章

[**9.1**] （1）および（2）については，本書の復習であるから解答を本文の中から見付けよ．

（3）
$$p\,\psi(x)=\frac{\hbar}{i}\frac{d}{dx}\{e^{ikx}u(x)\}=\hbar k e^{ikx}u(x)+e^{ikx}\frac{\hbar}{i}\frac{du(x)}{dx}$$
$$=e^{ikx}(\hbar k+p)u(x)$$

（4）シュレーディンガー方程式は $\dfrac{1}{2m}p^2\psi(x)+V(x)\psi(x)=E\psi(x)$ である．
（3）の結果より
$$p^2\psi(x)=e^{ikx}(\hbar k+p)^2 u(x)$$
$$=e^{ikx}\left(\hbar^2 k^2-2i\hbar^2 k\frac{d}{dx}-\hbar^2\frac{d^2}{dx^2}\right)u(x)$$

であるから，シュレーディンガー方程式は
$$e^{ikx}\left(-\frac{\hbar^2}{2m}\frac{d^2}{dx^2}-\frac{i\hbar^2 k}{m}\frac{d}{dx}+\frac{\hbar^2 k^2}{2m}\right)u(x)+e^{ikx}V(x)u(x)=e^{ikx}Eu(x)$$

と書ける．これより (9.12) 式が得られる．

（5）波数 k は (9.12) 式の左辺第 2 項と右辺第 2 項にのみ現れている．そこでの k と k^2 は k の関数として連続であるから，E と $u(x)$ も k の関数として連続である．

第 10 章

[**10.1**] 立方体の系では，(10.8) 式で定義されるベクトル $\boldsymbol{b}_j$ は，立方体の 3 つの辺を x,y,z 軸に選んで
$$\boldsymbol{b}_1=\frac{2\pi}{a}(1,0,0),\quad \boldsymbol{b}_2=\frac{2\pi}{a}(0,1,0),\quad \boldsymbol{b}_3=\frac{2\pi}{a}(0,0,1)$$
と表せる．したがって，上記の $\boldsymbol{b}_1,\boldsymbol{b}_2,\boldsymbol{b}_3$ を用いて (10.6) 式を表すと，
$$\boldsymbol{k}_j=\frac{m_j}{N_j}\boldsymbol{b}_j\quad (j=1,2,3)$$
と表せるから，ベクトルの形式で書けば，(10.9) 式となる．

[**10.2**] $\quad G_m \cdot T_l = (m_1 b_1 + m_2 b_2 + m_3 b_3) \cdot (l_1 a_1 + l_2 a_2 + l_3 a_3)$
$\qquad\qquad\quad = 2\pi(m_1 l_1 + m_2 l_2 + m_3 l_3)$

となる．よって，以下の式を得る．

$$e^{iG_m \cdot T_l} = 1$$

[**10.3**] （1） $\int \phi_k^{(0)*}(r) \phi_k^{(0)}(r)\, dv = |C|^2 V = 1$ より，$C = 1/\sqrt{V}$．
（2） $p\phi_k^{(0)}(r) = -i\hbar \nabla \phi_k^{(0)}(r) = \hbar k$

[**10.4**] 10.7節の説明で，「ほとんど自由な電子の考え方」により，周期ポテンシャルを弱い摂動として，還元ゾーン方式の空格子のバンド構造に取り入れると，バンド中央の $k = 0$，およびバンド端の $k = \mp\pi/a$ に，図のようにバンドギャップが現れる．

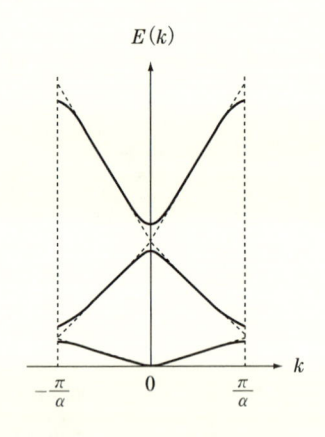

[**10.5**] (1)～(3) に対する答えをまとめて記す．

同じ半導体でも，ドナーの不純物をドープするとn型に，アクセプターの不純物をドープするとp型になるので，1個の単結晶の中に，n領域とp領域を隣り合ってつくることができる (図1(a))．この問題の意味するpn接合は，そのようにしてつくった系と考えると，接合後，図1(b) のように，電子 (図の⊖印) は，フェルミ準位の高いn領域からフェルミ準位の低いp領域へ移動し，ホール (図の⊕印) は，フェルミ準位の低いp領域からフェルミ準位の高いn領域へ移動する (**拡散の流れ**という)．このため，界面付近のp領域では，もともと存在したホールと拡散して入ってきた電子が**再結合**する．また，界面付近のn領域では，もともと存在した電子と拡散して入ってきたホールが再結合する．結果として，界面付近には，電子もホールも少ない領域ができることになる．これを**空乏層**という (図2)．

(4) と (5) の答えをまとめて記す．

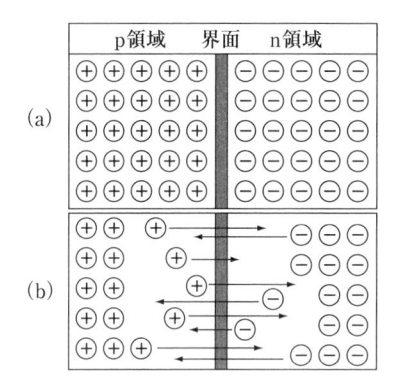

図1 (a) 接合直前
(b) 接合直後

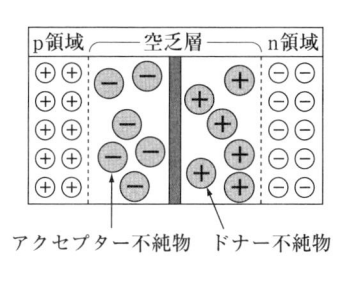

図2

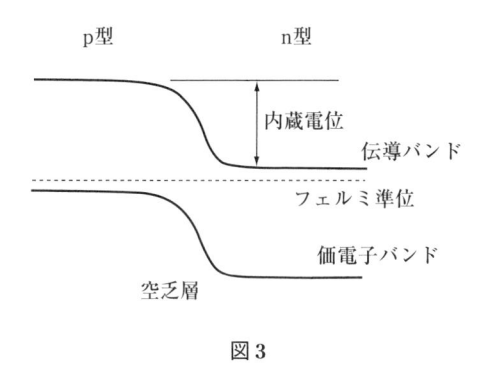

　空乏層で電荷が存在しないかどうかを確認すると，(ヒント)により，電荷は存在する．空乏層のn領域では，もともとは，負の電荷をもつ電子とイオン化したドナー不純物があって中性であったので，電子が再結合していなくなると，正の電荷をもつドナーが残る．また，(ヒント)にあるように，空乏層のp領域では，もともとは，正の電荷をもつホールとイオン化したアクセプター不純物があって中性であったので，ホールが再結合していなくなると，負の電荷をもつアクセプターが残る．この結果，図2のように，界面を挟んで**電気2重層**ができる．電荷が存在することを強調して，空乏層を**空間電荷層**とよぶこともある．

図3

(6) 答えを図3に示す．この図の説明であるが，電気2重層が形成された結果，電子とホールをそれぞれn領域とp領域に引き戻そうとする**内蔵電位**(拡散電位ともいう)が生まれる．この内蔵電位の発生に従って，電子をn領域に，またホールをp領域に戻そうとするドリフト電流も発生する．しかし，n領域とp領域のフェルミ準位が図3のように等しくなれば，再結合による拡散の流れと内蔵電位によるドリフト電流がつり合って，それ以上の変化はなくなる．

［補足説明］ 好奇心の旺盛な学生諸君は，「この pn 接合から LED (**発光ダイオード**) のデバイスがどのようにつくられるか」について知りたいと思うであろう．ここで，その好奇心に簡単に答えておく．pn 接合の p 型半導体に電池のプラス極を，また n 型半導体に電池のマイナス極を付けて電圧を掛けると (**順方向バイアスとよぶ**)，マイナス極から電子が n 型半導体に入り込み，n 型半導体の電子は電池から供給されたエネルギーをもって入ってきた電子に押されて，空乏層を通して p 領域に動いていく．また，p 型半導体のホールは電池から供給されたエネルギーをもって入ってきたホールに押されて，空乏層を通して n 領域に動いていく．すなわち，外部バイアスによってつくられる電場が内蔵電位を弱めるために，p 領域からホールが n 領域に，また n 領域から電子が p 領域に流れ，その際，pn 接合の付近で，バンドギャップを越えて電子とホールが再結合をする．

この再結合のときに，バンドギャップにほぼ相当するエネルギーが光として放出される．放出される光の波長は，半導体材料によって決められる．バンドギャップエネルギーが大きい GaN 半導体であれば，青色の光が放出される．これが，青色発光ダイオードである．

第 11 章

［**11.1**］ (11.26) 式より，1 次摂動の範囲での基底エネルギー E は，$E = (1/2)\hbar\omega + H'_{0,0}$ と与えられる．$H'_{0,0}$ は $H'_{0,0} = \int_{-\infty}^{\infty} \phi_0^* \hat{H}' \phi_0 dx = c \int_{-\infty}^{\infty} \phi_0^* x^4 \phi_0 dx$ であり，ϕ_0 は (5.78) 式の真空状態であるから，

$$H'_{0,0} = \frac{c}{\alpha\sqrt{\pi}} \int_{-\infty}^{\infty} x^4 \exp\left(-\frac{x^2}{\alpha^2}\right) dx = \frac{3\alpha^3}{4}$$

である．ここで，積分公式 $\int_{-\infty}^{\infty} x^4 \exp(-kx^2) dx = (3/4)\sqrt{\pi} k^{-3/2}$ を用いた．

［**11.2**］ 電荷 Ze (Z は自然数) をもつ原子核に束縛された電子の基底状態は $\phi_{1s}(\boldsymbol{r}) = \sqrt{\frac{Z^3}{\pi\alpha^3}} \exp\left(-\frac{Zr}{\alpha}\right)$，基底エネルギーは $\varepsilon_{1s} = Z^2\left(-\frac{me^4}{8\varepsilon_0^2 h^2}\right)$ で与えられる．$Z = 2$ のヘリウム原子の場合には，電荷 $2e$ の原子核に電子が 2 つ束縛されているので，電子間のクーロン相互作用のない非摂動系の基底状態は $\Psi_0(\boldsymbol{r}_1, \boldsymbol{r}_2) = \phi_{1s}(\boldsymbol{r}_1) \phi_{1s}(\boldsymbol{r}_2)$ で与えられ，そのエネルギー E_0 は $E_0 = 2\varepsilon_{1s}$ である．1 次摂動の範囲での基底エネルギー E は，$E = 2\varepsilon_{1s} + H'_{0,0}$ である．ここで，$H'_{0,0}$ は

$$H'_{0,0} = \frac{e^2}{4\pi\varepsilon_0} \int\int \Psi_0^*(\boldsymbol{r}_1, \boldsymbol{r}_2) \frac{1}{|\boldsymbol{r}_1 - \boldsymbol{r}_2|} \Psi_0(\boldsymbol{r}_1, \boldsymbol{r}_2) dV_1 dV_2$$

である．計算の詳細は省略するが，この積分は解析的に実行でき，$H'_{0,0} = -(5/4Z) E_0$

となる．

[**11.3**] 電場の大きさを E とすると，摂動ハミルトニアンは $\widehat{H}' = -eEz$ で与えられる．水素原子の 1s 軌道，2s 軌道，2p 軌道（3 重縮退）の波動関数を用いて行列要素 $H'_{m,n}$ をそれぞれ計算すると，対角成分は $H'_{1s,1s} = H'_{2s,2s} = H'_{2p,2p} = 0$ となる．一方，非対角成分 $H'_{2s,2p}$ は，磁気量子数 m が $m = \pm 1$ のときには $H'_{2s,2p} = 0$ であるが，$m = 0$ のときには $H'_{2s,2p} = -3eaE$ となる．したがって，電場を加えたことで，2s 軌道と $m = 0$ の 2p 軌道が混成し，縮退していたそれらのエネルギー準位は分裂する．この分裂したエネルギー $E_{\pm}$ は，$H'_{2s,2p}$ を (11.49) 式に代入することで，$E_{\pm} = \varepsilon_2 \pm 3eaE$ となる．ここで，ε_2 は電場がない場合の水素原子の $n = 2$ に対するエネルギーである．

第 12 章

[**12.1**] マクスウェル方程式のうち，ファラデーの法則とアンペール‐マクスウェルの法則に (12.1) 式を代入すると，次の 2 つの式

$$-\frac{1}{c}\nabla^2\phi(\boldsymbol{r},t) - \nabla\cdot\frac{1}{c}\frac{\partial \boldsymbol{A}(\boldsymbol{r},t)}{\partial t} = \mu_0\rho(\boldsymbol{r},t)c$$

$$\nabla\left(\frac{1}{c^2}\frac{\partial\phi(\boldsymbol{r},t)}{\partial t} + \nabla\cdot\boldsymbol{A}(\boldsymbol{r},t)\right) + \left(\frac{1}{c^2}\frac{\partial^2}{\partial t^2} - \nabla^2\right)\boldsymbol{A}(\boldsymbol{r},t) = \mu_0\boldsymbol{j}(\boldsymbol{r},t)$$

が得られる．ここで，μ_0 は真空の透磁率，c は光速度である．電荷密度 $\rho(\boldsymbol{r},t)$ と電流密度 $\boldsymbol{j}(\boldsymbol{r},t)$ がいずれもゼロ（$\rho(\boldsymbol{r},t) = 0$, $\boldsymbol{j}(\boldsymbol{r},t) = 0$）であり，$\nabla\cdot\boldsymbol{A}(\boldsymbol{r},t) = 0$ と $\phi(\boldsymbol{r},t) = 0$ を同時に満たすゲージを選んだ場合，$\boldsymbol{A}(\boldsymbol{r},t)$ は (12.3) 式に従う．

[**12.2**] ハミルトンの正準方程式の第 1 式から

$$\frac{dx_i}{dt} = \frac{\partial H}{\partial p_i} = \frac{1}{m}\{p_i - qA_i(\boldsymbol{r},t)\}$$

が得られ，第 2 式から

$$\frac{dp}{dt} = -\frac{\partial H}{\partial x_i} = \frac{q}{m}\{p_k - qA_k(\boldsymbol{r},t)\}\frac{\partial A_k(\boldsymbol{r},t)}{\partial x_i} - q\frac{\partial \phi(\boldsymbol{r},t)}{\partial x_i}$$

が得られる．これら 2 式から，

$$m\frac{d^2x_i}{dt^2} = q\left\{-\frac{\partial\phi(\boldsymbol{r},t)}{\partial x_i} - \frac{\partial A_i(\boldsymbol{r},t)}{\partial t}\right\} + q\left\{\frac{\partial A_k(\boldsymbol{r},t)}{\partial x_i}\frac{dx_k}{dt} - \frac{\partial A_i(\boldsymbol{r},t)}{\partial x_k}\frac{dx_k}{dt}\right\}$$

を得る．この式に (12.1) 式を用いると，$m(d^2x_i/dt^2) = qE_i + q(d\boldsymbol{r}/dt \times \boldsymbol{B})_i$ となる．これは，ローレンツ力 $\boldsymbol{F} = q\boldsymbol{E} + q(d\boldsymbol{r}/dt) \times \boldsymbol{B}$ のもとで運動する電荷 q の荷電粒子に対するニュートンの運動方程式（の i 成分）である．

[**12.3**] ゲージ変換 (12.2) 式を施した後のシュレーディンガー方程式は，

$$i\hbar \frac{\partial \Psi'(\boldsymbol{r},t)}{\partial t} = H'\Psi'(\boldsymbol{r},t), \qquad H' = \frac{1}{2m}(\widehat{\boldsymbol{p}} - q\boldsymbol{A}')^2 - q\phi'$$

である．ゲージ変換後の波動関数 $\Psi'(\boldsymbol{r},t)$ は，ゲージ変換前の波動関数 $\Psi(\boldsymbol{r},t)$ と同じ確率密度 $|\Psi'(\boldsymbol{r},t)|^2 = |\Psi(\boldsymbol{r},t)|^2$ を与えるはずなので，$\Psi'(\boldsymbol{r},t) = e^{i\chi(\boldsymbol{r},t)}\Psi(\boldsymbol{r},t)$ で与えられる．これを，上記のシュレーディンガー方程式に代入し，$\Psi(\boldsymbol{r},t)$ がゲージ変換前のシュレーディンガー方程式 (12.35) 式を満足すること（ゲージ不変性）を要請すると，位相 $\chi(\boldsymbol{r},t)$ は，$\chi(\boldsymbol{r},t) = -(q/\hbar)\theta(\boldsymbol{r},t)$ であることが示される．

[**12.4**] (12.44) 式の始状態 $|A(\boldsymbol{r},t)\rangle$ と (12.46) 式の終状態 $|B(\boldsymbol{r},t)\rangle$ を用いて，$H'_{\text{int}} = (e/m)\widehat{\boldsymbol{p}}\cdot\widehat{\boldsymbol{A}}$ の行列要素 $H'_{BA} = \int_v \langle B(\boldsymbol{r},t)|\widehat{\boldsymbol{p}}\cdot\widehat{\boldsymbol{A}}|A(\boldsymbol{r},t)\rangle\,dv$ を計算する．$\widehat{\boldsymbol{A}}$ に (12.30) 式を代入し，(12.51) 式と (12.52) 式を用いると，(12.50) 式を得る．

[**12.5**] ここでは，遷移双極子モーメントの x 成分

$$\mu_{BA}^x = -e\int_v \psi_B^*(\boldsymbol{r})\,x\,\psi_A(\boldsymbol{r})\,dv$$
$$= -eN_{l_B,m_B}N_{l_A,m_B}\int_0^\infty R_{n_B,l_B}(r)\,r^3\,R_{n_B,l_B}(r)\,dr$$
$$\times \int_0^\pi P_{l_B}^{|m_B|}(\theta)\sin\theta\,P_{l_A}^{|m_A|}(\theta)\sin\theta\,d\theta \int_0^{2\pi} \cos\phi\,e^{i(m_B-m_A)\phi}\,d\phi$$

を考える．ここで，$x = r\sin\theta\cos\phi$ を用いた．(12.69) 式の r に関する積分は $\int_0^\infty R_{n_B,l_B}(r)\,r^3\,R_{n_B,l_B}(r)\,dr \neq 0$ である．一方，(12.69) 式の θ に関する積分は

$$\cos\theta\,P_l^{|m|}(\theta) = \frac{1}{2l+1}\{P_{l+1}^{|m|+1}(\theta) - P_{l-1}^{|m|+1}(\theta)\}$$

の関係式を用いることで

$$\int_0^\pi P_{l_B}^{|m_B|}(\theta)\cos\theta\,P_{l_A}^{|m_A|}(\theta)\sin\theta\,d\theta$$
$$= \frac{1}{2l_A+1}\left\{\int_{-1}^1 P_{l_B}^{|m_B|}(\xi)\,P_{l_A+1}^{|m_A|}(\xi)\,d\xi - \int_{-1}^1 P_{l_B}^{|m_B|}(\xi)\,P_{l_A-1}^{|m_A|}(\xi)\,d\xi\right\}$$

となる．ここで $\xi = \cos\theta$ に変数変換した．したがって，この積分がゼロにならないためには，(6.107) 式のルジャンドルの陪多項式の直交性より，$l_B = l_A \pm 1$ かつ $|m_B| = |m_A|$ でなければならない．

また，(12.69) 式の ϕ に関する積分は

$$\int_0^{2\pi}\cos\phi\,e^{i(m_B-m_A)\phi}\,d\phi = \frac{1}{2}\left[\int_0^{2\pi}\cos\phi\,e^{i(m_B-m_A+1)\phi}\,d\phi + \int_0^{2\pi}\sin\phi\,e^{i(m_B-m_A-1)\phi}\,d\phi\right]$$
$$= \pi(\delta_{m_B,m_A-1} + \delta_{m_B,m_A+1})$$

であるから，この積分は $m_B = m_A \pm 1$ の場合を除いてゼロである．こうして，

$l_B = l_A \pm 1$ かつ $m_B = m_A \pm 1$ のとき $\mu_{BA}^x \neq 0$ となる.

一方,y 成分 (μ_{BA}^y) についても同様の計算を行なうことで,$l_B = l_A \pm 1$ かつ $m_B = m_A \pm 1$ のとき $\mu_{BA}^y \neq 0$ を得る.

第 13 章

[13.1] r と $\boldsymbol{R}_j$ ($j = 1, 2, 3, 4, 5, 6$) の極座標を,それぞれ (r, θ, ϕ) と (a, θ_j, ϕ_j) とするとき,$r < a$ として $1/|\boldsymbol{R}_j - \boldsymbol{r}|$ は,第6章で学んだ球面調和関数 $Y_{l,m}(\theta, \phi)$ を用いて,

$$\frac{1}{|\boldsymbol{R}_j - \boldsymbol{r}|} = \sum_{l=0\sim\infty} \sum_{m=l\sim-l} \frac{4\pi}{2l+1} \frac{r^l}{a^{l+1}} Y_{l,m}(\theta, \phi) Y_{l,m}(\theta_j, \phi_j) \tag{1}$$

と展開できる.

$Y_{l,m}{}^*(\theta_j, \phi_j)$ は,$Y_{l,m}(\theta_j, \phi_j)$ の複素共役で,$(-1)^m Y_{l,-m}{}^*(\theta_j, \phi_j)$ に等しい.

$(\theta_1, \phi_1), \cdots, (\theta_6, \phi_6)$ は,それぞれ $(\pi/2, 0)$,$(\pi/2, \pi/2)$,$(0, \phi)$,$(\pi/2, \pi)$,$(\pi/2, 3\pi/2)$,(π, ϕ) であるから,6.4節で学んだ球面調和関数の (θ, ϕ) に,それぞれこれらの数値を代入すれば,

$$V_{\mathrm{lig}}(\boldsymbol{r}) = \sum_{j=1\sim6} \frac{Ze^2}{|\boldsymbol{R}_j - \boldsymbol{r}|} = \frac{6Ze^2}{a} + \sqrt{\frac{49}{18}} \frac{Ze^2 r^4}{a^5} \{Y_{0,0}(\theta, \phi)$$
$$+ \sqrt{\frac{5}{14}} \{Y_{4,4}(\theta, \phi) + Y_{4,-4}(\theta, \phi)\} \tag{2}$$

が得られる.ただし,6.4節では,球面調和関数の具体的な関数形は $l=2$ までしか与えていないので,$l=4$ の関数形については,例えば,「配位子場理論とその応用」(上村 洸,菅野 暁,田辺行人 著,裳華房)の第2章2-1表を参照してほしい.

次に,極座標と直交座標の関係

$$x = r\sin\theta\cos\phi, \quad y = r\sin\theta\sin\phi, \quad z = r\cos\theta$$

を用いて,球面調和関数の部分を直交座標で表せば,

$$V_{\mathrm{lig}}(\boldsymbol{r}) = \frac{6Ze^2}{a} + D\left(x^4 + y^4 + z^4 - \frac{3}{5}r^4\right) \tag{3}$$

となる.ここで,

$$D = \frac{35\, Ze}{4a^5} \tag{4}$$

である.また,問題にある V_0 は,ここでの計算で $V_0 = 6Ze^2/a$ であることも明らかになった.

[13.2] 恒等操作と回転の対称操作の総数は,表13.1 から 24 個である.また,反転の対称操作も加えると,反転と回転の合同操作に対しても正八面体は元の正八

面体に重ねることができるので,反転と回転との合同操作も加えて,対称操作の総数は48個となる.各自,図13.2を見ながら数えてみよ.

[**13.3**]

(条件1の証明)
$$\hat{B} \times \hat{A} = \hat{C}_2(x) \times \hat{C}_4(x) = \hat{C}_4^2(x) \times \hat{C}_4(x) = \hat{C}_4^3(x) \tag{1}$$
となり,群の要素の1つである.

(条件2の証明)

(1) (i) z軸の周りの$\pi/2$の回転$\hat{C}_4(z)(=\hat{B})$に続けてy軸の周りの$\pi/2$の回転$\hat{C}_4(y)(=\hat{A})$を行なうと,この積ABの操作は,図13.2の立方体の体対角線の1つ,正八面体の原点から,x,y,zと等しい角度をなす3回対称軸[111]の周りの$2\pi/3$の回転$\hat{C}_3([111])$となり,
$$\hat{C}_4(y) \times \hat{C}_4(z) = \hat{C}_3([111]) \tag{2}$$
となる.

(ii) 題意は,$\hat{C} = \hat{C}_3([111])$であるから,
$$(\hat{A}\hat{B})\hat{C} = \hat{C}_3^2([111]) \tag{3}$$
となる.

(2) (i) $\hat{A}(\hat{B}\hat{C})$の操作に移る.まず積の操作を$\hat{B}\hat{C}$として,$\hat{C}_4(z) \times \hat{C}_3([111])$の操作を行なう.(13.4)式から,$\hat{C}_3([111])$の操作を2つに分けて
$$\hat{C}_4(z) \times \hat{C}_3([111]) = \hat{C}_4(z) \times \hat{C}_4(y) \times \hat{C}_4(z) \tag{4}$$
として,積の操作BCを3回に分けて行なう.

さて,(2)式により,(4)式の$\hat{B}\hat{C}$の操作を電子の位置rに対して順に行なうこととする.式で書くとわかりにくいので,図を用いて,(4)式の変換の過程を説明する.

最初に,電子の位置rを図13.1に記された1,2,3,4,5,6の番号の配位子に置く.図の中の一番左の図である.まず(13.6)式の回転操作のうち,一番右側の$\hat{C}_4(z)$を$r=1,2,3,4,5,6$に対して行なうと,z軸の周りの$\pi/2$の正の向きの回転で,1,2,4,5が動いて,図の中の左から2番目の図の位置r'となる.

次に,y軸の周りの$\pi/2$の正の向きの回転$\hat{C}_4(y)$により,左から2番目の図の位置r'は,図の中の左から3番目の図の配置r''となる.次に$\hat{B}$の対称操作$\hat{C}_4(z)$を左から3番目の図の位置r''に対して行なうと,図の中の右から2番目の図の位置r'''が得られる.

なお,図において,最初の位置$r=1,2,3,4,5,6$に対して,$\hat{B}\hat{C}$の合同操作を行なった
$$r''' = \hat{B}\hat{C}\,r = \hat{C}_4(z) \times \hat{C}_3([111])r$$
の配置4,3,2,1,6,5は,最初の位置$r=1,2,3,4,5,6$に対して,y,z軸の2等分線の周りのπの回転$\hat{C}_2'([011])$を行なった配置と同等であることもわかった.

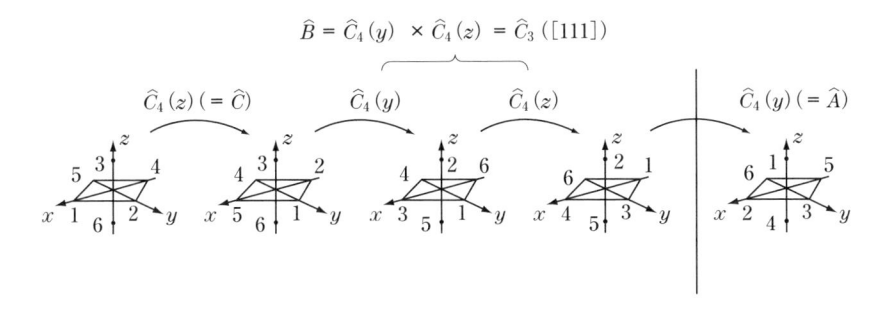

第 13 章

$$\widehat{B} = \widehat{C}_4(y) \times \widehat{C}_4(z) = \widehat{C}_3([111])$$

$\widehat{C}_4(z)\,(=\widehat{C})\qquad \widehat{C}_4(y)\qquad \widehat{C}_4(z)\qquad\qquad \widehat{C}_4(y)\,(=\widehat{A})$

$\boldsymbol{r}^{\mathrm{iv}} = \widehat{A}(\widehat{B}\widehat{C})\boldsymbol{r} = \widehat{C}_4(y)\{\widehat{C}_4(z)\widehat{C}_3([111])\}\boldsymbol{r}$ の計算の図解

(ii) 最後に,$\widehat{A}$ の対称操作 $\widehat{C}_4(y)$ を右から 2 番目の図の位置 $\boldsymbol{r}'''$ に行なうと,図 13.4 の 1 番右の図の位置 $\boldsymbol{r}^{\mathrm{iv}} = 2, 3, 1, 5, 6, 4$ が得られる.ここで,
$$\boldsymbol{r}^{\mathrm{iv}} = \widehat{A}(\widehat{B}\widehat{C})\boldsymbol{r} = \widehat{C}_4(y)\widehat{C}_4(z)\widehat{C}_4(y)\widehat{C}_4(z)\boldsymbol{r} \tag{5}$$
である.

ところで,$\boldsymbol{r}^{\mathrm{iv}} = 2, 3, 1, 5, 6, 4$ の配置は,図における 1 番左の位置 $\boldsymbol{r} = 1, 2, 3, 4, 5, 6$ に対して,$\widehat{C}_3^{\,2}([111])$ の回転操作を行なった結果と同等であるので,
$$(\widehat{A}\widehat{B})\widehat{C} = \widehat{C}_3^{\,2}([111]) \tag{6}$$
となる.(3)式と比べることにより,
$$(\widehat{A}\widehat{B})\widehat{C} = (\widehat{A}\widehat{B})\widehat{C}$$
を証明することができた.

(条件 4 の証明)

例えば,$\widehat{C}_4(z) \times \widehat{C}_4^{\,3}(z) = \widehat{E}$ からわかるように,$\widehat{C}_4(z)$ に対しては,$\widehat{C}_4^{\,3}(z)$ が逆操作である.このように,$\widehat{A}$ には,必ず $\widehat{A}^{-1}$ が存在する.

[**13.4**] これら 3 つの行列は,3 次元空間と 2 次元空間に分かれた特徴をもっているので,$D(C_4(z)) \times D(C_3([111]))$ の計算を実行すれば,$D(C_2([011]))$ になることは容易にわかる.

[**13.5**] [MX_6] d^n 電子系の比較的強度の強い光学遷移は,t_2 軌道から e 軌道への「スピン許容遷移」であることを学んだ.この結果から,図 13.12 (a) の Ti^{3+} イオン ($n = 1$) の吸収スペクトルは,$^2T_2 \Rightarrow {}^2E$ 遷移,図 13.12 (b) の V^{3+} イオン ($n = 2$) の吸収スペクトルで,波数 $18 \times 10^3 \mathrm{cm}^{-1}$ の吸収バンドは,$^3T_1(t_2^{\,2}) \Rightarrow {}^3T_2(t_2 e)$ 遷移,波数 $26 \times 10^3 \mathrm{cm}^{-1}$ の吸収バンドは,$^3T_1(t_2^{\,2}) \Rightarrow {}^3T_1(t_2 e)$ 遷移であることが,13.11.1 項で述べたことからわかる.

索引

ア

アインシュタイン-ド・ブロイの関係式　34
アインシュタインの光量子仮説　20
アクセプター　269
浅いアクセプター準位　270
浅いドナー準位　269

イ

1次元自由電子のシュレーディンガー方程式　43
1電子近似　175
e軌道　330
e_g軌道　330
E_g表現　330
E状態　329
E表現　329
E1放出　311
イオン殻　228
イオン構造　208
位相　39, 78, 94
　——速度　40

ウ

ウィーン定数　11
ウィーンの輻射公式　11
ウィーンの輻射法則　11
ウィーンの変位則　10
ウィーンの変位定数　10
上向きスピンの状態　165
運動量演算子　43
運動量表示　62

エ

A_1表現　329
f軌道　149
LCAO MO法　217
LCAO近似　217
MRI　241
n型半導体　269
s軌道　149
sp^2混成軌道　274
sp^3混成軌道　273
エネルギー演算子　43
エネルギー・ギャップ　230
エネルギー固有値　70
　水素原子の——　151
　無摂動——　277
エネルギー準位　28
エネルギー等分配則　15
エネルギーの量子化　18
エネルギー・バンド　230
エネルギー量子　2, 18
エルミート演算子　68
エルミート化　81
エルミート共役な演算子　68
エーレンフェストの定理　64

オ

O群　330
O_h群　330
オブザーバブル　68, 202

カ

可換　80
殻　195
　イオン——　228
　内——電子　228
　閉——　178, 184, 195
角運動量　116
　——演算子　122
　——保存の法則　118
　軌道——演算子　122
　全——　200
拡散の流れ　362
核磁気共鳴　241
角振動数　39
拡張ゾーン方式　247
確率振幅　76
確率の連続方程式　52
確率波　49
　ボルンの——解釈　48
確率密度　51

索 引

——の流れ 52
重なり積分 212
重ね合わせの原理 67
可視光LED 5
数演算子 110
価電子 228
　——バンド 267
　——バンドの頂上 271
可約表現 329
還元ゾーン方式 247
完全系 74
完備性 75

キ

規格化 48
規格直交関係 73
希ガス 184
基準座標 302
基準振動 302
輝線 25
　——スペクトル 25
　原子の——スペクトル 8
期待値 60
基底状態 28,94
軌道角運動量演算子 122
軌道の量子化 28
軌道量子数 129
希土類元素 197
奇パリティー 99
奇表現 330
基本格子ベクトル 250
逆格子 248

——ベクトル 246
　——基本ベクトル 246
既約表現 329
キャリア密度 267
球対称の系 333
球対称の場 181
球面調和関数 129,135
鏡映対称 217
鏡映面 217
境界条件 90
　周期—— 77,236
共有結合 216
　——の項 220
行列の対角和 332
許容遷移 311
　スピン—— 341
禁止遷移（＝禁制遷移） 335
禁制遷移 311

ク

空間電荷層 363
空格子 261
　——のバンド構造 261
空洞スペクトル 9
空洞輻射 8,9
偶パリティー 98
偶表現 330
空乏層 271,362
クープマンスの定理 193
グラフェン 274
繰り返しゾーン方式 260

クローニッヒ-ペニーモデル 237
クロネッカーのデルタ 73,246
クーロン積分 193,214
群 321
　——速度 265
　——の表現 329
　C_i—— 330
　O—— 330
　O_h—— 330
　点—— 321
　有限—— 321

ケ

ゲージ変換 300
ゲージ普遍性 94
結合エネルギー 142
結合軌道 220
　反—— 220
結合πバンド 274
　反—— 274
結晶場エネルギー 256
ケットベクトル 185
原子の輝線スペクトル 8
元素の周期表 197

コ

交換関係 80
交換子 80
交換積分 193,214
交換相互作用の項 191
交換ポテンシャル 192
光子 20,202,299

索引

——の数演算子 304
電子と——の相互作用 307
格子間隔 248
格子点 248
光電効果 8, 20, 21
光電子 21
恒等表現 329
光量子 20
——仮説 21
固有関数 70
固有状態 70
　同時—— 88
固有値 70
　——方程式 70
コンプトン散乱 22

サ

再結合 362
錯体 317
座標表示 62
散乱状態 91

シ

σ 軌道 274
σ 結合 274
C_i 群 330
g 因子 162
紫外発散問題 16
時間に依存しないシュレーディンガー方程式 46
時間に依存しない摂動論 278
時間に依存する摂動論 278

磁気回転比 162
磁気共鳴画像装置(MRI) 4
磁気量子数 129
自己共役演算子 68
仕事関数 22
自然放出 310
下向きスピンの状態 165
指標の表 332
周期境界条件 77, 236
周期ポテンシャル 229
自由電子 259
　——状態 249
　1次元——のシュレーディンガー方程式 43
縮重 73
縮退 73
シュタルク効果 297
シュテファン-ボルツマンの法則 30
主量子数 28, 140, 147
シュレーディンガー描像 155
順方向バイアス 364
昇降演算子 119, 125
状態の重ね合わせの原理 67
状態ベクトル 201
消滅演算子 110
真空状態 108
真空の透磁率 161, 199
振動数条件 27

振幅 39
　確率—— 76

ス

水素原子のエネルギー固有値 151
水素原子の自然放出の選択則 312
水素原子の波動関数 151
スピン 159, 201
　——1重項 211, 340
　——3重項 211, 339
　——角運動量 162
　——関数 164
　——軌道 170
　——軌道相互作用 200, 201
　——軌道相互作用の定数 200
　——許容遷移 341
　——禁止遷移 341
　——座標 159, 164
　——多重度 198
　上向き——の状態 165
　下向き——の状態 165
スペクトル分布 1

セ

正孔 267, 268
正準共役 81
正準交換関係 82
生成演算子 110

索　引

正八面体群　321
赤外線発光ダイオード　4
絶縁体　266
摂動展開　280
摂動ハミルトニアン　277
　　無 ——　277
摂動論　276
　　時間に依存しない ——　278
　　時間に依存する ——　278
零点エネルギー　95
遷移　27, 291
　　—— 確率　291
　　—— 双極子モーメント　311
　　許容 ——　311
　　禁示 ——　335
　　禁制 ——　311
　　電気双極子 —— の選択則　334
全角運動量　200
前期量子論　29
線形演算子　67
線形結合（LCAO）近似　217, 254
選択則　294, 311
　　水素原子の自然放出の ——　312

ソ

束縛条件　91
束縛状態　91
　　非 ——　91

タ

第1次（鉄族）遷移元素　197
第2次（パラジウム族）遷移元素　197
第3次（白金族）遷移元素　197
対角行列　168
対称性の低下　333
対称操作　319
多重項　198
多体系　157
単位胞　236, 245, 247
断熱近似　206
断熱ポテンシャル　204

チ

中心力ポテンシャル　116
超伝導　345
調和近似　104
調和振動子ポテンシャル　105

ツ

つじつまの合った解　181
つじつまの合った場　181

テ

d 軌道　149
t_2 軌道　330
t_{2g} 軌道　330

T_2 状態　330
T_2 表現　329
T_{2g} 表現　330
定常状態　27, 90
ディラック定数　34
ディラック電子　275
ディラックのデルタ関数　74
ディラック方程式　201
電気双極子遷移の選択則　334
電気双極子放出　311
電気2重層　363
点群　321
電子間のクーロン斥力ポテンシャル　159
電子相関　209, 226
電子対結合　216
電子と光子の相互作用　307
電子配置　178, 195
　　—— 間相互作用の方法　223
電磁場の量子化　305
伝導バンド　266, 267
　　—— の底　271

ト

動径量子数　147
同時固有状態　88
同値変換　332
ドナー　267
　　—— 電子　268
　　—— のイオン化エネルギー　268

索引

浅い――準位 269
跳び移り積分 219, 256
ドーピング 267
ド・ブロイ波長 34
トランジスタ 3
　――の世紀 4
トンネル効果 103

ナ

内殻電子 228
内蔵電位 363

ニ

2次元グラファイト 274

ハ

π 軌道 274
π 電子 274
π バンド 274
　結合―― 274
　反結合―― 274
配位空間 157
配位子 317
　――場 317
配位点 158
媒質 39
ハイゼンベルク演算子 155
ハイゼンベルクの運動方程式 156
ハイゼンベルクの不確定性関係 86
ハイゼンベルク描像 155

ハイトラー－ロンドン（近似）法 206
パウリ行列 167
パウリの原理 170, 171
パウリの排他律 171
波数 39, 234
　――ベクトル 235
発光ダイオード (LED) 4, 364
波動関数 41
　水素原子の―― 151
波動方程式 40
波動量 39
ハートリー近似 174, 177, 180
ハートリー場 180
　――ポテンシャル 180
ハートリー－フォック近似 174, 191
ハートリー－フォック方程式 191
ハートリー方程式 180
ハミルトニアン 44
　摂動―― 277
　無摂動―― 277
パリティ 114, 330
　――演算子 100
　奇―― 99
　偶―― 98
バルク結晶 236
バルマー系列 25
バルマーの公式 25
反結合軌道 220
反結合 π バンド 274

反転 320
反転操作 330
バンド 230
　――構造 252
　――指数 235
　――幅 230
　エネルギー・―― 230
　空格子の――構造 261
結合 π―― 274
半導体 267
　不純物―― 267

ヒ

p 型半導体 269
p 軌道 149
pn 接合 271
非束縛状態 91
非調和ポテンシャル 105
表現行列 329
表現の基底 329
表現の指標 332
ヒルベルト空間 201

フ

フェルミ・エネルギー 266
フェルミの黄金律 294, 295
フェルミ粒子 174
不確定性原理 86
不均一な磁場 160
不純物半導体 267

物質波 34
ブラベクトル 185
フラーレン分子 3
プランク定数 16
プランクの輻射公式 16
プランクの量子仮説 18
ブリルアンゾーン 248
ブロッホ関数 234
ブロッホ電子 245
ブロッホの定理 234
分散関係 40
分子軌道 217
—— 法 206
フントの規則 192, 339

ヘ

閉殻 178, 184, 195
平均場 180
—— 近似 180
—— ポテンシャル 180
並進対称性 232
並進ベクトル 232
変分法 175

ホ

ボーア磁子 31, 161
ボーアの量子仮説 27
—— 第1仮説 27
—— 第2仮説 27
ボーア半径 28
ボーズ粒子 174
ホール 271
ボルツマン定数 11

ボルン-オッペンハイマー近似 206
ボルンの確率波解釈 48

ミ

ミー散乱 7

ム

無限に深い井戸型ポテンシャル 92
無摂動エネルギー固有値 277
無摂動状態 277
無摂動ハミルトニアン 277

ユ

有限群 321
有効質量 269
誘電率 269
誘導放出 310

ヨ

陽電子放出断層装置（PET-CT） 4

ラ

ラゲールの陪多項式 148
ラグランジュの未定乗数 186
ラゲールの陪微分方程式 148
ラプラス展開 198

リ

立方体群 321
粒子交換の演算子 172
リュートベリ定数 26
リュートベリの公式 26
量子 8
—— 井戸 229
—— 仮説 2
—— 条件 27
—— 電磁力学 105, 299, 305
—— ドット 92
光—— 20
磁気—— 数 129
主—— 数 28, 140, 147
前期—— 論 29
電磁場の——化 304
動径—— 数 147
プランクの—— 仮説 18
ボーアの—— 仮説 27
量子力学の初期の時代 242
量子力学の宝庫 316

ル

類 319
ルジャンドル多項式 134
ルジャンドルの陪多項式 134
ルジャンドルの陪微分方程式 133

レ

励起状態　94
レイリー散乱　6
レイリー - ジーンズの
　　輻射公式　15
レーザー　310
レーナルトの実験結果　21

ロ

六方蜂の巣格子　274

著者略歴

上村　洸（かみむら　ひろし）

1930 年　兵庫県生まれ
1954 年　東京大学理学部物理学科卒業，1959 年　同大学院数物系研究科物理学
専攻 博士課程修了（理学博士），同年　同理学部助手（物理学科）
1961〜64 年　米国ベル電話研究所（マレーヒル）研究所員
1965〜1991 年　東京大学理学部講師，助教授，教授
1984 年　理論物理国際センター（トリエステ）半導体カレッジ校長
1991 年 3 月　60 歳で東京大学を定年退官，名誉教授
1991 年 4 月〜2006 年 3 月　東京理科大学理学部第一部応用物理学科教授
2008 年 6 月　東京理科大学名誉教授
その他　日本物理学会会長（1984〜85 年），国際純粋応用物理学連合半導体
　　　　コミッション委員長（1985〜90 年），アメリカ物理学会終身フェロー，
　　　　英国物理学会名誉フェロー，他
主な著書：「物理科学選書 配位子場理論とその応用」（共著，裳華房）

山本貴博（やまもと　たかひろ）

1975 年　大分県生まれ
1998 年　東京理科大学理学部第一部物理学科卒業
2003 年　東京理科大学大学院理学研究科物理学専攻 博士課程修了．博士（理学）
同　年　科学技術振興事業団（現・科学技術振興機構）博士研究員
2005 年　東京理科大学理学部 助手
2008 年　東京大学大学院工学系研究科 助教
2011 年　東京理科大学工学部 講師
2015 年　東京理科大学工学部 准教授
主な著書：「基礎からの 物理学」（裳華房）

基礎からの 量子力学

2013 年 11 月 5 日　第 1 版 1 刷発行
2019 年 2 月 20 日　第 3 版 1 刷発行

検印省略

定価はカバーに表示してあります．

著作者	上村　　　洸　　　山本　貴　博
発行者	吉野　和浩
発行所	東京都千代田区四番町 8-1 電話　03-3262-9166（代） 郵便番号　102-0081 株式会社　裳　華　房
印刷所	三報社印刷株式会社
製本所	株式会社松岳社

社団法人
自然科学書協会会員

JCOPY〈出版者著作権管理機構 委託出版物〉
本書の無断複製は著作権法上での例外を除き禁じられています．複製される場合は，そのつど事前に，出版者著作権管理機構（電話03-5244-5088，FAX 03-5244-5089, e-mail: info@jcopy.or.jp）の許諾を得てください．

ISBN 978-4-7853-2242-7

© 上村　洸・山本貴博, 2013　　Printed in Japan

演習で学ぶ 量子力学 【裳華房フィジックスライブラリー】

小野寺嘉孝 著　Ａ５判／198頁／定価（本体2300円＋税）

取り上げる内容を基礎的な部分に絞り，その範囲内で丁寧なわかりやすい説明を心がけて執筆した．また，演習に力点を置く構成とし，学んだことをすぐにその場で「演習」により確認するというスタイルを取り入れた．
【主要目次】1. 光と物質の波動性と粒子性　2. 解析力学の復習　3. 不確定性関係　4. シュレーディンガー方程式　5. 波束と群速度　6. １次元ポテンシャル散乱，トンネル効果　7. １次元ポテンシャルの束縛状態　8. 調和振動子　9. 量子力学の一般論

物理学講義 量子力学入門 －その誕生と発展に沿って－

松下　貢 著　Ａ５判／292頁／定価（本体2900円＋税）

初学者にはわかりにくい量子力学の世界を，おおむね科学の歴史を辿りながら解きほぐし，量子力学の誕生から現代科学への応用までの発展に沿って丁寧に紹介した．量子力学がどうして必要とされるようになったのかをスモールステップで解説することで，量子力学と古典物理学との違いをはっきりと浮き上がらせ，初学者が量子力学を学習する上での"早道"となることを目標にした．
【主要目次】1. 原子・分子の実在　2. 電子の発見　3. 原子の構造　4. 原子の世界の不思議な現象　5. 量子という考え方の誕生　6. ボーアの古典量子論　7. 粒子・波動の2重性　8. 量子力学の誕生　9. 量子力学の基本原理と法則　10. 量子力学の応用

量子力学 現代的アプローチ 【裳華房フィジックスライブラリー】

牟田泰三・山本一博 共著　Ａ５判／316頁／定価（本体3300円＋税）

解説にあたっては，できるだけ単一の原理原則から出発して量子力学の定式化を行い，常に論理構成を重視して，量子論的な物理現象の明確な説明に努めた．また，応用に十分配慮しながら，できるだけ実験事実との関わりを示すようにした．「量子基礎論概説」の章では，量子測定などの現代物理学における重要なテーマについても記し，さらに「場の量子論」への導入の章を設けて次のステップに繋がるように配慮するなど，"現代的なアプローチ"で量子力学の本質に迫った．
【主要目次】1. 前期量子論　2. 量子力学の考え方　3. 量子力学の定式化　4. 量子力学の基本概念　5. 束縛状態　6. 角運動量と回転群　7. 散乱状態　8. 近似法　9. 多体系の量子力学　10. 量子基礎論概説　11. 場の量子論への道

本質から理解する 数学的手法

荒木　修・齋藤智彦 共著　Ａ５判／210頁／定価（本体2300円＋税）

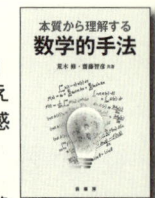

大学理工系の初学年で学ぶ基礎数学について，「学ぶことにどんな意味があるのか」「何が重要か」「本質は何か」「何の役に立つのか」という問題意識を常に持って考えるためのヒントや解答を記した．話の流れを重視した「読み物」風のスタイルで，直感に訴えるような図や絵を多用した．
【主要目次】1. 基本の「き」　2. テイラー展開　3. 多変数・ベクトル関数の微分　4. 線積分・面積分・体積積分　5. ベクトル場の発散と回転　6. フーリエ級数・変換とラプラス変換　7. 微分方程式　8. 行列と線形代数　9. 群論の初歩

裳華房ホームページ　https://www.shokabo.co.jp/